JN162567

光学

谷田貝豊彦［著］

Optics

Yatagai, Toyohiko

朝倉書店

まえがき

地球が誕生したのはおよそ46億年前といわれている．太陽の光はずっと地球を照らし続け，地球環境を創り，生命を誕生させ進化させてきた．太陽は人類にさまざまな恩恵を与え，崇拝の対象や畏敬の対象となり，さまざまな文明を開花させた．古代から，太陽光，月光，星明かり，雷光，炎光などの光は，人々の注意を引きつけ，哲学の対象となっていた．

現在では，このような光の現象や性質を理解することができるようになったおかげで，現代生活を享受できるようになった．光の現象に関する学問分野を光学という．光学は，目に見える現象を取り扱うことが多いので，物理学の中でも最も古くから発展してきた領域である．

古代ギリシャを出発点として，イスラム科学の黄金時代，そしてルネッサンスの時代を経て，近世ヨーロッパで，光学の学問体系が確立された．古くから，凹面銅鏡や水晶の玉 (もしくはレンズ) で太陽光を集光して火を熾すことが行われていた．ギリシャのユークリッド (Eukleides) は，光の直進性，平面鏡や凹面鏡における反射の現象を幾何学的に論じた．また，視覚が生じるのは眼から視線 (光線) が発せられることによるものとした．イスラム科学の黄金時代とは，8世紀ごろから15世紀まで，アラビア半島ばかりでなく，中央アジア，イベリア半島にわたる地域で，哲学，幾何学，天文学，化学などが飛躍的に発展した時期をいう．アルハーゼン (Alhazen) (アラビア語でイブン・アル・ハイサム (Ibn al-Haytham)) (965–1040) によって『光学』が出版され，視覚や反射屈折の現象の理解が進んだ．物体から発せられる光線が眼に到達して像を結ぶことによって視覚が得られることを正しく述べている．今日スネルの法則として知られる屈折の法則もサール (Ibn Sahl) によって984年に発見されている．

一方，中国でも，光学に関する知識の集積があった．すでに，春秋戦国時代 (BC770年からBC220年ごろ) の書，『墨経』には，光の直進性や，反射屈折，針穴による像の形成などについての記述があり，また，知の百科全書といわれる『淮南子 (えなんじ)』(BC139年ごろ) には，夫燧 (ふすい) といわれる凹面銅鏡によって太陽の光から火を取り出したとある．

このような歴史を経て，光を光線として表し，反射や屈折の法則が見出され，また，波動としての光の理解が進み，光が電磁波の一種であることも受け入れられた．量子

図 0.1 イスラム科学の黄金時代に Ibn al-Haytham (Alhazen) (965–1040) は，光学に関する大著 *Kitab al-Manazir* (*Book of Optics*) (1015) を著した．実験と観察を重視した科学的手法を初めてとったとされ，「最初の科学者」とも呼ばれている．この図は，そのラテン語訳 *Opticae Thesaurus* にある口絵である．遠近効果，虹，反射，屈折などさまざまな光学現象が図示されている．https://en.wikipedia.org/wiki/Alhazen

力学の誕生により，光の粒子説と波動説が統合されることになった．また，レーザーの誕生により，人類は極めて高い輝度をもった干渉性の高い光源を獲得することになり，光通信や情報記録，高精度加工・計測などの工学応用ばかりでなく，さまざまな超高速現象の解析や生体現象の解明など最先端の物理学，化学，医学・生物学をはじめとする自然科学への計り知れない寄与がもたらされた．

本書は，理工系の大学および大学院で光学を幅広く学ぼうとしている学生，やや高度の光学の知識を必要としている技術者や研究者のために執筆したものである．したがって，光学の初歩的な知識と基礎的な数学の知識をすでにもっている読者を対象としている．しかし，基礎的知識を丁寧に積み重ねて高度な事象の理解が進むよう心がけた．そのため，やや数学的な記述が多くなったが，式の導出には，途中を省略することは極力避けた．

第 1 章では，光の伝搬を光線として取り扱う幾何光学について述べる．光線として光の伝搬現象を取り扱うと，反射や屈折の現象が定量的に理解でき (スネルの法則)，レンズや反射鏡による結像を詳しく理解できるばかりでなく，レンズを何枚も組み合わせた複雑な光学系の体系的な解析や設計も可能となる．ここで，球面における屈折や反射を定量的に取り扱う手法について述べ，特に，近軸光線の理論について詳しく解説する．この近軸光線の理論が，レンズなどの光学素子の解析にも，同じ形式で可能であることを述べる．光学系の誤差である収差や望遠鏡や顕微鏡などの光学機械についても，初学者に必要と思われる事項について述べた．幾何光学は，光学機器の解析・設計に不可欠の道具である．

第2章では，波動としての光の性質を述べる．波動の記述の方法，マックスウエルの方程式から導かれる波動方程式の性質，波動としての光の記述法，波動のエネルギー，光は横波であることなどを述べる．光波の重ね合わせの原理を述べ，波の振幅の分解と合成の考え方を述べる．マックスウエルの方程式の境界条件を用いて，境界面における反射と屈折に関するフレネルの理論を解析する．そこから，スネルの法則や反射率や屈折率が求められることを述べる．全反射の現象や金属における反射についても検討する．

第3章は，横波である光の偏光について述べる．偏光の表示法のストークスパラメータとジョーンズベクトルを紹介し，偏光の状態の変換を表すミューラー行列やジョーンズ行列についても述べ，いろいろな偏光素子に対する行列を求め，これらを用いた偏光光学系の解析法を述べる．

第4章では，波動としての光の性質を最も反映する干渉の現象を取り扱う．干渉の初等的な現象論から始まり，光波がどのような条件で干渉するか，定量的な議論を行う．次に，二光束干渉について，等傾角干渉と等厚干渉の場合について詳しく検討する．多光束干渉については，現象の解析法を述べ，多層膜干渉への応用について述べる．最後に，干渉の現象を具体的応用に利用するための各種干渉計を紹介する．

第5章では，回折の現象を取り扱う．古典的なホイヘンスとフレネルの回折についての説明から始まり，スカラー波に対するフレネル・キルヒホッフの回折式を説明し，適当な近似を行うことにより，フラウンホーファー回折とフレネル回折が説明できることを述べる．いろいろな開口についての回折現象を詳しく述べる．特に，円形開口のフラウンホーファー回折像を用いて，光学系の分解能を議論する．また，光波の角スペクトル表示と厳密な光波伝搬式についても述べる．

第6章では，光学系における光波の伝搬をフーリエ変換を用いて解析できることを示す．フラウンホーファー回折はフーリエ変換で表すことができ，フレネル変換もコンボリューション積分によって記述できることを示す．光学系の結像特性解析に光学系の伝達関数の概念を導入する．光学系の伝達関数を操作することにより像の特性を変化させたり，種々の光情報処理が可能であることを示す．最後に，ホログラフィについて述べる．ホログラフィの登場により光波の複素振幅の記録と再生が可能になった．複素振幅分布を操作することによって，光情報処理のための強力な武器が手に入った．

第7章では，光と物質の相互作用を，光と物質の電気双極子モーメントとの関係から考察し，物質の屈折率を求める．屈折率の分散や吸収について議論し，分散式を導く．

第8章では，電気双極子モーメントによる電磁波の放射，黒体からの光の放射，誘導放出と自然放出などを述べ，レーザー発振の原理と蛍光の現象を説明する．光検出器の原理についても述べる．

続いて，電気双極子モーメントによる電磁波の放射に基づき，第 9 章では光の散乱現象について議論する．

これまでは，光の伝搬については等方的な媒質に限って議論してきたが，第 10 章では非等方的な媒質中の伝搬を，第 11 章では不均質な媒質中の伝搬を取り扱う．第 10 章では光学結晶における光波伝搬の記述について，屈折率楕円体，法線速度や光線速度などの概念を導入して，詳しく述べる．第 3 章では具体的に述べなかった偏光子や位相板，偏光プリズムなどについて光学結晶による構成例を示す．液晶の偏光特性についても述べる．

第 11 章は，光通信で利用される光ファイバーと光導波路中の光波伝搬を取り扱う．不均質な媒質中の光波伝搬を議論するためアイコナールを導入し，屈折率分布がある媒質中の光線の方程式を求める．光導波路中の光波伝搬についてはモードの概念を用いて解析する．

第 12 章では，伝搬するビームの断面強度分布が中心が最大で周辺で徐々に減少する場合を取り扱う．レーザービームの伝搬がこれに当たる．

第 13 章では，人間がどのように光の量と色を感じるかについて，定量化を議論する．物理的な光の量である放射量と人間の感覚に依存する測光量を定義し，光度，輝度，照度などの概念を導入する．色についても同様で，客観的に色を表現するための表色系の概念を説明し，色を測定するための方法について述べる．

最後に，本書の内容や記述に関して多くのご指摘をくださった山東悠介博士，本宮佳典博士に感謝申し上げる．また，出版にあたり朝倉書店にはお世話になった．厚くお礼申し上げる．

2017 年 3 月

谷田貝豊彦

目　　次

1

幾　何　光　学

光の進む様子を幾何学的な線と考えて，さまざまな光学現象を理解する方法を，幾何光学という．結像や光学器械の原理を理解したり，設計してその特性を評価する場合などには威力を発揮する．ここではまず，光の伝搬を光線の概念を使って説明し，次に媒質の境界が球面である場合の光線の進行状態を解析し，複雑な光学系における像の形成について考察する．

1.1　光　　　線

光が空気や水の中を伝わっていく様子を観察すると，経験上，直進して進んでいるように見える．木漏れ日や雲間から射す太陽光などをみているとこのことが実感できる．光の進行の様子を幾何学的な線とみなして光学現象を考察する方法を幾何光学 (geometrical optics) という．光の進行を表す線を，光線 (ray) という．

図 1.1 に示すように，点状の光源 S から出た光波を小さな円形開口 A をもつ壁に当てると，S を頂点として A を底面とする円錐状の空間内を光が進行することになる．この状態で開口 A を無限に小さくしていけば，この光が存在する領域は，数学的な線とみなすことができるようになる．この線が光線である．実際には，開口 A における光の回折現象により，A を通過した光は，上記の円錐の外側にはみ出す．回折の大きさは，波長に比例するので，波長が短くなればなるほど，回折の影響は少なくなり，波長→ 0 の状態が，幾何光学的光線の状態と考えられる．

日常経験することであるが，光は均質媒質中を進むときには，直進し，異なる媒質に入るとその境界面で反射や屈折をする．このような現象をもとに光線を考え直して

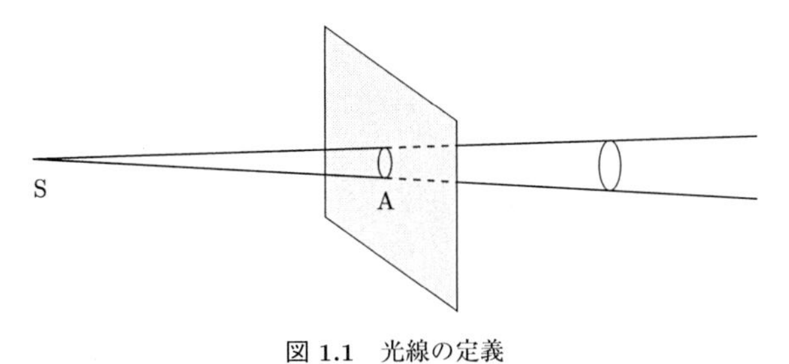

図 1.1　光線の定義

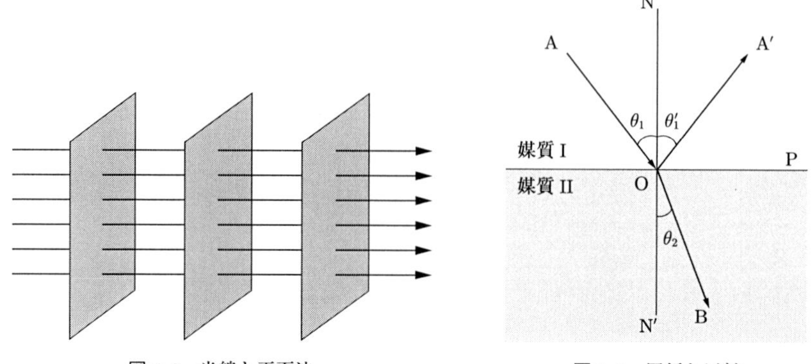

図 1.2　光線と平面波

図 1.3　屈折と反射

みよう．図 1.2 に示すように多数の光線がある方向に平行に並んだ状態を考える．これは，ある広がりをもった光束が一定の広がりをもって均質媒質中を伝搬している状態とみなすことができる．また，光は電磁波の一種であるので，光の波面が平面の状態で伝搬している状態とも解釈できる．別の見方をすると，平面波の伝搬方向を 1 本の線で表したものが，光線であるともいえる．したがって，光線に対応している光波の波面 (wavefront) は光線に垂直な平面である．

1.2 反射の法則

幾何光学の範囲では，“均質な媒質中では，光は直進する” ということが前提になっている．では，光が 2 つの異なった媒質の境界に到達する場合にはどうなるであろうか．光が 2 つの異なる媒質の境界面に到達すると，一部は反射 (reflection) し，残りの光は，その境界で方向を変えて他方の媒質中を進行する．図 1.3 に示すように，媒質 I, II はそれぞれ均質なものとする．

その境界面 P(平面であるとする) に入射光線 AO が入射したとき，O 点において OA′ の方向に反射する．この OA′ の反射光線は，入射光線 AO と O から垂線を立てた法線 ON とを含む面内にある．この面を入射面と呼ぶ．また，法線 ON と入射光線 AO のなす角 (入射角) を θ_1，法線 ON と反射光線 OA′ とのなす角 (反射角) を θ_1' とすると，

$$\theta_1 = \theta_1' \tag{1.1}$$

が成立する．

1.2.1 平 面 鏡

図 1.4 に示すように，平面鏡 MM の近くに物体 PQ があったとする．今，物体上の 1 点 P から出た光線が反射鏡上の R_1 で反射し E_1 方向に進んだとする．P から鏡面

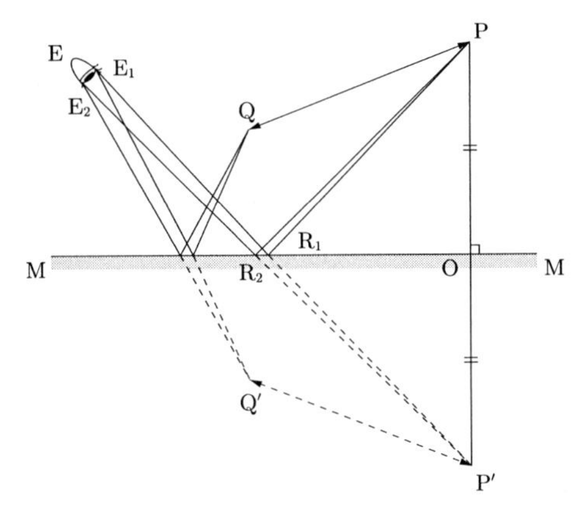

図 1.4 平面鏡による像の見え方

へおろした垂線の足を O とし，PO の延長と E_1R_1 の延長とが交わる点を P′ とする．容易に，P′ は MM に対し P の対称な点であることがわかる．同様に，目に入る他の光線 E_2R_2 の延長上に P′ があり，人は反射光線を見ると鏡の背後に点 P′ があるように見える．この点 P′ を点 P の像 (image) という．実際には点 P′ から光線は出ていないので，これを虚像 (imaginary image) という．一方，物体上の別の点 Q に関しても同様に，鏡面 MM に対して対称な位置に虚像 Q′ が見える．したがって，PQ は鏡面 MM に対して対称な位置に存在するように見えることになる．

2 枚の平面鏡が互いに直角に置かれていると，図 1.5 のように，平面鏡の間に置かれた点光源 P の像は，1 回の反射による像が 2 個と，2 回の反射による像が 1 個，合計 3 個の像が存在することになる．

1.2.2 平面鏡の回転

図 1.6 に示すように，平面鏡 MM に入射角 θ で光線が入射したとする．平面鏡が角度 α だけ回転して M′M′ になったとき，反射光は何度傾くか考えてみよう．まず，

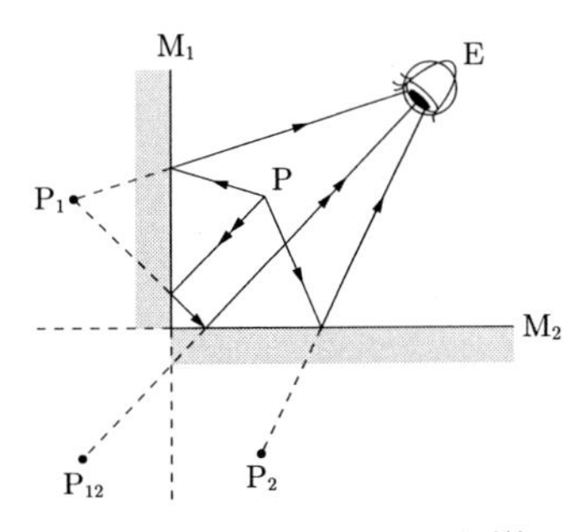

図 1.5 直角に配置された平面鏡

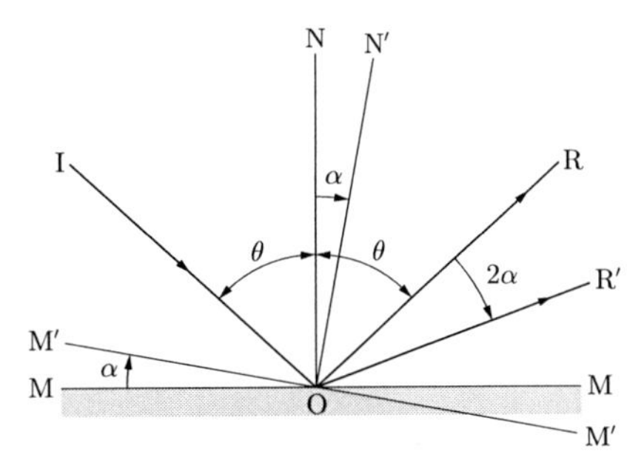

図 1.6 平面鏡の回転による光線の振れ

鏡面 MM と M′M′ に垂線 ON と ON′ を立てる．次に，反射の法則により，

$$\angle \mathrm{NOI} = \angle \mathrm{NOR} = \theta \tag{1.2}$$

$$\angle \mathrm{N'OI} = \angle \mathrm{N'OR'} = \theta + \alpha \tag{1.3}$$

したがって，

$$\angle \mathrm{ROR'} = \angle \mathrm{N'OR'} - \angle \mathrm{N'OR} = \angle \mathrm{N'OI} - \angle \mathrm{N'OR} = (\theta+\alpha) - (\theta-\alpha) = 2\alpha \tag{1.4}$$

つまり，平面鏡を α だけ回転させると，反射光は 2α だけ振れる．

1.2.3 光　　て　　こ

微小な角度の変化を測る場合に，図 1.7 に示すように，平面鏡 MM に正対させてものさし S を置き，望遠鏡 T でものさしの目盛り a を読んでおき，次に，反射鏡が α だけ回転したときの望遠鏡の読みを b とする．反射鏡の回転軸とものさしとの距離を d とすると，

$$\tan 2\alpha = \frac{b-a}{d} \tag{1.5}$$

α が小さいとき，

$$\alpha = \frac{b-a}{2d} \tag{1.6}$$

であり，距離 d を実測することにより，小さい回転角 α を測定できる．

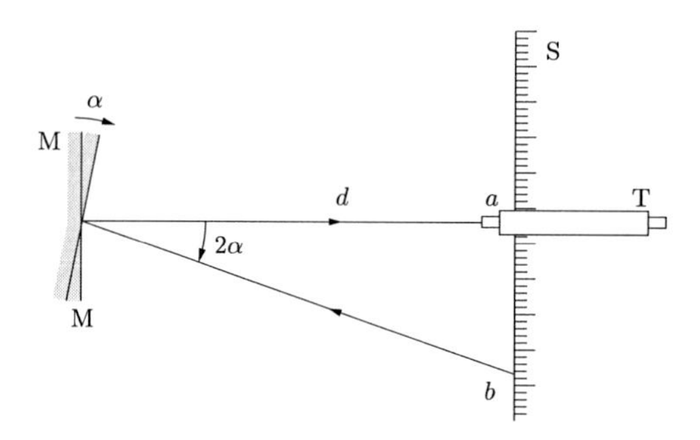

図 1.7　光てこの原理

1.2.4 六　　分　　儀

太陽や星の高度を測定して船舶の位置を決定するために用いられる装置に，六分儀 (sextant) がある．装置の構成は，図 1.8 に示すように，平面鏡 B と望遠鏡 T は装置に固定されている．B の下半分は透明にしてある．平面鏡 A は腕 C に固定してあり，平面鏡 A は C とともに回転できるようになっており，回転角を目盛りで読むことができるようになっている．

まず，平面鏡 A と B を平行にして水平面を見る．このとき，望遠鏡の視野には，B

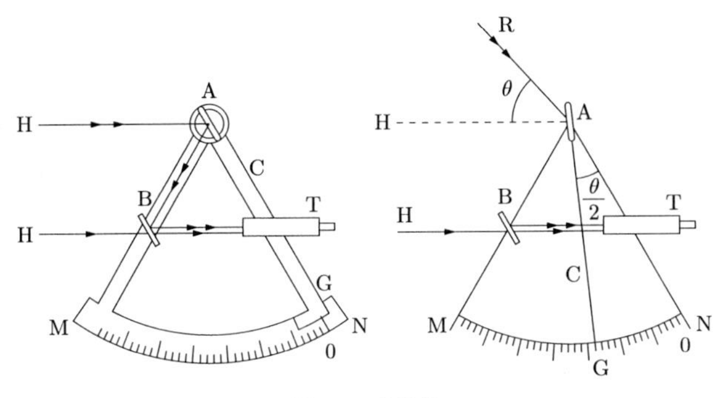

図 1.8　六分儀

の下半分を通して水平面が見えると同時に A と B の上半分で反射された水平面が重なって見える．このときの角度目盛りを 0 としておく．次に，平面鏡 A を回転して，対象とする天体の像と B の下半分を透過して見えていた水平面が望遠鏡で重なるようにする．このときの回転角が $\theta/2$ であると，天体の高度は θ である．

六分儀の発明者はニュートンであるといわれており，現在でも外洋を航海する船舶の法定装備品である．

1.3　屈 折 の 法 則

図 1.3 において，反射光以外に，媒質 II に境界で方向を変えて進行することを屈折 (refraction) といい，この光を屈折光という．法線 ON′ と屈折光のなす角を θ_2 とする．ここで，

$$\frac{\sin\theta_1}{\sin\theta_2} = n_{12} \tag{1.7}$$

を考え，式 (1.7) の比 n_{12} を媒質 I に対する媒質 II の屈折率 (refractive index) といい，入射角に依存せず，媒質 I と II の性質によって決まるため，この値を相対屈折率という．媒質 I が真空のときの一定値 n_{12} を，媒質 II の絶対屈折率 n_2 と呼ぶ．絶対屈折率は，単に屈折率とも呼ばれる．

同様に媒質 I に対しても絶対屈折率 n_1 が定義される．これらの間には

$$n_{12} = \frac{n_2}{n_1} \tag{1.8}$$

の関係がある．すなわち，式 (1.7) と (1.8) から，

$$\frac{\sin\theta_1}{\sin\theta_2} = \frac{n_2}{n_1} \tag{1.9}$$

または，

$$n_1 \sin\theta_1 = n_2 \sin\theta_2 \tag{1.10}$$

の関係が導かれる．これを屈折の法則という．

屈折の法則はスネルの法則 (Snel's law) *1) ともいわれる *2).

1.3.1 光線逆進の原理

スネルの屈折の法則 (1.10) は，媒質 I から媒質 II に光線が進む場合に適用されるばかりでなく，媒質 II から媒質 I に進む場合にも成立する．つまり，光線はその進行方向を逆向きにすると，元の進路をとる．これを光線逆進の原理という．

1.3.2 屈　　折　　率

屈折率 n は，媒質中の光速度を v とし，真空中の光速度を c とすると，

$$n = c/v \tag{1.11}$$

でも与えられる．したがって真空中での屈折率は 1 である．種々の媒質の屈折率を表 1.1 に示す．

表 1.1 いろいろな媒質の屈折率 (波長 589.3 nm)

媒質	屈折率
空気	1.000292
水	1.3330
エタノール	1.362
メタノール	1.329
重フリントガラス	1.66
軽フリントガラス	1.58
ダイアモンド	2.4195

液体は 20°C，気体は 0°C，1 気圧換算．

1.3.3 多層膜における屈折

次に，図 1.9 に示すように，屈折率が，n_1，n_2，n_3 の 3 層からなる媒質を考えてみよう．中間層の厚さは d とし，境界面は互いに平行であるとする．媒質 I から媒質 II に入射角 θ_1 で光線が入射すると，屈折の法則より，

---

*1) Snel は多くの著書では Snell と記述されている．この誤記については，G. Sarton, *The Appreciation of Ancient and Medieval Science During the Renaissance* (University of Pennsylvania Press, p.xiii, 1955) に詳しい．

*2) 屈折の法則を誰が初めて発見したかは諸説ある．すでに，ペルシャの数学者 Ibn Sahl(940–1000) は，曲面やレンズによって如何に光線が曲げられ焦点をつくるかを研究し，スネルの法則と同等の式を発見していた．これを受けて，Ibn al-Haytham(965–1040) (ラテン語では Alhazen) が *Katab al Manazir* (*Book of Optics*, 1015) を著し幾何学的に反射や屈折の現象を論じた．視覚は光線が眼に入射することによって生じること，眼の構造，色など理論的な考察ばかりではなく実験的な手法に基づいた議論を行った．このため，最初の科学者とも呼ばれている．彼の著書はラテン語に翻訳され，西洋の科学，特に光学の発展に多大な貢献をした．

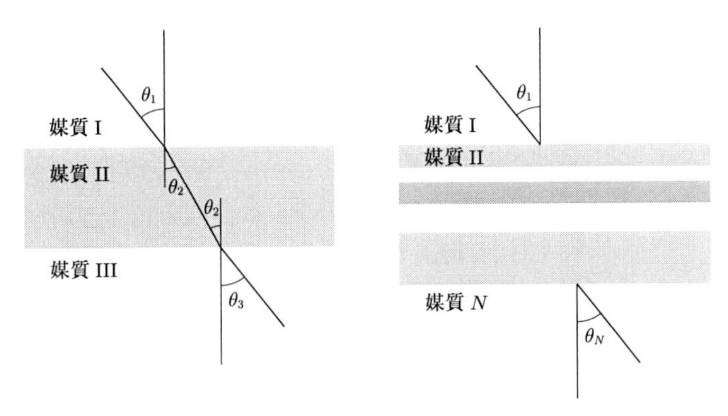

図 1.9　多層媒質における屈折

$$n_1 \sin\theta_1 = n_2 \sin\theta_2 \tag{1.12}$$

媒質 II から媒質 III への入射角は θ_2 であるから，

$$n_2 \sin\theta_2 = n_3 \sin\theta_3 \tag{1.13}$$

が成り立つ．したがって，式 (1.12) と (1.13) より，

$$n_1 \sin\theta_1 = n_2 \sin\theta_2 = n_3 \sin\theta_3 \tag{1.14}$$

一般に，境界面が互いに平行な N 層の媒質に対して，

$$n_1 \sin\theta_1 = n_2 \sin\theta_2 = \cdots = n_N \sin\theta_N \tag{1.15}$$

が成立する．したがって，第 1 層と第 N 層が同じ媒質であるときには，この多層媒質全体に対する入射角と屈折角は等しい ($\theta_1 = \theta_N$).

1.3.4　プ　リ　ズ　ム

図 1.10 のような，頂角 α のプリズムの端面に，波長 λ の単色光が入射角 θ_1 で入射し，屈折角 ϕ_1 で屈折したとする．この光線が，他の端面に入射角 ϕ_2 で入射し，屈折角 θ_2 で屈折してプリズムから出射したとする．波長 λ に対するプリズムの屈折率を n，空気の屈折率を 1 とする．このとき，角度の間には，

$$\theta_1 + \theta_2 = \delta + \alpha \tag{1.16}$$

$$\phi_1 + \phi_2 = \alpha \tag{1.17}$$

の関係が成り立つ．ただし，δ は入射光線と射出光線とのなす角で，“振れ角” と呼ばれている．各端面では屈折の法則が成り立つから，

$$\sin\theta_1 = n \sin\phi_1 \tag{1.18}$$

$$\sin\theta_2 = n \sin\phi_2 \tag{1.19}$$

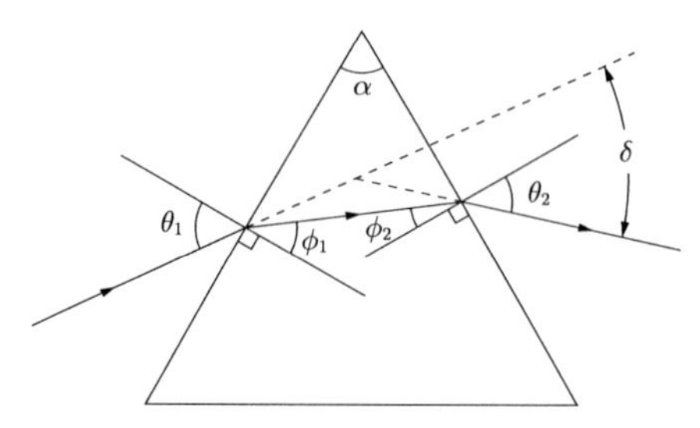

図 **1.10** プリズムの屈折

したがって，

$$\delta(\lambda) = \theta_1 + \sin^{-1}[(\sin\alpha)\sqrt{n(\lambda)^2 - \sin^2\theta_1} - \sin\theta_1\cos\alpha] - \alpha \tag{1.20}$$

後で述べるように，光学ガラスの屈折率は，波長が長くなれば小さくなるので，式 (1.20) から，振れ角は波長が長くなると小さくなることがわかる．また，振れ角 δ は入射角 θ_1 の関数である．入射角に対して最小の振れ角が存在する．これを最小振れ角 $\delta_{\min}$ という．

次に最小振れ角 $\delta_{\min}$ を求めてみよう．まず，式 (1.16) を θ_1 で微分して 0 とおく，

$$\frac{\mathrm{d}\delta}{\mathrm{d}\theta_1} = 1 + \frac{\mathrm{d}\theta_2}{\mathrm{d}\theta_1} = 0 \tag{1.21}$$

したがって，

$$\mathrm{d}\theta_2 = -\mathrm{d}\theta_1 \tag{1.22}$$

同様に，式 (1.17) を ϕ_1 で微分すると，

$$\mathrm{d}\phi_1 = -\mathrm{d}\phi_2 \tag{1.23}$$

次に，屈折の法則の式 (1.18) と (1.19) を微分して，

$$\cos\theta_1\mathrm{d}\theta_1 = n\cos\phi_1\mathrm{d}\phi_1 \tag{1.24}$$

$$\cos\theta_2\mathrm{d}\theta_2 = n\cos\phi_2\mathrm{d}\phi_2 \tag{1.25}$$

式 (1.24)，(1.25) と微分 (1.22)，(1.23) を用いて，

$$\frac{\cos\theta_1}{\cos\theta_2} = \frac{\cos\phi_1}{\cos\phi_2} \tag{1.26}$$

両辺を 2 乗して，屈折の法則を用いると，

$$\frac{1 - \sin^2\theta_1}{1 - \sin^2\theta_2} = \frac{n^2 - \sin^2\theta_1}{n^2 - \sin^2\theta_2} \tag{1.27}$$

この式が成り立つとき，$\mathrm{d}\delta/\mathrm{d}\theta_1 = 0$ が成立するので，$n \neq 1$ の条件の下で，

$$\theta_1 = \theta_2 = \theta \tag{1.28}$$

もしくは，

$$\phi_1 = \phi_2 = \phi \tag{1.29}$$

したがって，入射光と屈折光がプリズムに対し対称となったとき，振れ角は最小になる．式 (1.16) より，

$$\delta_{\min} = 2\theta - \alpha \tag{1.30}$$

また，式 (1.17) より，

$$2\phi = \alpha \tag{1.31}$$

であるので，式 (1.18) より，

$$n = \frac{\sin\theta}{\sin\phi} = \frac{\sin[(\alpha + \delta_{\min})/2]}{\sin(\alpha/2)} \tag{1.32}$$

最小振れ角 $\delta_{\min}$ を測定することで，プリズムの媒質の屈折率 n が測定できる (1.3.7 項)．

1.3.5 媒質中の波長

光は電磁波であるので，媒質中の速度 v と波長 (wavelength) λ と振動数あるいは周波数 (frequency) ν の間には，

$$v = \lambda/\nu \tag{1.33}$$

の関係がある．光が媒質 I から媒質 II へ入ると，屈折率が異なるから光波の速度も v_1 から v_2 へと変化する．このとき，光の周波数は変化せず，$\nu_1 = \nu_2 = \nu$ であり，波長が λ_1 から λ_2 へと変化することに注意せよ．

1.3.6 分　　散

また，媒質の屈折率は光の波長によって異なった値をもつ．この現象が分散 (dispersion) である．いくつかの物質の分散曲線を図 1.11 に示す．可視領域で透明な物質の屈折率は，波長が長くなるほど小さくなる．このような分散を正常分散という．水と石英ガラスの分散を表 1.2 に示す．

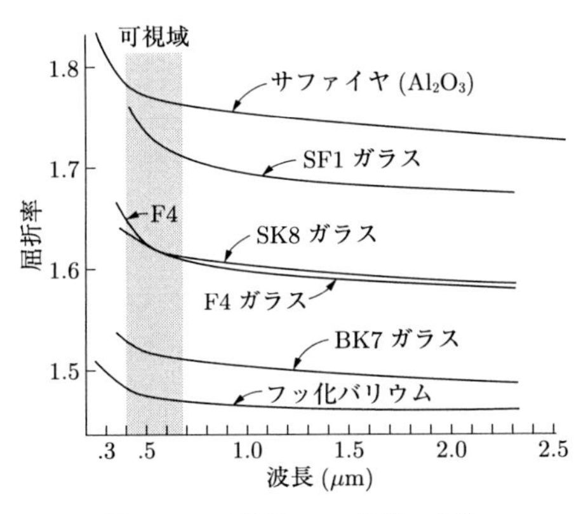

図 1.11　光学ガラスと結晶の分散

表 1.2 常温における水と石英ガラスの分散

波長 (nm)	水の屈折率	石英ガラスの屈折率 (18°C)
404.7	1.3428	1.4697
546.1	1.3345	1.4602
589.3	1.3330	1.4585
656.3	1.3311	1.4564

1.3.7 プリズムの屈折率測定

固体の屈折率測定法の 1 つに，プリズム法がある．屈折率を測定したい固体のプリズムを作り，まず，そのプリズムの頂角 α を測定する (図 1.12)．作ったプリズム ABC を度盛り円盤の中心に置き，コリメーターでつくった平行光をプリズムの頂点 A に当て，AB と AC の 2 面で反射させ，望遠鏡で両反射ビームのなす角度 $\angle \mathrm{TAT}'$ を測定する．反射方向を測定するには，無限遠にピントを合わせた望遠鏡でコリメーターのスリットの位置を望遠鏡の視野十字像に合わせ，度盛り円盤でこの位置の角度を読み取ればよい．ここで，$\angle \mathrm{TAT}' = 2\alpha$ であることに注意しよう．

次に，プリズムの最小振れ角 $\delta_{\min}$ を測定する．度盛り円盤の中心に回転円板に乗せたプリズムを置き，振れ角 $\angle \mathrm{TOT}'$ を測定し，回転円板をどちらに回転しても振れ角が増加する位置が最小振れ角の位置である．

屈折率 n は，式 (1.32) により求められる．

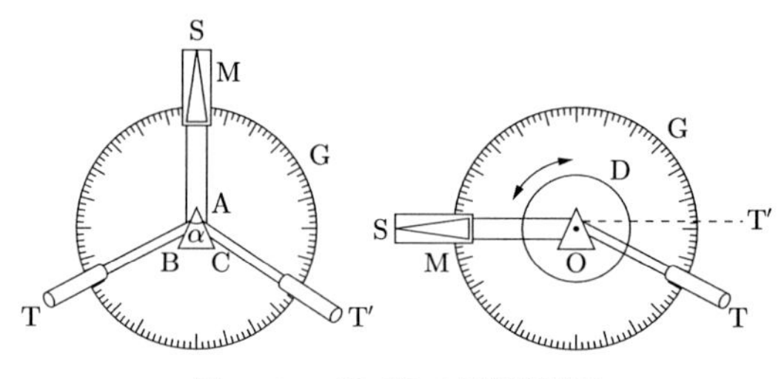

図 1.12 プリズムの屈折率測定

1.4 フェルマの原理

異なった媒質の境界では反射と屈折の法則が成立するが，屈折率が連続的に変化している場合には，光路を無限に小さな区間に分けて，これらの法則を適用することができる．より一般的な取り扱いの方法はフェルマ (P. de Fermat) によって提案された次のような原理である．

すなわち，図 1.13 のように，媒質の屈折率が連続的に変化している場合，媒質の中を光が A 点から B 点へ向かって進行するとき，光路にそって線素を ds，媒質の屈折率を n とすると，

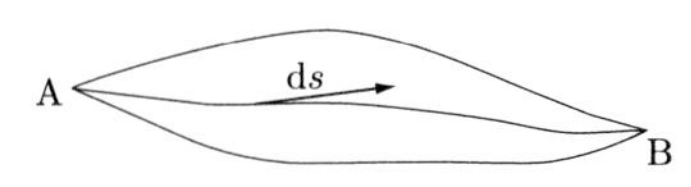

図 **1.13**　フェルマの原理

$$L = \int_{\mathrm{A}}^{\mathrm{B}} n\,\mathrm{d}s \tag{1.34}$$

媒質中の光速 v は真空中の光速を c とすると c/n であるから，$\mathrm{d}s$ を通過するために要する時間を $\mathrm{d}t$ とすると，式 (1.34) は

$$L = \int_{\mathrm{A}}^{\mathrm{B}} n\,\mathrm{d}s = c\int_{t_1}^{t_2} \mathrm{d}t \tag{1.35}$$

となる．L は真空中の光速度と AB 間を伝搬する時間の積である．これを光路長という．

この線積分は光路に沿った積分であるが，AB 間を通る経路はそれ以外にもある．それ以外の経路に関しては

$$L' = L + \delta L = \int n\,\mathrm{d}s + \delta \int n\,\mathrm{d}s \tag{1.36}$$

ここで，δL は，光路長の変化を表す．フェルマの原理によると，「点 A を出た光が，点 B に達するためには，光はその経路を問わず，光の進んだ光路長がみな等しくならなければならない」とされる．この原理はまた，光路長が極値をとる状態で実現されるといってもよい [*3)]．

この原理が成立するためには，

$$\delta L = \delta \int_{\mathrm{A}}^{\mathrm{B}} n(x,y,z)\,\mathrm{d}s = 0 \tag{1.37}$$

が必要である．この条件は，

$$\delta \int_0^T \mathrm{d}t = \delta T = 0 \tag{1.38}$$

とすることもできる．すなわち，点 A から点 B に至る光は，経路を通る時間が最小の光路を通る．

また，光路中に境界面 $f(x,y,z) = 0$ がある場合には，

$$\delta L = \frac{\partial L}{\partial x}\Delta x + \frac{\partial L}{\partial y}\Delta y + \frac{\partial L}{\partial z}\Delta z \tag{1.39}$$

となり，Δx，Δy，Δz に無関係にこの条件が成立するためには，

$$\frac{\partial L}{\partial x} = \frac{\partial L}{\partial y} = \frac{\partial L}{\partial z} = 0 \tag{1.40}$$

が必要である．

---

*3)　数学的には，このような経路を少し変化させたときの経路変化や所要時間の変化を考える方法を変分法という．

a. フェルマの原理による屈折の法則の導出

フェルマの原理は光の進路に関する法則であるから，これによって反射の法則や屈折の法則を導くことができる．ここでは，屈折の法則を導いてみよう．

いま，図 1.14 のように，屈折率 n_1 の媒質 I の点 A から屈折率 n_2 の媒質 II の点 B に向かって，媒質 I と II の境界面上の点 O を通り，AO, OB と進むものとする．ここで，媒質 I, II での光速度を v_1, v_2 とすると，AB の所要時間は，

$$t = \frac{\overline{\mathrm{AO}}}{v_1} + \frac{\overline{\mathrm{OB}}}{v_2} \tag{1.41}$$

となる．したがって図 1.14 のようにパラメータを決めると，

$$t(x) = \frac{\sqrt{h^2 + x^2}}{v_1} + \frac{\sqrt{b^2 + (a - x)^2}}{v_2} \tag{1.42}$$

となる．(1.35) 式は，真空中の光速度と AB 間の光の伝搬に要する時間の積であり，この $\overline{\mathrm{AB}}$ の最小値 (極値) をとるためには，AB 間の伝搬時間の極値をみつける必要がある．図 1.14 の例では，(1.42) 式の極値をみつけることに対応している．すなわち，$\mathrm{d}t/\mathrm{d}x = 0$ より，

$$\frac{\mathrm{d}t}{\mathrm{d}x} = \frac{x}{v_1\sqrt{h^2 + x^2}} + \frac{-(a - x)}{v_2\sqrt{b^2 + (a - x)^2}} = 0 \tag{1.43}$$

また，

$$\frac{x}{\sqrt{h^2 + x^2}} = \sin\theta_1 \tag{1.44}$$

$$\frac{a - x}{\sqrt{b^2 + (a - x)^2}} = \sin\theta_2 \tag{1.45}$$

であるので

$$\frac{\sin\theta_1}{v_1} = \frac{\sin\theta_2}{v_2} \tag{1.46}$$

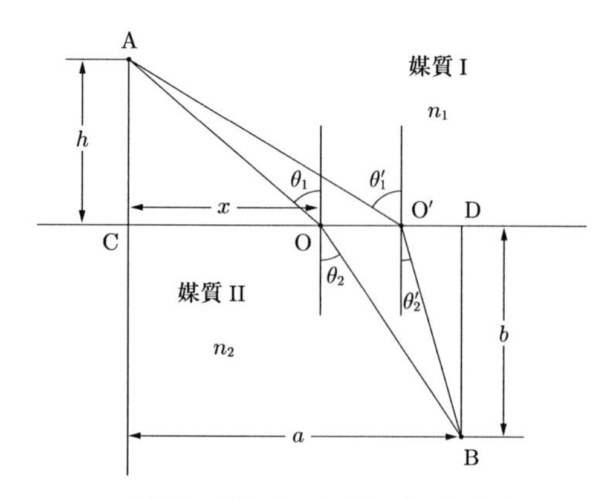

図 1.14 屈折におけるフェルマの原理

ここで，$v_1 = c/n_1$, $v_2 = c/n_2$ であることに注目すると，

$$n_1 \sin\theta_1 = n_2 \sin\theta_2 \tag{1.47}$$

となり屈折の法則が導けた．

b.　変分原理による屈折の法則の導出

上記の方法も変分原理による解法の一種であるが，別の定式化も可能である．図 1.14 に見るように境界における通過点 O を通る光路長 L は，

$$L = \frac{n_1 h}{\cos\theta_1} + \frac{n_2 b}{\cos\theta_2} \tag{1.48}$$

ここで，点 A と点 B は固定としたので，付加条件

$$\overline{\mathrm{CD}} = h\tan\theta_1 + b\tan\theta_2 = \text{const.} \tag{1.49}$$

この条件を付加したときの L の変分は，ラグランジュ (Lagrange) の未定乗数法によって，θ_1 と θ_2 の任意の変分に対して，

$$\delta L + \lambda\delta(\overline{\mathrm{CD}}) = 0 \tag{1.50}$$

で与えられる．ただし，λ は未定乗数である．

したがって，

$$h\left(\frac{n_1\sin\theta_1}{\cos^2\theta_1} + \lambda\frac{1}{\cos^2\theta_1}\right)\delta\theta_1 + b\left(\frac{n_2\sin\theta_2}{\cos^2\theta_2} + \lambda\frac{1}{\cos^2\theta_2}\right)\delta\theta_2 = 0 \tag{1.51}$$

この式が，任意の変分に対して常に成り立つためには，

$$n_1\sin\theta_1 + \lambda = 0 \tag{1.52}$$

$$n_2\sin\theta_2 + \lambda = 0 \tag{1.53}$$

が必要である．両式から未定乗数 λ を消去すると，屈折の法則

$$n_1 \sin\theta_1 = n_2 \sin\theta_2 \tag{1.54}$$

が得られる．

1.5　マリュスの定理

マリュス (E. Malus) は，「ある面を垂直に通過した光線群は屈折や反射されても，このすべての光線に対して直交する面をもつ」ということを示した．光線は等位相波面に常に直交しているので，その光線に対する波面は，屈折や反射を複数回繰り返しても存在することを意味する．これを，マリュスの定理という (図 1.15)．この定理から，「1 つの光線群がつくる，2 つの波面の間の光路長はすべての光線に対して等しい」ことが証明できる．

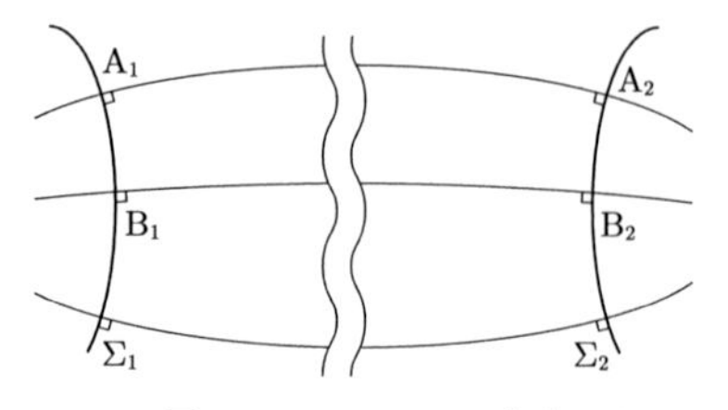

図 1.15　マリュスの定理

1.6 全　反　射

屈折率が大きい媒質 (これを光学的に密な媒質という) から屈折率が小さい媒質 (光学的に粗な媒質) に光が入射するとき，入射角がある値に達すると屈折角が 90° となる．入射角がこの値に達するまでは，光は境界面で一部は反射し，他の部分は屈折する．図 1.16 のように，入射角がこの値を越すと光は境界面で全部反射して屈折しない．これを全反射 (total reflection) という．屈折角が 90° となるときの入射角を臨界角 θ_c (critical angle) という．

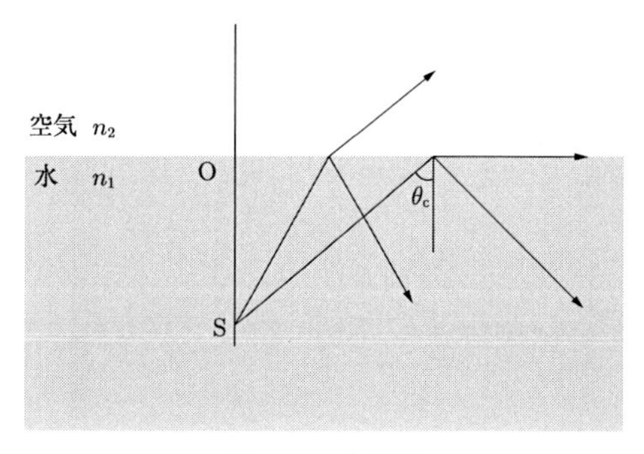

図 1.16　全反射

すなわち，$n_1 > n_2$ のとき

$$n_1 \sin\theta_c = n_2 \sin(\pi/2) \tag{1.55}$$

したがって，

$$\sin\theta_c = \frac{n_2}{n_1} \tag{1.56}$$

いま，水の屈折率を $n_1 = 4/3$ とし，空気の屈折率を $n_2 = 1$ とすると

$$\sin\theta_c = 3/4 \tag{1.57}$$

であり，臨界角は，

$$\theta_c = 48°36'$$ (1.58)

である．

プールに潜って水面を見ると，鏡面に見えるが，これは全反射によるものである．水槽の中でできた気泡がきらきらと輝いて見えるのも，同じ理由による．

1.6.1 全反射プリズム

全反射を使うと，ほぼ100%の反射率の反射鏡ができる．図1.17のように，直角二等辺プリズムの稜面に対して45° で入射する光線は，ガラスの臨界角は約40° であるので全反射し，振れ角90° で射出する．同じ，直角二等辺プリズムで，2回全反射させることも可能で，この場合には，180° 回転する．

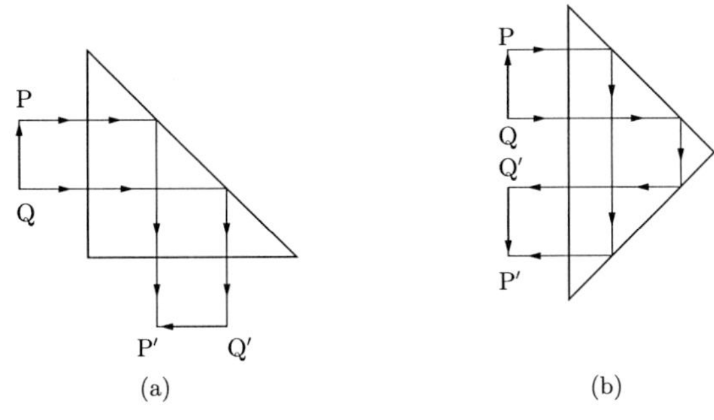

図 1.17 全反射プリズム

1.6.2 アッベの屈折計

図1.18に示すように，プリズム (屈折率を n' とする) の上に被測定試料の研磨面を密着させる．試料の屈折率を n ($n' > n$) とする．プリズム上面にほとんど平行に光を入射させると，光の一部は，臨界角 θ_c でプリズムに入射し，側面で屈折してプリズムの外に出る．この方向に望遠鏡を向けて無限遠にピントを合わせてみると，視野の半分は明るく，視野の半分は暗黒に見えるようになる．このときの望遠鏡の向きと側面に立てた垂線とのなす角を測定すると，これが臨界光線に対する側面での屈折角 r である．この光線のプリズム側面に対する入射角を i とすると，

$$n' \sin i = \sin r$$ (1.59)

試料とプリズムの境界面での屈折に対しては，

$$n \sin(\pi/2) = n' \sin \theta_c$$ (1.60)

また，角度に関しては，

$$i = \alpha - \theta_c$$ (1.61)

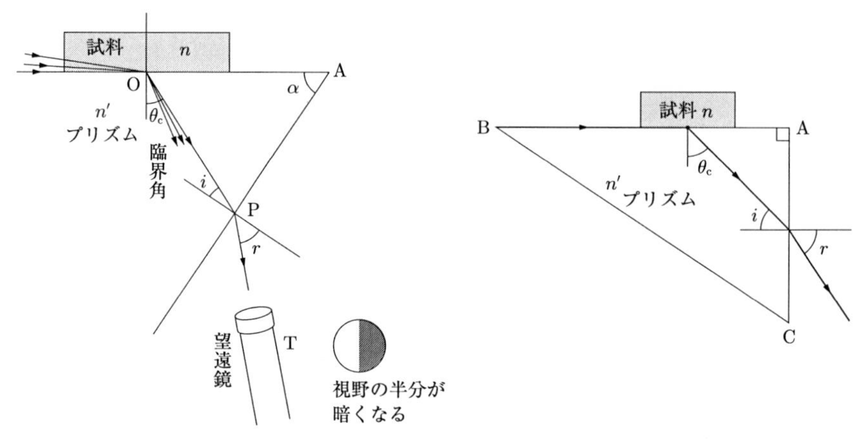

図 1.18 アッベの屈折計

図 1.19 プルフリッヒの屈折計

したがって,

$$n = \sin\alpha\sqrt{n'^2 - \sin^2 r} \pm \cos\alpha\sin r \tag{1.62}$$

これが,アッベの屈折計 (Abbe refractometer) の原理である.

また,図 1.19 に示す,プリズムの頂角 α が $90°$ のものをプルフリッヒ (Pulfrich) の屈折計という.

1.7 近軸光線と結像

レンズや図 1.20 に示す球面鏡における光の屈折や反射の法則を導き,そこでできる像の性質を考えてみよう.

1.7.1 幾何光学における距離,角度,曲率の符号の定義

幾何光学の解析を進めるにあたって,物体と屈折面の間の距離,球面の曲率半径,角度などの符号を統一的に定義しておくことは極めて大切である.

ここではまず,屈折率が n_1 と n_2 の異なる媒質が曲率半径 r の球面で接している場合を考えよう.図 1.21 に示すように,この球面の曲率中心 C を通る直線 (基準軸と呼ぶ) を考え,この直線と球面の交点を O とする.距離の方向は,左から右に向かう方向を正とする.上下の方向は,基準軸から上向きを正とする.この基準軸上の点 P から光線が出て,球面上の点 Q で屈折して,光線が点 P′ で基準軸と交わるとする.座標の原点を点 O とし,そこから点 P までの距離を s とすると,距離 s は右から左に測っているのでその符号は負である.原点 O から点 P′ までの距離 s' は左から右に測っているので s' の符号は正である.曲率半径 r の符号は,曲率中心 C が原点 O より右にあれば正,左にあれば負とする.したがって,凸球面の曲率半径 r は正,凹球

図 1.20　シカゴの巨大卵鏡

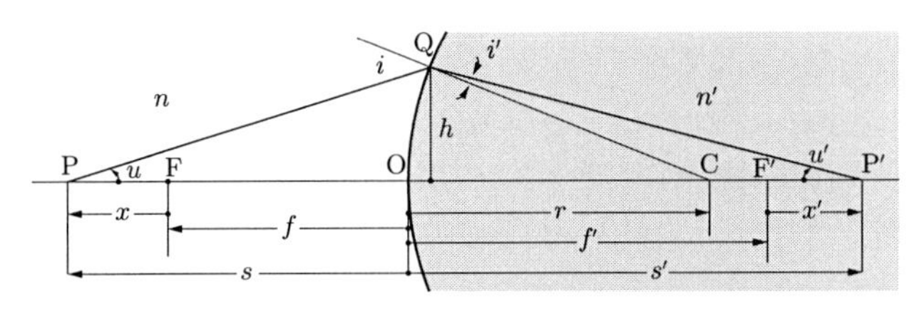

図 1.21　境界面における距離と角度の符号の定義，球面における屈折

面の曲率半径 r は負である．点 P から発する光線と基準軸とのなす角を u，点 P′ における光線と基準軸のなす角を u' とする．角度の測り方は，基準線 (ここでは基準軸であり，屈折の場合には境界面に立てた垂線) から光線を見た最小の角度で反時計回りの方向を正とする．ここで，光線の高さを h とする．u，u' が十分に小さいときには，$\tan u = h/(-s)$，$\tan(-u') = h/s'$ と書ける．

このように，境界面の前後で互いに対応する量に対して，n と n' や，s と s' のように表すと便利である．

1.7.2　球面における屈折

再び，図 1.21 を考えよう．三角形 PQC に対して正弦定理を適用すると，

$$\frac{\sin u}{r} = \frac{\sin(\pi - i)}{-s + r} \tag{1.63}$$

同じく三角形 CQP′ に対しても

$$\frac{\sin(-u')}{r} = \frac{\sin i'}{s' - r} \tag{1.64}$$

が成り立つ．点 Q における入射角と屈折角をそれぞれ，i と i' とし，点 Q における屈折の法則

$$n \sin i = n' \sin i' \tag{1.65}$$

を用いると，

$$\frac{\sin u}{\sin u'} = \frac{-s' + r}{-s + r}\frac{n'}{n} \tag{1.66}$$

ここで，基準軸とほぼ平行に進む光線のみを考えることにしよう．そうすると，角度 u，u'，i，i' や高さ h は小さく，$\sin u = u$ などと近似でき，屈折の法則も，$ni = n'i'$ となる．このような光線を，近軸光線 (paraxial ray) という．

近軸光線に対しては，式 (1.66) は，

$$\frac{\sin u}{\sin u'} = \frac{u}{u'} = \frac{-h/s}{-h/s'} = \frac{-s' + r}{-s + r}\frac{n'}{n} \tag{1.67}$$

したがって，

$$-\frac{n}{s} + \frac{n'}{s'} = \frac{n' - n}{r} \tag{1.68}$$

が成立する．この式は，光線の角度に無関係に成立するので，点 P からいろいろな角度で出射した光線束は，すべて点 P′ に収束する．つまり，近軸光線のみを考えた場合には，点 P の像が点 P′ にできることがわかる．

このように，光線束が 1 点に収束するとき，点 P′ は点 P の実像 (real image) という．一方，光線を逆向きに延長したとき，1 点で交わる場合にはこれを虚像 (imagenary image) という．

光線逆進の原理 (1.3.1 項) から，点 P′ から光路を逆進する光線束は，点 P で像を結ぶことがわかる．物点 P と像点 P′ は互いに共役 (conjugate) の関係にあるという．

次に，式 (1.68) を変形して，

$$n\left(\frac{1}{r} - \frac{1}{s}\right) = n'\left(\frac{1}{r} - \frac{1}{s'}\right) \tag{1.69}$$

が得られる．この量は，屈折の前後で変化しない．これを，アッベの不変量 (Abbe's invariant) という．

ここで，式 (1.68) に，$u = -h/s$，$u' = -h/s'$ を代入すると，

$$n'u' = nu - (n' - n)hc \tag{1.70}$$

が得られる．ただし，$c = 1/r$ である．

図 1.22 のように，軸上の物点 P と像点 P′ が結像の関係にあるとする．したがって，式 (1.70) が成り立つ．

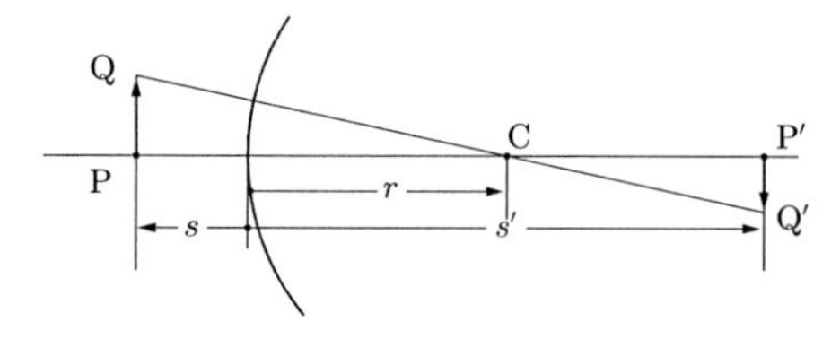

図 1.22 球面における結像

軸を，境界の曲率中心 C に対して微小角回転させて，物点 P が Q に像点 P′ は Q′ に移動したとする．このときも，物点 Q と像点 Q′ は結像の関係にあると考えられるので，式 (1.70) が成立する．

$$n'\bar{u}' = n\bar{u} - (n' - n)\bar{h}c \tag{1.71}$$

ただし，この式は物点 Q と像点 Q′ を結び，光学系の中心 C を通過する光線に対するものであるので，$\bar{u}$，$\bar{u}'$，$\bar{h}$ とした．このような光線を主光線 (principal ray, chief ray) という (主光線に対する定義は 1.7.13 項で述べる)．一方，物体の中心 (物体面と光軸との交点 P) から出て周辺を通る光線を周辺光線 (marginal ray) と呼ぶ (周辺光線の定義も 1.7.13 項で述べる)．

式 (1.70) と式 (1.71) から，$(n' - n)c$ を消去すると，

$$nu\bar{h} - n\bar{u}h = n'u'\bar{h} - n'\bar{u}'h \tag{1.72}$$

この量は，屈折の前後で不変である．これを，ラグランジェの不変量 (Lagrange invariant) と呼び，H で表す．すなわち，

$$H = \bar{y}nu - yn\bar{u} \tag{1.73}$$

ここでは，光線の高さを y で表している．

次に，図 1.23 のように，屈折面 1 から屈折面 2 に光線が進む場合を考えよう．光線の高さを y_1 と y_2 と，光線の傾き角を u'_1 とする．屈折面の間隔を t とする．このとき，近軸系では，

$$y_2 = y_1 + u'_1 t \tag{1.74}$$

が成り立つ．ここで主光線についても式 (1.74) が成立するので，

$$\bar{y}_2 = \bar{y}_1 + \bar{u}'_1 t \tag{1.75}$$

式 (1.74) と (1.75) の両辺に，それぞれ $n'_1\bar{u}'_1$ と $n'_1u'_1$ をかけて差をとると，

$$\bar{y}_1 n'_1 u'_1 - y_1 n'_1 \bar{u}'_1 = \bar{y}_2 n'_1 u'_1 - y_2 n'_1 \bar{u}'_1 - (\bar{u}'_1 n'_1 u'_1 - u'_1 n'_1 \bar{u}'_1)t \tag{1.76}$$

ここで，$n'_1u'_1 = n_2u_2$，$n'_1\bar{u}'_1 = n_2\bar{u}_2$ であるので，

$$\bar{y}_1 n'_1 u'_1 - y_1 n'_1 \bar{u}'_1 = \bar{y}_2 n_2 u_2 - y_2 n_2 \bar{u}_2 \tag{1.77}$$

すなわち，面と面の間においても，ラグランジェ不変量 H は保たれる．

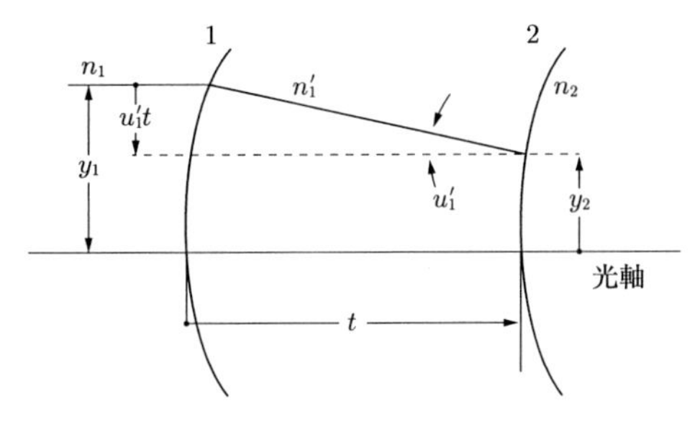

図 1.23　面間の光線

a. 焦点とニュートンの結像式

物点が無限遠にあると $s=-\infty$ で，入射光線は基準軸に平行になる．このときの像点の位置 $s'=f'$ を後側焦点 (focal point) F′ といい，f' を焦点距離 (focal length) という．また，像点が無限遠にあるときの物点位置を前側焦点 F とい，焦点距離は $s=f$ である．したがって，式 (1.68) を用いると，

$$f=-\frac{nr}{n'-n} \tag{1.78}$$

$$f'=\frac{n'r}{n'-n} \tag{1.79}$$

また，

$$\frac{f'}{f}=-\frac{n'}{n} \tag{1.80}$$

$$f+f'=r \tag{1.81}$$

が成り立つ．焦点距離を用いると，式 (1.68) は，

$$-\frac{n}{s}+\frac{n'}{s'}=-\frac{n}{f}=\frac{n'}{f'} \tag{1.82}$$

次に，焦点を原点として物点と像点までの距離を定義しよう (図 1.21 参照)．すなわち，

$$x=s-f \tag{1.83}$$

$$x'=s'-f' \tag{1.84}$$

これを，式 (1.82) に代入すると，

$$xx'=ff' \tag{1.85}$$

が得られる．これをニュートンの結像式 (Newton's equation) という．

b. 倍　　率

ここで，横倍率 (lateral magnification) を考えよう．再び，図 1.22 を使う．物体と像の大きさを $\overline{\mathrm{PQ}}=y$，$\overline{\mathrm{P'Q'}}=y'$ とする．このとき，横倍率 β は，

$$\beta=\frac{y'}{y}=\frac{s'-r}{s-r} \tag{1.86}$$

ここで，式 (1.69) を使うと，

$$\beta=\frac{y'}{y}=\frac{ns'}{n's} \tag{1.87}$$

さらに，式 (1.83) と式 (1.84) を代入し，ニュートンの結像式 (1.85) を用いると，

$$\beta=\frac{ns'}{n's}=\frac{n(f'+x')}{n'(f+x)}=\frac{n(f'+ff'/x)}{n'(f+x)}=\frac{n(x+f)f'}{n'x(f+x)}=\frac{nf'}{n'x}=-\frac{f}{x}=-\frac{x'}{f'} \tag{1.88}$$

が得られる．

次に，縦倍率 (longitudinal magnification) α を次のように定義し，式 (1.85) や (1.82) を微分すると，

$$\alpha = \frac{\mathrm{d}x'}{\mathrm{d}x} = \frac{\mathrm{d}s'}{\mathrm{d}s} = -\frac{x'}{x} = \frac{n}{n'}\left(\frac{s'}{s}\right)^2 \tag{1.89}$$

が得られる．角倍率 (angular magnification) γ についても同様に，

$$\gamma = \frac{u'}{u} = \frac{f+x}{f'+x'} = \frac{x}{f'} = \frac{f}{x'} = \frac{s}{s'} \tag{1.90}$$

各倍率の間には，

$$\alpha\gamma = \beta \tag{1.91}$$

の関係がある．

横倍率の式 (1.87) を変形すると，

$$\beta = \frac{y'}{y} = \frac{ns'}{n's} = \frac{n}{n'}\frac{h}{s}\frac{s'}{h} = \frac{nu}{n'u'} \tag{1.92}$$

よって，

$$nuy = n'u'y' \tag{1.93}$$

これをヘルムホルツ・ラグランジェの不変量 (Helmholtz–Lagrange invariant) という．互いに，共役な関係にある 2 点間に成立する関係である．

一般に，任意の面の前後で式 (1.93) が成り立つので，結局 N 枚の面から成り立つ光学系全体では，$k = 1, \ldots, N$ として，

$$n_1u_1y_1 = n_1'u_1'y_1' = \cdots = n_ku_ky_k = n_k'u_k'y_k' = \cdots = n_N'u_N'y_N' \tag{1.94}$$

が成り立つことになる．また，光学系全体の横倍率 β について，β_k を k 番目の面の横倍率とすると，

$$\beta = \beta_1\beta_2\cdots\beta_N = \frac{y_1'}{y_1}\frac{y_2'}{y_2}\cdots\frac{y_N'}{y_{(N-1)}} = \frac{y_N'}{y_1} \tag{1.95}$$

の関係がある．

1.7.3 球面における反射

球面における反射も同様な考え方で，結像式

$$\frac{1}{s} + \frac{1}{s'} = \frac{2}{r} \tag{1.96}$$

が成立する．

ここで注意しなければならない点は，距離 s と s' の符号，そして，屈折率である．空気の屈折率は 1 であるが，反射の場合には反射後の媒質の屈折率を負にして，$n = -n' = 1$ とすれば，屈折の結像式 (1.68) から反射の結像式 (1.96) が導かれる．球面における結像の一般式は (1.68) で，反射の場合には反射後の媒質の屈折率 n' を負にすればよい．

1.7.4 薄 肉 レ ン ズ

2つの球面によってできたレンズを考えよう．図 1.24 に示すように，空気の屈折率を 1 とし，レンズの屈折率を n としよう．2つの球面の曲率中心を結んだ直線を光軸 (optical axis) と呼ぶ．通常は，光学系はこの光軸の周りに回転対称である．

レンズを構成する 2 つの球面に対して，それぞれ式 (1.68) が成り立つ．

$$-\frac{1}{s_1}+\frac{n}{s_1'}=\frac{n-1}{r_1} \tag{1.97}$$

$$-\frac{n}{s_2}+\frac{1}{s_2'}=\frac{1-n}{r_2} \tag{1.98}$$

ただし，s_1，s_1'，r_1 は第 1 面の距離と曲率半径，s_2，s_2'，r_2 は第 2 面のそれである．ここで，レンズの厚さ d が十分薄い場合には，$s_1'=s_2$ とみなすことができて，

$$-\frac{1}{s_1}+\frac{1}{s_2'}=(n-1)\left(\frac{1}{r_1}-\frac{1}{r_2}\right) \tag{1.99}$$

が成立する．このような近似ができるレンズを薄肉レンズ (thin lens) という．

薄肉レンズに平行光が入射した場合には，$s_1=-\infty$ であるので，このときの像の位置 s_{F}' は，

$$\frac{1}{s_{\mathrm{F}}'}=(n-1)\left(\frac{1}{r_1}-\frac{1}{r_2}\right) \tag{1.100}$$

であり，この点が焦点である．$f'=s_{\mathrm{F}}'$ を後側焦点距離という．また，無限遠に像点を結ぶには，光源の位置 s_{F} は，

$$-\frac{1}{s_{\mathrm{F}}}=(n-1)\left(\frac{1}{r_1}-\frac{1}{r_2}\right) \tag{1.101}$$

を満たす．$f=s_{\mathrm{F}}$ は前側焦点距離で，$f'=-f$ である．

ここで，改めて薄肉レンズから物点までの距離を $s=s_1$，像点までの距離を $s'=s_2'$ とすると，

$$-\frac{1}{s}+\frac{1}{s'}=\frac{1}{f'} \tag{1.102}$$

これを，薄肉レンズの結像式，あるいは単に，レンズの公式と呼ぶ．ただし，

$$\frac{1}{f'}=-\frac{1}{f}=(n-1)\left(\frac{1}{r_1}-\frac{1}{r_2}\right) \tag{1.103}$$

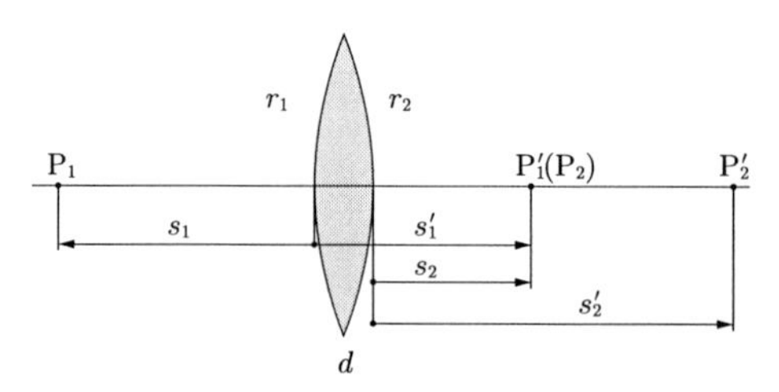

図 1.24 薄肉レンズにおける結像

後側焦点距離 f' を単に焦点距離という．また，焦点距離の逆数を屈折力またはパワー (power) という．

$$P = \frac{1}{f'} = (n-1)\left(\frac{1}{r_1} - \frac{1}{r_2}\right) \tag{1.104}$$

ここで，物点と像点の位置を表す座標の原点をそれぞれ前側焦点と後側焦点の位置にとってみよう．

$$x = s - f \tag{1.105}$$

$$x' = s' - f' \tag{1.106}$$

これを，式 (1.102) に代入すると，

$$xx' = ff' \tag{1.107}$$

が得られる．ここでもニュートンの結像式が成立する．結像光学系において，物点と像点の関係にある 2 点は互いに共役 (conjugate) であるという．

また，薄肉レンズについても横倍率 β について，式 (1.88) と同様の関係が成り立つ．

$$\beta = \frac{s'}{s} = -\frac{f}{x} = -\frac{x'}{f'} \tag{1.108}$$

1.7.5 換 算 距 離

これまでは，薄肉レンズの前後の空間は空気であるとして，$n = 1$ としてきた．しかし，レンズの前面の媒質の屈折率が n でレンズの後面のそれが n' である場合には，レンズの結像式は，

$$-\frac{n}{s} + \frac{n'}{s'} = \frac{1}{f'} = -\frac{1}{f} \tag{1.109}$$

と表すことができる．ただし，焦点位置を s'_{F}，s_{F} として，焦点距離をそれぞれ，$f' = s'_{\mathrm{F}}/n'$，$f = s_{\mathrm{F}}/n$ とした．

このように，レンズの前後の媒質の屈折率が $n = 1$ でない場合には，距離 s，s'，x，x'，f，f' などを媒質の屈折率で除した値 s/n，s'/n'，x/n，x'/n'，f/n，f'/n' で置き換えればよい．これを換算距離という．

1.7.6 薄肉レンズの組み合わせ

図 1.25 に示すように，それぞれの焦点距離が f'_1 と f'_2 の 2 枚のレンズが間隔 d で並んで置かれている場合を考えよう．2 つのレンズの光軸は一致しているものとする．一般に，いくつかの光学系があり，それぞれの光軸が一致しているものを共軸光学系という．第 1 番目のレンズに対する物点位置を s_1，像点位置を s'_1，第 2 番目のレンズに対する物点位置を s_2，像点位置を s'_2 などとする．各レンズの結像式は，

$$-\frac{1}{s_1} + \frac{1}{s'_1} = \frac{1}{f'_1} \tag{1.110}$$

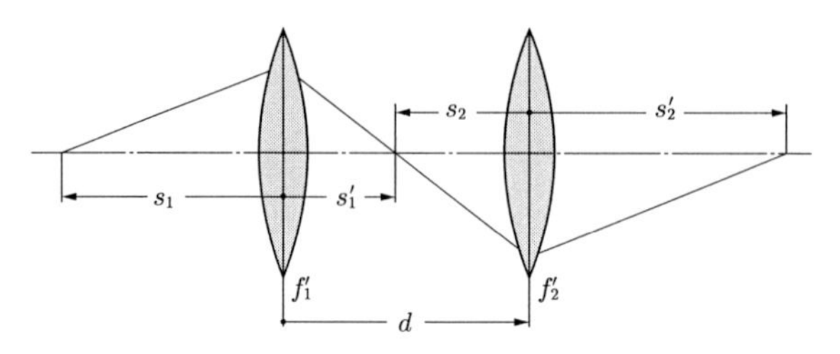

図 **1.25** 薄肉レンズの組み合わせ

$$-\frac{1}{s_2}+\frac{1}{s_2'}=\frac{1}{f_2'} \tag{1.111}$$

また,

$$d=s_1'-s_2 \tag{1.112}$$

であるので,

$$-\frac{1}{s_1'-d}+\frac{1}{s_2'}=\frac{1}{f_2'} \tag{1.113}$$

2 つのレンズが密着しているときには, $d=0$ であるので,

$$-\frac{1}{s_1}+\frac{1}{s_2'}=\frac{1}{f_1'}+\frac{1}{f_2'} \tag{1.114}$$

また, 2 枚のレンズの合成焦点距離を f' とすると,

$$-\frac{1}{s_1}+\frac{1}{s_2'}=\frac{1}{f'}=\frac{1}{f_1'}+\frac{1}{f_2'} \tag{1.115}$$

が成り立つ.

一般に, N 枚のレンズを密着させた場合には,

$$\frac{1}{f'}=\sum_{i=1}^{N}\frac{1}{f_i'} \tag{1.116}$$

レンズの焦点距離の逆数を屈折力 (パワー) P といった. 各レンズのパワーを P_i とすると, 密着させたレンズのパワーは

$$P=\sum_{i=1}^{N}P_i \tag{1.117}$$

である.

1.7.7 ジ オ プ タ ー

レンズの屈折力は, 焦点距離を m で測り, その逆数をとり, 単位をジオプター (diopter) で表す. 焦点距離 20 cm のレンズの屈折力 (レンズの度数ともいう) は, 5 ジオプターである. 薄レンズを何枚か密着させた場合には, 総合的な度数は, 式 (1.117) より各レンズのパワーの和となる.

1.7.8 厚肉レンズ

ここで一般的な厚肉単レンズ (thick lens) を考えよう．薄肉レンズの場合と異なり，レンズ面の間隔 d は無視できない．図 1.26 に示すように，薄肉レンズの場合と同じように，物点，像点位置を定義する．また，第 1 面と第 2 面の焦点 F_1，F'_1 と F_2，F'_2，焦点距離 f_1，f'_1 と f_2，f'_2 も同様に定義する．レンズの外側は空気であり，レンズの屈折率は n であるとすると，$n_1 = 1$，$n'_1 = n_2 = n$，$n'_2 = 1$ である．まず，式 (1.80) より，

$$f_1 f_2 = f'_1 f'_2 \tag{1.118}$$

第 1 面と第 2 面に対してニュートンの結像式を適用して，

$$x_1 x'_1 = f_1 f'_1, \qquad x_2 x'_2 = f_2 f'_2 \tag{1.119}$$

第 1 面の焦点 F'_1 と第 2 面焦点 F_2 の間の距離 Δ の間には

$$\Delta = x'_1 - x_2 \tag{1.120}$$

の関係があることに注意しよう．この関係と式 (1.119) により，

$$\frac{f_1 f'_1}{x_1} - \frac{f_2 f'_2}{x'_2} = \Delta \tag{1.121}$$

この式が，単レンズの物点と像点の関係を与える結像式である．したがって，この単レンズの焦点 F と F′ は，それぞれ，$x'_2 = \infty$，$x_1 = -\infty$ として，

$$x_{1\mathrm{F}} = \frac{f_1 f'_1}{\Delta} \tag{1.122}$$

$$x'_{2\mathrm{F}'} = -\frac{f_2 f'_2}{\Delta} \tag{1.123}$$

で与えられる．

a. 主点と主平面

ここで，この単レンズの横倍率 β を考えてみよう．この横倍率は，2 つの面の倍率の積であるから，

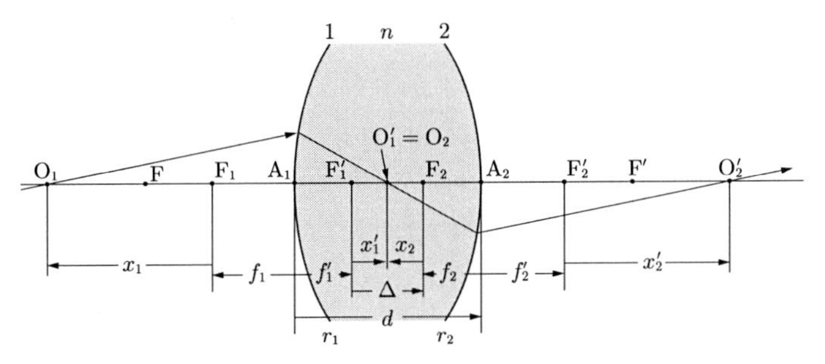

図 1.26 厚肉レンズにおける結像

$$\beta = \left(-\frac{f_1}{x_1}\right)\left(-\frac{x_2'}{f_2'}\right) = \frac{x_2' f_1}{x_1 f_2'} \tag{1.124}$$

次に，この単レンズで，像の横倍率が変わらない共役点 H と H′ の位置 $x_{1\mathrm{H}}$，$x'_{2\mathrm{H}'}$ を探そう．式 (1.124) より，

$$\beta = \left(-\frac{f_1}{x_{1\mathrm{H}}}\right)\left(-\frac{x'_{2\mathrm{H}'}}{f_2'}\right) = 1 \tag{1.125}$$

この共役点は式 (1.121) を満足することと，式 (1.125) を使うと，

$$x_{1\mathrm{H}} = \frac{f_1}{\Delta}(f_1' - f_2) \tag{1.126}$$

$$x'_{2\mathrm{H}'} = \frac{f_2'}{\Delta}(f_1' - f_2) \tag{1.127}$$

この 2 点は，主点 (principal point) と呼ばれている．主点を通り光軸と垂直な面を主平面 (principal plane) という．ここで，この主点 H と H′ から焦点 F と F′ までの距離を新たに焦点距離とすると，式 (1.122) と (1.126) より，

$$f = \overline{\mathrm{HF}} = x_{1\mathrm{F}} - x_{1\mathrm{H}} = \frac{f_1 f_2}{\Delta} \tag{1.128}$$

同じく，

$$f' = \overline{\mathrm{H'F'}} = x'_{2\mathrm{F}'} - x'_{2\mathrm{H}'} = -\frac{f_1' f_2'}{\Delta} = -f \tag{1.129}$$

次に，薄肉レンズでニュートンの式が成立したように，厚肉単レンズでもニュートンの式が成り立つことを示そう．単レンズの焦点 F と F′ から物点と像点までの距離を新たに x，x' とし，式 (1.122)，(1.123)，(1.121) を用いると，

$$xx' = (x_1 - x_{1\mathrm{F}})(x_2' - x'_{2\mathrm{F}'}) = \left(x_1 - \frac{f_1 f_1'}{\Delta}\right)\left(x_2' + \frac{f_2 f_2'}{\Delta}\right) = ff' \tag{1.130}$$

さらに，主点から物点，像点までの距離を新たに s，s' とすると，

$$-\frac{1}{s} + \frac{1}{s'} = \frac{1}{f'} = -\frac{1}{f} \tag{1.131}$$

が成立する．この式は薄肉レンズにおけるレンズの結像式 (1.102) が厚肉レンズでも成立することを意味する．

厚肉レンズの屈折力を求めてみよう．式 (1.129) から，

$$P = \frac{1}{f'} = -\frac{\Delta}{f_1' f_2'} \tag{1.132}$$

また，レンズの肉厚 d は，$d = \Delta + f_1' - f_2$ に注意して，式 (1.78) と式 (1.79) を適用した

$$f_1 = -\frac{r_1}{(n-1)} = -\frac{f_1'}{n} \tag{1.133}$$

$$f_2 = -\frac{nr_2}{(1-n)} = -nf_2' \tag{1.134}$$

を用いて，

$$P = \frac{1}{f'} = (n-1)\left(\frac{1}{r_1} - \frac{1}{r_2}\right) + \frac{d}{n}\cdot\frac{(n-1)^2}{r_1 r_2} \tag{1.135}$$

が得られる．

b. 節　　点

この単レンズで，像の角倍率が変わらない共役点 N と N′ の位置 $x_{1\mathrm{N}}$，$x'_{2\mathrm{N}'}$ を求めよう．横倍率の場合と同じように，単レンズの角倍率は，2 つの面の倍率 (1.88) の積であるから，

$$\gamma = \left(\frac{x_1}{f'_1}\right)\left(\frac{f_2}{x'_2}\right) = \frac{x_1 f_2}{x'_2 f'_1} \tag{1.136}$$

したがって，

$$\gamma = \frac{x_{1\mathrm{N}} f_2}{x'_{2\mathrm{N}'} f'_1} = 1 \tag{1.137}$$

この共役点は式 (1.121) を満足することを使い，さらに，式 (1.118) の関係を用いて，

$$x_{1\mathrm{N}} = \frac{f'_1}{\Delta}(f_1 - f'_2) = \frac{f_1}{\Delta}(f'_1 - f_2) = x_{1\mathrm{H}} \tag{1.138}$$

$$x'_{2\mathrm{N}'} = \frac{f_2}{\Delta}(f_1 - f'_2) = \frac{f'_2}{\Delta}(f'_1 - f_2) = x'_{2\mathrm{H}'} \tag{1.139}$$

この 2 点は，節点 (nodal point) と呼ばれ，単レンズのようにレンズの両側が同じ屈折率の場合には，主点と一致する．

c. 主　要　点

結像光学系を考えるうえで，主点や節点は重要で，主要点と呼ばれる (図 1.27)．主点を通り光軸に垂直な面を主平面という．2 つの主平面 H と H′ は，倍率 1 で結像関係にある．また，節点にある角度で入射した光線は，同じ角度で他の節点を出射する．

図 1.28 に，主要点と像の作図のための光線を示す．物体から出て光軸に平行に進む

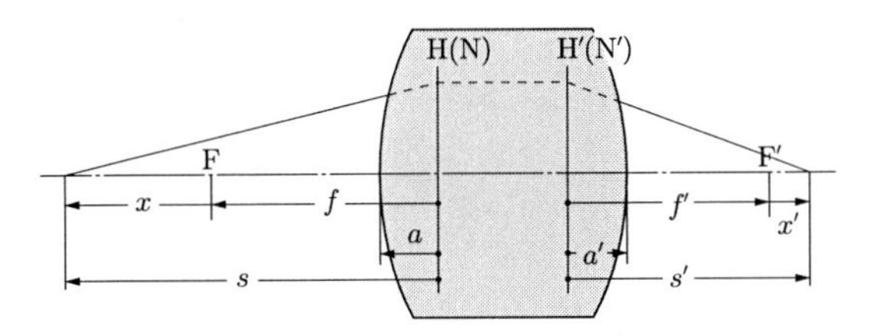

図 1.27 厚肉レンズにおける主要点

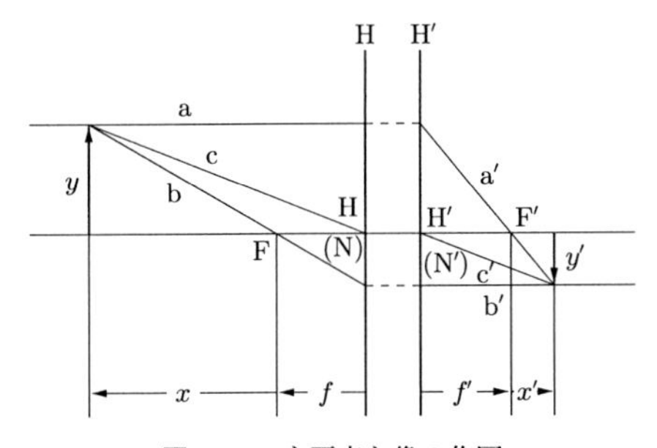

図 1.28 主要点と像の作図

光線 a は，同じ高さで主平面 H′ に到達し，後側焦点 F′ を通過する．物体から出て前側焦点 F を通過した光線 b は，主平面 H に到達し，光軸と平行に進む．物体空間と像空間が同じ屈折率の媒質であるとき，主平面と節平面は一致するので，物体を出て節点 N に入射する光線 c は同じ角度で後側節点 N′ から出る．

レンズ面から主点までの距離 $s_{1\mathrm{H}}$，$s'_{2\mathrm{H}'}$ は，

$$s_{1\mathrm{H}} = -\frac{f'(n-1)d}{nr_2} \tag{1.140}$$

$$s'_{2\mathrm{H}'} = -\frac{f'(n-1)d}{nr_1} \tag{1.141}$$

である．

1.7.9　2 つの光学系の結合

図 1.29 に示すように，2 つの結像光学系の合成光学系の性質を考えてみよう．多数の光学系の結合の場合にも，ここで述べた手続きを繰り返せばよい．

まず，2 つの光学系が合成されたときの主点の位置と焦点の位置を求めてみよう．第 1 と第 2 の光学系の焦点距離，主点位置などを今までと同じ規則で，f'_1，f_2，H_1，H_2 などとする．第 1 の光学系の後側焦点 F'_1 から第 2 の光学系の前側焦点 F_2 の距離を Δ とする．また，第 1 の光学系の後側主点 H'_1 から第 2 の光学系の前側主点 H_2 の距離を d とする．

光軸に平行な光線が，高さ h で第 1 の光学系に入射したとする．第 1 光学系の前側主平面の A に入射した光線は，後側主平面の A′ を経て，後側焦点 F'_1 を通過して，第 2 光学系の前側主平面の B に到達し，後側主平面の B′ 点を出て，光軸と交わる．この交点 F′ が，合成光学系の後側焦点である．この光線が高さ h になる点を C とすると，C 点を含み光軸に垂直な面が，合成光学系の後側主平面である．なぜなら，光軸に平行に入射した光線は，前側主平面と後側主平面を同じ高さで横切らなくてはならないからである．

まず，第 2 結像系において，点 F'_1 と点 F′ は結像関係にあるから，ニュートンの結像式を用いて，

$$\mathrm{F}'_2\mathrm{F}' = -\frac{f_2 f'_2}{\Delta} \tag{1.142}$$

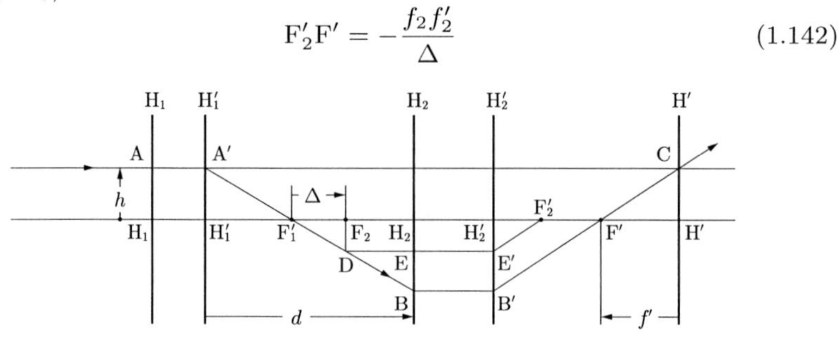

図 1.29　2 つの光学系の結合 (I)

次に，第2光学系の前側焦点面と光線 $A'B$ との交点を D とする．この点を通り光軸に平行に入射した光は，2つの主平面で点 E と点 E' で交わる．点 E' を出た光線は後側焦点 F'_2 を通る．このとき，光線 $E'F'_2$ と光線 $B'F'$ は平行になる．なぜなら，第2光学系において，焦点面上にある点 D の像は無限遠にできるからである．これらのことから，

$$\frac{\mathrm{H'C}}{\mathrm{H'F'}} = \frac{h}{f'} = \frac{\mathrm{H'_2E'}}{\mathrm{H'_2F'_2}} = \frac{\mathrm{H'_2E'}}{f'_2} \tag{1.143}$$

$$\frac{\mathrm{H'_1F'_1}}{\mathrm{H'_1A'}} = \frac{f'_1}{h} = \frac{\mathrm{F_2F'_1}}{\mathrm{F_2D}} = \frac{-\Delta}{\mathrm{H'_2E'}} \tag{1.144}$$

したがって，

$$f' = -\frac{f'_1 f'_2}{\Delta} \tag{1.145}$$

を得る．同様に，合成光学系の前側焦点距離は，

$$f = \frac{f_1 f_2}{\Delta} \tag{1.146}$$

である．また，

$$\mathrm{F_1F} = \frac{f_1 f'_1}{\Delta} \tag{1.147}$$

第1光学系の前側主点 H_1 から合成光学系の前側主点 H までの距離は，

$$\mathrm{H_1H} = \frac{f_1 d}{\Delta} \tag{1.148}$$

第2光学系の後側主点 H'_2 から合成光学系の後側主点 H' までの距離は，

$$\mathrm{H'_2H'} = \frac{f'_2 d}{\Delta} \tag{1.149}$$

である．ただし，$\Delta = d - f'_1 + f_2$ である．また，式 (1.145) より，2つの光学系の間が空気の場合には，

$$\frac{1}{f'} = \frac{1}{f'_1} + \frac{1}{f'_2} - \frac{d}{f'_1 f'_2} \tag{1.150}$$

が成り立つ．

ここで，2つの光学系の結合に関して別の考え方をしてみよう．すなわち，図 1.30 において，第1の光学系と第2の光学系に対してニュートンの式を適用すると，

$$x_1 x'_1 = f_1 f'_1 \tag{1.151}$$

$$x_2 x'_2 = f_2 f'_2 \tag{1.152}$$

また，$x'_1 - x_2 = \Delta$ である．これから，x'_1 と x_2 を消去すると，厚肉レンズの結像式 (1.121) と同様の式が得られる．

$$\frac{f_1 f'_1}{x_1} - \frac{f_2 f'_2}{x'_2} = \Delta \tag{1.153}$$

以後，厚肉レンズの解析と同じ手続きで，合成光学系の焦点位置を求め，

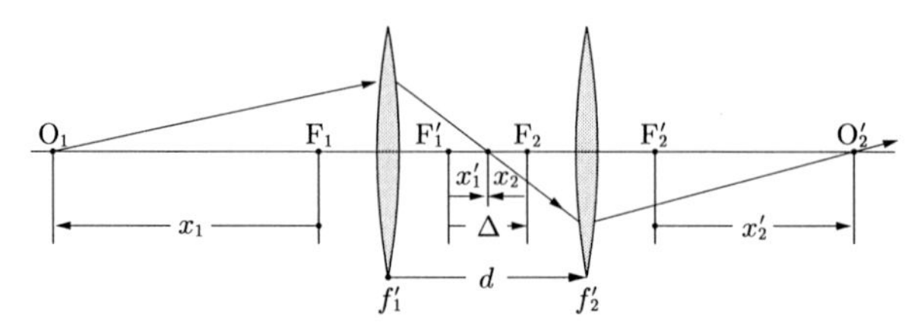

図 1.30 2 つの光学系の結合 (II)

$$x_{1\mathrm{F}} = \frac{f_1 f'_1}{\Delta} \tag{1.154}$$

$$x'_{2\mathrm{F}'} = -\frac{f_2 f'_2}{\Delta} \tag{1.155}$$

横倍率 $\beta = [f_1/x_{1\mathrm{H}}] \cdot [x'_{2\mathrm{H}'}/f'_2] = 1$ の位置から，主点位置を求め，

$$x_{1\mathrm{H}} = \frac{f_1(f'_1 - f_2)}{\Delta} \tag{1.156}$$

$$x'_{2\mathrm{H}'} = \frac{f'_2(f'_1 - f_2)}{\Delta} \tag{1.157}$$

この主点を起点に合成光学系の焦点距離を求めることができる．

$$f = x_{1\mathrm{F}} - x_{1\mathrm{H}} = \frac{f_1 f_2}{\Delta} \tag{1.158}$$

$$f' = x'_{2\mathrm{F}'} - x'_{2\mathrm{H}'} = -\frac{f'_1 f'_2}{\Delta} = -f \tag{1.159}$$

1.7.10 アフォーカル光学系

2 つの光学系において，第 1 の光学系の後側焦点 F'_1 と第 2 の光学系の前側焦点 F_2 が一致する場合を考えよう ($\Delta = 0$)．このとき，図 1.29 や，式 (1.145) (1.146) からも明らかなように，合成の焦点位置は無限大となる．また，式 (1.140) (1.141) より主点位置も無限大となる．このような光学系は望遠鏡やビーム拡大光学系などで使われており，アフォーカル (afocal) 系といわれている．

アフォーカル系では，2 つの焦点距離は無限大になるが，その比は，式 (1.145)，式 (1.146) により，

$$\frac{f'}{f} = -\frac{f'_1 f'_2}{f_1 f_2} \tag{1.160}$$

となる．

アフォーカル系では，図 1.31 に示すように光学系に入射する平行光束は平行光束として出射する．入射平行光束の傾角を ω，出射光束のそれを ω' とする．ヘルムホルツ・ラグランジュの式 (1.93) から，

$$n_1 u_1 y_1 = n'_2 u'_2 y'_2 \tag{1.161}$$

ここで，$u_1 = h_1/s_1$，$u'_2 = h'_2/s'_2$ であるので，

$$\frac{n_1 h_1 y_1}{s_1} = \frac{n'_2 h'_2 y'_2}{s'_2} \tag{1.162}$$

さらに，$\tan\omega = y_1/s_1$，$\tan\omega' = y'_2/s'_2$ であるから，

$$\frac{n'_2 \tan\omega'}{n_1 \tan\omega} = \frac{h_1}{h'_2} = \frac{f'_1}{f_2} = \gamma \tag{1.163}$$

が得られ，この値は光学系固有の値である．これは角倍率 (angular magnification) である．

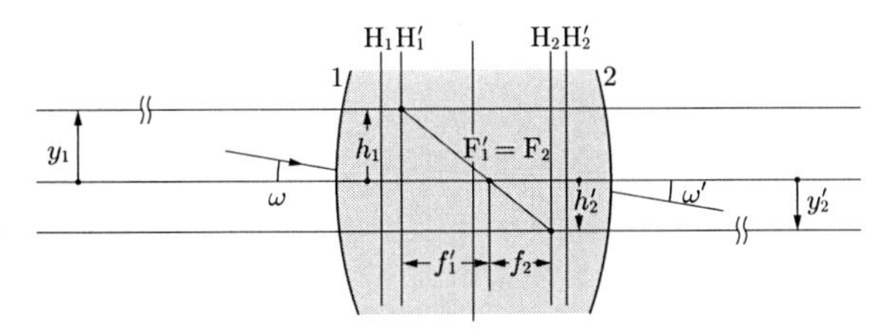

図 1.31　アフォーカル系

1.7.11　シャイムプフルークの条件

近軸光学系では通常，物体面も結像面も光軸に垂直の場合を取り扱う場合が多い．しかし，図 1.32 のように物体面が光学系に対して傾いているとき，像面も光軸に対して傾く．点 A の像が点 A′ であり，それぞれの像高を y，y' とし，子午面内を考える．物体面の傾きは，a，b を適当な定数として，

$$y = a(-s) + b \tag{1.164}$$

と表すことができる．ここで，結像の式 (1.131) が成立しているので，

$$-\frac{1}{s} + \frac{1}{s'} = \frac{1}{f'} \tag{1.165}$$

また，横倍率を β とすると，

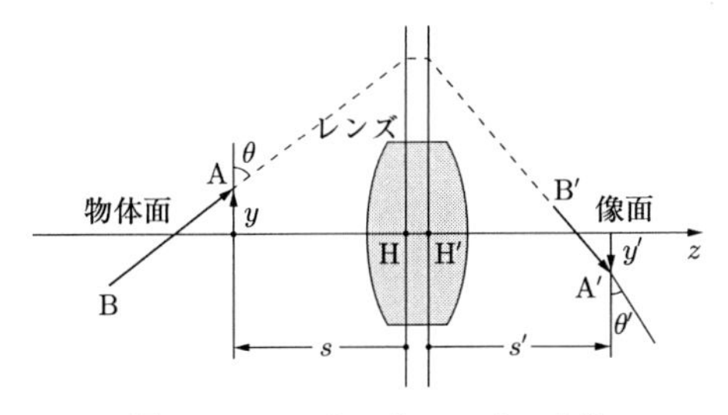

図 1.32　シャイムプフルークの条件

$$\beta = \frac{y'}{y} = \frac{s'}{s} \tag{1.166}$$

であるので,

$$y' = \frac{s'}{s}y = -\left(a + \frac{b}{f'}\right)s' + b \tag{1.167}$$

これから物体面と物体側主平面との交点は $s = 0$ として $y = b$, また, 像面と像側主平面との交点も $s' = 0$ から $y' = b$ が得られ, 物体面と像面の交線はレンズ面 (主平面) にあることがわかる. これをシャイムプフルークの条件 (Scheimpflug condition) という. 物体面が傾いていると, 横倍率が場所によって変化するので, 像は, 台形に歪む. これを要 (かなめ) 石形歪み (keystone distortion) ともいう.

1.7.12 ベンディング

式 (1.135) によれば, 2つの球面の曲率半径の一方を変えても他方を適切に決めれば, 単レンズの焦点距離を不変に保つことができる. これをベンディング (bending) という. ベンディングの例を, 図 1.33 に示す. この単レンズの主点位置は, ベンディングの状態により, 変化する. 2つの主点位置がレンズの外側にあることもある. また, 平凸レンズあるいは平凹レンズでは, 一方の主点位置は, 平面の境界面と反対側の境界面上に位置することがわかる. ベンディングによって, 後に述べる収差の量も変化することにも注意しよう. 光学系の屈折力を保ったまま, 収差を低減する手段としてベンディングの考え方が使われる.

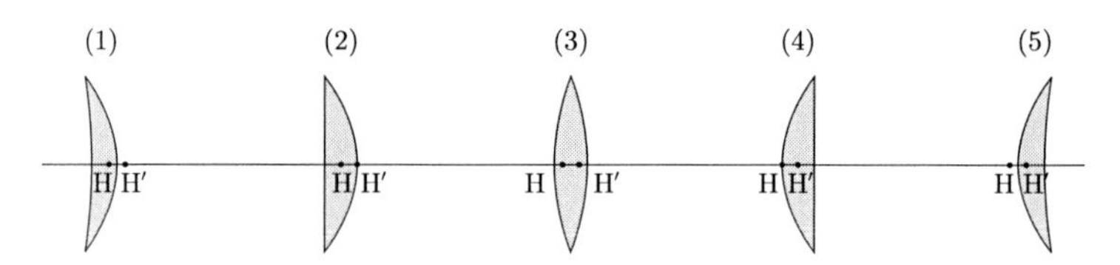

図 **1.33** レンズのベンディング

1.7.13 絞 り

絞り (stop) とは, 光学系に入射する光束の太さを制限する開口 (aperture) である. 絞りには, 目的の異なる二通りの使い方がある. すなわち, 入射光量を制限する開口絞りと, 像の範囲を制限する視野絞りがある.

a. 開口絞り

光学系に入射できる光束の幅は無限に大きくとることはできず, 必ず制限がある. 薄肉単レンズの場合には, そのレンズの口径がそれにあたり, カメラレンズの場合には, レンズ系の中に円形の絞りを入れて光束の幅を制限している (図 1.34). このように結像に寄与する光線の範囲を制限する絞りを開口絞り (aperture stop) という.

光学系の入射側から見た開口絞りの像を入射瞳という. また, 像側から開口絞りを見

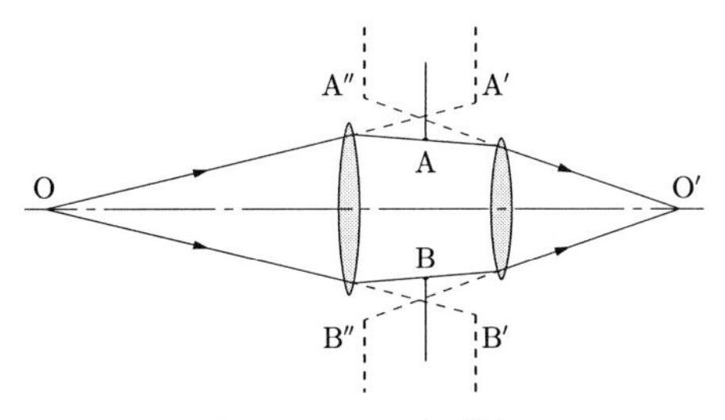

図 1.34　レンズの絞り

た像を射出瞳という．入射瞳，開口絞り，射出瞳は互いに結像の関係にあり，開口絞りの中心を通った光線は，入射瞳と射出瞳の中心を通る．この光線を主光線 (principal ray または chief ray) という．主光線は，開口絞りを絞っていったときに最後まで残る光線である．また，入射瞳の縁を通る光線は，開口絞りと射出瞳の縁を通る．この光線は，周辺光線もしくはマージナル光線 (merginal ray) と呼ばれる．

b.　テレセントリック光学系

開口絞りの位置が焦点面にあると，入射瞳や射出瞳は無限遠にあることになり，このような光学系をテレセントリック (telecentric) 光学系という．例えば，図 1.35 に示すように，開口絞りが，光学系の後側焦点面にあると，光軸に平行に進んできた光線が開口の中心を通り主光線となる．物体の大きさを測る場合には，物体の位置が光軸上で多少動いても大きさの等しい像が得られる (ピントはずれるが)．このように，絞りの中心を通過した光線 (主光線) が物体側で光軸に平行である光学系を物体側テレセントリック光学系という．同様に，開口絞りを前側焦点面に置けば光学系を通った後，主光線を光軸と平行に進むようにできる．この場合には，像面が多少前後しても像の大きさは変わらない．この光学系もテレセントリック光学系である．この光学系を像側テレセントリック光学系という．このテレセントリック光学系を組み合わせた例が図 1.36 である．この光学系では，第 1 の光学系の後側焦点と第 2 の光学系の前側焦点を一致させ，この共通の焦点面に開口絞りを置く．この光学系は，光計測に多用される．被測定物体に光軸方向の位置ずれがあっても像の大きさが変わらないからである．

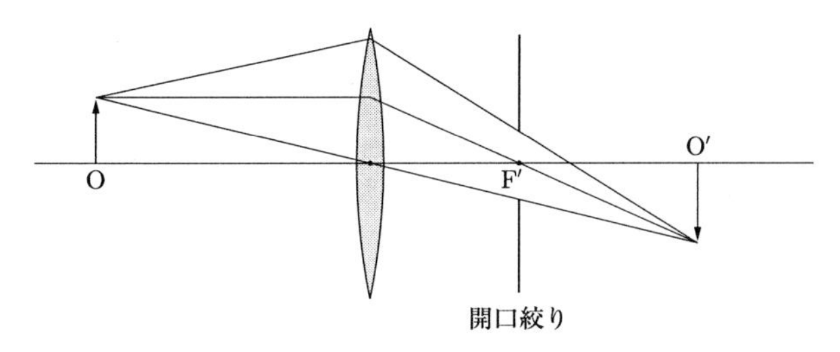

図 1.35　物体側テレセントリック光学系 (開口絞りが後側焦点面にある)

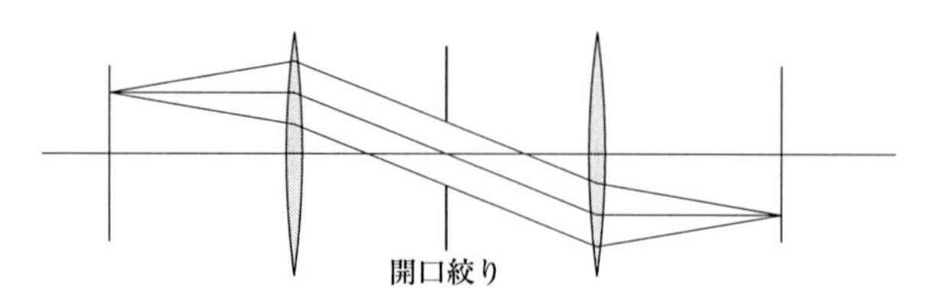

図 1.36　テレセントリック光学系 (2 つのテレセントリック光学系の組み合わせ)

c. フィールドレンズ

2 つの光学系を接続する場合に，物体から出た光線束を有効に利用するためには，第 1 の光学系の射出瞳と第 2 の光学系の入射瞳を一致させる必要がある．この目的で，図 1.37 に示すように，2 つの光学系の間に，第 1 の射出瞳を第 2 の入射瞳に結像させる第 3 のレンズを挿入する．これがフィールドレンズ (field lens) である．フィールドレンズは，第 1 光学系がつくる中間像付近に置かれることが多い．

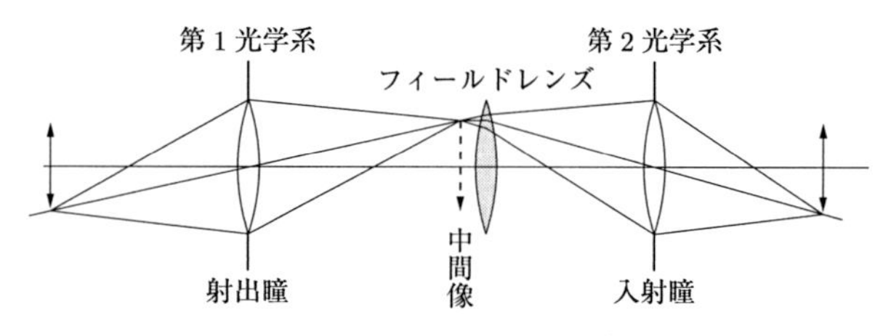

図 1.37　フィールドレンズ

d. 視 野 絞 り

カメラの撮像面の直前に置かれる絞りなど，視野の大きさを制限する絞りを視野絞り (field stop) という．

e. F ナンバーと NA

次に，光学系がつくる像の明るさについて考えてみよう．光学系は薄肉レンズであるとしよう．光学系に入射する光量を考えるには，直接開口絞りに対して入射してくる光束を考えるよりも，入射瞳に入射する光束を考えた方が便利である．いま，小さな物体からレンズに入射してくる光量を考えよう．これは，レンズの入射瞳が物体に張る立体角に比例するとみなすことができ，入射瞳の直径を D，レンズと物体までの距離を s とすると，光量は $(D/s)^2$ に比例する．また，像の明るさは，像の横倍率 $\beta = s'/s$ の 2 乗に反比例する．ただし，s' はレンズと像までの距離である．全体として，像の明るさは，$(D/s)^2(s/s')^2 = (D/s')^2 \approx (D/f')^2$ に比例する．このことから，光学系の明るさの目安として，口径比 (D/f') が使われる．また，その逆数を F ナンバー (f-number) という．

$$F \equiv \frac{f'}{D} \tag{1.168}$$

物体が光学系に近いと，レンズと像までの距離 s' は，焦点距離 f' よりも大きいので，有効 F ナンバー (s'/D) をとることもある．

また，光学系の明るさの指標として，開口数 (numerical aperture: NA) がある．

$$NA \equiv n|\sin U| \tag{1.169}$$

ただし，n は光学系と像の間の空間の屈折率，U はマージナル光線と光軸のなす角である．

F ナンバーと NA は，光学系が薄肉レンズで開口絞りがレンズ面にあり，物体が無限遠にある場合には，

$$F \approx \frac{1}{2NA} \tag{1.170}$$

また，有効 F ナンバーは $1/(2NA)$ に等しい．

1.8　収　　　差

光学系に入射する光線を，近軸光線に限ると，物点から出た光線はすべて像点に集まり，完全結像が実現される．しかし，現実にはこのような場合はまれで，結像光学系を通過した後の光線は一般には像として 1 点に集まらない．光が波動であること (回折) によるばかりでなく，幾何光学的原因によるものがある．後者を，収差 (aberration) という．収差にはいろいろな種類があり，単色光に対しては，球面収差，コマ収差，非点収差，像面湾曲，歪曲収差などがあり，光の波長変化に対しては色収差 (chromatic aberration) がある．単色光に対する 5 種類の収差は，研究者の名をとってザイデル (Seidel) の 5 収差と呼ばれている．

1.8.1　球 面 収 差

薄肉凸レンズを考えよう．光軸に平行な近軸光線は，焦点に像を結ぶが，光線の高さが光軸から離れれば離れるほど，レンズの屈折力は大きくなり，よりレンズ面に近い点で光軸を横切る．これは，付録 A で述べる，単一球面での屈折の式 (A.12) からも納得できることである．このような収差を，球面収差 (spherical aberration) という．球面収差によって，像は光軸に対して回転対称にボケる．

図 1.38 に示すように，球面収差は，近軸像点を原点にして，光線が光軸と交わる点までの距離 Δz で定義することが多い．光軸上において収差を定義したのでこれは縦収差と呼ばれる．また，近軸像面上で光線が交わる点と光軸までの距離 Δy を横収差という．

球面収差の量を表示するには，横軸に Δz，縦軸に入射光線の高さ h を図示することが多い．単レンズでは，焦点距離を変えなくてもレンズの両面の曲率半径を変えると，球面収差の量が変化する．図 1.39 に，ベンディングと球面収差量の関係を図示する．平凸レンズで平行光線を焦点に結ぶ場合，平面に平行光線を入射させるより，凸

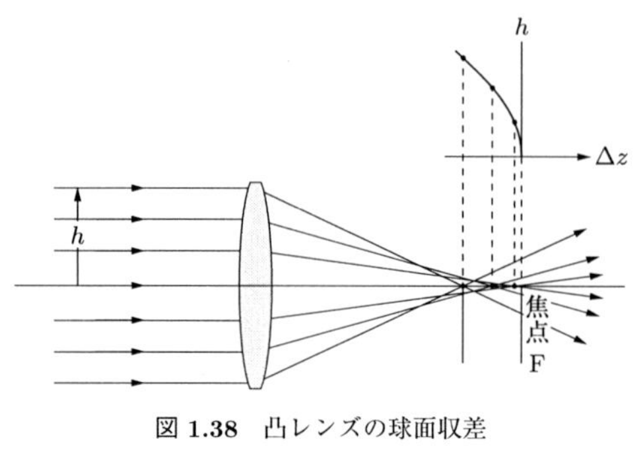

図 1.38 凸レンズの球面収差

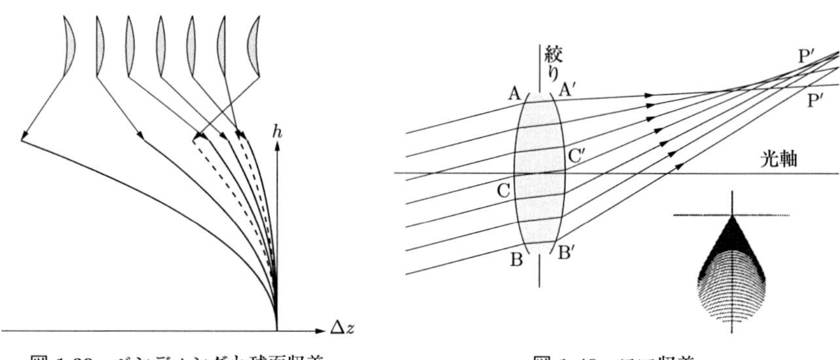

図 1.39 ベンディングと球面収差

図 1.40 コマ収差

面に入射させる方が球面収差は少ない．一般に，球面収差の発生を抑えるには，レンズ面に対して小さい角度で光線を入射させればよい．

1.8.2 コマ収差

図 1.40 に示すように，光軸から離れた位置に物点があるとき，レンズの中央部を通る光線がつくる像と周辺部を通った光線がつくる像は，別の面にできる．これは，球面収差と同じ理由により，近軸光線以外では，軸上と軸外ではレンズの屈折力が異なるからである．ある面で，このときの像を見ると，場所によって像の中心位置とぼけ方が順次異なるので，彗星 (comet) のように頭の部分が小さい輝点となり，裾を引いて広がって見える．この収差をコマ収差 (coma) という．

a. 正弦条件

次に，正弦条件 (sine condition) といわれる結像の条件を求めてみよう．この条件は，光軸上の物点が球面収差なしに結像しているときに，光軸から少し離れた物点も収差のない状態で結像する条件である．つまり，コマ収差を除去する条件でもある．図 1.41 に示すように，軸上の物点 A と像点 A′ に対しては球面収差なしに結像の関係にあるとする．この物点を含んで光軸と垂直な面を物体面，像点を含んで光軸と垂

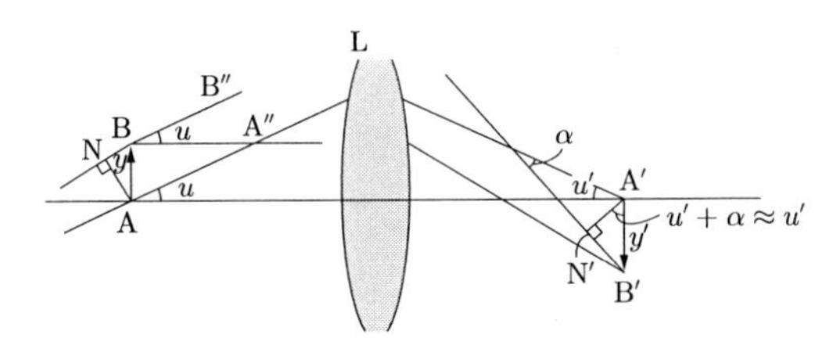

図 **1.41**　正弦条件

直な面を像面と呼ぼう．光軸近傍で物体面上の 1 点 B と像面上の 1 点 B′ が収差のない (コマ収差がない) 条件で結像する条件を求める．物点 B の高さを y，像点 B′ の高さを y' とする．AA′ は互いに完全結像しているから，この 2 点を通る光線の光路長 $\overline{\mathrm{AA'}}$ はすべて等しい．BB′ に対しても光路長 $\overline{\mathrm{BB'}}$ が一定であればよい．今，物点 A から光軸に対して角度 u で射出し像点 A′ に角度 u' で到達する光線を考える (これを光線 $\mathrm{A_1}$ と呼ぶ)．また，光軸上を進む光線を光線 $\mathrm{A_0}$ と呼ぶ．次に，点 B からも光線 $\mathrm{A_1}$ と同じ角度 u で射出する光線を考え，点 B′ に到達する光線も考える (これを光線 $\mathrm{B_1}$ と呼ぶ)．点 B を出て，光軸に平行にレンズに入射する光線を光線 $\mathrm{B_0}$ と呼ぶ．点 A からこの光線に垂線をおろし，その足を N とする．同様に，この光線に対して，点 A′ からも垂線をおろし，その足を N′ とする．光学系に収差がないので，平面波 AN は平面波として光学系を通過して，平面波 A′N′ になるはずである．このためには，光路長 $\overline{\mathrm{BN}}$ と光路長 $\overline{\mathrm{N'B'}}$ が等しくなる必要がある．したがって，

$$ny \sin u = n'y' \sin(u' + \alpha) \tag{1.171}$$

ここで，角 α は，光線 $\mathrm{A_1}$ と光線 $\mathrm{B_1}$ とのなす角であり，これは物点が光軸近傍にあるときには小さいので，

$$ny \sin u = n'y' \sin u' \tag{1.172}$$

が得られる．これがアッベの正弦条件である．この条件が成り立つ結像系をアプラナティック (aplanatic) という．正弦条件が満足されている，互いに共役な点を不遊点 (アプラナティック点) という．通常，球面収差が存在する光学系では，正弦条件は光軸近傍で収差が変わらない条件であると考えることができる．横倍率 β を使うと，正弦条件は，

$$\beta = \frac{n \sin u}{n' \sin u'} \tag{1.173}$$

と書くこともできる．

さて，式 (1.87) より，

$$\beta = \frac{s'/n'}{s/n} = \frac{f'/n'}{s/n} \tag{1.174}$$

式 (1.173) を用いると，

$$s \sin u = f' \sin u'$$

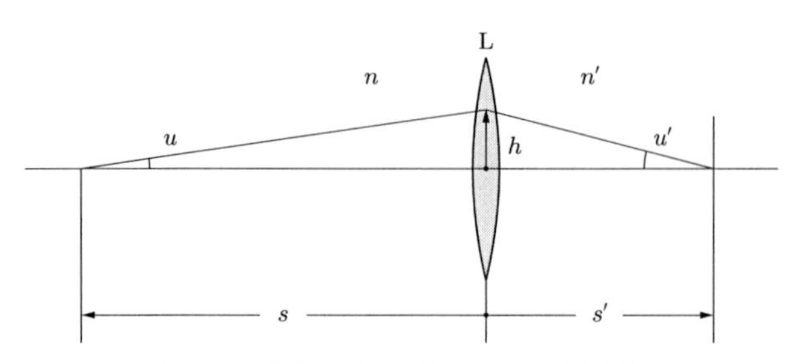

図 1.42 物体が遠方にあるときの正弦条件

が得られる．ここで，物体がほぼ無限遠点にある場合を考える．図 1.42 を参考にすると，無限遠点から入射する光線に対する入射高 h は，

$$h = s\tan u \fallingdotseq s\sin u \tag{1.175}$$

となる．したがって，

$$h = f'\sin u' \tag{1.176}$$

が得られる．

光学設計などでは，正弦条件がどの程度満足されるかを評価することは重要である．正弦条件をどの程度満足しているかの指標として，正弦条件乖離度もしくは正弦条件違反量 OSC (Offence against sine condition)

$$OSC = \frac{h}{\sin u'} - f' \tag{1.177}$$

が用いられている．

b. アプラナティック球面レンズ

正弦条件を満足する球面単レンズについて考えてみよう．図 1.43 に示すように，第 1 面が，C を中心とする半径 r の球面であるとする．レンズの屈折率を n とする．点物体 P が球面の後側にあるとする．このときの物点は虚物点であるという．光軸を

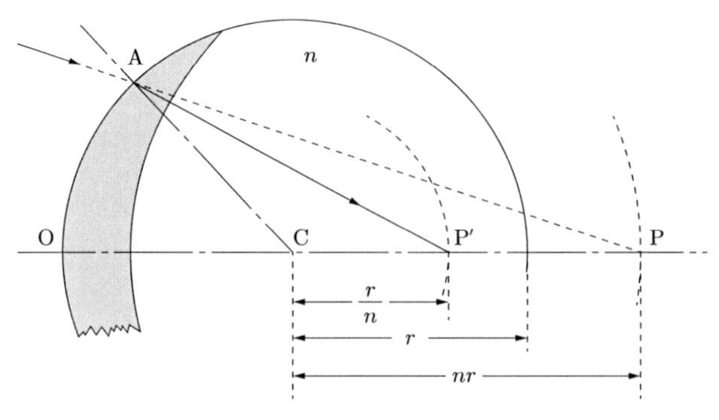

図 1.43 アプラナティックレンズの構成

OCP とする．虚物点 P に向かう光線が球面と点 A で交わるとする．この球面による虚物点 P の像を P′ とする．このとき，$\overline{\mathrm{CP}} = nr$ の位置に虚物点 P をとると，その像 P′ の位置は C から $\overline{\mathrm{CP'}} = r/n$ の距離にあることがわかる [*4]．この条件下で，点 A が球面上のどこにあっても虚物点 P に向かう光線はすべて P′ に向かい，球面収差が発生しないレンズとするためには，第 2 面を像点 P′ を中心とする任意の半径の球面にすればよい．

このレンズでコマ収差が発生しない理由は，三角形 CAP と三角形 CP′A が相似であることから，$\angle\mathrm{APC} = \angle\mathrm{P'AC} = \theta'$ と $\angle\mathrm{AP'C} = \angle\mathrm{PAC} = \theta$ が成立し，A 点における屈折の式 $\sin\theta = n\sin\theta'$ から，$\sin\angle\mathrm{AP'C} = n\sin\angle\mathrm{APC}$ が得られ，正弦条件が成立する．つまり，点 A が球面上のどこにあってもいつも正弦条件が成立している．

このアプラナティックレンズを顕微鏡の対物レンズの第 1 レンズとして用いた例を図 1.44 に示す．レンズと同じ屈折率 n をもつ液体 (マッチングオイル) を物点 P とレンズの間に挿入し，アプラナティックレンズがつくる物点 P の虚像 P′ を，さらにこのアプラナティックレンズの後側に結像系を置いて，これら一体で対物レンズを構成する．

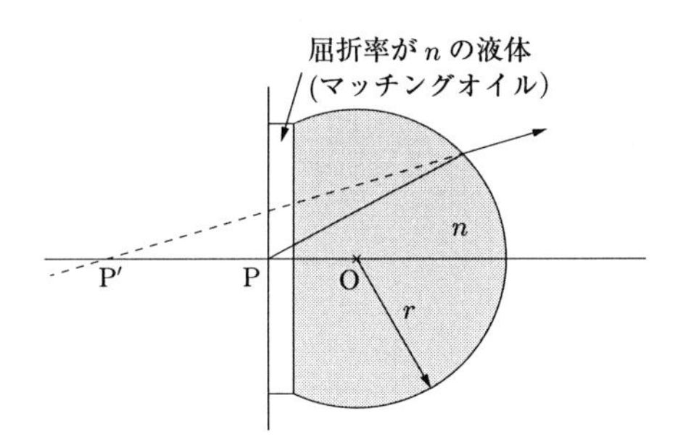

図 1.44　アプラナティックレンズ (顕微鏡対物レンズ用)

1.8.3 非 点 収 差

光軸から外れた点物体からの光束がレンズに入射した後，1 点に収束しないことがある．これは, 図 1.45 に示すように, 光軸と主光線を含む面 (これを子午断面 (meridional plane) と呼ぶ) 内の光線がつくる像点と，この面に垂直で主光線を含む面 (これを球欠断面 (sagittal plane) と呼ぶ) 内の光線がつくる像点が異なるからである．このことを非点収差 (astimatism) という．子午的 (メリディオナル) 光線がつくる像位置と球欠的 (サジッタル) 光線がつくる像位置の距離を非点隔差といい，非点隔差のほぼ中間に円形に近い小さな像 (最小錯乱円という) ができる．非点収差は，光軸外の物体に

---

*4) $\frac{1}{nr+r} + \frac{1}{s'} = \frac{n-1}{r}$ より．

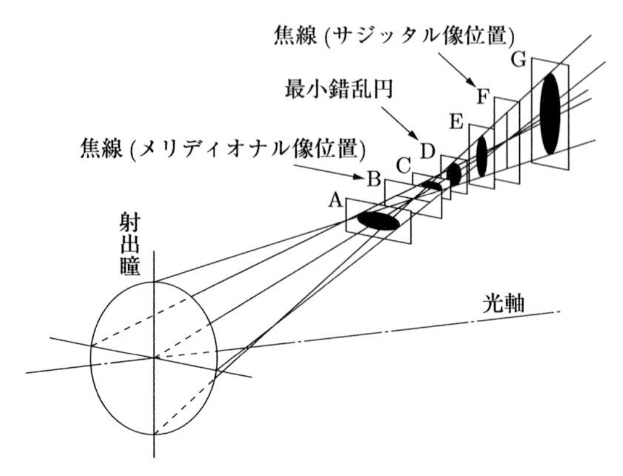

図 1.45　非点収差

ついてのみ発生する．非点収差が除かれたレンズをアナスティグマートという．

1.8.4 像 面 湾 曲

非点収差があると，メリディオナル光線がつくる像面 (メリディオナル像面) と，サジッタル光線がつくる像面 (サジッタル像面) の 2 つが存在し，その中間に実質的な像面が存在する．この像面は必ずしも平面とはならず，湾曲している．一般に，平面物体は，平面像面には結像されない．このような収差を，像面湾曲 (curvature of field) という．

a.　ペッツバールの定理

点 C を曲率中心とする半径 r の球面があり，光軸上の物点 A が A′ に結像されているとする (図 1.46)．物体側の媒質の屈折率を n，像側の媒質の屈折率を n' とする．軸外の物点 B も B′ に結像されているとする．物体 AB が点 C を中心とした球面上にあると，像 A′B′ も点 C を中心とする球面上にあることがわかる．点 C から物点 A および像点 A′ までの距離を ρ，ρ' とする．光軸と境界球面の交点を O とし，そこから物点 A および像点 A′ までの距離を s，s' とする．したがって，

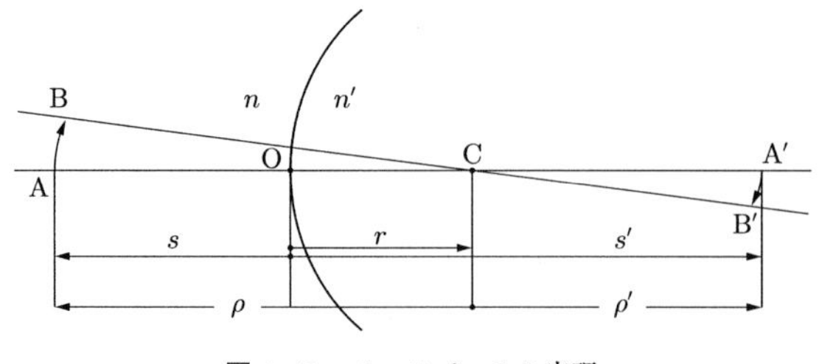

図 1.46　ペッツバールの定理

$$\rho = s - r \tag{1.178}$$

$$\rho' = s' - r \tag{1.179}$$

が成立する．また，物点と像点の結像関係から，式 (1.68) より，

$$\frac{n'}{s'} = \frac{n}{s} - \frac{n'-n}{r} \tag{1.180}$$

これから，

$$\frac{1}{n'\rho'} - \frac{1}{n\rho} = -\left(\frac{1}{n'} - \frac{1}{n}\right)\frac{1}{r} \tag{1.181}$$

が導かれる．一般に，光学系が N 面からなり，各々の曲率半径が r_i で，面の前後の屈折率が，n_i，n'_i であると，

$$\frac{1}{n'_N\rho'_N} - \frac{1}{n_1\rho_1} = -\sum_{i=1}^{N}\left(\frac{1}{n'_i} - \frac{1}{n_i}\right)\frac{1}{r_i} \tag{1.182}$$

が得られる．

一般的に，光線が光軸に対して斜入射の場合には，

$$\frac{1}{n'_N}\left(\frac{1}{\rho'_t} - \frac{3}{\rho'_s}\right) - \frac{1}{n_1}\left(\frac{1}{\rho_t} - \frac{3}{\rho_s}\right) = -\sum_{i=1}^{N}\frac{2}{r_i}\left(\frac{1}{n'_i} - \frac{1}{n_i}\right) \tag{1.183}$$

が成立する *5)．ただし，像面のメリディオナル光線 (子午的光線) に対する曲率半径を ρ'_t，サジッタル光線 (球欠的光線) に対するそれを ρ'_s とする．ρ_t と ρ_s は物体空間における量であることに注意．これをペッツバール (Petzval) の定理という．

物体が光軸に垂直であるとすると，

$$\frac{1}{\rho_t} = \frac{1}{\rho_s} = 0 \tag{1.184}$$

である．このとき光学系に非点収差がないとすると，$\rho'_t = \rho'_s = \rho'$ が成り立つので，

$$\frac{1}{\rho'} = n'\sum_{i=1}^{N}\frac{1}{r_i}\left(\frac{1}{n'_i} - \frac{1}{n_i}\right) \tag{1.185}$$

となる．ただし，$n' = n'_N$ とした．これが，非点収差のないときの像面の湾曲を与える式である．この曲率をもった面をペッツバール面という．さらに，この条件で像面湾曲がない条件は，

$$\sum_{i=1}^{N}\frac{1}{r_i}\left(\frac{1}{n'_i} - \frac{1}{n_i}\right) = 0 \tag{1.186}$$

である．これをペッツバールの条件という．$\sum_{i=1}^{N} 1/r_i(1/n'_i - 1/n_i)$ は，ペッツバール和と呼ばれ，この値が小さいほど像面湾曲は小さくなる．

---

*5) この式の導出は，本書の程度を超えている．例えば，M. Born and E. Wolf, *Principles of Optics*, 7th edition, Cambridge Univesity Press (1999) [12] 参照．

光学系が N 枚の薄肉レンズの組み合わせであるとみなせるときには，面の数が $2N$ となる．l を整数として $i = 2l - 1$ のとき $n_1 = n'_{i-1} = 1$，$i = 2l$ のとき $n_i = n_l$ であるので，

$$\begin{aligned}\sum_{i=1}^{2N} \frac{1}{r_i}\Big(\frac{1}{n'_i} - \frac{1}{n_i}\Big) &= \frac{1}{r_1}\Big(\frac{1}{n'_1} - \frac{1}{n_1}\Big) + \frac{1}{r_2}\Big(\frac{1}{n'_2} - \frac{1}{n_2}\Big) + \cdots \\ &= \frac{1}{r_1}\Big(\frac{1}{n_2} - \frac{1}{1}\Big) + \frac{1}{r_2}\Big(\frac{1}{1} - \frac{1}{n_2}\Big) + \cdots \\ &= -\frac{n_2 - 1}{n_2}\Big(\frac{1}{r_1} - \frac{1}{r_2}\Big) + \cdots \\ &= -\sum_{j=1}^{N} \frac{1}{n_j f'_j} \end{aligned} \tag{1.187}$$

ここで，n_j，f'_j は j 番目のレンズの屈折率，焦点距離である．したがって，薄肉レンズの組み合わせに対するペッツバールの条件は，

$$\sum_{j=1}^{N} \frac{1}{n_j f'_j} = 0 \tag{1.188}$$

である．

非点収差と像面湾曲に対して補正を加えた光学系のことをアナスティグマート (anastigmat) という．ペッツバールの定理は，屈折面の間隔やレンズ間隔に無関係に成り立つ．

1.8.5 歪 曲 収 差

球面収差，コマ収差，非点収差あるいは像面湾曲は像の鮮明度を低下させる収差である．これらの収差が低く抑えられても，まだ，物体と像とを相似に結像することはできない．図 1.47 に示すように，薄肉凸レンズの前側に絞りが置かれた場合には，絞りに斜めに入射する光線はレンズの周辺を通りより多くの屈折を受け，矩形物体がたる形に歪むことになる．逆に，絞りがレンズの後側にある場合には，糸巻き形に歪む

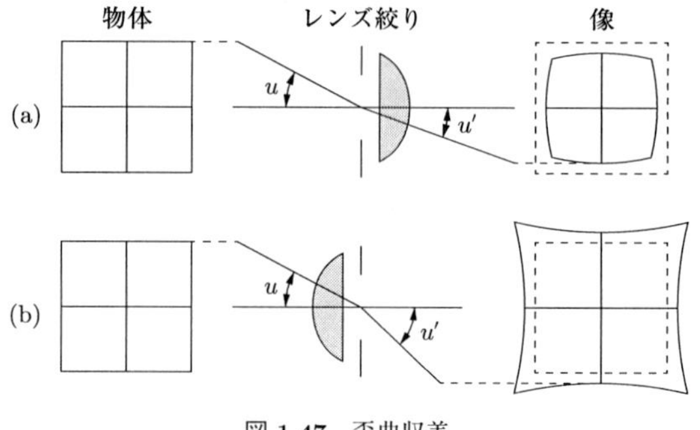

図 1.47　歪曲収差

ことがわかる．このような収差を歪曲収差 (distortion) という．歪曲収差は，絞りの位置に大きく関係する．

1.8.6 色　収　差

光の波長が変わると屈折率も変化するので，収差も変化する．これが，色収差 (chromatic aberration) である．色収差には，波長によって焦点距離が変化する軸上色収差と，波長によって結像倍率が変化することに起因する倍率色収差がある．

通常，光の波長が短くなればその波長に対する屈折率は，大きくなる．屈折率が波長に依存することを分散という．式 (1.103) より，薄肉凸レンズの場合には，図 1.48 に示すように，使用波長が短くなるほど，屈折力が大きくなり焦点距離は小さくなる．したがって，物体が光軸上にあっても，像の位置は色によって光軸上で異なる．これが，軸上色収差である．同じく，光軸外の物点に対しても，図 1.49 に示すように，波長の短い光の方が屈折力は大きく，したがって，像面で波長によって異なった位置に像を結ぶことになる．これが，倍率色収差である．

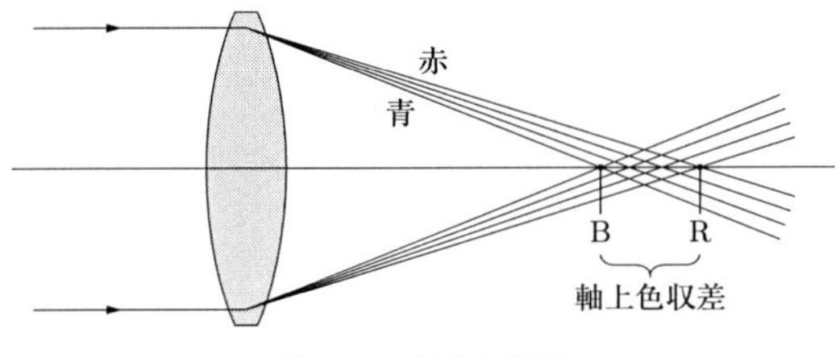

図 **1.48**　軸上色収差

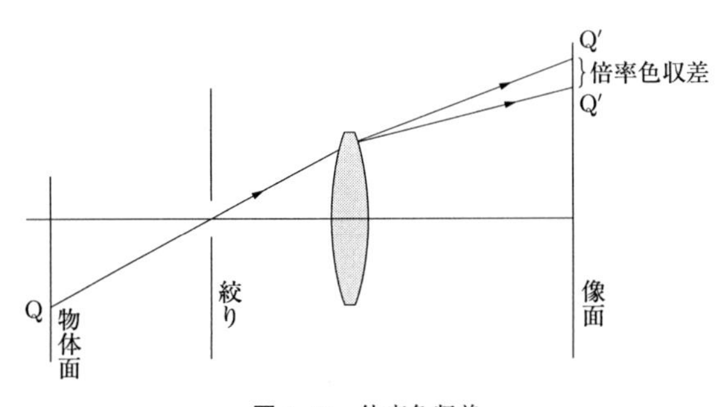

図 **1.49**　倍率色収差

a.　アッベ数

色収差を考えるうえで，光学ガラスの分散特性を 1 つの数値にしておくと都合がよい．よく利用されるスペクトル線 (フラウンホーファー線が使われる) を表 1.3 に示す．いま，基準波長として d 線をとり，その前後の波長として C 線と F 線の屈折率

表 1.3　スペクトル線とその波長

線	元素	波長 (nm)	色
C	H	656.27	赤
d	He	587.56	黄
F	H	486.13	青

表 1.4　光学材料の屈折率とアッベ数

光学材料		n_{d}	ν_{d}
硼硅クラウンガラス	BK7	1.51680	64.14
フリントガラス	F2	1.62004	36.27
重フリントガラス	SF13	1.74710	27.60
溶融石英		1.45887	67.9
蛍石		1.43390	95.4

から

$$\nu_{\mathrm{d}} = \frac{n_{\mathrm{d}} - 1}{n_{\mathrm{F}} - n_{\mathrm{C}}} \tag{1.189}$$

を定義し，これをアッベ数 (Abbe number) という．ただし，n_{d}，n_{F}，n_{C} はそれぞれ d 線，F 線，C 線の屈折率である．よく使われる光学ガラスの d 線に対する屈折率 n_{d} とアッベ数 ν_{d} を表 1.4 に示す．

b.　色消しレンズ

色収差を除いたレンズを色消しレンズ (achromatic lens) という．いま，焦点距離が f_1' と f_2' の 2 枚の薄肉レンズが密着させて置かれていたとする．また，それぞれのアッベ数は ν_1，ν_2 であったとする．合成の焦点距離は式 (1.116) より，

$$\frac{1}{f'} = \frac{1}{f_1'} + \frac{1}{f_2'} \tag{1.190}$$

ここで，式 (1.103) を n で微分すると，

$$-\frac{1}{f'^2}\frac{\mathrm{d}f'}{\mathrm{d}n} = \frac{1}{r_1} - \frac{1}{r_2} \tag{1.191}$$

これより，

$$\frac{\delta f'}{f'} = -\frac{\delta n}{n-1} \tag{1.192}$$

が得られる．ここで，屈折率の変動幅 δn を $n_{\mathrm{F}} - n_{\mathrm{C}}$ ととり，基準波長を d 線とすると，$\delta n/(n-1)$ は，アッベ数の逆数となる．したがって，

$$\frac{\delta f'}{f'} = -\frac{1}{\nu_{\mathrm{d}}} \tag{1.193}$$

式 (1.190) を微分したものに，式 (1.193) を代入すると，

$$\frac{\delta f'}{f'^2} = \frac{\delta f_1'}{f_1'^2} + \frac{\delta f_2'}{f_2'^2} = -\frac{1}{\nu_1 f_1'} - \frac{1}{\nu_2 f_2'} \tag{1.194}$$

したがって，色消しレンズの条件は，

$$\frac{1}{\nu_1 f_1'} + \frac{1}{\nu_2 f_2'} = 0 \tag{1.195}$$

である．アッベ数 ν_1，ν_2 は正であるので，焦点距離が正と負のレンズを組み合わせる必要がある．通常は，凸レンズと凹レンズを張り合わせた図 1.50 のような構成をとり，望遠鏡の対物レンズとしてよく用いられる．

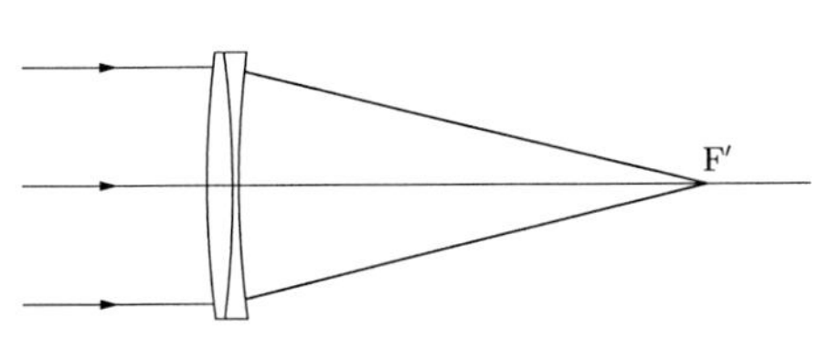

図 1.50　色収差が補正された望遠鏡対物レンズ

1.8.7 波 面 収 差

これまで考えてきた収差は，点物体から出た光線が理想像点に収束しない場合に，理想像点からの偏差として定義されてきた，幾何光学的な収差である．収差の記述法として，波面の概念による方法もある．図 1.51 に示すように，物点から出た光線束がつくる波面 M は，球面であり，収差がなければこの光線束は近軸像点を曲率中心とした球面 M′ を形成して，すべての光線が近軸像点 P′ に収束する．光学系に収差があると，この球面からずれた歪んだ曲面になる．この球面と歪んだ曲面の差も収差といえる．これを波面収差 (wave aberration) という．

図 1.52 に示すように，光学系の射出瞳面に座標 (ξ, η, ζ) をとり，像面の座標を (x, y, z) とする．軸 ζ と軸 z は共通にとるとする．また，軸 ξ と軸 x，軸 η と軸 y は互いに平

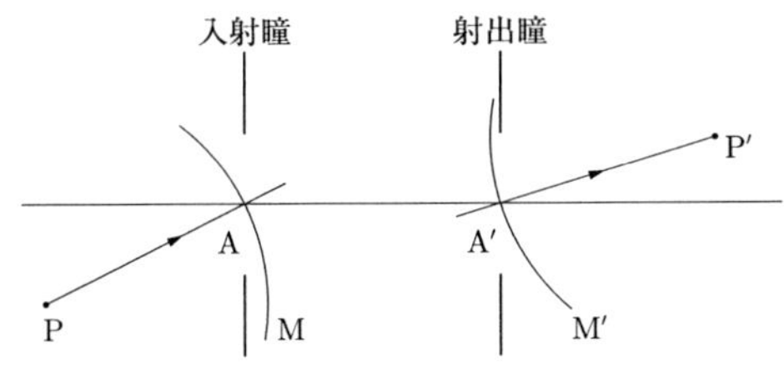

図 1.51　波面収差

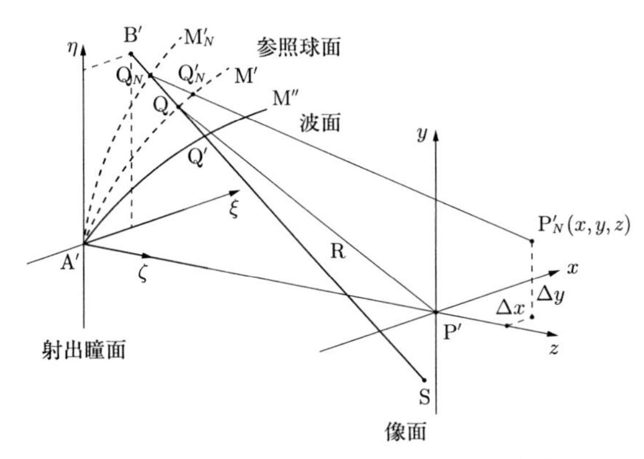

図 1.52　波面収差に関する瞳面と像面の座標系

行にとる．波面収差の基準となる球面として，近軸像点 P' を曲率中心とし射出瞳の中心 A' を通る球面を考える．これを参照球面 (reference sphere) という．参照球面の半径 $\overline{\mathrm{A}'\mathrm{P}'}$ を R とする．

参照球面を M' とし，光線 $\mathrm{B}'\mathrm{S}$ とこれに対する波面を M'' とし，光線 $\mathrm{B}'\mathrm{S}$ と参照球面 M' と球面 M'' の交点をそれぞれ Q と Q' とする．このときの球面収差は，$W = n\overline{\mathrm{QQ}'}$ である．ここで，像空間に新たな点 $\mathrm{P}'_N(x, y, z)$ をとる．この点を曲率中心として射出瞳面の中心 A' を通る球面 M'_N を考える．この球面は，P'_N を像点とする新しい参照球面である．新しい参照球面 M'_N と光線 $\mathrm{B}'\mathrm{S}$ の交点を Q_N とする．参照球面 M'_N に対する，波面収差は，$W_N = n\overline{\mathrm{Q}_N\mathrm{Q}'}$ である．

次に，像点が P' から P'_N に移動したことによる波面収差の変化を見てみよう．

$$\Delta W = W_N - W = n(\overline{\mathrm{Q}_N\mathrm{Q}'} - \overline{\mathrm{QQ}'}) = n\overline{\mathrm{Q}_N\mathrm{Q}} \tag{1.196}$$

ここで，$\overline{\mathrm{Q}_N\mathrm{Q}} = \overline{\mathrm{Q}_N\mathrm{Q}'_N}$ とみなすと，

$$\Delta W = n(\overline{\mathrm{Q}_N\mathrm{P}'_N} - \overline{\mathrm{Q}'_N\mathrm{P}'_N}) \tag{1.197}$$

参照球面に関して，

$$\xi^2 + \eta^2 + (\zeta - R)^2 = R^2 \tag{1.198}$$

の関係があるので，

$$\xi^2 + \eta^2 + \zeta^2 - 2\zeta R = 0 \tag{1.199}$$

また，$\overline{\mathrm{Q}_N\mathrm{P}'_N}$ は参照球面 M'_N の半径であるから，

$$\overline{\mathrm{Q}_N\mathrm{P}'_N}^2 = \overline{\mathrm{A}'\mathrm{P}'_N}^2 = x^2 + y^2 + (z + R)^2 \tag{1.200}$$

一方，線分 $\overline{\mathrm{Q}'_N\mathrm{P}'_N}$ に関しては，

$$\overline{\mathrm{Q}'_N\mathrm{P}'_N}^2 = (\xi - x)^2 + (\eta - y)^2 + (\zeta - z - R)^2 \tag{1.201}$$

の関係があるので，波面収差の変化量は，式 (1.199)，(1.200)，(1.201) を用いて，

$$\begin{aligned}\Delta W &= n(\overline{\mathrm{Q}_N\mathrm{P}'_N} - \overline{\mathrm{Q}'_N\mathrm{P}'_N}) \\ &= n(\overline{\mathrm{Q}_N\mathrm{P}'_N}^2 - \overline{\mathrm{Q}'_N\mathrm{P}'_N}^2)/(\overline{\mathrm{Q}_N\mathrm{P}'_N} + \overline{\mathrm{Q}'_N\mathrm{P}'_N}) \\ &\approx \frac{n}{R}(\xi x + \eta y + \zeta z)\end{aligned} \tag{1.202}$$

と表すことができる．式 (1.202) の $\xi x + \eta y$ に関する項は，参照球面の中心を P' から P'_N に xy 面内で横移動したことから生じた項である．また，ζz に関する項は，参照球面の中心を光軸方向に z 移動したことによって生じた波面収差であるので，焦点ずれの収差という．

a. 波面収差と幾何光学的収差

図 1.52 の配置で，参照球面 M′ は，

$$\sqrt{\xi^2+\eta^2+(\zeta-R)^2}=R \tag{1.203}$$

実際の波面 M″ は，波面収差を $W(\xi,\eta,\zeta)$ とすると，

$$V=\sqrt{\xi^2+\eta^2+(\zeta-R)^2}-W(\xi,\eta,\zeta) \tag{1.204}$$

と書ける．ただし，波面収差 $W(\xi,\eta,\zeta)$ は，媒質の屈折率 n を除いた絶対距離で表しているとする．ここで，光線 Q′S の方向余弦 (p,q,m) は，

$$\frac{\partial V}{\partial \xi}=-p, \qquad \frac{\partial V}{\partial \eta}=-q, \qquad \frac{\partial V}{\partial \zeta}=-m, \tag{1.205}$$

であることに注目すると，

$$\frac{\partial V}{\partial \xi}=\frac{\xi}{\sqrt{\xi^2+\eta^2+(\zeta-R)^2}}-\frac{\partial W(\xi,\eta,\zeta)}{\partial \xi}=\frac{\xi}{R}-\frac{\partial W}{\partial \xi}=-p \tag{1.206}$$

したがって，

$$\xi+pR=R\frac{\partial W}{\partial \xi} \tag{1.207}$$

ここで，像面 $(z=0)$ 上の点 S の座標 (x,y) は，

$$x=\xi+pR \tag{1.208}$$

$$y=\eta+qR \tag{1.209}$$

で与えられるので，

$$\Delta x=R\frac{\partial W}{\partial \xi} \tag{1.210}$$

同様に，

$$\Delta y=R\frac{\partial W}{\partial \eta} \tag{1.211}$$

これが，幾何光学的横収差 $(\Delta x,\Delta y)$ と波面収差 W の関係式である．ここでは，横収差の意味を強調するために，x を Δx などと書いた．

b. 波面収差の展開

波面収差は，射出瞳面の座標 (ξ,η) と像面座標 (x,y) の関数である．光学系が中心対称であるとして，極座標で表すことにする．

$$\xi=\rho\cos\phi, \qquad \eta=\rho\sin\phi \tag{1.212}$$

$$x=r\cos\theta, \qquad y=r\sin\theta \tag{1.213}$$

このとき，

$$\xi^2+\eta^2=\rho^2, \qquad x^2+y^2=r^2, \qquad \xi x+\eta y=\rho r\cos(\phi-\theta) \tag{1.214}$$

の関係があるので，$\xi^2+\eta^2$，x^2+y^2，$\kappa^2=\xi x+\eta y$ は，回転不変量になるので，こ

れらの項で波面収差は次のように，冪級数展開できる．

$$W = b_1\rho^2 + b_2\kappa^2 + c_1\rho^4 + c_2\rho^2\kappa^2 + c_3\kappa^4 + c_4r^2\rho^2 + c_5r^2\kappa^2 \tag{1.215}$$

ただし，4 次以下の低次のみ考え，r^2 のみを含む項は $\rho = 0$, $\xi = 0$ のときのみ現れ，主光線の光路長に関係する項であるので，収差には含まれない．

ここで，係数 b_1 の項は光軸方向への焦点ずれに対応し [*6)]，係数 b_2 の項は，射出瞳面において波面が傾いていることを示し，像面では像の高さが変化し倍率が変わることを意味する．これらは，通常収差とは考えない．

c_1 から c_5 に対応する項がそれぞれザイデルの 5 収差に対応する項である．レンズの回転対称性から，$\theta = 0$ の場合を考えると，$y = 0$, $r^2 = x^2$, $\kappa^2 = \xi x$ であるので，式 (1.215) は，最終的に，

$$W = c_1\rho^4 + c_2x\rho^2\xi + c_3x^2\xi^2 + c_4x^2\rho^2 + c_5x^3\xi \tag{1.216}$$

と表すことができる．

c_1 は，$c_1\rho^4 = c_1(\xi^2 + \eta^2)^2$ であり，瞳の半径 ρ の 4 乗に比例する．物体位置 x によらない収差であり，

$$\Delta x = \frac{\partial W}{\partial \xi} = 4c_1\xi(\xi^2 + \eta^2) = 4c_1\rho^3\cos\phi \tag{1.217}$$

$$\Delta y = \frac{\partial W}{\partial \eta} = 4c_1\eta(\xi^2 + \eta^2) = 4c_1\rho^3\sin\phi \tag{1.218}$$

これは，図 1.53 に示すように，瞳面上で半径 ρ の円周上を通過する光線群が，像面で近軸像点を中心とする円周上に分布することを意味する．したがって，c_1 の項は球面収差に対応する．メリディオナル面内の光線 $(\eta = 0)$ の横収差は $\Delta x = 4c_1\xi^3$ となるので，3 次の球面収差と呼ばれる．

c_2 の項は，$c_2x\rho^2\xi = c_2x(\xi^2 + \eta^2)\xi$ であるので，

$$\Delta x = \frac{\partial W}{\partial \xi} = c_2x(3\xi^2 + \eta^2) = c_2x\rho^2(2 + \cos 2\phi) \tag{1.219}$$

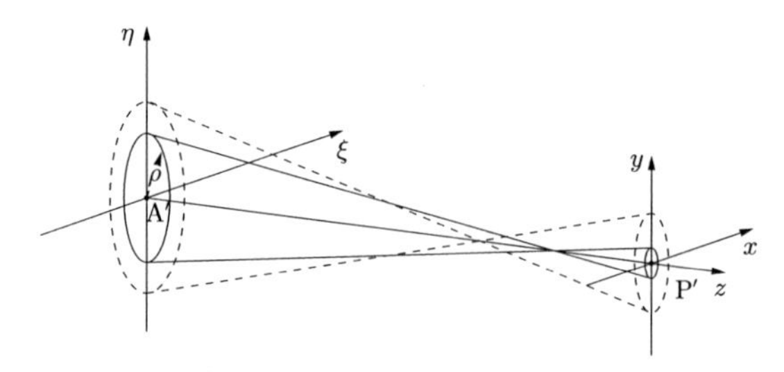

図 1.53　波面収差

---

*6)　射出瞳面で $\xi^2 + \eta^2$ で表される波面は，式 (6.32) の導出過程からわかるように，光軸上の焦点位置を決める．

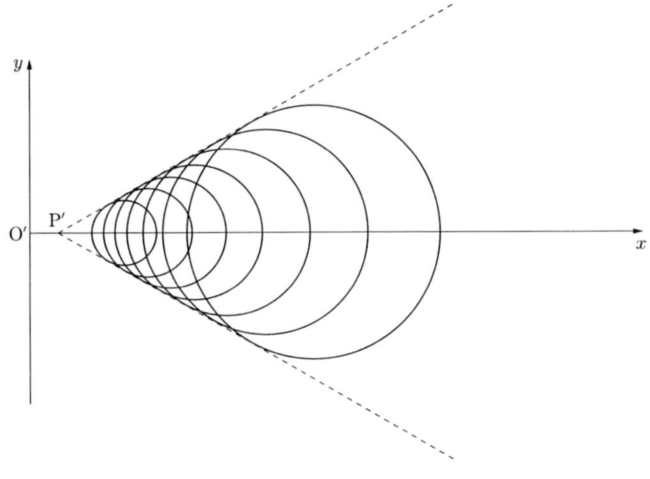

図 1.54 コマ収差

$$\Delta y = \frac{\partial W}{\partial \eta} = 2c_2 x \xi \eta = c_2 x \rho^2 \sin 2\phi \tag{1.220}$$

いま，参照面の中心 A′ を中心とした半径 ρ の円周上に光線束があると，この光線束は，図 1.54 に示すように，像面では近軸像点 P′ からずれた位置に中心をもつ円周上に到達する．半径 ρ が大きくなると，像面では中心がさらにずれ，より大きな円周を描く．これは，コマ収差に対応する．

c_3 と c_4 の項を同時に考えると，

$$\Delta x = \frac{\partial W}{\partial \xi} = 2(c_3 + c_4)x^2 \xi = 2(c_3 + c_4)x^2 \rho \cos \phi \tag{1.221}$$

$$\Delta y = \frac{\partial W}{\partial \eta} = 2c_4 x^2 \eta = 2c_4 x^2 \rho \sin \phi \tag{1.222}$$

c_3 の項は 3 次の非点収差，c_4 の項は 3 次の像面湾曲である．

c_5 の項は，

$$\Delta x = \frac{\partial W}{\partial \xi} = c_5 x^3 \tag{1.223}$$

$$\Delta y = 0 \tag{1.224}$$

となり，像点の位置が像高 x の 3 乗に比例するので 3 次の歪曲収差である．

1.9 光 学 器 械

1.9.1 拡 大 鏡

薄肉凸レンズで物体を拡大して見る場合を考えよう．正立虚像 (erect imaginary image) を見ることになるので，レンズの前側焦点位置よりもレンズ側に物体 P を置

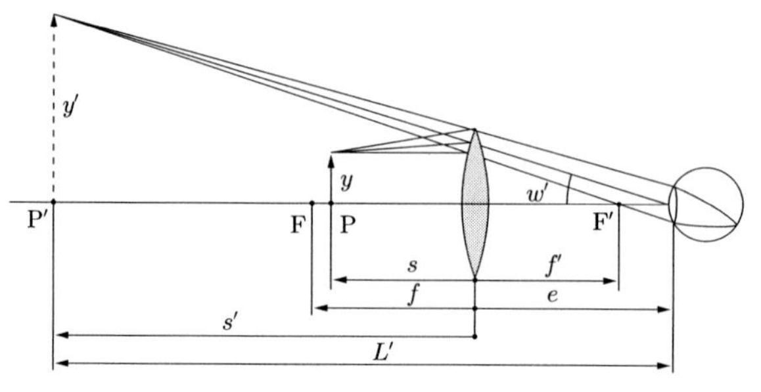

図 1.55 拡大鏡

く必要がある．図 1.55 に示すように，いままでと同じ規則で，物体からレンズまでの距離を s，レンズから像までの距離を s'，レンズの焦点距離を f と f'，物体の高さを y，像の高さを y' などとする．レンズから眼までの距離を e，物体から眼までの距離を L，像から眼までの距離を L' とする．また，眼から物体を見たときの視角を w とすると，

$$\tan w = \frac{y}{L} \tag{1.225}$$

また，像を見たときの視角を w' とすると，

$$\tan w' = \frac{y'}{L'} \tag{1.226}$$

このときの角倍率は，

$$\gamma = \frac{\tan w'}{\tan w} = \frac{y'L}{yL'} = \frac{s'L}{sL'} = \left(1 - \frac{s'}{f'}\right)\frac{L}{L'} = \left[1 + P(L' - e)\right]\frac{L}{L'} \tag{1.227}$$

ただし，$P = 1/f'$ はレンズのパワーであり，$s' = -L' + e$ を用いた．

拡大鏡の倍率 (角倍率) は，観測の条件によって異なる．

眼をレンズの焦点の位置に置いた場合には，$e = f'$ で，$\gamma = LP$ である．

眼をレンズに近づけた場合には，$e = 0$ で，

$$\gamma = L\left(\frac{1}{L'} + P\right) \tag{1.228}$$

見やすい条件は，像の位置と物体の位置をほぼ同じにして見るので，$L' = L$ である．また，通常は物体を明視の距離 $L = 250$ mm で観測するので，

$$\gamma = 1 + 0.25P \tag{1.229}$$

が倍率となる．

また，緊張をといた状態で見るときには，眼の焦点を無限遠にあわせるので，$L' = \infty$ とすると，

$$\gamma = 0.25P \tag{1.230}$$

である．通常，拡大鏡の倍率は，この式で表され，レンズのパワーが 10 ジオプターの場合には，倍率は 2.5 倍になる．

1.9.2 接 眼 レ ン ズ

顕微鏡や望遠鏡の対物レンズがつくる実像を拡大して観測するためのレンズを接眼レンズ (eyepiece) という．なるべく明るい像を見るために，対物レンズの射出瞳の位置を眼の虹彩に位置するようにする．

最も古くから知られている接眼レンズにホイヘンス形接眼レンズがある (図 1.56 (a))．これは，2 枚の平凸レンズからなり，凸面を物体側に向けている．物体に近いレンズは接眼レンズ系の視野を拡大する働きをしているので視野レンズとよばれ，眼に近い位置にあるレンズは対眼レンズとよばれる．ホイヘンス形接眼レンズでは，対物レンズの実像を，視野レンズの後方に形成するようにしている．視野レンズを通して結像された実像の位置に視野絞りを置く．

2 枚の平凸レンズの凸面を対向して配置し，対物レンズの実像を視野レンズの前方に置く接眼レンズをラムズデン形接眼レンズという (図 1.56 (b))．実像の位置に目盛りや十字細線を置けば，視野の中に目印が見え，目標設定や物体の大きさの計測に利用できる．また，比較的容易に，射出瞳の位置を後方に配置することができることから，この形の接眼レンズは多用されている．

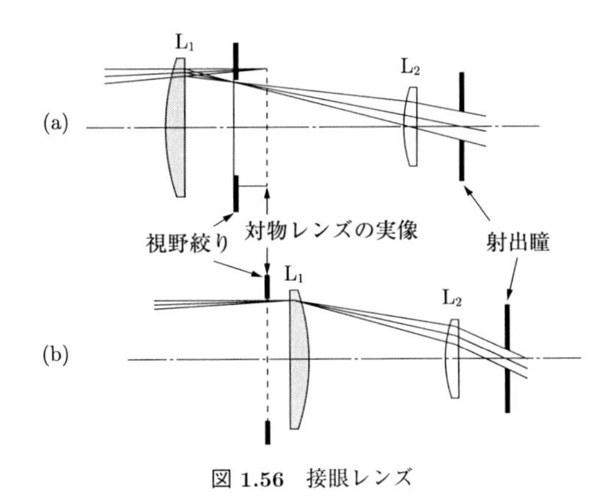

図 1.56 接眼レンズ

1.9.3 顕 微 鏡

極めて小さい物体を拡大して見る光学器械が，顕微鏡 (microscope) である．顕微鏡対物レンズ (microscopic objective lens) によってできた拡大倒立実像を，接眼レンズでさらに拡大する．図 1.57 に顕微鏡の光学系を示す．物体 O を対物レンズの少し前面におき物体の拡大倒立実像 O′ をまずつくり，接眼レンズの前側焦点 F_e よりも後方にこの実像が来るように接眼レンズを配置し，接眼レンズで拡大虚像を見る構成である．

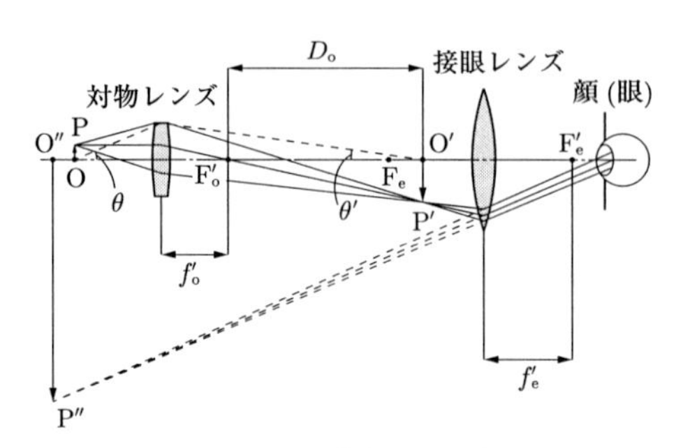

図 1.57 顕微鏡の光学系

a. 顕微鏡の倍率

次に，対物レンズの横倍率 β_o を考えてみよう．式 (1.88) より，

$$\beta_o = -\frac{D_o}{f_o'} \tag{1.231}$$

ただし，f_o' は，対物レンズの焦点距離で，D_o は，対物レンズの後側焦点から実像までの距離である．この D_o は，顕微鏡の光学筒長と呼ばれている．接眼レンズの倍率 β_e は，拡大鏡の倍率を用いると，式 (1.230) より，

$$\beta_e = \frac{250}{f_e'} \tag{1.232}$$

ただし，f_e' は接眼レンズの焦点距離 (焦点距離の単位を mm とする) である．したがって，顕微鏡の倍率は，

$$\beta = \beta_o \times \beta_e = -\frac{250 \cdot D_o}{f_o' \cdot f_e'} \tag{1.233}$$

である．したがって，対物レンズの焦点距離が短いほど高い倍率を実現することができる．しかし，物体と対物レンズの距離 (動作距離という) が近すぎると，接触したり，作業に不便であったりするので，設計上の工夫がなされる．

b. 顕微鏡の分解能

次に，顕微鏡の分解能を考えてみよう．分解能を考えるためには，回折の現象を理解しておく必要があるが，ここではひとまず，5 章の結論を使うことにする．すなわち，円形開口のフラウンホーファー回折式 (5.63) より，半径 R の円形開口の回折像 (エアリーの円盤) の大きさ (円盤の半径) Δy は，

$$\Delta y = 0.61\frac{\lambda}{R}s' \tag{1.234}$$

で与えられる．ただし，λ は光の波長，s' は，開口から回折像までの距離である．顕微鏡の場合には，顕微鏡対物レンズで微小物体の拡大実像をつくるが，このとき，対物レンズが取り込める物体からの最大回折角 θ は，レンズの口径 $2R$ で決まる．対物レンズがつくる実像の分解能は，対物レンズの口径を直径とする円盤の回折像の大き

さと同じであるから，式 (1.234) が成り立つ．ここで，$R/s' = \tan\theta' \approx \sin\theta'$ であることに注意し，さらに，アッベの正弦条件 (1.172) が成り立っているとすると，

$$\Delta y = 0.61\frac{\lambda}{R}s' \approx 0.61\frac{\lambda}{\sin\theta'} = 0.61\frac{\lambda}{n\sin\theta} \tag{1.235}$$

ここで，n は物体と対物レンズの間の媒質の屈折率であり，通常は 1 である．また，開口数 (NA) は式 (1.169) より，

$$NA = n\sin\theta \tag{1.236}$$

であるので，顕微鏡の分解能は，

$$\Delta y = 0.61\frac{\lambda}{NA} \tag{1.237}$$

で与えられる．ただし，顕微鏡接眼レンズは，対物レンズがつくる実像からくる光線を完全に取り込むことができることが条件である．顕微鏡の分解能を上げるためには開口数を大きくするか，波長を短くする必要がある．開口数を決める角度 θ は，対物レンズが光線を取り込める最大角度であり，焦点距離が短いほど大きくとれる．$\sin\theta < 1.0$ であるので，開口数を大きくするには，屈折率の大きい液体で物体と対物レンズの間を満たせばよい．これを液浸法という．

対物レンズの実像を無限遠の位置に結像する光学系を，無限遠補正光学系という．対物レンズから出た光束は光軸に平行に進むので，対物レンズと接眼レンズの間に，別の光学系を挿入することができ，顕微鏡の機能を増やすことが可能である．無限遠補正光学系では，無限遠にできた実像を有限の距離に結像して接眼レンズに入射させるための，結像レンズが必要である．このときの，対物レンズと結像レンズがつくる光学系の倍率は，結像レンズの焦点距離を $f_{\rm i}'$ とすると，

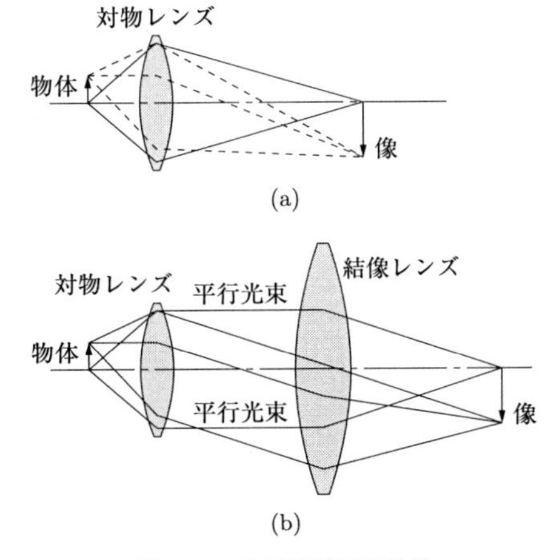

図 **1.58** 無限遠補正光学系

$$\beta_{oi} = -\frac{f_i'}{f_o'} \tag{1.238}$$

である．総合倍率は，

$$\beta = \beta_{oi} \times \beta_e = -\frac{250 \cdot f_i'}{f_o' \cdot f_e'} \tag{1.239}$$

である．

c. 顕微鏡観測の照明光学系

蛍光物体を除く物体の顕微鏡観測には，照明光学系が必要である．視野全体を均一に照明でき，しかも対物レンズの NA を最大に利用できることが必要である．光源の像を直接物体面に結像する方式の照明系を臨界照明 (critical illumination) 系という．光源の明るさのむらが物体上に現れるという欠点があるが，明るい照明が可能である．

一方，まず第 1 のレンズで光源の像を第 2 のレンズの前側焦点面上につくり，後側焦点面に置かれた物体を照明する方式をケラー照明 (Köhler illumination) 系という．第 1 のレンズでできた光源の像面に絞りを置くことにより，照明系の NA を可変にできる．この絞りを，コンデンサー絞りという．

顕微鏡の像の性質は，照明光の干渉性によって大きく変わる．臨界照明系は，ほぼインコヒーレントな照明になっている．ケラー照明では，部分的コヒーレント照明であるが，コンデンサー絞りによって，干渉性を変えることができる．

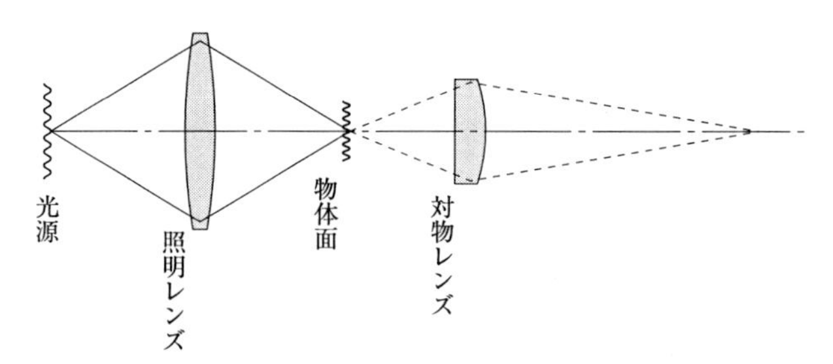

図 1.59 顕微鏡の臨界照明系

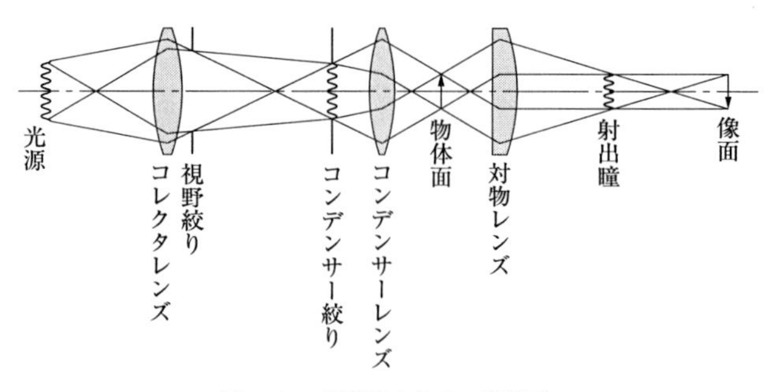

図 1.60 顕微鏡のケラー照明系

1.9.4 望 遠 鏡

遠方の物体を拡大して見るための光学器械が，望遠鏡 (telescope) である．望遠鏡には，レンズを使う屈折望遠鏡と反射鏡を使う反射望遠鏡がある (図 1.61).

屈折望遠鏡には，遠方から来る平行光を対物レンズで結像し，これを凸の接眼レンズで拡大するケプラー (Kepler) 式と，凹接眼レンズを用いるガリレイ (Galilei) 式がある．ケプラー式の望遠鏡の光学系を図 1.62 に示す．この望遠鏡では，対物レンズの後側 (F'_o) 焦点と接眼レンズの前側焦点 (F_e) の位置を一致させた光学系をとっている．このとき，平行で入射した物体光は平行で射出する．すなわち，望遠鏡の焦点距離は無限大である．このような光学系をアフォーカル (afocal) 光学系という．アフォーカル光学系では，焦点距離が無限大であるので，その光学系のパワーは 0 である．

望遠鏡では，対物レンズの枠が入射光束を制限しているので，開口絞りは対物レンズにあり，入射瞳はこの面にある．射出瞳は接眼レンズの後方に位置し，この位置に眼の虹彩が来るようにすると，視野を大きくすることができる．

望遠鏡の倍率は，直接物体を見るときの視角 v と望遠鏡で見たときの視角 v' の比で定義される．すなわち，対物レンズの像の大きさを y'，対物レンズの焦点距離を f'_o，接眼レンズの焦点距離を f'_e とすると，

$$\gamma_m = \frac{\tan v'}{\tan v} = \frac{y'/f_\mathrm{e}}{y'/f'_\mathrm{o}} = -\frac{f'_\mathrm{o}}{f'_\mathrm{e}} \tag{1.240}$$

である．倍率は，対物レンズと接眼レンズの焦点距離の比で決まり，符号がマイナス

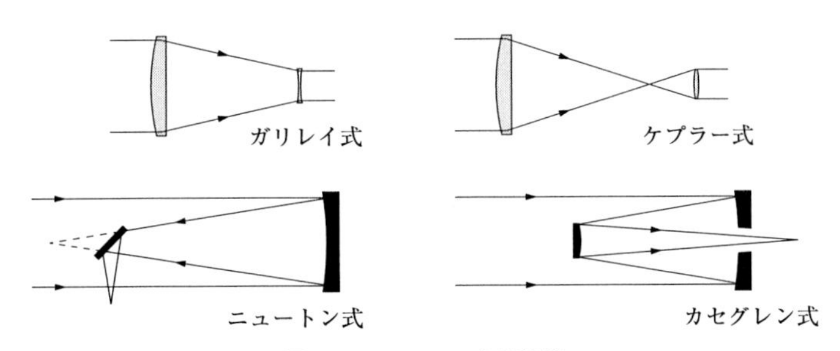

図 1.61 いろいろな望遠鏡

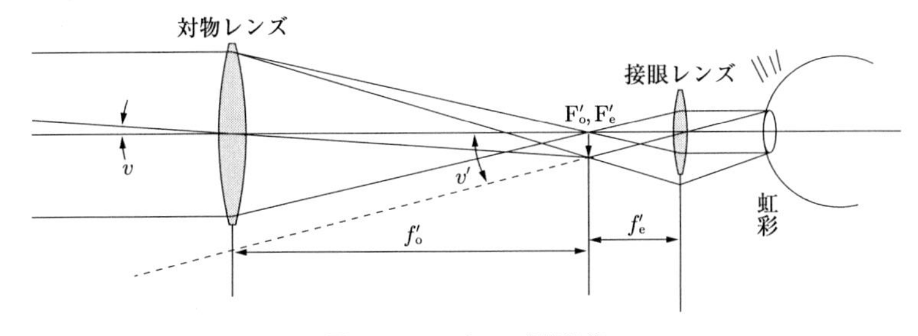

図 1.62 ケプラー式望遠鏡

であるので，倒立像が見える．

ガリレイ式望遠鏡では，接眼レンズに凹レンズを用い，この場合には，正立像が見える．射出瞳の位置は対物レンズの前側に位置し，この場合には，視野を大きくできない．

望遠鏡の分解能も，2 点を見分ける最小の視角で定義され，対物レンズの口径を直径とする円盤の回折像に対する見込み角であるから，式 (1.234) から，

$$\Delta\theta = 1.22\frac{\lambda}{\phi_o} \tag{1.241}$$

で与えられる．ただし，ϕ_o は対物レンズの口径である．対物レンズの口径を大きくすれば分解能は向上する．しかし，屈折式の望遠鏡では，対物レンズの色収差を補正する必要があることや，大口径レンズをつくるガラスの均一性を保つことなどから，天体観測用の望遠鏡でも 1 m を超える大口径の対物レンズはつくられていない．

反射望遠鏡は，屈折の作用を使っていないので，分散の影響を受けず色収差はない．したがって，天文学で使われる大型望遠鏡はほとんど反射望遠鏡である．球面収差を抑えるために反射鏡は球面ではなく，非球面が用いられる．ニュートン式望遠鏡は，最も古い型の反射望遠鏡であり，放物面の主鏡で球面収差を抑えている．カセグレン (Cassegrain) 式は，望遠鏡の長さを短くできるばかりでなく，主鏡を放物面，副鏡を双曲面とすることで球面収差を除去し，凹面の主鏡と凸面の副鏡の組み合わせでペッツバール和を減らし像面湾曲を低減している．リッチー・クレチアン (Ritchey–Chretien) 式は，カセグレン式で，主鏡副鏡とも双曲面とし球面収差もコマ収差も低減されたアプラナートである．大口径の反射望遠鏡の多くがこの型である．ハワイ島のマウナケア山頂 (標高 4200 m) に設置されているすばる望遠鏡 (主鏡の直径 8.2 m) もこのタイプである．

反射望遠鏡の分解能も式 (1.241) で与えられ，主鏡の口径 ϕ_o で決まる．しかし，口径を大きくすれば単純に解像力が向上するわけではない．天体望遠鏡の場合には，大気の揺らぎにより像のボケが生じて，式 (1.241) で決まる理論分解能よりもはるかに低い分解能しか達成できない．大型望遠鏡のすばるがハワイのマウナケア山頂に設置されたのも大気の揺らぎが少ないことが一因である．望遠鏡の口径を大きくするのは，明るい像を得ることが第 1 の理由である．

1.10　光線追跡と光学系の評価，設計

光学系の設計には，何枚ものレンズや反射鏡を組み合わせて，目的とする光学特性や性能 (焦点距離，倍率，収差特性，分解能など) を実現する必要がある．これを光学設計という．光学設計では，まず，近軸光線で大まかな光学特性の評価を行い，次に，収差を考慮した光学特性の評価を行い，目的の特性を満たす，媒質の屈折率，境界面の曲率半径，面間隔などを最適化する．

1.10.1　近軸光線の追跡

ここでは，図 1.63 に示すような，N 個の屈折面をもつ共軸光学系を考えることにする．物点 O_1 があり，第 1 面からの距離を s_1 とし，その物点からの光線の光軸に対する角度を u_1 とする．距離や角度の符号のつけ方は，1.7 節と同じとする．i 番目の屈折面の曲率半径は r_i，n_i，n'_i はその面の前後の屈折率である．また，i 番目の屈折面に対する，物点 O_i までの距離は s_i，像点 O'_i までの距離は s'_i，同じく，$i+1$ 番目の屈折面に対する，物点 O_{i+1} までの距離は s_{i+1}，像点 O'_{i+1} までの距離は s'_{i+1} で，像点 O'_i と物点 O_{i+1} は同一である．i 番目の屈折面と $i+1$ 番目の屈折面の距離を d'_i とすると，

$$d'_i = s'_i - s_{i+1} \tag{1.242}$$

である．第 i 番目の屈折面に対しては，

$$\frac{n'_i}{s'_i} - \frac{n_i}{s_i} = \frac{n'_i - n_i}{r_i} \tag{1.243}$$

が成立する．両辺に h_i をかけ，$u_i = -h_i/s_i$ と $u'_i = -h_i/s'_i$ を用いると，屈折結像式

$$n'_i u'_i = n_i u_i - \frac{n'_i - n_i}{r_i} h_i \tag{1.244}$$

を得る．さらに，

$$U_i = n_i u_i \tag{1.245}$$

とおく．これを換算角度という．また，$P_i = (n'_i - n_i)/r_i$ はパワーであることに注意すると，式 (1.244) は，

$$U'_i = U_i - P_i h_i \tag{1.246}$$

と書ける．

屈折面の間を光線が進むことから，面移行式は

$$h_{i+1} = h_i + d'_i u'_i \tag{1.247}$$

換算角度を用いると，

$$h_{i+1} = h_i + D'_i U'_i \tag{1.248}$$

ただし，

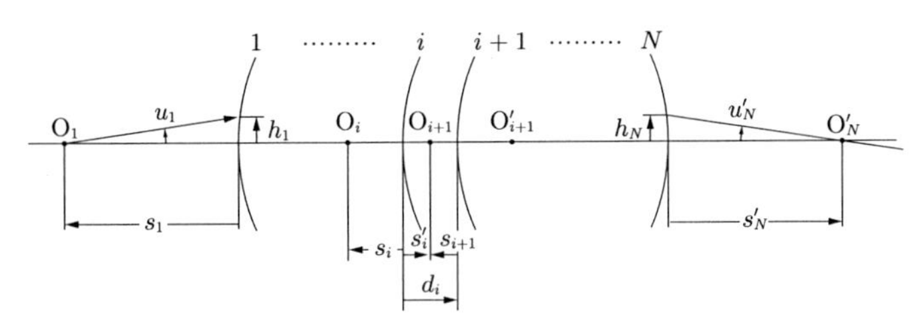

図 1.63　近軸光線の追跡

$$D'_i = d'_i / n'_i \tag{1.249}$$

とし，これを換算距離という (1.7.5 項参照).

さらに，

$$u_{i+1} = u'_i \tag{1.250}$$

$$n_{i+1} = n'_i \tag{1.251}$$

したがって，

$$U_{i+1} = n_{i+1} u_{i+1} = n'_i u'_i = U'_i \tag{1.252}$$

である.

適当な初期値 h_1 を与えて，$u_1 = -h_1/s_1$ として，順次，屈折結像式 (1.244)，面移行式 (1.247) と式 (1.250) を適用して，最終的に h_N と u'_N を求める.

ここで，i 番目の面による横倍率 β_i は，

$$\beta_i = \frac{y'_i}{y_i} = \frac{n_i s'_i}{n'_i s_i} = \frac{n_i u_i}{n'_i u'_i} = \frac{U_i}{U'_i} \tag{1.253}$$

であるので，光学系全体の横倍率 β は，

$$\beta = \beta_1 \beta_2 \cdots \beta_N = \frac{n_1 u_1}{n'_1 u'_1} \cdot \frac{n_2 u_2}{n'_2 u'_2} \cdots \frac{n_N u_N}{n'_N u'_N} = \frac{n_1 u_1}{n'_N u'_N} = \frac{U_1}{U'_N} \tag{1.254}$$

また，光学系の焦点距離は，最初の面に高さ h_1 で光軸に平行に光線が入射する $(u_1 = 0)$ としたとき，各面を進む光線を順次計算し，最後に，$n = N$ の面から出射する光線の角度 u'_N と高さ h_N を求める．この値により，光学系全体の後側焦点距離は，

$$f' = -\left(\frac{h_1}{u'_N}\right)_{u_1=0} = -n'_N \left(\frac{h_1}{U'_N}\right)_{U_1=0} \tag{1.255}$$

と計算できる．像点の位置は，

$$s'_N = -\frac{h_N}{u'_N} \tag{1.256}$$

焦点位置は，

$$s'_{N\mathrm{F}} = -\left(\frac{h_N}{u'_N}\right)_{u_1=0} \tag{1.257}$$

したがって，後側主点位置は，最後の面から，

$$s_{\mathrm{H'}} = s'_{N\mathrm{F}} - f' = -\left(\frac{h_N - h_1}{u'_N}\right) \tag{1.258}$$

である.

a. 光学系の行列表示

光線を光軸に対する換算角度 U と高さ h を成分とするベクトルで表すと，式 (1.246) は，

$$\begin{pmatrix} h_i \\ U'_i \end{pmatrix} = \begin{pmatrix} 1 & 0 \\ -P_i & 1 \end{pmatrix} \begin{pmatrix} h_i \\ U_i \end{pmatrix} \tag{1.259}$$

ここで，

$$\mathbf{R}_i = \begin{pmatrix} 1 & 0 \\ -P_i & 1 \end{pmatrix} \tag{1.260}$$

を屈折行列と呼ぼう．

また，換算距離を用いた面移行式 (1.248) と式 (1.252) は，

$$\begin{pmatrix} h_{i+1} \\ U_{i+1} \end{pmatrix} = \begin{pmatrix} 1 & D'_i \\ 0 & 1 \end{pmatrix} \begin{pmatrix} h_i \\ U'_i \end{pmatrix} \tag{1.261}$$

ここで，

$$\mathbf{T}_i = \begin{pmatrix} 1 & D'_i \\ 0 & 1 \end{pmatrix} \tag{1.262}$$

を移行行列と呼ぶことにする．式 (1.259) を式 (1.261) に代入すると，

$$\begin{pmatrix} h_{i+1} \\ U_{i+1} \end{pmatrix} = \begin{pmatrix} 1 & D'_i \\ 0 & 1 \end{pmatrix} \begin{pmatrix} 1 & 0 \\ -P_i & 1 \end{pmatrix} \begin{pmatrix} h_i \\ U_i \end{pmatrix} = \mathbf{T}_i \mathbf{R}_i \begin{pmatrix} h_i \\ U_i \end{pmatrix} \tag{1.263}$$

この式が，第 i 番目の面に入射した光線が，第 $i+1$ 面に到達する場合の変換式である．

一例として，単レンズを通過する場合の光線の変換を考えよう．単レンズの第 1 面に入射する光線の高さと角度を U_1，h_1 とし，第 2 面から出射する光線のそれを U'_2，h_2 とする．このとき，

$$\begin{pmatrix} h_2 \\ U'_2 \end{pmatrix} = \mathbf{R}_2 \mathbf{T}_1 \mathbf{R}_1 \begin{pmatrix} h_1 \\ U_1 \end{pmatrix} \tag{1.264}$$

の関係が得られる．

一般に，何枚かの境界面からなる共軸光学系を通過する近軸光線を追跡するには，それぞれの面に，屈折行列と移行行列を次々にかけ合わせればよい．すなわち，

$$\begin{aligned} \begin{pmatrix} h_N \\ U'_N \end{pmatrix} &= \begin{pmatrix} 1 & 0 \\ -P_N & 1 \end{pmatrix} \begin{pmatrix} 1 & D'_{N-1} \\ 0 & 1 \end{pmatrix} \begin{pmatrix} 1 & 0 \\ -P_{N-1} & 1 \end{pmatrix} \cdots \\ &\quad \cdots \begin{pmatrix} 1 & 0 \\ -P_2 & 1 \end{pmatrix} \begin{pmatrix} 1 & D'_1 \\ 0 & 1 \end{pmatrix} \begin{pmatrix} 1 & 0 \\ -P_1 & 1 \end{pmatrix} \begin{pmatrix} h_1 \\ U_1 \end{pmatrix} \\ &= \mathbf{R}_N \mathbf{T}_{N-1} \mathbf{R}_{N-1} \cdots \mathbf{R}_2 \mathbf{T}_1 \mathbf{R}_1 \begin{pmatrix} h_1 \\ U_1 \end{pmatrix} \end{aligned} \tag{1.265}$$

が得られる．屈折行列も移行行列も 2×2 行列であるので，この積も 2×2 行列である．すなわち，この行列の積は

$$\mathbf{S} = \begin{pmatrix} A & B \\ C & D \end{pmatrix} \tag{1.266}$$

と書け，これを光学系行列，もしくは，ABCD 行列という．各屈折行列と移行行列の行列式の値が 1 であるので，光学系全体の行列式の値も 1 である．すなわち，

$$\det \mathbf{S} = AD - BC = 1 \tag{1.267}$$

である．

屈折率が n で，肉厚が t のレンズを考えよう．第 1 面と第 2 面の曲率半径を，それぞれ，r_1，r_2 とする．第 1 面と第 2 面のパワーは，$P_1 = (n-1)/r_1$，$P_2 = (1-n)/r_2$ であり，換算距離は，$D = t/n$ であることに注意して，

$$\mathbf{S}_{\mathrm{L}} = \begin{pmatrix} A & B \\ C & D \end{pmatrix} = \begin{pmatrix} 1 & 0 \\ -P_2 & 1 \end{pmatrix} \begin{pmatrix} 1 & D \\ 0 & 1 \end{pmatrix} \begin{pmatrix} 1 & 0 \\ -P_1 & 1 \end{pmatrix}$$
$$= \begin{pmatrix} 1 - P_1 t/n & t/n \\ -(P_1 + P_2) + P_1 P_2 t/n & 1 - P_2 t/n \end{pmatrix} \tag{1.268}$$

したがって，

$$A = 1 - P_1 \cdot t/n \tag{1.269}$$

$$B = t/n \tag{1.270}$$

$$C = -(P_1 + P_2) + P_1 P_2 \cdot t/n \tag{1.271}$$

$$D = 1 - P_2 \cdot t/n \tag{1.272}$$

ここで，$-C$ は光学系のパワーに対応していることに注意．また，$\det \mathbf{S} = 1$ であることも確かめることができる．

特に，薄肉レンズに対しては，$t = 0$ とすると，

$$\mathbf{S}_{\mathrm{tL}} = \begin{pmatrix} 1 & 0 \\ -1/f' & 1 \end{pmatrix} \tag{1.273}$$

が得られる．

問　　題

1) フェルマの原理を用いて，反射の法則を導け．
2) 図 1.64 に示すように，屈折率 n_1 と n_2 の媒質が，平面で接しているとき，マリュスの定理を用いて，屈折の法則を導け．また，屈折の法則は，光子の運動量保存則でもあることを示せ．光子の運動量は，$p = h/\lambda_0$ である．ただし，h は，プランク定数である．
3) 図 1.65 に示すように，屈折率 n_1 と n_2 の媒質が，平面で接しているとき，入射光線，反射光線，屈折光線の進行方向を表す単位ベクトルをそれぞれ $\boldsymbol{e}_1$，$\boldsymbol{e}_{\mathrm{r}}$，$\boldsymbol{e}_2$ とする．また，境界面に立てた法線ベクトルを $\boldsymbol{n}$ とする．このとき，反射の法則が成り立てば，

$$\boldsymbol{e}_{\mathrm{r}} = \boldsymbol{e}_1 - 2(\boldsymbol{e}_1 \cdot \boldsymbol{n})\boldsymbol{n}$$

スネルの屈折の法則が成立すれば，

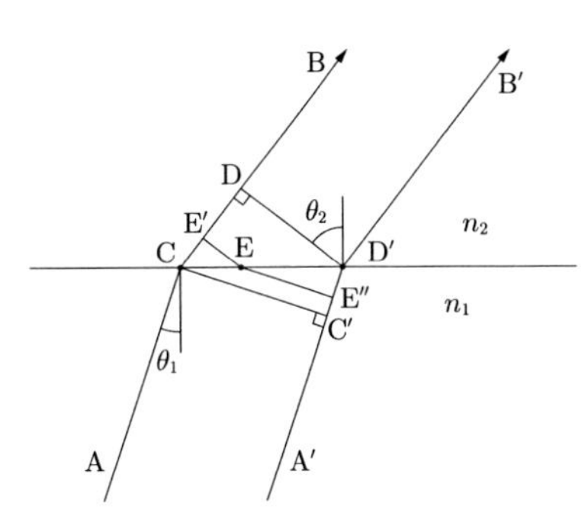

図 1.64　波面の屈折

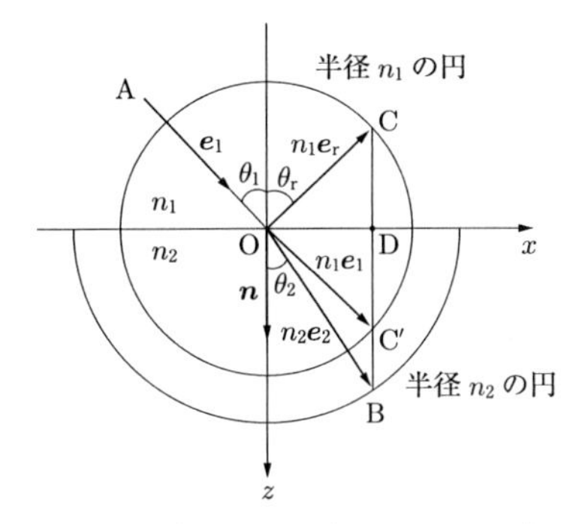

図 1.65　反射と屈折の法則のベクトル表示

$$n_1 \boldsymbol{e}_1 \times \boldsymbol{n} = n_2 \boldsymbol{e}_2 \times \boldsymbol{n}$$

の関係があることを示せ.

4) 図 1.66 に示すように，水面から a の深さに点物体 A がある．これをほぼ真上から見たとき，この点物体が浮き上がって B に見えた．このとき，見かけの深さ b を求めよ．ただし，水の屈折率は n で，空気の屈折率は 1 とせよ.

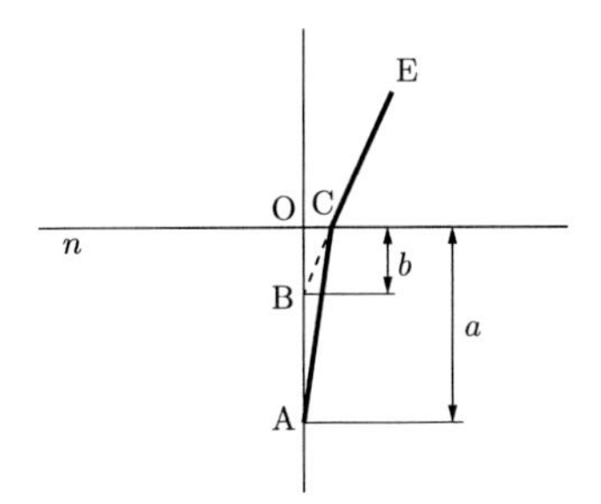

図 1.66　水面の中の物体見え方

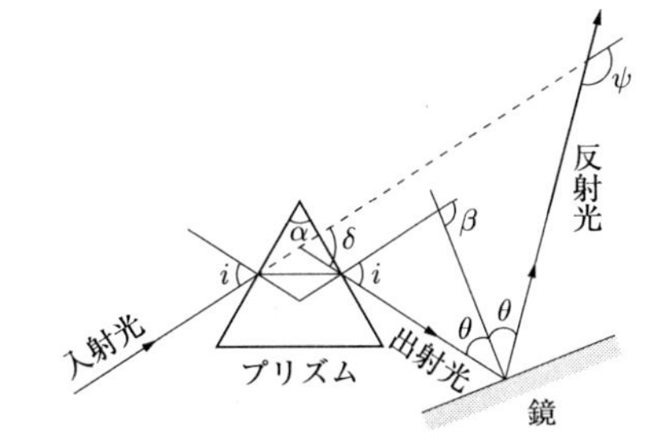

図 1.67　定偏角モノクロメーターの構成

5) 厚さが d で屈折率が n のガラス板の下に点物体がある．この点物体をほぼ真上から見たとき，この物体はどの程度近づいて見えるか．次の問いに答えよ．ただし，ガラス板の下面から，a の位置に点物体があるとする.

　(1)　物体から出てガラス板で屈折する光線を図示せよ.

　(2)　物体はどの程度近づいて見えるか.

6) 曲率半径が r のガラス玉があり，この中に表面から a の位置に微小気泡がある．この気泡の見かけの深さを求めよ．ただし，ガラスの屈折率を n とせよ.

7) 図 1.19 に示す，プルフリッヒの屈折計では，屈折率 (n') がわかっているプリズムの上面 AB に，被測定物体の研磨面を密着させる．単色光を AB 面にすれすれに入射させるとする．このときプリズム側面に屈折してくる光を望遠鏡で観測する．θ が臨界角よりも大きい方向には光は屈折できないので，望遠鏡の視野の一部分が暗くなる．その境界位置を測定すると，臨界角 θ_c が求まる．プリズムの頂角 A は直角であり，この面に対する屈折角を r とする．被測定物体の屈折率 n を求めよ．ただし，$n' > n$ である．

8) 多色の光を分光して単色光として取り出す装置をモノクロメーター (単色分光計) という．定偏角モノクロメーターでは，図 1.67 のように，分光用のプリズムと反射鏡が回転台の上に固定されているものがある．プリズムに対して，最小振れ角の条件で光を入射させると，反射鏡で反射された光と入射光のなす角は，光の波長によらず一定であることを証明せよ．

9) 図 1.23 に示すように，物体面に高さ y の物体があり，像面では高さ y' の像ができている．このとき，ラグランジェ不変量 (1.73) を用いて，ヘルムホルツ・ラグランジェ不変量の式 (1.93) が成立することを示せ．

10) レンズ L の焦点距離 f' を測定するために，図 1.68 に示すように，点光源 P の像を点光源から距離 l の位置にあるスクリーン上に結像した．レンズを光軸上に距離 d だけ動かして再びスクリーン上に点光源の像を得た．レンズの焦点距離 f' を求めよ．このような方法でレンズの焦点距離を測定する方法をベッセル (Bessel) 法という．

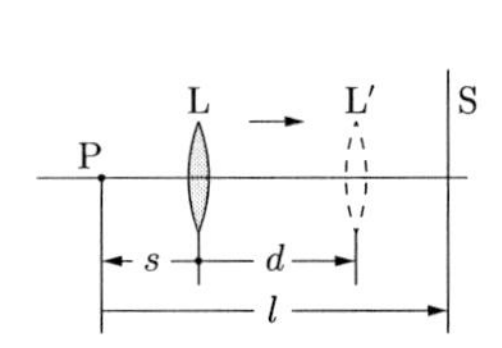

図 1.68 レンズの焦点距離を測定するためのベッセル法

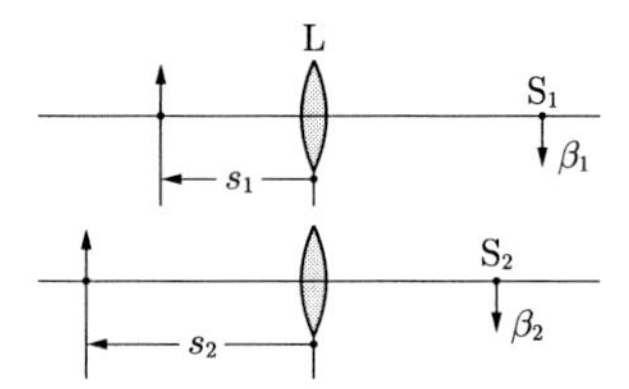

図 1.69 レンズの焦点距離を測定するためのアッベ法

11) レンズ L の焦点距離 f' を測定するために，図 1.69 のように，レンズから距離 s_1 の位置にある物体の像をスクリーン上に結像させた．このときの横倍率は β_1 であった．次に，レンズの位置を固定したまま，物体の位置を s_2 まで動かし，スクリーンの位置も動かして再び結像させ，横倍率 β_2 の像を得た．レンズの焦点距離 f' を求めよ．このような方法でレンズの焦点距離を測定する方法をアッベ (Abbe) 法という．

12) 水中に薄肉レンズを入れたとき，レンズの焦点距離はどのように変化するか．ただし，レンズの屈折率を n，水の屈折率を n_W とせよ．

13) 式 (1.108) を導け．

14) 式 (1.131) を導け．

15) 焦点距離が f' で屈折率が n の厚肉レンズがある．焦点距離を変えずに屈折率を n' にしたい．このとき，レンズの曲率を $r_1' = (n'-1)r_1/(n-1)$,

$r'_2 = (n'-1)r_2/(n-1)$，厚さを $d' = n'd/n$ とすればよいことを示せ．

16）式 (1.140) を導け．

17）図 1.70 に示す単レンズは，アプラナティックな凹レンズである．このレンズがアプラナティックであるための条件を述べよ．ただし，レンズの屈折率は n，レンズの第 2 面の曲率半径を r，第 2 面の曲率中心は C，物点は P である．

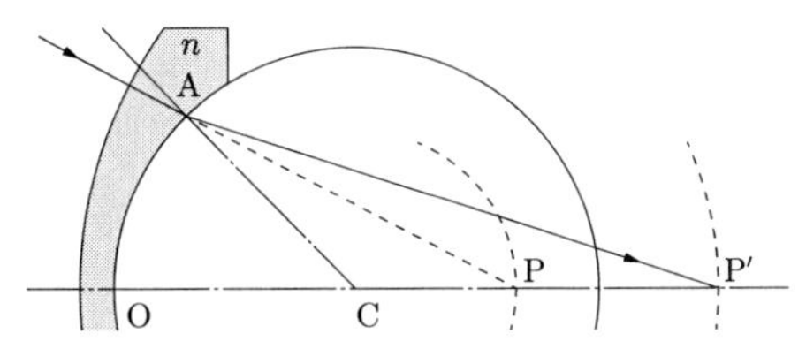

図 1.70　アプラナティック凹レンズ

18）焦点距離が f'_1，f'_2，屈折率が n_1，n_2，アッベ数が ν_1，ν_2 である 2 枚の薄肉レンズが接しているとき，この光学系が色消しで同時に像面が平面であるための条件を求めよ．さらに，屈折率とアッベ数は比例しなければならないことを示せ．

19）2 枚の薄肉レンズが距離 d 離れて置かれているときの，この光学系の色消しの条件を求めよ．ただし，2 つの薄肉レンズの焦点距離をそれぞれ f'_1，f'_2，屈折率を n_1，n_2，アッベ数を ν_1，ν_2 とする．

20）焦点距離が 30 mm の 2 枚のレンズを 28 mm の間隔で置いて，拡大鏡を作った．

a）この光学系の合成焦点距離を求めよ．

b）拡大鏡を明視の距離で見た場合の倍率を求めよ．

21）図 1.71 に示すように，曲率半径が r_1，r_2 で，厚さが d の厚肉レンズがある．近軸領域における光線追跡の手法を用いて，レンズの後側焦点距離 f' を求めよ．

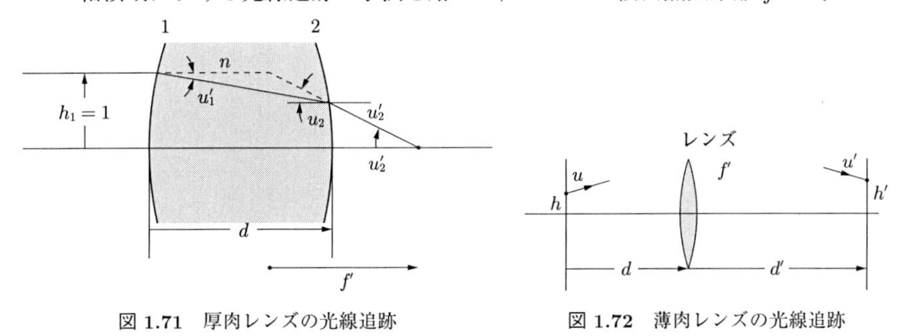

図 1.71　厚肉レンズの光線追跡　　図 1.72　薄肉レンズの光線追跡

22）図 1.72 に示すように，光軸から高さ h の点を角度 u で通過し，その点から d の位置にある薄肉レンズ (後側焦点距離を f' とする) を通り，そのレンズから距離 d' の位置に到達した光線の高さ h' と角度 u' を求めよ．このような光学系を示す行列を求めよ．

2

波動と屈折，反射

光は波として媒質の中を伝搬する．ここではまず，波動の一般的な性質とその数学的な表現法について述べ，次に電磁波として光波を考え，反射や屈折の法則を導く．

2.1 波動の表現

水面に生じた波紋が伝わっていくことからわかるように，形を変えずに変位 (波の高さ) が空間を伝わる性質を，波動はもっている．音は，空気の密度 (もしくは圧力) が伝わる現象である．光は，後に述べるように，電界と磁界が交互に振動して空間を伝わる現象である．

一般に，ある量 (u) (空気の密度や電界) が，ある場所 (z) で，ある時間 (t) に $u(z,t)$ であったとしよう．伝わる速度が v であるとすると，t の時間が経過すると，$z-vt$ の場所に移動するので，$u(z-vt)$ の形で表すことができる．すなわち，波は z と t が独立ではなく，いつも $z-vt$ の関数として表される．

ここで，$f(z-vt)$ を解とする微分方程式を考えてみよう．いま，

$$\tau = z - vt \tag{2.1}$$

とおいて，

$$\frac{\partial u}{\partial z} = \frac{\partial u}{\partial \tau}\cdot\frac{\partial \tau}{\partial z} = \frac{\partial u}{\partial \tau} \tag{2.2}$$

$$\frac{\partial u}{\partial t} = \frac{\partial u}{\partial \tau}\cdot\frac{\partial \tau}{\partial t} = -v\frac{\partial u}{\partial \tau} \tag{2.3}$$

したがって，

$$\frac{\partial u}{\partial z} = -\frac{1}{v}\frac{\partial u}{\partial t} \tag{2.4}$$

この式は，

$$\left(\frac{\partial}{\partial z} + \frac{1}{v}\frac{\partial}{\partial t}\right)u = 0 \tag{2.5}$$

と表すことができる．これが，速度 v の波動を表す方程式である．反対方向に速度 v で進む波に対しては，$g(z+vt)$ を解とする微分方程式を考えればよく，これは同様に，

$$\left(\frac{\partial}{\partial z} - \frac{1}{v}\frac{\partial}{\partial t}\right)u = 0 \tag{2.6}$$

で表される．速度 v または $-v$ の波を表す方程式は，

$$\left(\frac{\partial}{\partial z}+\frac{1}{v}\frac{\partial}{\partial t}\right)\left(\frac{\partial}{\partial z}-\frac{1}{v}\frac{\partial}{\partial t}\right)u=0 \tag{2.7}$$

したがって，波を表す方程式は，

$$\left(\frac{\partial^2}{\partial z^2}-\frac{1}{v^2}\frac{\partial^2}{\partial t^2}\right)u=0 \tag{2.8}$$

よって，

$$\frac{\partial^2 u}{\partial z^2}=\frac{1}{v^2}\frac{\partial^2 u}{\partial t^2} \tag{2.9}$$

これを波動方程式 (wave equation) という．この波動方程式の解は，

$$u(z,t)=f(z-vt)+g(z+vt) \tag{2.10}$$

であり，$\pm v$ の速度をもった 2 つの波の重ね合わせになる．

一般に均一で等方的な 3 次元空間を伝搬する波の方程式は，

$$\frac{\partial^2 u}{\partial x^2}+\frac{\partial^2 u}{\partial y^2}+\frac{\partial^2 u}{\partial z^2}=\frac{1}{v^2}\frac{\partial^2 u}{\partial t^2} \tag{2.11}$$

である．ここで演算子

$$\nabla^2=\frac{\partial^2}{\partial x^2}+\frac{\partial^2}{\partial y^2}+\frac{\partial^2}{\partial z^2} \tag{2.12}$$

を用いると，波動方程式は次のように書ける．

$$\nabla^2 u=\frac{1}{v^2}\frac{\partial^2 u}{\partial t^2} \tag{2.13}$$

2.2 電　磁　波

電磁場の基礎方程式であるマックスウエルの方程式 (Maxwell's equations) によると，付録 C に従って，電荷のない均質で等方的な媒質中では，電界 $\boldsymbol{E}$ と磁界 $\boldsymbol{H}$ は，

$$\mathrm{rot}\boldsymbol{E}=-\mu\frac{\partial \boldsymbol{H}}{\partial t} \tag{2.14}$$

$$\mathrm{rot}\boldsymbol{H}=\epsilon\frac{\partial \boldsymbol{E}}{\partial t} \tag{2.15}$$

$$\mathrm{div}\boldsymbol{E}=0 \tag{2.16}$$

$$\mathrm{div}\boldsymbol{H}=0 \tag{2.17}$$

さらに，マックスウエルの電磁波説によれば，光は電界 $\boldsymbol{E}$ と磁界 $\boldsymbol{H}$ の振動であり，電界も磁界も次のような同じ形式の波動方程式に従う．

$$\nabla^2\boldsymbol{E}=\epsilon\mu\frac{\partial^2 \boldsymbol{E}}{\partial t^2} \tag{2.18}$$

$$\nabla^2 \boldsymbol{H} = \epsilon\mu \frac{\partial^2 \boldsymbol{H}}{\partial t^2} \tag{2.19}$$

ただし，ϵ と μ は誘電率 (dielectric constant) と透磁率 (magnetic permeability) である．分散がなく均質で等方的な媒質中では ϵ と μ は一定である．両微分方程式は同時に成り立つので，電界も磁界も同じに空間を伝搬する．したがって，光波としては，一方の振動だけを考えればよいことがわかる．通常，光波の振動は電界の振動を考えることが多い．

式 (2.13) と式 (2.18) の比較から，均質で等方的な媒質中の光速度は

$$v = \frac{1}{\sqrt{\epsilon\mu}} \tag{2.20}$$

であり，真空中の光速度は

$$c = \frac{1}{\sqrt{\epsilon_0\mu_0}} \tag{2.21}$$

ただし，ϵ_0 と μ_0 は真空の誘電率と透磁率である．

2.2.1　ベクトル波とスカラー波

電界 $\boldsymbol{E}$ と磁界 $\boldsymbol{H}$ は，いずれも方向によって値が変わるベクトル量である．したがって，電磁波はベクトル波であるといえる．電界と磁界が波動方程式 (2.18) と (2.19) に従うということは，その成分 (E_x, E_y, E_z) や (H_x, H_y, H_z) も波動方程式を満足することを意味する．例えば，

$$\nabla^2 E_x = \epsilon\mu \frac{\partial^2 E_x}{\partial t^2} \tag{2.22}$$

が成立し，他の成分もすべて同じ方程式を満足する．このような場合には，各成分ごとに波動を記述することなく，各変位成分を代表して 1 つのスカラー量 u を用いる．このときの光波の波動方程式を式 (2.13) で表すのである．これをスカラー波という．

光波をスカラー波として取り扱うことができるのは，誘電率 ϵ と透磁率 μ が方向によらない均質で等方的な媒質中であることに注意せよ．

さらに，各成分が互いに独立ではなく，影響しあう場合にもスカラー波として取り扱うことができない．後に述べる回折を考える場合に，開口の境界においては，各成分は独立とみなすことができない．回折の現象は厳密にはベクトル波として解析しなければならない．しかしながら，境界から波長程度の距離を置けばスカラー波としてみなしてよいことが示されているので，以後，光波の伝搬現象に関してはスカラー波として取り扱うことにする．

2.2.2　正　弦　波

最も一般的なスカラー波として，正弦波 (sinusoidal wave)

$$u(z,t) = A\cos\left[\frac{2\pi}{\lambda}(z - vt) + \phi\right] \tag{2.23}$$

を考えよう [*1)]. A は光波の振幅 (amplitude), λ は波長 (wave length), $2\pi(z - vt)/\lambda + \phi$ は位相, ϕ は初期位相 (initial phase) である. 光波の振動数, もしくは周波数 (frequency) を ν とすると,

$$v = \lambda\nu \tag{2.24}$$

の関係がある. また, 角周波数 (angular frequency) は,

$$\omega = 2\pi\nu \tag{2.25}$$

さらに, 波数 (wave number) を

$$k = \frac{2\pi}{\lambda} \tag{2.26}$$

で定義すると, 正弦波は

$$u(z, t) = A\cos(kz - \omega t + \phi) \tag{2.27}$$

と表すこともできる. 振動の周期 (period) T は周波数の逆数で,

$$T = 1/\nu \tag{2.28}$$

である. 図 2.1 に, 時間と空間変化に対する正弦波の振幅変化を示す.

真空中の光の速度は, c で物理定数である. 媒質中を伝搬する光波の速度は, v であり, 両者の比が屈折率 n である.

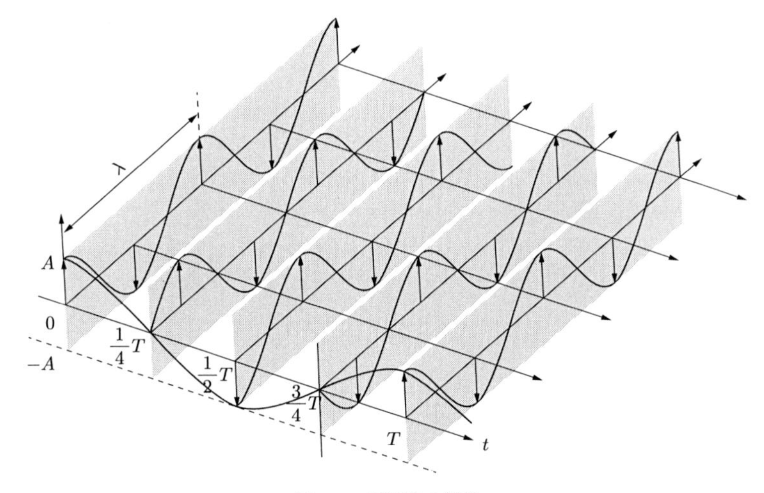

図 2.1　正弦波の伝搬

---

*1)　正弦波を表す式には, 伝統的に 2 つの形式がある. すなわち, 式 (2.23) と, $u(z, t) = A\cos\left[2\pi(vt - z)/\lambda + \phi\right]$ である. この形式では, 時間の経過ともに位相は増加する. 一方, 式 (2.23) の形式では, 位相は減少する.

$$n = c/v \tag{2.29}$$

周波数 ν は真空中でも媒質中でも変わらないので，

$$\lambda_0 = n\lambda \tag{2.30}$$

ただし，λ_0 は真空中の波長である．

また，式 (2.20)，(2.21)，(2.29) より，通常は $\mu = \mu_0$ であるので，

$$n = \sqrt{\epsilon/\epsilon_0} \tag{2.31}$$

である．

真空中の波動の波数を

$$k_0 = \frac{2\pi}{\lambda_0} \tag{2.32}$$

で定義すると，

$$k = nk_0 \tag{2.33}$$

である．

2.2.3 重ね合わせの原理

波動が空間のあるところで出会ったときを考えよう．今，z 方向に進む 2 つの波動 $u_1(z,t)$，$u_2(z,t)$ があるとする．もちろん，2 つの波動は，波動方程式 (2.13) に従う．その場所における変位は 2 つの波動の変位の和

$$u(z,t) = c_1 u_1(z,t) + c_2 u_2(z,t) \tag{2.34}$$

で表され，これも，波動方程式の解になるから，これも波動として，z 方向に伝搬することがわかる．ここで，各々の波動は，重ね合わされた結果，振幅が変わったり，周波数が変わったりせずに伝搬する．これを波動の独立性という．波動の独立性が成り立つのは，波動方程式 (2.13) が線形な微分方程式であるからである．また，マックスウエルの方程式 (2.14) ～ (2.17) 自身も線形方程式であることに注意せよ．

波動の重ね合わせの例として，振幅が等しく周波数がわずかに異なる正弦波が同じ方向に伝搬する場合を考えよう．このとき合成波は，

$$u(z,t) = A\cos(k_1 z - \omega_1 t + \phi_1) + A\cos(k_2 z - \omega_2 t + \phi_2) \tag{2.35}$$

ただし，それぞれの波数，角周波数，初期位相を，k_1，k_2，ω_1，ω_2，ϕ_1，ϕ_2 とする．ここで，波数，角周波数，初期位相の平均，差などを，$(k_1+k_2)/2 = \bar{k}$，$(\omega_1+\omega_2)/2 = \bar{\omega}$，$(\phi_1+\phi_2)/2 = \bar{\phi}$，$(k_1-k_2)/2 = \Delta k$，$(\omega_1-\omega_2)/2 = \Delta\omega$，$(\phi_1-\phi_2)/2 = \Delta\phi$，とおく．$\omega_1 \approx \omega_2$ なので，$\Delta\omega$ は非常に小さい量であり，$\bar{\omega}$ は元の振動数 ω_1，ω_2 にほぼ等しい．

$$u(z,t) = 2A\cos(\Delta kz - \Delta\omega t + \Delta\phi) \cdot \cos(\bar{k}z - \bar{\omega}t + \bar{\phi}) \tag{2.36}$$

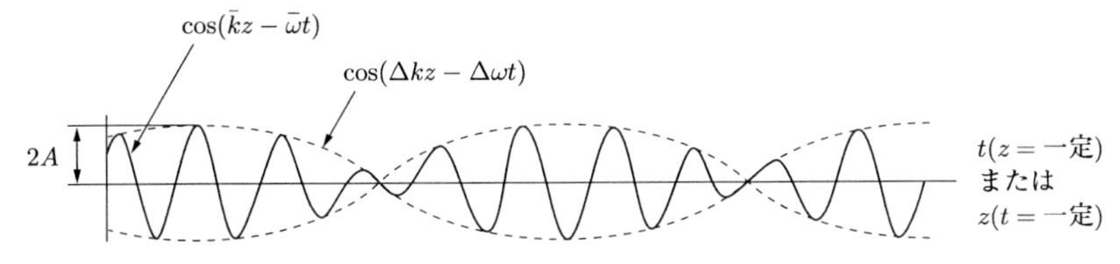

図 **2.2**　伝搬方向が同じで周波数がわずかに異なる波の重ね合わせ

が得られ，元の振動数にほぼ等しい $\bar{\omega}$ で振動する波動が生じるが，その振幅は，周波数 $\Delta\omega$ で変調され，ゆっくりと正弦的に変化する．この様子を，図 2.2 に示す．この現象は，ビートとして知られている．

また，同一の波が対向して進む場合には，

$$u(z,t) = A\cos(kz-\omega t+\phi)+A\cos(kz+\omega t+\phi) = 2A\cos(\omega t)\cdot\cos(kz+\phi) \quad (2.37)$$

この場合には，時間とともに変動する成分の中に空間成分 z を含んでいない．つまり波動は，動いていないように見える．このような波は定在波と呼ばれている．

a.　位相速度と群速度

正弦波の進む速度は，式 (2.24) で表される．これを書き換えると

$$v_{\mathrm{p}} = \frac{\omega}{k} \quad (2.38)$$

が得られる．この速度は，位相速度 (phase velocity) と呼ばれる．正弦波はいわば理想化された波動で，周波数が一定の無限に続く波である．実際には，波動が無限に続くことはなく，波長もある広がり幅をもっている．このような波は，図 2.2 のように，ある範囲に局在する波として伝わる．このような塊としての波の進行速度は，正弦波の場合と異なる．この速度を群速度 (group velocity) という．最も単純な波の塊が，図 2.2 であり，ビート波の群速度は，式 (2.36) より，

$$v_{\mathrm{g}} = \frac{\Delta\omega}{\Delta k} \quad (2.39)$$

通常，角周波数 ω が波数 k の関数であることを分散 (dispersion) という．$\omega = \omega(k)$ を分散関係 (dispersion) という．考えている周波数範囲が小さいときには，

$$v_{\mathrm{g}} = \frac{\mathrm{d}\omega}{\mathrm{d}k} \quad (2.40)$$

である．群速度は，光のエネルギーが進む速度である．

ここで，角周波数 ω と波数 k の間には，

$$\omega = \frac{c}{n(k)}k \quad (2.41)$$

の関係がある．屈折率に分散があると，屈折率は角周波数 ω の関数になる．両辺を k で微分した結果を用いると，式 (2.40) は，

$$v_{\mathrm{g}} = \frac{c}{n}\left(1 - \frac{k}{n}\frac{\mathrm{d}n}{\mathrm{d}k}\right) \quad (2.42)$$

さらに，$\mathrm{d}n/\mathrm{d}k = -\lambda^2/(2\pi)\cdot \mathrm{d}n/\mathrm{d}\lambda$ を用いて，

$$v_\mathrm{g} = v_\mathrm{p}\Big(1+\frac{\lambda}{n}\frac{\mathrm{d}n}{\mathrm{d}\lambda}\Big) \tag{2.43}$$

通常は，$\mathrm{d}n/\mathrm{d}\lambda < 0$ (正常分散) であるので，群速度は位相速度よりも遅くなる．

2.2.4　波動の複素表示

正弦波の振幅は実数であるので，式 (2.27) のように書かれてきた．しかし，今後，いくつかの波の重ね合わせを考えたり，微分演算をしたりする．この場合には，$\exp(\mathrm{i}\theta) = \cos\theta + \mathrm{i}\sin\theta$ の関係を用いて，

$$u(\boldsymbol{r},t) = \mathrm{Re}\Big\{A\exp[\mathrm{i}(\boldsymbol{k}\cdot\boldsymbol{r} - \omega t + \phi)]\Big\} \tag{2.44}$$

と表すと便利である．ただし，i は虚数単位，Re{　} は {　} の実部を表す．Re{　} をいつもつけるのは煩雑であるので，単に，

$$u(\boldsymbol{r},t) = A\exp[\mathrm{i}(\boldsymbol{k}\cdot\boldsymbol{r} - \omega t + \phi)] = A\exp[\mathrm{i}(k_x x + k_y y + k_z z - \omega t + \phi)] \tag{2.45}$$

と書き，これを複素振幅 (complex amplitude) 表示と呼ぶ．実部の明記が必要なときには，式 (2.44) を使うことにすればよい．

複素振幅 (2.45) を空間成分 $\mathcal{E}(\boldsymbol{r})$ と時間成分 $\exp(-\mathrm{i}\omega t)$ に分けて書くと，

$$u(\boldsymbol{r},t) = \mathcal{E}(\boldsymbol{r})\exp(-\mathrm{i}\omega t) \tag{2.46}$$

が得られる．ただし，

$$\mathcal{E}(\boldsymbol{r}) = A\exp[\mathrm{i}(\boldsymbol{k}\cdot\boldsymbol{r}) + \phi] \tag{2.47}$$

これを波動関数 (2.13) に代入すると，

$$\nabla^2\mathcal{E}(\boldsymbol{r}) + k^2\mathcal{E}(\boldsymbol{r}) = 0 \tag{2.48}$$

これをヘルムホルツ (Helmhortz) 方程式という．波動の空間成分に対する方程式である．

2.2.5　平面波，球面波，近軸波

3 次元空間を伝搬する波動の代表的なものに，平面波 (plane wave) と球面波 (spherical wave) がある．また，幾何光学における近軸光線に相当する近軸波の概念もある．

a.　平　面　波

波の進む方向に垂直な平面内で，波動の変位 $u(x,y,z,t)$ が一定であるものを平面波という．図 2.3 のように，原点 O から $\boldsymbol{n}$ の方向に進む平面波があるとしよう．原点からこの平面波までの距離を s とし，その足の位置を Q とする．平面波上の一点 P の座標を (x,y,z) とする．直線 OQ と直線 PQ は必ず直交する．点 P の位置ベクトルを $\boldsymbol{r} = (x,y,z)$ とすると，

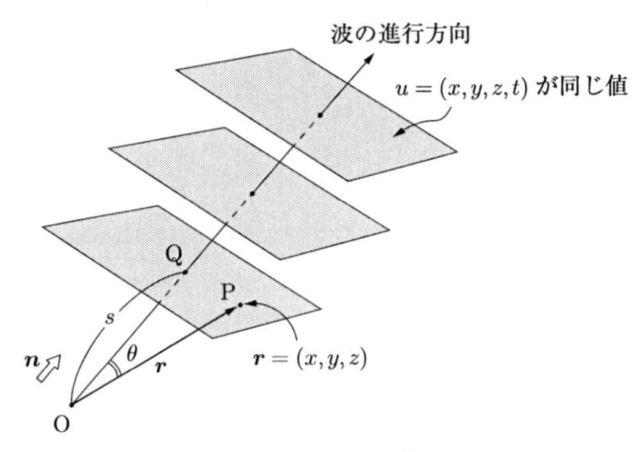

図 **2.3**　平面波の表示

$$s = |\boldsymbol{r}|\cos\theta \tag{2.49}$$

これは進行方向の単位ベクトル $\boldsymbol{n}$ と $\boldsymbol{r}$ の内積で書けて,

$$s = \boldsymbol{n}\cdot\boldsymbol{r} \tag{2.50}$$

ここで, 距離 s 進む波動は, $\cos(ks - \omega t + \phi)$ と書けることと,

$$ks = k\boldsymbol{n}\cdot\boldsymbol{r} \tag{2.51}$$

から, 新しいベクトル

$$\boldsymbol{k} = k\boldsymbol{n} = (k_x, k_y, k_z) \tag{2.52}$$

を定義する. ただし,

$$k^2 = k_x^2 + k_y^2 + k_z^2 \tag{2.53}$$

の関係がある. 平面波は,

$$u(\boldsymbol{r}, t) = A\exp(\boldsymbol{k}\cdot\boldsymbol{r} - \omega t + \phi) \tag{2.54}$$

と表すことができる. $\boldsymbol{k}$ は波数ベクトルとよばれ, 波の進行方向を向いたベクトルである.

b.　球　面　波

点光源から四方に球面状に広がっていく波面を球面波という. 球面波を考えるためには, 波動方程式 (2.13) を極座標系で表す. ここで, $r = \sqrt{x^2+y^2+z^2}$ とおき, まず,

$$\frac{\partial u(r,t)}{\partial x} = \frac{\partial u}{\partial r}\frac{\partial r}{\partial x} = \frac{x}{r}\frac{\partial u}{\partial r} \tag{2.55}$$

ここで,

$$\frac{\partial r}{\partial x} = \frac{\partial\sqrt{x^2+y^2+z^2}}{\partial x} = \frac{2x}{2\sqrt{x^2+y^2+z^2}} = \frac{x}{r} \tag{2.56}$$

の関係を使った. さらに微分すると,

$$\frac{\partial^2 u(r,t)}{\partial x^2} = \frac{\partial}{\partial x}\Big(\frac{\partial u}{\partial x}\Big) = \frac{\partial}{\partial x}\Big(\frac{x}{r}\frac{\partial u}{\partial r}\Big) = \frac{1}{r}\frac{\partial u}{\partial r} + x\frac{\partial}{\partial x}\Big(\frac{1}{r}\frac{\partial u}{\partial r}\Big)$$
$$= \frac{1}{r}\frac{\partial u}{\partial r} + x\frac{\partial}{\partial r}\Big(\frac{1}{r}\frac{\partial u}{\partial r}\Big)\frac{\partial r}{\partial x} = \frac{1}{r}\frac{\partial u}{\partial r} + x\frac{\partial}{\partial r}\Big(\frac{1}{r}\frac{\partial u}{\partial r}\Big)\frac{x}{r}$$
$$= \frac{1}{r}\frac{\partial u}{\partial r} + \frac{x^2}{r}\Big(-\frac{1}{r^2}\frac{\partial u}{\partial r} + \frac{1}{r}\frac{\partial^2 u}{\partial r^2}\Big)$$
$$= \frac{1}{r}\frac{\partial u}{\partial r} - \frac{x^2}{r^3}\frac{\partial u}{\partial r} + \frac{x^2}{r^2}\frac{\partial^2 u}{\partial r^2} \tag{2.57}$$

同様な微分を計算して，

$$\nabla^2 u = \Big(\frac{\partial^2}{\partial x^2} + \frac{\partial^2}{\partial y^2} + \frac{\partial^2}{\partial z^2}\Big)u$$
$$= \frac{3}{r}\frac{\partial u}{\partial r} - \frac{x^2+y^2+z^2}{r^3}\frac{\partial u}{\partial r} + \frac{x^2+y^2+z^2}{r^2}\frac{\partial^2 u}{\partial r^2} = \frac{2}{r}\frac{\partial u}{\partial r} + \frac{\partial^2 u}{\partial r^2}$$
$$= \frac{1}{r}\frac{\partial^2 (ru)}{\partial r^2} \tag{2.58}$$

したがって，波動方程式 (2.13) は，

$$\frac{1}{r}\frac{\partial^2 (ru)}{\partial r^2} = \frac{1}{v^2}\frac{\partial^2 u}{\partial t^2} \tag{2.59}$$

あるいは，

$$\frac{\partial^2 (ru)}{\partial r^2} = \frac{1}{v^2}\frac{\partial^2 (ru)}{\partial t^2} \tag{2.60}$$

これは，1 次元の波動方程式と同じ形式になっているので，式 (2.10) と同様に，

$$ru(r,t) = f(r-vt) + g(r+vt) \tag{2.61}$$

が解となる．あるいは，

$$u(r,t) = \frac{1}{r}f(r-vt) + \frac{1}{r}g(r+vt) \tag{2.62}$$

第 1 項は発散球面波，第 2 項は収束球面波に対応する．

ここで，式 (2.54) と同様に，波数 k を使うと，単色の発散球面波は，

$$u(r) = \frac{A}{r}\exp[\mathrm{i}(kr-\omega t)] \tag{2.63}$$

と表すことができる．

c. 近軸球面波，回転放物面波

ここで，球面波が光源から十分離れた位置まで伝搬したとする．この球面波の光軸近傍の振幅を考えよう．距離 r は，$z \gg |x|, |y|$ であることを考えると，

$$r = \sqrt{x^2+y^2+z^2} = z\sqrt{1+\frac{x^2+y^2}{z^2}} \approx z\Big(1+\frac{x^2+y^2}{2z^2}\Big) = z + \frac{x^2+y^2}{2z} \tag{2.64}$$

と近似できることがわかる．ただし，近似式 $\sqrt{1+\alpha} \approx 1+\alpha/2$ を使った．したがって，式 (2.64) を式 (2.63) に代入すると，

$$u(x,y,z,t)=\frac{A}{z_0}\exp\left\{\mathrm{i}\left[kz+\frac{k(x^2+y^2)}{2z}-\omega t\right]\right\} \tag{2.65}$$

のように球面波を表すことができる．ただし，r は大きいとして $r=z_0$ とした．定数項を改めて A と書くとすると，

$$u(x,y,z,t)=A\exp\left\{\mathrm{i}\left[kz+\frac{k(x^2+y^2)}{2z}-\omega t\right]\right\} \tag{2.66}$$

が得られる．この状態の球面波を近軸球面波，あるいは波面の形が回転放物面の形をしているので回転放物面波もしくは放物面波という．

式 (2.64) の近似をさらに進めると，十分大きい z に対して，式 (2.65) で $z\gg k(x^2+y^2)/2$ となるから，

$$u(z,t)=A\exp[\mathrm{i}(kz-\omega t)] \tag{2.67}$$

となる．これは平面波である．つまり，点光源から射出される球面波は，点光源から離れるに従って，回転放物面波とみなすことができ，さらに距離が増すと，平面波になるということができる．この様子を図 2.4 に示す．

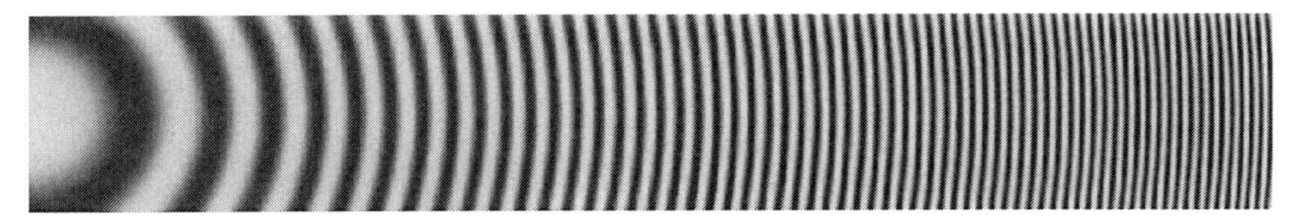

図 **2.4** 球面波 (左側)，放物面波から平面波 (右側) へ

d. 近 軸 波

z 軸方向に伝搬する平面波が $A\exp(\mathrm{i}kz)$ と書けることを拡張して，その複素振幅 A が場所的にゆっくり変化する光波を

$$U(\boldsymbol{r})=A(\boldsymbol{r})\exp(\mathrm{i}kz) \tag{2.68}$$

と表すことにする．幾何光学の近軸光線の概念から類推して，この光波を近軸波 (paraxial wave) という．

2.3 重ね合わせの原理とフーリエ変換

重ね合わせの原理によると，1 つの波動をいくつかの波動に分解することができる．いま，場所を固定して時間変化のみを考えることにすると，

$$u(t)=\sum_n A_n\exp(-\mathrm{i}\omega_n t+\mathrm{i}\phi_n) \tag{2.69}$$

ここで，A_n は角周波数 ω_n をもつ正弦波の振幅であるが，もとの波動 $u(t)$ の中の，角周波数 ω_n の正弦波の割合ともみなすことができる．つまり，A_n が大きければ波動 $u(t)$

は角周波数 ω_n の正弦波を多く含み，0 ならばこの周波数成分を全くもたないことになる．A_n が角周波数 ω_n の関数であるので，位相項も含めて，$U(\omega_n) = A_n \exp(\mathrm{i}\phi_n)$ と書くことにし，角周波数 ω_n が連続的に変化するとすると，式 (2.69) は，

$$u(t) = \int_{-\infty}^{\infty} U(\omega) \exp(-\mathrm{i}\omega t) \mathrm{d}\omega \tag{2.70}$$

となる．また，

$$U(\omega) = \frac{1}{2\pi} \int_{-\infty}^{\infty} u(t) \exp(\mathrm{i}\omega t) \mathrm{d}t \tag{2.71}$$

も成立する．これを $u(t)$ のフーリエ変換 (Fourier transform) という．式 (2.70) をフーリエ逆変換という．

式 (2.70) は，時間的に変化する連続関数 $u(t)$ が，角周波数 ω をもつ正弦関数の重ね合わせ (線形結合) で表すことができることを意味する．また，式 (2.71) は，連続関数 $u(t)$ から，周波数 ω をもつ正弦関数の重みを求める式である．$U(\omega)$ は，関数 $u(t)$ を周波数 ω で表しているので，$u(t)$ のスペクトルという．直感的にいえば，フーリエ変換は光の振動 $u(t)$ をプリズムで波長の分布に分ける操作を数学的に記述したといえる．

また，$\omega = 2\pi\nu$ の関係があるので，フーリエ変換を，

$$U(\nu) = \int_{-\infty}^{\infty} u(t) \exp(\mathrm{i}2\pi\nu t) \mathrm{d}t \tag{2.72}$$

と定義することもできる．このとき，逆変換は，

$$u(t) = \int_{-\infty}^{\infty} U(\nu) \exp(-\mathrm{i}2\pi\nu t) \mathrm{d}\nu \tag{2.73}$$

である．

式 (2.70)，式 (2.71) は時間信号に対するフーリエ変換であったが，空間的な波動の分布に対してもフーリエ変換が定義できる．この場合には，空間的に変化する関数 $u(\boldsymbol{r})$ が，正弦的な平面波 $\exp(\mathrm{i}\boldsymbol{k} \cdot \boldsymbol{r})$ の重ね合わせで表すことができる．

いま，2 次元空間に分布する光の振幅分布 $u(x, y)$ を考えよう．この関数 $u(x, y)$ に対する，2 次元フーリエ変換は，

$$U(\nu_x, \nu_y) = \iint_{-\infty}^{\infty} u(x, y) \exp[-\mathrm{i}2\pi(x\nu_x + y\nu_y)] \mathrm{d}x\mathrm{d}y \tag{2.74}$$

と定義される．その逆変換は，

$$u(x, y) = \iint_{-\infty}^{\infty} U(\nu_x, \nu_y) \exp[\mathrm{i}2\pi(x\nu_x + y\nu_y)] \mathrm{d}\nu_x \mathrm{d}\nu_y \tag{2.75}$$

で与えられる．ν_x や ν_y を空間周波数 (spatial frequency) という．波動 $u(x, y)$ が，振幅 $U(\nu_x, \nu_y)$ をもつ平面波 $\exp[\mathrm{i}2\pi(x\nu_x + y\nu_y)]$ の重ね合わせであることを示している．式 (2.45) との対比から，

$$k_x = 2\pi\nu_x, \qquad k_y = 2\pi\nu_y \tag{2.76}$$

の関係があることもわかる．

2.4 波のエネルギー

光の振幅の 2 乗の時間平均は，そのエネルギーに比例するが，これは，

$$\langle u^2 \rangle = \lim_{T\to\infty} \frac{1}{T} \int_0^T A^2 \cos^2(\boldsymbol{k}\cdot\boldsymbol{r} - \omega t + \phi)\mathrm{d}t = \frac{A^2}{2} \tag{2.77}$$

複素振幅を用いれば，

$$\langle u^2 \rangle = \frac{1}{2} u u^* = \frac{|u|^2}{2} \tag{2.78}$$

と表すことができる．ただし，u^* は u の複素共役を表す．

像の強度分布などを考える場合には，エネルギーの相対的な分布や変化を考えればよいので，複素振幅の強度 (intensity) は，単に，

$$I = |u|^2 \tag{2.79}$$

と表すことが多い．

2.5 横波としての電磁波

波数ベクトルは $\boldsymbol{k}$，角振動数が ω の平面波の電界と磁界はそれぞれ，

$$\boldsymbol{E}(\boldsymbol{r},t) = \boldsymbol{E}_0 \exp[\mathrm{i}(\boldsymbol{k}\cdot\boldsymbol{r} - \omega t)] \tag{2.80}$$

$$\boldsymbol{H}(\boldsymbol{r},t) = \boldsymbol{H}_0 \exp[\mathrm{i}(\boldsymbol{k}\cdot\boldsymbol{r} - \omega t)] \tag{2.81}$$

と表される．ただし，$\boldsymbol{E}_0$ と $\boldsymbol{H}_0$ は振幅を表す実数のベクトルとする．これを式 (2.14) ～ (2.17) に代入すると，

$$\boldsymbol{k} \times \boldsymbol{E} = \omega\mu\boldsymbol{H} \tag{2.82}$$

$$\boldsymbol{k} \times \boldsymbol{H} = -\omega\epsilon\boldsymbol{E} \tag{2.83}$$

$$\boldsymbol{k} \cdot \boldsymbol{E} = 0 \tag{2.84}$$

$$\boldsymbol{k} \cdot \boldsymbol{H} = 0 \tag{2.85}$$

したがって，式 (2.84) と式 (2.85) から，$\boldsymbol{E}$ と $\boldsymbol{H}$ は波の進行方向 $\boldsymbol{k}$ に振動成分をもたないので，横波である．また，図 2.5 に示すように，$\boldsymbol{E}$，$\boldsymbol{H}$，$\boldsymbol{k}$ は互いに直交していることもわかる．さらに，$\boldsymbol{k}$ は式 (C.14) のポインティングベクトル (Poynting vector) $\boldsymbol{S}$ と同じ方向であることもわかる．

3 次元空間を進む光波の進行方向を決めると，その $\boldsymbol{E}$ と $\boldsymbol{H}$ の振動方向は，進行方向と直交する 2 つの成分をとることができる．振動方向に偏りがあるとき，この光波を偏光 (polarized light) いう．

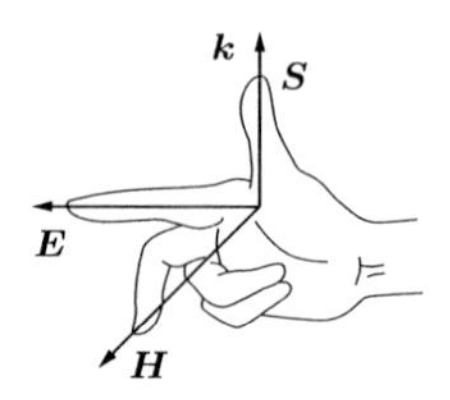

図 2.5 $\boldsymbol{k}$，$\boldsymbol{E}$，$\boldsymbol{H}$ は互いに直交し，右手系をなす．ポインティングベクトル $\boldsymbol{S}$ の方向は波動の進行方向 $\boldsymbol{k}$ である．

2.6 電磁波のエネルギーの流れ

平面波が運ぶエネルギーは，ポインティングベクトルで表されるから，式 (2.80) と式 (2.81) の実部を式 (C.14) に代入して，

$$\boldsymbol{S} = \boldsymbol{E}_0 \times \boldsymbol{H}_0 \cos^2(\boldsymbol{k} \cdot \boldsymbol{r} - \omega t) \tag{2.86}$$

ここで，波数ベクトル $\boldsymbol{k}$ の方向を示す単位ベクトルを $\boldsymbol{n}$ とすると，

$$\boldsymbol{k} = k\boldsymbol{n} \tag{2.87}$$

が得られる．次に，式 (2.82) を用い，ベクトル解析の公式 (G.1) を使うと，

$$\boldsymbol{S} = \sqrt{\frac{\epsilon}{\mu}} |\boldsymbol{E}_0|^2 \boldsymbol{n} \cos^2(\boldsymbol{k} \cdot \boldsymbol{r} - \omega t) \tag{2.88}$$

時間平均をとると，

$$\langle \boldsymbol{S} \rangle = \frac{1}{2}\sqrt{\frac{\epsilon}{\mu}} |\boldsymbol{E}_0|^2 \boldsymbol{n} = \frac{1}{2} v\epsilon |\boldsymbol{E}_0|^2 \boldsymbol{n} \tag{2.89}$$

ただし，v は媒質中の光速度で式 (2.20) で表される．したがって，光の強度 I (intensity) は，$\langle \boldsymbol{S} \rangle = I\boldsymbol{n}$ であるので，

$$I = \frac{1}{2} v\epsilon |\boldsymbol{E}_0|^2 \tag{2.90}$$

光強度は，式 (2.79) と同じく，振幅の絶対値の 2 乗に比例する [*2]．

---

*2) 測光学 (第 13 章参照) では，ある面積を単位時間内に通過する光エネルギーを放射束 (flux) といい，単位をワット (W) とする．単位面積あたりの放射束を放射密度 (flux density) といい，単位を W m^{-2} とする．放射密度は入射の場合には放射照度 (irradiance または incidance)，射出の場合には放射発散度 (exitance) と呼ぶ．単位立体角あたりの放射束を放射強度 (intensity) (W sr^{-1}) という．したがって，ここで定義した光強度と放射強度を区別して用いる必要がある．光強度を irradiance と呼ぶことが推奨されている．

2.7 電界と磁界の境界条件

屈折光と反射光の振幅を計算するときに必要な，$\boldsymbol{E}$ と $\boldsymbol{H}$ に関する境界条件を求めよう．

図 2.6 に示すように，誘電率と透磁率がそれぞれ ϵ_1，ϵ_2 と μ_1，μ_2 である媒質 I と媒質 II が接しているとする．境界面を横切る微小な長方形 $\mathrm{A_1B_1B_2A_2}$ を考える．式 (2.14) の両辺をこの長方形の領域について積分すると，

$$\iint_S \mathrm{rot}\boldsymbol{E}\,\mathrm{d}S = -\iint_S \mu\frac{\partial \boldsymbol{H}}{\partial t}\,\mathrm{d}S \tag{2.91}$$

が得られ，ストークスの定理 (G.14) を用いると，

$$\oint_C \boldsymbol{E}\,\mathrm{d}s = -\frac{\partial}{\partial t}\iint_S \mu\boldsymbol{H}\,\mathrm{d}S \tag{2.92}$$

式 (2.92) の左辺を，$\mathrm{A_1B_1}$ と $\mathrm{A_2B_2}$ に沿った $\boldsymbol{E}$ の接線成分 $\boldsymbol{E}_{t1}$ と $\boldsymbol{E}_{t2}$ を用いて表すと，

$$\boldsymbol{E}_{t1}\overrightarrow{\mathrm{A_1B_1}} + \boldsymbol{E}_{t2}\overrightarrow{\mathrm{B_2A_2}} = 0 \tag{2.93}$$

が得られる．ただし，$\overline{\mathrm{A_1A_2}}$ と $\overline{\mathrm{B_1B_2}}$ は十分小さいとして，式 (2.92) の右辺は 0 とした．ここで，$\overrightarrow{\mathrm{A_1B_1}} = -\overrightarrow{\mathrm{B_2A_2}}$ であり，常に式 (2.93) が成り立つためには，

$$\boldsymbol{E}_{t1} = \boldsymbol{E}_{t2} \tag{2.94}$$

が必要である．同様に，式 (2.15) を用いると，

$$\boldsymbol{H}_{t1} = \boldsymbol{H}_{t2} \tag{2.95}$$

が得られる．

このように，境界面において $\boldsymbol{E}$ と $\boldsymbol{H}$ の接線成分は連続である．

また，電束密度 $\boldsymbol{D}$ と磁束密度 $\boldsymbol{B}$ に関しては，両者とも境界面に対する法線方向成分は連続である．

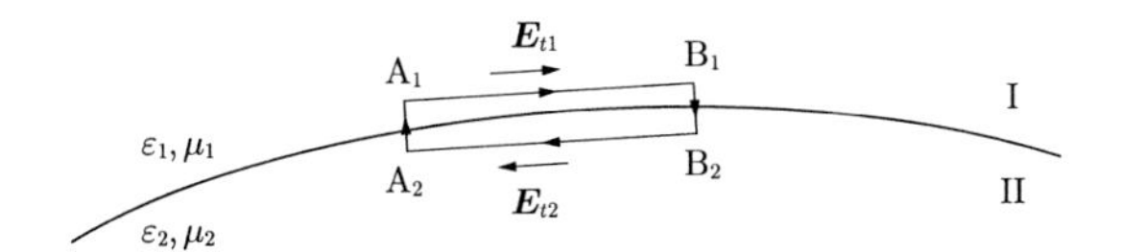

図 2.6 電界 $\boldsymbol{E}$ の境界条件

2.8 波の反射と屈折

平面を境に異なる屈折率の等方的媒質が接しているときに，平面波の屈折と反射について考えよう．媒質 I と媒質 II の屈折率をそれぞれ，n_1 と n_2，波長をそれぞれ，λ_1，λ_2 とする．

2.8.1 スネルの法則

平面波が入射角 θ_1 で，媒質 I から媒質 II に入射した場合を考える (図 2.7)．境界面を xy 平面，境界面に立てた垂線を z 軸とし，入射光線と z 軸がつくる面上に x 軸をとる．このとき，xz 面を入射面という．平面波の波数ベクトル $\boldsymbol{k}_1$ のなす角が入射角 θ_1 である．

入射波の一部が，境界面で反射し，一部が透過して，屈折する．入射波，反射波，透過波の振幅は，

$$u_1(\boldsymbol{r},t) = A_1 \exp[\mathrm{i}(\boldsymbol{k}_1 \cdot \boldsymbol{r} - \omega t + \phi_1)] = A_1 \exp[\mathrm{i}(k_{1x}x + k_{1z}z - \omega t + \phi_1)] \quad (2.96)$$

$$u_{\mathrm{r}}(\boldsymbol{r},t) = A_{\mathrm{r}} \exp[\mathrm{i}(\boldsymbol{k}_{\mathrm{r}} \cdot \boldsymbol{r} - \omega t + \phi_{\mathrm{r}})] = A_{\mathrm{r}} \exp[\mathrm{i}(k_{\mathrm{r}x}x + k_{\mathrm{r}y}y + k_{\mathrm{r}z}z - \omega t + \phi_{\mathrm{r}})] \quad (2.97)$$

$$u_2(\boldsymbol{r},t) = A_2 \exp[\mathrm{i}(\boldsymbol{k}_2 \cdot \boldsymbol{r} - \omega t + \phi_2)] = A_2 \exp[\mathrm{i}(k_{2x}x + k_{2y}y + k_{2z}z - \omega t + \phi_2)] \quad (2.98)$$

で表すことができる．ただし，$\boldsymbol{k}_{\mathrm{r}}$，$\boldsymbol{k}_2$ は反射波と透過波の波数ベクトルである．また，それぞれの波の初期位相を ϕ_1，ϕ_{r}，ϕ_2 とする．境界面 $(z=0)$ において，入射波，反射波，透過波の位相が等しくなるためには，

$$k_{1x}x + \phi_1 = k_{\mathrm{r}x}x + k_{\mathrm{r}y}y + \phi_{\mathrm{r}} = k_{2x}x + k_{2y}y + \phi_2 \quad (2.99)$$

さらに，この式がすべての x と y について常に成立するためには，$k_{1x} = k_{\mathrm{r}x} = k_{2x}$ および $k_{\mathrm{r}y} = k_{2y} = 0$，$\phi_1 = \phi_{\mathrm{r}} = \phi_2$ が必要である．$k_{\mathrm{r}y} = k_{2y} = 0$ の条件から，反射光と屈折光は入射面内にあることがわかる．また，条件 $k_{1x} = k_{\mathrm{r}x} = k_{2x}$ から，

$$\frac{2\pi}{\lambda_1}\sin\theta_1 = \frac{2\pi}{\lambda_1}\sin\theta_{\mathrm{r}} = \frac{2\pi}{\lambda_2}\sin\theta_2 \quad (2.100)$$

したがって，

$$\theta_1 = \theta_{\mathrm{r}} \quad (2.101)$$

$$\frac{\sin\theta_1}{\lambda_1} = \frac{\sin\theta_2}{\lambda_2} \quad (2.102)$$

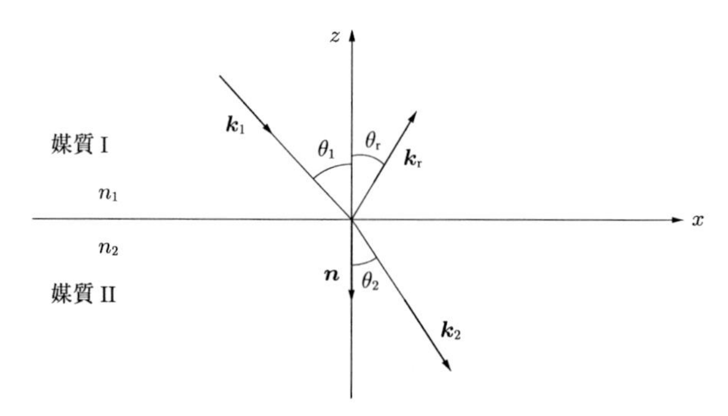

図 **2.7** 平面波の反射と屈折，スネルの法則

$$\frac{\lambda_2}{\lambda_1} = \frac{n_1}{n_2} \tag{2.103}$$

$$n_1 \sin\theta_1 = n_2 \sin\theta_2 \tag{2.104}$$

式 (2.101) は反射の法則，式 (2.104) は屈折の法則であり，スネルの法則 (Snel's law) という．

2.8.2 フレネルの反射透過係数

スネルの法則は，入射光線と反射，屈折光線の方向を与えるものであった．反射率や透過率を考えるためには，マックスウエルの方程式を，電界と磁界の境界条件を考慮して，解析しなければならない．図 2.8 をもとに座標系を決めよう．スネルの法則を解析した場合と同じように，xy 面が境界面で，垂線を z 軸とする．媒質 I と媒質 II の屈折率をそれぞれ，n_1 と n_2 とし，入射角，反射角，屈折角をそれぞれ，θ_1，θ_r，θ_2 とする．このとき，入射平面波は，

$$\boldsymbol{E}_1(\boldsymbol{r}, t) = \boldsymbol{A}_1 \exp[\mathrm{i}(\boldsymbol{k}_1 \cdot \boldsymbol{r} - \omega t)] = \boldsymbol{A}_1 \exp[\mathrm{i}(k_{1x}x + k_{1z}z - \omega t)] \tag{2.105}$$

と書ける．入射波の電界ベクトルは入射面に垂直な成分 (これを s 偏光という) と，水平な成分 (p 偏光) に分けられる *3)．

a. s 偏光

まず，電界が入射面に垂直な s 偏光から解析しよう．電界の各成分は，

$$E_{1x} = 0, \qquad E_{1y} = A_{1\mathrm{s}}, \qquad E_{1z} = 0$$

ここで，共通な振動成分 $\exp[\mathrm{i}(k_{1x}x + k_{1z}z - \omega t)]$ は省略している (以下同様)．

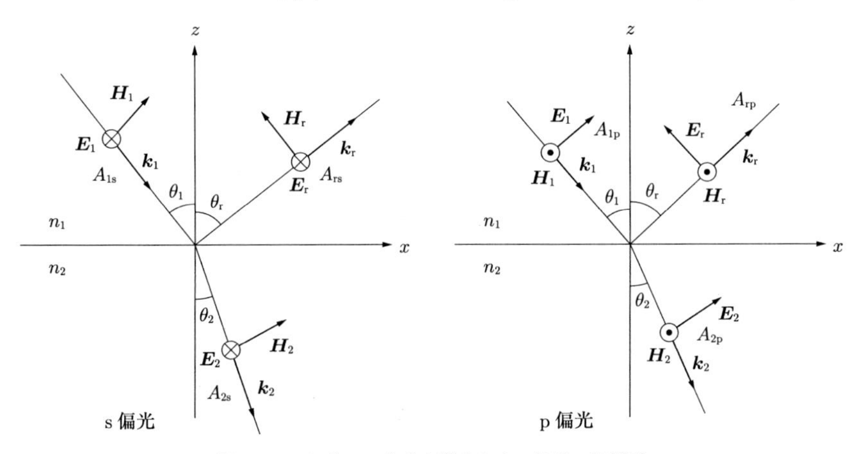

図 2.8 フレネルの公式を導くための偏光の座標系

*3) s と p はドイツ語の senkrecht (垂直な) と parallel (平行な) による．

入射波の波数ベクトルは $\boldsymbol{k}_1 = (k_1 \sin\theta_1, 0, -k_1 \cos\theta_1)$ であることから，磁界の成分は，式 (2.82) より，

$$\begin{aligned}\boldsymbol{H} &= \frac{1}{\omega\mu}\boldsymbol{k}\times\boldsymbol{E} = \frac{1}{\omega\mu}(k_yE_z - k_zE_y, k_zE_x - k_xE_z, k_xE_y - k_yE_x)\\ &= \frac{n_1}{c\mu_0}(A_{1\mathrm{s}}\cos\theta_1, 0, A_{1\mathrm{s}}\sin\theta_1) \qquad (2.106)\end{aligned}$$

したがって，

$$H_{1x} = \frac{n_1}{c\mu_0}A_{1\mathrm{s}}\cos\theta_1, \qquad H_{1y} = 0, \qquad H_{1z} = \frac{n_1}{c\mu_0}A_{1\mathrm{s}}\sin\theta_1$$

同じく，透過波に関しては，

$$E_{2x} = 0, \qquad E_{2y} = A_{2\mathrm{s}}, \qquad E_{2z} = 0$$

$$H_{2x} = \frac{n_2}{c\mu_0}A_{2\mathrm{s}}\cos\theta_2, \qquad H_{2y} = 0, \qquad H_{2z} = \frac{n_2}{c\mu_0}A_{2\mathrm{s}}\sin\theta_2$$

さらに，屈折の法則 (2.104) を満たしている．

反射波に対しては，

$$E_{\mathrm{r}x} = 0, \qquad E_{\mathrm{r}y} = A_{r\mathrm{s}}, \qquad E_{\mathrm{r}z} = 0$$

$$H_{\mathrm{r}x} = -\frac{n_1}{c\mu_0}A_{\mathrm{rs}}\cos\theta_1, \qquad H_{\mathrm{r}y} = 0, \qquad H_{\mathrm{r}z} = \frac{n_1}{c\mu_0}A_{\mathrm{rs}}\sin\theta_1$$

境界条件 (2.94) と (2.95) によると，境界で $\boldsymbol{E}$ と $\boldsymbol{H}$ の接線成分は連続であるので，

$$E_{1y} + E_{\mathrm{r}y} = E_{2y} \qquad (2.107)$$

$$H_{1x} + H_{\mathrm{r}x} = H_{2x} \qquad (2.108)$$

したがって，

$$A_{1\mathrm{s}} + A_{\mathrm{rs}} = A_{2\mathrm{s}} \qquad (2.109)$$

$$\frac{n_1}{c\mu_0}A_{1\mathrm{s}}\cos\theta_1 - \frac{n_1}{c\mu_0}A_{\mathrm{rs}}\cos\theta_1 = \frac{n_2}{c\mu_0}A_{2\mathrm{s}}\cos\theta_2 \qquad (2.110)$$

これを解くと，振幅透過係数は，

$$t_{\mathrm{s}} = \frac{A_{2\mathrm{s}}}{A_{1\mathrm{s}}} = \frac{2n_1\cos\theta_1}{n_1\cos\theta_1 + n_2\cos\theta_2} \qquad (2.111)$$

振幅反射係数は，

$$r_{\mathrm{s}} = \frac{A_{\mathrm{rs}}}{A_{1\mathrm{s}}} = \frac{n_1\cos\theta_1 - n_2\cos\theta_2}{n_1\cos\theta_1 + n_2\cos\theta_2} \qquad (2.112)$$

b. p 偏 光

磁界が入射面に垂直な p 偏光では，電界，磁界の各成分は，

$$E_{1x} = A_{1\mathrm{p}}\cos\theta_1, \qquad E_{1y} = 0, \qquad E_{1z} = A_{1\mathrm{p}}\sin\theta_1$$

$$H_{1x} = 0, \qquad H_{1y} = -\frac{n_1}{c\mu_0}A_{1\mathrm{p}}, \qquad H_{1z} = 0$$

$$E_{2x} = A_{2\mathrm{p}} \cos\theta_2, \qquad E_{2y} = 0, \qquad E_{2z} = A_{2\mathrm{p}} \sin\theta_2$$
$$H_{2x} = 0, \qquad H_{2y} = -\frac{n_2}{c\mu_0} A_{2\mathrm{p}}, \qquad H_{2z} = 0$$
$$E_{\mathrm{r}x} = -A_{\mathrm{rp}} \cos\theta_1, \qquad E_{\mathrm{r}y} = 0, \qquad E_{1z} = A_{\mathrm{rp}} \sin\theta_1$$
$$H_{\mathrm{r}x} = 0, \qquad H_{\mathrm{r}y} = -\frac{n_1}{c\mu_0} A_{\mathrm{rp}}, \qquad H_{1z} = 0$$

境界条件により，接線成分は連続であるから，

$$E_{1x} + E_{\mathrm{r}x} = E_{2x} \tag{2.113}$$

$$H_{1y} + H_{\mathrm{r}y} = H_{2y} \tag{2.114}$$

したがって，

$$A_{1\mathrm{p}} \cos\theta_1 - A_{\mathrm{rp}} \cos\theta_1 = A_{2\mathrm{p}} \cos\theta_2 \tag{2.115}$$

$$-\frac{n_1}{c\mu_0} A_{1\mathrm{p}} - \frac{n_1}{c\mu_0} A_{\mathrm{rp}} = -\frac{n_2}{c\mu_0} A_{2\mathrm{p}} \tag{2.116}$$

これより，振幅透過係数は，

$$t_{\mathrm{p}} = \frac{A_{2\mathrm{p}}}{A_{1\mathrm{p}}} = \frac{2n_1 \cos\theta_1}{n_2 \cos\theta_1 + n_1 \cos\theta_2} \tag{2.117}$$

振幅反射係数は，

$$r_{\mathrm{p}} = \frac{A_{\mathrm{rp}}}{A_{1\mathrm{p}}} = \frac{n_2 \cos\theta_1 - n_1 \cos\theta_2}{n_2 \cos\theta_1 + n_1 \cos\theta_2} \tag{2.118}$$

式 (2.111)，(2.112)，(2.117)，(2.118) をフレネルの反射透過係数という．

また，スネルの屈折の式 (2.104) を使うと，

$$t_{\mathrm{s}} = \frac{2\sin\theta_2 \cos\theta_1}{\sin(\theta_1 + \theta_2)} \tag{2.119}$$

$$r_{\mathrm{s}} = -\frac{\sin(\theta_1 - \theta_2)}{\sin(\theta_1 + \theta_2)} \tag{2.120}$$

$$t_{\mathrm{p}} = \frac{2\sin\theta_2 \cos\theta_1}{\sin(\theta_1 + \theta_2)\cos(\theta_1 - \theta_2)} \tag{2.121}$$

$$r_{\mathrm{p}} = \frac{\tan(\theta_1 - \theta_2)}{\tan(\theta_1 + \theta_2)} \tag{2.122}$$

と書くこともできる．

さて，ここで垂直入射の場合を考えてみよう．$\theta_1 = \theta_2 = 0$ であるので，

$$r_{\mathrm{s}} = \frac{n_1 - n_2}{n_1 + n_2} = -r_{\mathrm{p}} \tag{2.123}$$

垂直入射の場合には，s と p の成分の区別はなくなるので，これは一見矛盾しているように見える．しかし，右手系を構成していた $\boldsymbol{E}, \boldsymbol{H}, \boldsymbol{k}$ が反射光に対しては，左手系になることを考慮しなければならない．座標系のとり方によって，見かけ上符号が変わってしまったので，p 偏光に対する $\boldsymbol{E}$ の符号を反対にする必要がある．$n_1 < n_2$ の場合には，振幅反射係数の符号は，s 偏光 p 偏光とも負で，位相が π 跳ぶ．透過光に対しては，位相の跳びがない．$n_1 = 1.0$，$n_2 = 1.5$ の場合に，入射角 θ_1 を変化させたときのフレネル反射係数と透過係数の変化を図 2.9 に示す．

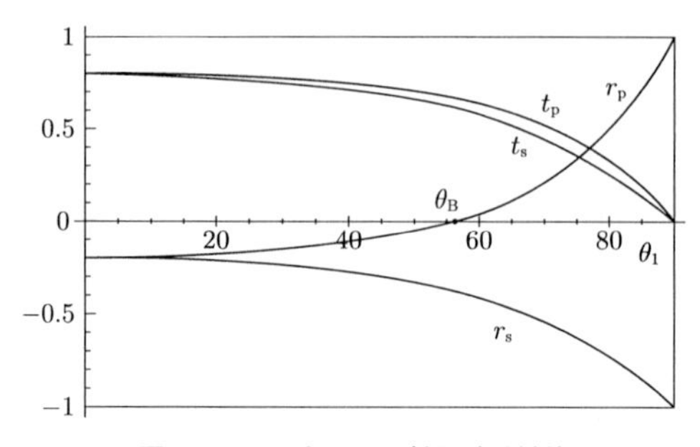

図 **2.9**　フレネルの反射と透過係数
$n_1 = 1.0$，$n_2 = 1.5$ の場合．

2.8.3　ブリュスター角

フレネルの公式の中で式 (2.122) 分母は，

$$\theta_1 + \theta_2 = \frac{\pi}{2} \tag{2.124}$$

のとき，∞ となり，p 偏光成分の振幅反射率は 0 になる．このとき，スネルの屈折の式 (2.104) を用いて，

$$n_1 \sin\theta_1 = n_2 \sin\theta_2 = n_2 \sin\left(\frac{\pi}{2} - \theta_1\right) = n_2 \cos\theta_1 \tag{2.125}$$

これから，

$$\tan\theta_1 = \frac{n_2}{n_1} \equiv \tan\theta_{\mathrm{B}} \tag{2.126}$$

角度 θ_{B} をブリュスター (Brewster) 角という．このとき，式 (2.124) より，反射光と透過光の方向は直交する．

空気と水の境界面でのブリュスター角は 53.1°，空気とガラスの境界面におけるブリュスター角は約 56° である．

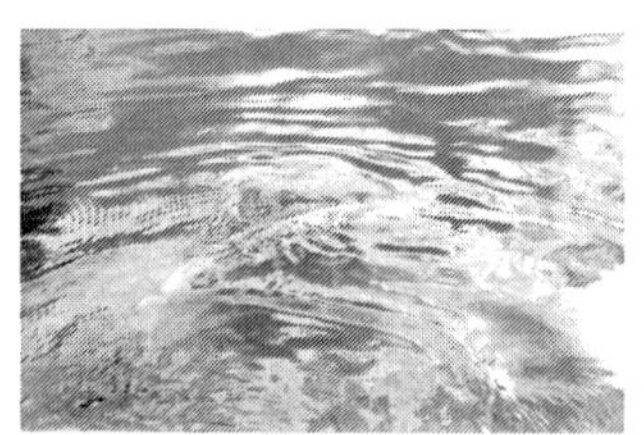

図 2.10　水面からの反射光は偏光している．ブリュスター角近くでは p 偏光成分が少ない．したがって，水面下の魚の写真を撮影する場合，偏光フィルター―を装着して s 偏光を遮蔽すると，表面反射光を大きく低減することができる．

2.9 ストークスの関係式

振幅反射率と振幅透過率の関係を別の方法で導いてみよう．2.8.2 項では，偏光を考慮して振幅反射係数と振幅透過係数と呼んだが，ここでは，偏光を考慮せず，単に振幅反射率と振幅透過率と呼ぶ.

図 2.11 のように，振幅 a の光が，媒質 I と媒質 II の境界面で反射と屈折をしたとしよう．このときの振幅反射率を r，振幅透過率を t とする．反射光の振幅は ar，透過光の振幅は at である．次に，透過した光の道筋を逆にたどれば，光は境界面で，はじめに入射したときと同じ道筋を逆進するはずである (光線逆進の原理)．媒質 II から媒質 I へ逆進する光に対する振幅反射率を r'，振幅透過率を t' とする．媒質 II から媒質 I へ逆進して透過した光の振幅は att'，反射した光の振幅は atr' である．また，媒質 I で反射した光に対しても逆進する光を考え，境界面で反射した光の振幅は arr，透過した光の振幅は art である．結局，もとの入射方向には，振幅 $att' + arr$ の光が，媒質 II 内で反射する方向に向かう光の振幅は，$atr' + art$ となる．もと来た方向に逆進する光の振幅は，もとの入射光の振幅に等しいので，

$$ar^2 + att' = a \tag{2.127}$$

媒質 II 内で反射する光はもともとないので，

$$atr' + art = 0 \tag{2.128}$$

したがって，

$$r^2 + tt' = 1 \tag{2.129}$$

$$r = -r' \tag{2.130}$$

が得られる．これをストークス (Stokes) の関係式という．光が媒質 I から媒質 II に進むときの振幅反射率とこれを逆に進む場合の反射率は，その絶対値は等しいが，符号は逆になる (位相が π 跳ぶ) ことを示している．このストークスの関係式からだけでは，屈折率が小さい媒質から大きい媒質に進む場合に振幅反射率の符号が変わることはわからない．ストークスの関係式は，フレネルの係数を用いて導くことができる.

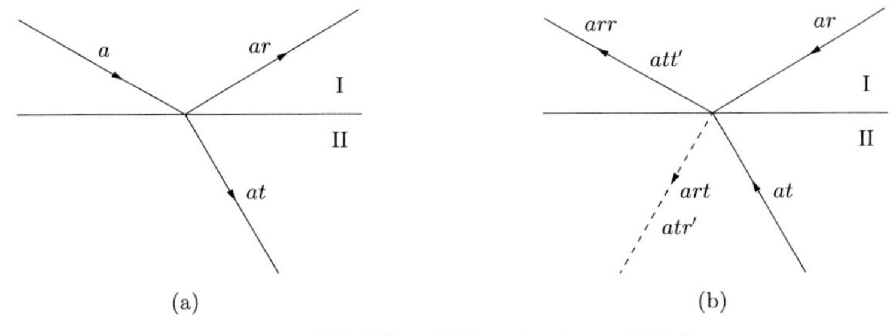

図 2.11 光線逆進の原理とストークスの関係式

2.10 強度反射率と透過率

境界面で反射と屈折されるエネルギーについて考えよう．単位時間に，境界面の単位面積に入射するエネルギーは，ポインティングベクトルの時間平均 (2.90) より，

$$J_1 = \frac{1}{2} n_1 \sqrt{\frac{\epsilon_0}{\mu_0}} A_1^2 \cos\theta_1 \tag{2.131}$$

透過光は，

$$J_2 = \frac{1}{2} n_2 \sqrt{\frac{\epsilon_0}{\mu_0}} A_2^2 \cos\theta_2 \tag{2.132}$$

反射光は，

$$J_\mathrm{r} = \frac{1}{2} n_1 \sqrt{\frac{\epsilon_0}{\mu_0}} A_\mathrm{r}^2 \cos\theta_1 \tag{2.133}$$

これを偏光成分に分けて，透過率，反射率を考えると，s 偏光に対しては，

$$T_\mathrm{s} = \frac{J_{2\mathrm{s}}}{J_{1\mathrm{s}}} = \frac{n_2\cos\theta_2}{n_1\cos\theta_1}\frac{A_{2\mathrm{s}}^2}{A_{1\mathrm{s}}^2} = \frac{n_2\cos\theta_2}{n_1\cos\theta_1} t_\mathrm{s}^2 = \frac{\sin 2\theta_1 \sin 2\theta_2}{\sin^2(\theta_1+\theta_2)} \tag{2.134}$$

$$R_\mathrm{s} = \frac{J_{\mathrm{rs}}}{J_{1\mathrm{s}}} = \frac{n_1\cos\theta_1}{n_1\cos\theta_1}\frac{A_{\mathrm{rs}}^2}{A_{1\mathrm{s}}^2} = r_\mathrm{s}^2 = \frac{\sin^2(\theta_1-\theta_2)}{\sin^2(\theta_1+\theta_2)} \tag{2.135}$$

p 偏光に対しても同様に，

$$T_\mathrm{p} = \frac{J_{2\mathrm{p}}}{J_{1\mathrm{p}}} = \frac{n_2\cos\theta_2}{n_1\cos\theta_1}\frac{A_{2\mathrm{p}}^2}{A_{1\mathrm{p}}^2} = \frac{n_2\cos\theta_2}{n_1\cos\theta_1} t_\mathrm{p}^2 = \frac{\sin 2\theta_1 \sin 2\theta_2}{\sin^2(\theta_1+\theta_2)\cos^2(\theta_1-\theta_2)} \tag{2.136}$$

$$R_\mathrm{p} = \frac{J_{\mathrm{rp}}}{J_{1\mathrm{p}}} = \frac{n_1\cos\theta_1}{n_1\cos\theta_1}\frac{A_{\mathrm{rp}}^2}{A_{1\mathrm{p}}^2} = r_\mathrm{p}^2 = \frac{\tan^2(\theta_1-\theta_2)}{\tan^2(\theta_1+\theta_2)} \tag{2.137}$$

ここで，

$$T_\mathrm{s} + R_\mathrm{s} = 1 \tag{2.138}$$

$$T_\mathrm{p} + R_\mathrm{p} = 1 \tag{2.139}$$

が得られ，エネルギー保存則が成り立つ．図 2.12 に，$n_1 = 1.0$，$n_2 = 1.5$ の場合の入射角 θ_1 に対する強度反射率の変化を示す．また，垂直入射の場合には，

$$T = T_\mathrm{s} = T_\mathrm{p} = \frac{4n_1 n_2}{(n_1+n_2)^2} \tag{2.140}$$

$$R = R_\mathrm{s} = R_\mathrm{p} = \left(\frac{n_1-n_2}{n_1+n_2}\right)^2 \tag{2.141}$$

であり，空気とガラスが接しているときには，$n_1 = 1$，$n_2 = 1.5$ とすれば，$R = 0.04$ より，必ず 4%程度の反射があることがわかる．

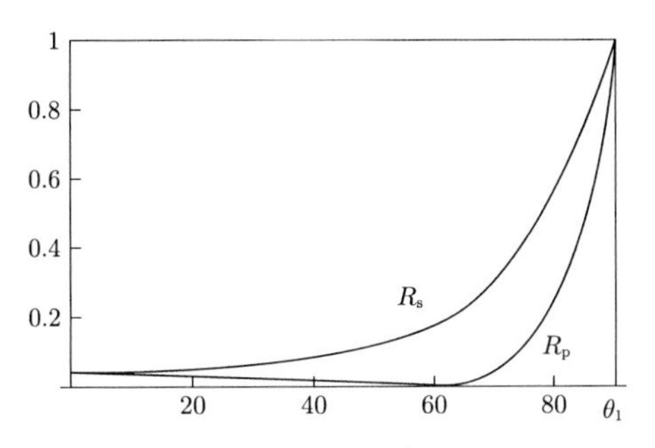

図 **2.12**　強度反射率
$n_1 = 1.0$, $n_2 = 1.5$ の場合.

2.11 全　反　射

媒質 I の屈折率が媒質 II の屈折率よりも大きい $(n_1 > n_2)$ の場合，スネルの屈折の法則 (2.104) において，入射角 θ_1 を増やしていくと，屈折角も増加し $\theta_2 \equiv \theta_c = \pi/2$ となる．このときの入射角を臨界角 (θ_c) という．入射角をこれ以上に増やしていくと，$\sin\theta_2 = (n_1 \sin\theta_1)/n_2 > 1$ となり，この式を満足する実数の θ_2 は存在しなくなる．これは，この状態では，屈折が起こらないことを意味し，入射光のエネルギーはすべて反射される．これが全反射である．

全反射の状態では，媒質 II にエネルギーが流れ込まないが，電磁界が存在しないわけではない．今，$n_1 > n_2$ を考慮して形式的に，式 (2.104) を書き換えると，

$$\cos\theta_2 = \pm \mathrm{i}\sqrt{\left(\frac{n_1}{n_2}\right)^2 \sin^2\theta_1 - 1} \tag{2.142}$$

ここで，媒質 II に透過してきた波は式 (2.105) と同様に

$$\boldsymbol{E}_2(\boldsymbol{r}, t) = \boldsymbol{A}_2 \exp[\mathrm{i}(\boldsymbol{k}_2 \cdot \boldsymbol{r} - \omega t)] = \boldsymbol{A}_2 \exp[\mathrm{i}(k_{2x}x + k_{2z}z - \omega t)] \tag{2.143}$$

と書けることに注目しよう．ここで，図 2.8 の座標系の場合には，

$$k_{2x} = k_2 \sin\theta_2 \tag{2.144}$$

$$k_{2z} = -k_2 \cos\theta_2 \tag{2.145}$$

であるので，

$$k_{2z} = -k_2 \cos\theta_2 = \mp \mathrm{i}k_2 \sqrt{\left(\frac{n_1}{n_2}\right)^2 \sin^2\theta_1 - 1} \equiv \pm \mathrm{i}\beta \tag{2.146}$$

$$\boldsymbol{E}_2(\boldsymbol{r}, t) = \boldsymbol{A}_2 \exp(\mp\beta z) \exp \mathrm{i}(k_2 \sin\theta_2 x - \omega t) \tag{2.147}$$

$\exp(\mp\beta z)$ から，z 方向にも成分があることがわかる．しかし，z 方向に向かって振幅

が無限に大きくなることはないので，複号は負の場合だけ物理的に意味をもつと考えられる．波が z 方向に進める深さは，$\exp(-\beta z)$ より $1/\beta$ であり，波長以下で極めて小さい．x 方向に対しては，減衰することなしに波が伝搬する．この波をエバネッセント波 (evanescent wave) と呼ぶ．式 (2.147) からもわかるように，この波は x 方向に対しても振動成分をもつので，横波ではないことに注意せよ．

次に全反射による位相のシフト Φ を求めてみよう．そのためには，フレネルの反射公式 (2.112) と (2.118) に，形式的にスネルの法則 (2.104) と式 (2.146) から導かれる

$$\cos\theta_2 = \mathrm{i}\sqrt{\left(\frac{n_1}{n_2}\right)^2 \sin^2\theta_1 - 1} \tag{2.148}$$

を代入すればよい．すなわち，

$$r_{\mathrm{s}} = \frac{\cos\theta_1 \sin\theta_2 - \sin\theta_1 \cos\theta_2}{\cos\theta_1 \sin\theta_2 + \sin\theta_1 \cos\theta_2} = \exp(\mathrm{i}\Phi_{\mathrm{s}}) \tag{2.149}$$

$$r_{\mathrm{p}} = \frac{\cos\theta_1 \sin\theta_1 - \sin\theta_2 \cos\theta_2}{\cos\theta_1 \sin\theta_1 + \sin\theta_2 \cos\theta_2} = \exp(\mathrm{i}\Phi_{\mathrm{p}}) \tag{2.150}$$

より，

$$\frac{1}{2}\Phi_{\mathrm{s}} = -\tan^{-1}\frac{\sqrt{n_1^2 \sin^2\theta_1 - n_2^2}}{n_1 \cos\theta_1} \tag{2.151}$$

$$\frac{1}{2}\Phi_{\mathrm{p}} = -\tan^{-1}\left(\frac{n_1}{n_2}\right)^2 \frac{\sqrt{n_1^2 \sin^2\theta_1 - n_2^2}}{n_1 \cos\theta_1} \tag{2.152}$$

が得られる [*4]．図 2.13 に入射角 θ_1 に対する位相変化 Φ_{s}，Φ_{p} とその位相差 $\delta = \Phi_{\mathrm{p}} - \Phi_{\mathrm{s}}$ を示す．入射する光の偏光状態によって，反射光の位相シフト量が変わることに注意せよ．

全反射時の位相変化を利用した素子にフレネルの斜方体 (Fresnel's rhomb) がある (図 2.14)．入射光を，p 偏光と s 偏光の振幅が等しくなるように，入射面に対して 45°

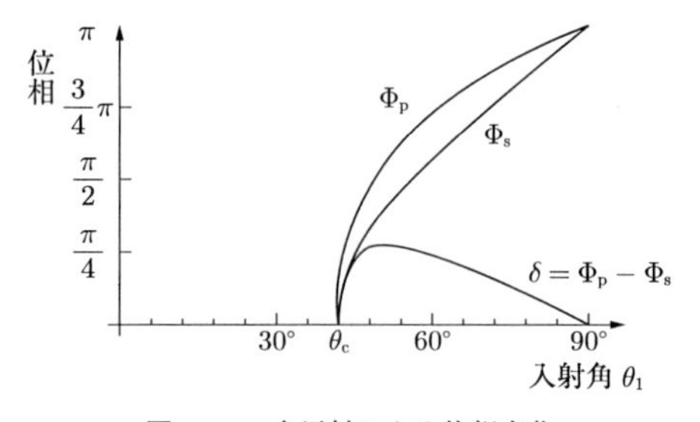

図 2.13　全反射による位相変化

*4) これらの式の導出には工夫が必要である．すなわち，式 (2.149) と (2.150) がいずれも，z を複素数とすると，$z(z^*)^{-1}$ の形をしていることに注目して，$z = a\exp(\mathrm{i}\alpha)$ であるとき，$z(z^*)^{-1} = \exp(\mathrm{i}2\alpha)$ が得られることを利用する．

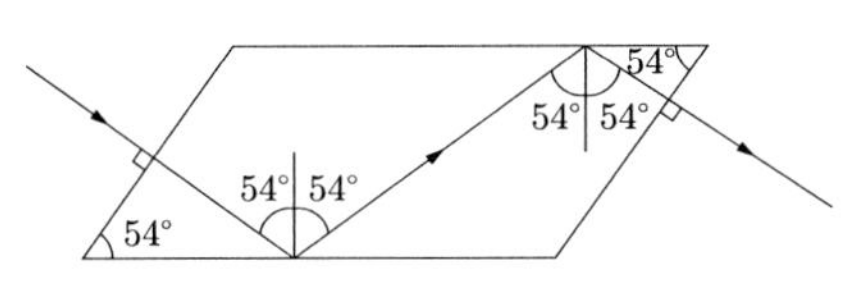

図 **2.14**　フレネルの斜方体

傾いた面内で振動する直線偏光とする．媒質の屈折率が $n = 1.52$ であるとする．式 (2.151) と式 (2.152) から，全反射面に約 $54°$ の入射角で入射する p 偏光と s 偏光の位相変化を $\delta = \Phi_{\mathrm{p}} - \Phi_{\mathrm{s}} = \pi/4$ とすることができるので，これを 2 回繰り返せば，$\pi/2$ の位相変化が得られる．このように互いに直交する直線偏光の間の位相を変化させる素子を位相板もしくは波長板という．フレネルの斜方体は 1/4 波長に相当する位相変化を与える 1/4 波長板である．フレネルの斜方体は波長依存性の少ない 1/4 波長板として知られている．

2.11.1　グース・ヘンシェンシフト

エバネッセント波が存在することは，全反射が厳密に $z = 0$ の境界面で起こることではないことを暗示している．このことを次に示そう．境界面に $E(x)$ の振幅分布の光波が入射している場合を考えよう (図 2.15)．この入射波は，入射角 θ_1 近傍の入射角 θ をもつ平面波の重ね合わせで表すことができるので，

$$E(x) = \int g(\gamma) \exp(-\mathrm{i}\gamma x) \mathrm{d}\gamma \tag{2.153}$$

と表現できることに注目しよう．もちろん，

$$\gamma = k_{2x} = k_2 \sin\theta_2 = n_1 k_0 \sin\theta_1 \tag{2.154}$$

で，入射角 θ_1 の関数である．ただし，$k_0 = 2\pi/\lambda_0$ である．ここで，境界面の反射係数を $r = \exp(\mathrm{i}\Phi)$ と仮定する．すると，反射波は，

$$\begin{aligned} E'(x) &= \int r g(\gamma) \exp(-\mathrm{i}\gamma x) \mathrm{d}\gamma = \int g(\gamma) \exp[\mathrm{i}(\Phi - \gamma x)] \mathrm{d}\gamma \\ &\approx \exp[\mathrm{i}(\Phi_0 - \gamma_0 \Phi')] \int g(\gamma) \exp[-\mathrm{i}\gamma(x - \Phi')] \mathrm{d}\gamma \\ &= \exp[\mathrm{i}(\Phi_0 - \gamma_0 \Phi')] E(x - \Phi') \end{aligned} \tag{2.155}$$

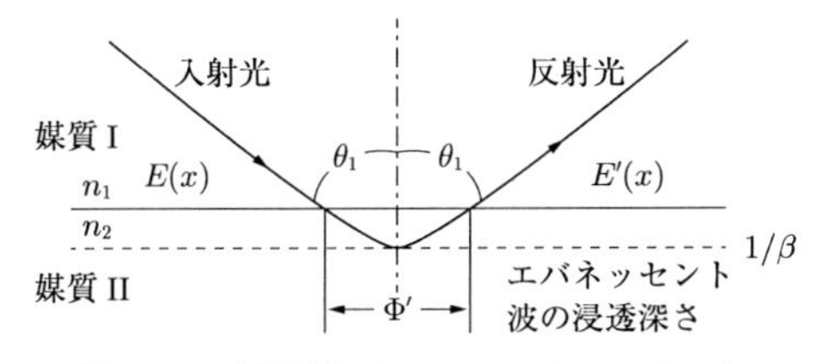

図 **2.15**　全反射とグース・ヘンシェンシフト

と表現できる．ただし，Φ を γ_0 のまわりでテーラー展開した式，

$$\Phi = \Phi_0 + (\gamma - \gamma_0)\Phi' \tag{2.156}$$

を用いた．ここで，$\Phi' = \mathrm{d}\Phi/\mathrm{d}\gamma$ である．したがって，反射波は入射波に対して，Φ' だけ横ずれした位置に現れることになる．これをグース・ヘンシェンシフト (Goos–Hänchen shift) という．

2.12 金属における反射

金属は，自由電子が存在し，有限の電気伝導率をもっている．金属中では，光は減衰しながら伝搬する．今，空気中のような透明媒質 (屈折率は n_1) から金属面に光が入射した場合を考えよう．金属内で光が吸収される場合には，7.4 節で述べるように，屈折率は複素数になり，

$$\widehat{n_2} = n + \mathrm{i}\kappa \tag{2.157}$$

と表される．

境界面での屈折を考えると，スネルの屈折の式 (2.104) より，

$$\sin\theta_2 = \frac{n_1 \sin\theta_1}{n + \mathrm{i}\kappa} = \frac{n_1 \sin\theta_1}{n^2 + \kappa^2}(n - \mathrm{i}\kappa) \tag{2.158}$$

が得られる．また，

$$\cos\theta_2 = \sqrt{1 - \sin^2\theta_2} = \rho(\cos\gamma + \mathrm{i}\sin\gamma) \tag{2.159}$$

とおく．

反射係数は，フレネルの式 (2.112)，(2.118) と形式的に同じである．これらの式に，複素屈折率を代入すると，

$$\begin{aligned} r_\mathrm{s} &= \frac{n_1\cos\theta_1 - n_2\cos\theta_2}{n_1\cos\theta_1 + n_2\cos\theta_2} \\ &= \frac{(n_1\cos\theta_1 - n\rho\cos\gamma + \kappa\rho\sin\gamma) - \mathrm{i}\rho(\kappa\cos\gamma + n\sin\gamma)}{(n_1\cos\theta_1 + n\rho\cos\gamma - \kappa\rho\sin\gamma) + \mathrm{i}\rho(\kappa\cos\gamma + n\sin\gamma)} \\ &= \rho_\mathrm{s}\exp(\mathrm{i}\gamma_\mathrm{s}) \end{aligned} \tag{2.160}$$

$$\begin{aligned} r_\mathrm{p} &= \frac{n_2\cos\theta_1 - n_1\cos\theta_2}{n_2\cos\theta_1 + n_1\cos\theta_2} \\ &= \frac{(n\cos\theta_1 - n_1\rho\cos\gamma) + \mathrm{i}(\kappa\cos\theta_1 - n_1\rho\sin\gamma)}{(n\cos\theta_1 + n_1\rho\cos\gamma) + \mathrm{i}(\kappa\cos\theta_1 + n_1\rho\sin\gamma)} \\ &= \rho_\mathrm{p}\exp(\mathrm{i}\gamma_\mathrm{p}) \end{aligned} \tag{2.161}$$

これより，

$$\rho_\mathrm{s}^2 = \frac{n_1^2\cos^2\theta_1 + \rho^2(n^2+\kappa^2) - 2n_1\rho\cos\theta_1(n\cos\gamma - \kappa\sin\gamma)}{n_1^2\cos^2\theta_1 + \rho^2(n^2+\kappa^2) + 2n_1\rho\cos\theta_1(n\cos\gamma - \kappa\sin\gamma)} \tag{2.162}$$

$$\rho_{\rm p}^2 = \frac{(n^2+\kappa^2)\cos^2\theta_1 + n_1^2\rho^2 - 2n_1\rho\cos\theta_1(n\cos\gamma+\kappa\sin\gamma)}{(n^2+\kappa^2)\cos^2\theta_1 + n_1^2\rho^2 + 2n_1\rho\cos\theta_1(n\cos\gamma+\kappa\sin\gamma)} \tag{2.163}$$

$$\gamma_{\rm s} = \tan^{-1}\left[\frac{-2n_1\rho\cos\theta_1(\kappa\cos\gamma+n\sin\gamma)}{n_1^2\cos^2\theta_1 - \rho^2(n^2+\kappa^2)}\right] \tag{2.164}$$

$$\gamma_{\rm p} = \tan^{-1}\left[\frac{2n_1\rho\cos\theta_1(\kappa\cos\gamma-n\sin\gamma)}{(n^2+\kappa^2)\cos^2\theta_1 - n_1^2\rho^2}\right] \tag{2.165}$$

が得られる．

特に，垂直入射の場合には，$\theta_1 = 0$ で，$\rho = 1$，$\gamma = 0$ となるので，

$$\rho_{\rm s}^2 = \rho_{\rm p}^2 = \frac{n^2+\kappa^2+n_1^2-2n_1n}{n^2+\kappa^2+n_1^2+2n_1n} = \frac{(n_1-n)^2+\kappa^2}{(n_1+n)^2+\kappa^2} \tag{2.166}$$

$$\gamma_{\rm s} = \tan^{-1}\left(\frac{-2n_1\kappa}{n_1^2-n^2-\kappa^2}\right) \tag{2.167}$$

$$\gamma_{\rm p} = \tan^{-1}\left(\frac{2n_1\kappa}{n^2+\kappa^2-n_1^2}\right) \tag{2.168}$$

が得られる．ここで，境界面が真空もしくは誘電体である場合の垂直入射の反射率の式 (2.123) と比較すると，境界面での屈折率の差が大きくなくても，減衰係数 (κ) が大きくなると反射係数は大きくなることがわかる．また，p 方向と s 方向の定義により，$\gamma_{\rm p}$ と $\gamma_{\rm s}$ の差は π あることに注意しよう．このことを考慮して，ある金属に対する $\delta = \gamma_{\rm p} - \gamma_{\rm s}$ と $\rho_{\rm p}/\rho_{\rm s}$ を入射角 θ_1 に対して求めると図 2.16 のようになる．ここで，$\rho_{\rm p}/\rho_{\rm s}$ が最小になる入射角 θ_1 を準偏光角という．また，$\delta = \pi/2$ になる入射角を主入射角といい，準偏光角は主入射角に極めて近い．

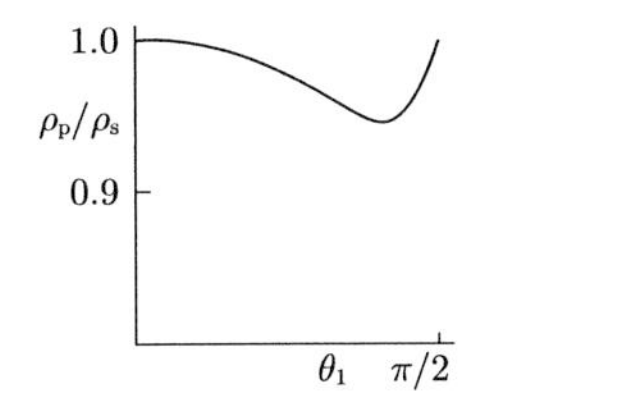

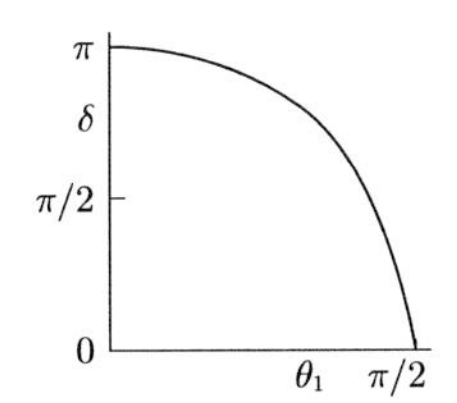

図 2.16 金属面における反射率比と位相のとび

2.13 複素屈折率の測定

ここで金属面の複素屈折率を求める方法について考えてみよう．反射光の入射光に対する偏光の変化 (s 偏光と p 偏光に対して) を測定し，その比を考える．式 (2.160) と式 (2.161) を用いて

$$\frac{r_{\rm p}}{r_{\rm s}} = \frac{\rho_{\rm p}}{\rho_{\rm s}}\exp[{\rm i}(\gamma_{\rm p}-\gamma_{\rm s})] \tag{2.169}$$

ここで，

$$\delta = \gamma_{\mathrm{p}} - \gamma_{\mathrm{s}} \tag{2.170}$$

$$\frac{\rho_{\mathrm{p}}}{\rho_{\mathrm{s}}} = \tan\psi \tag{2.171}$$

とおく．次に，式 (2.120) と式 (2.122) を用いると，式 (2.169) は，

$$\frac{r_{\mathrm{p}}}{r_{\mathrm{s}}} = \tan\psi\exp(\mathrm{i}\delta) = -\frac{\tan(\theta_1-\theta_2)}{\tan(\theta_1+\theta_2)}\cdot\frac{\sin(\theta_1+\theta_2)}{\sin(\theta_1-\theta_2)} = -\frac{\cos(\theta_1+\theta_2)}{\cos(\theta_1-\theta_2)} \tag{2.172}$$

したがって，

$$\frac{1+\tan\psi\exp(\mathrm{i}\delta)}{1-\tan\psi\exp(\mathrm{i}\delta)} = \frac{\cos(\theta_1-\theta_2)-\cos(\theta_1+\theta_2)}{\cos(\theta_1-\theta_2)+\cos(\theta_1+\theta_2)} = \frac{\sin\theta_1\sin\theta_2}{\cos\theta_1\cos\theta_2} \tag{2.173}$$

を計算し，スネルの法則から，

$$\sin\theta_2 = \frac{n_1}{n_2}\sin\theta_1 \tag{2.174}$$

$$\cos\theta_2 = \frac{1}{n_2}\sqrt{n_2^2 - n_1^2\sin^2\theta_1} \tag{2.175}$$

を代入すると，

$$\frac{1+\tan\psi\exp(\mathrm{i}\delta)}{1-\tan\psi\exp(\mathrm{i}\delta)} = \frac{n_1\sin^2\theta_1}{\cos\theta_1\sqrt{n_2^2-n_1^2\sin^2\theta_1}} \tag{2.176}$$

よって，

$$\begin{aligned}\sqrt{n_2^2-n_1^2\sin^2\theta_1} &= n_1\sin\theta_1\tan\theta_1\frac{1-\tan\psi\exp(\mathrm{i}\delta)}{1+\tan\psi\exp(\mathrm{i}\delta)}\\ &= n_1\sin\theta_1\tan\theta_1\frac{\cos 2\psi - \mathrm{i}\sin 2\psi\sin\delta}{1+\sin 2\psi\cos\delta}\end{aligned} \tag{2.177}$$

となる．測定可能な量 ψ と δ から，複素屈折率 $n_2 = n + \mathrm{i}\kappa$ を求めることができる．特に，通常の金属では，$|n_2|^2$ が 1 より十分大きいので，

$$\sqrt{n_2^2-n_1^2\sin^2\theta_1} \approx n_2 = n + \mathrm{i}\kappa \tag{2.178}$$

が成立し，近似的に，

$$n \approx n_1\sin\theta_1\tan\theta_1\frac{\cos 2\psi}{1+\sin 2\psi\cos\delta} \tag{2.179}$$

$$\kappa \approx -n_1\sin\theta_1\tan\theta_1\frac{\sin 2\psi\sin\delta}{1+\sin 2\psi\cos\delta} \tag{2.180}$$

が得られる．

このように，反射光の偏光変化から金属の複素屈折率を求める方法は，偏光解析 (ellipsometry) の一例である．

問　　題

1) マックスウエルの方程式の 1 つ (2.14) を x, y, z の各成分に分けて書き下せ.
2) 式 (2.82) と式 (2.84) を導け.
3) 式 (2.88) を導くときに使ったベクトル解析の公式 (G.1) を証明せよ.
4) ポインティングベクトル $\boldsymbol{S}$ の方向と波数ベクトル $\boldsymbol{k}$ の方向が等しいことを示せ.
5) s 偏光に対するフレネル係数を計算する場合に, 図 2.8 の配置と反射光に対する電界が $\boldsymbol{E}_{\mathrm{r}} = (0, A_{\mathrm{rs}}, 0)$ で与えられることを使って, 磁界 $\boldsymbol{H}$ を求めよ.
6) フレネルの係数からストークスの関係式を導け.
7) p 偏光に関する振幅反射率の式 (2.118) から, ブリュスター角を求めよ.
8) $n_1 = 1.5$, $n_2 = 1.0$, $\theta_1 = \pi/3$, $\lambda = 0.63\ \mu\mathrm{m}$ のとき, 式 (2.146) の β を計算せよ.

3

偏　　　光

光波は横波なので，3 次元空間を伝搬する場合には振動 (電界もしくは磁界) が進行方向と直交する 2 つの方向をとることができる．光波の振動方向がある特定の方向に偏っているとき，この光波を偏光 (polarized light) と呼ぶ．白熱光源からの光などの一般的な光は，このような偏りがなく，ランダムな方向に振動しているので，非偏光もしくは自然光と呼ぶ．すでに，2.8.2 項では，屈折と反射における偏光 (polarization) の現象を解析した．ここでは，一般的な偏光の表し方とその応用について述べる．

3.1　偏光の表し方

均質な媒質中を，z 方向に平面波が進んでいるとしよう．この平面波の電界の振動方向は x と y 方向の成分をもつので，正弦平面波は，

$$\boldsymbol{E}(z,t) = \hat{\boldsymbol{i}}E_x(z,t) + \hat{\boldsymbol{j}}E_y(z,t) \tag{3.1}$$

と表すことができる．ただし，$\hat{\boldsymbol{i}}$，$\hat{\boldsymbol{j}}$ は，x 方向と y 方向の単位ベクトルを表す．また，

$$E_x(z,t) = A_x\cos(kz - \omega t + \phi_x) \tag{3.2}$$

$$E_y(z,t) = A_y\cos(kz - \omega t + \phi_y) \tag{3.3}$$

は，x，y 方向の振動の成分である．ここで，ϕ_x，ϕ_y は各成分の初期位相である．位相差は

$$\delta = \phi_y - \phi_x \tag{3.4}$$

で表され，時間の経過に対して E_y は E_x よりも $\delta(>0)$ だけ遅れていることに注意せよ [*1]．

時間の変化とともに，$\boldsymbol{E}$ ベクトルの先端の軌跡は，螺旋状になるが，これを xy 面に投影すると，いわゆるリサージュ曲線を描く．まず，

$$\tau = kz - \omega t \tag{3.5}$$

[*1] 電磁波を表現するために，伝統的に 2 つの方式が使われてきた．本書では，式 (3.2) のように，正弦波を $E(z,t) = A\cos(kz - \omega t + \phi)$ としている．この方式では，時間が経過するとともに位相は減少する．一方，$E(z,t) = A\cos(\omega t - kz + \phi)$ とする方式では，時間が経過すると位相は増加する．

とおき，式 (3.5) を用い，式 (3.2) と式 (3.3) から，

$$\frac{E_x}{A_x} = \cos(\tau + \phi_x) = \cos\tau\cos\phi_x - \sin\tau\sin\phi_x \tag{3.6}$$

$$\frac{E_y}{A_y} = \cos(\tau + \phi_y) = \cos\tau\cos\phi_y - \sin\tau\sin\phi_y \tag{3.7}$$

両式より，

$$\frac{E_x}{A_x}\sin\phi_y - \frac{E_y}{A_y}\sin\phi_x = \cos\tau\cos\phi_x\sin\phi_y - \cos\tau\sin\phi_x\cos\phi_y = \cos\tau\sin(\phi_y - \phi_x) \tag{3.8}$$

$$\frac{E_x}{A_x}\cos\phi_y - \frac{E_y}{A_y}\cos\phi_x = \sin\tau\cos\phi_x\sin\phi_y - \sin\tau\sin\phi_x\cos\phi_y = \sin\tau\sin(\phi_y - \phi_x) \tag{3.9}$$

式 (3.8) と式 (3.9) を 2 乗して加えると，

$$\begin{aligned}
&\left(\frac{E_x}{A_x}\sin\phi_y - \frac{E_y}{A_y}\sin\phi_x\right)^2 + \left(\frac{E_x}{A_x}\cos\phi_y - \frac{E_y}{A_y}\cos\phi_x\right)^2 \\
&= \left(\frac{E_x}{A_x}\right)^2 + \left(\frac{E_y}{A_y}\right)^2 - 2\frac{E_x}{A_x}\frac{E_y}{A_y}(\sin\phi_y\sin\phi_x + \cos\phi_x\cos\phi_y) \\
&= (\cos^2\tau + \sin^2\tau)\sin^2\delta
\end{aligned} \tag{3.10}$$

したがって，

$$\left(\frac{E_x}{A_x}\right)^2 + \left(\frac{E_y}{A_y}\right)^2 - 2\frac{E_xE_y}{A_xA_y}\cos\delta = \sin^2\delta \tag{3.11}$$

が得られる．これがリサージュ曲線を表す式である．一般的に，この曲線は図 3.1 に示すような楕円である．

この楕円を表すために楕円の 2 つの軸の長さ a_1 と a_2 をとる．2 つの軸を X，Y 軸とする．この XY 方向の電界成分は，

$$E_X = a_1\cos(\tau + \delta_0) \tag{3.12}$$

$$E_Y = \pm a_2\cos(\tau + \delta_0) \tag{3.13}$$

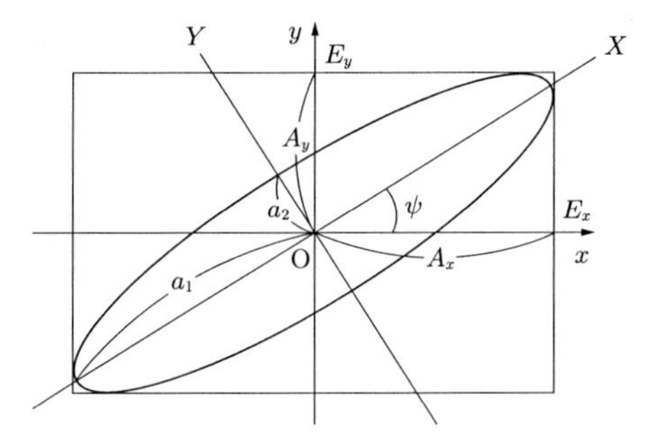

図 **3.1** ベクトル $\boldsymbol{E}$ 先端の軌跡

と書ける．ここで，楕円の X 軸と x 軸のなす角を方位角 ψ とすると，

$$E_X = E_x \cos\psi + E_y \sin\psi \tag{3.14}$$

$$E_Y = -E_x \sin\psi + E_y \cos\psi \tag{3.15}$$

の関係もある．

ここで，式 (3.12) と (3.13) は，

$$E_X = a_1(\cos\tau\cos\delta_0 - \sin\tau\sin\delta_0) \tag{3.16}$$

$$E_Y = \pm a_2(\sin\tau\cos\delta_0 + \cos\tau\sin\delta_0) \tag{3.17}$$

式 (3.14) に (3.6) と (3.7) を代入したものと式 (3.16) は等しいから，

$$\begin{aligned}
&E_x \cos\psi + E_y \sin\psi \\
&\quad = A_x(\cos\tau\cos\phi_x - \sin\tau\sin\phi_x)\cos\psi + A_y(\cos\tau\cos\phi_y - \sin\tau\sin\phi_y)\sin\psi \\
&\quad = a_1(\cos\tau\cos\delta_0 - \sin\tau\sin\delta_0)
\end{aligned} \tag{3.18}$$

同じく，(3.15) に (3.6) と (3.7) を代入したものと式 (3.17) は等しいから，

$$\begin{aligned}
&-E_x \sin\psi + E_y \cos\psi \\
&\quad = -A_x(\cos\tau\cos\phi_x - \sin\tau\sin\phi_x)\sin\psi + A_y(\cos\tau\cos\phi_y - \sin\tau\sin\phi_y)\cos\psi \\
&\quad = \pm a_2(\sin\tau\cos\delta_0 + \cos\tau\sin\delta_0)
\end{aligned} \tag{3.19}$$

ここで，式 (3.18) がすべての $\cos\tau$ と $\sin\tau$ について常に成り立つためには，$\cos\tau$ と $\sin\tau$ の係数が両辺で等しくなければならないので，

$$a_1\cos\delta_0 = A_x\cos\phi_x\cos\psi + A_y\cos\phi_y\sin\psi \tag{3.20}$$

$$a_1\sin\delta_0 = A_x\sin\phi_x\cos\psi + A_y\sin\phi_y\sin\psi \tag{3.21}$$

同様にして，式 (3.19) より，

$$\pm a_2\cos\delta_0 = A_x\sin\phi_x\sin\psi - A_y\sin\phi_y\cos\psi \tag{3.22}$$

$$\pm a_2\sin\delta_0 = -A_x\cos\phi_x\sin\psi + A_y\cos\phi_y\cos\psi \tag{3.23}$$

式 (3.20) から (3.23) の 2 乗の和をとると，

$$a_1^2 + a_2^2 = A_x^2 + A_y^2 \tag{3.24}$$

また，式 (3.20) と (3.22) の積と式 (3.21) と (3.23) の積の和をとると，

$$\mp a_1 a_2 = A_x A_y \sin\delta \tag{3.25}$$

が得られる．したがって，

$$\mp\frac{2a_1a_2}{a_1^2 + a_2^2} = \frac{2A_xA_y}{A_x^2 + A_y^2}\sin\delta \tag{3.26}$$

の関係がある．

ここで，式 (3.25)，(3.26) の符号について考えると，"−" の場合は $-\pi/2 \leq \delta < 0$ であり右回り偏光，"+" の場合は $0 \leq \delta < \pi/2$ であり左回り偏光であることがわかる．

また，

$$\tan 2\psi = \frac{2A_xA_y}{A_x^2 - A_y^2}\cos\delta, \qquad 0 \leq \psi \leq \pi \tag{3.27}$$

の関係もある．

楕円率角 $\chi(-\pi/4 \leq \chi \leq \pi/4)$ を，

$$\tan\chi = \frac{\mp a_2}{a_1} \tag{3.28}$$

で定義すると，

$$\mp\sin 2\chi = \frac{2A_xA_y}{A_x^2 + A_y^2}\sin\delta, \qquad -\pi/4 \leq \chi \leq \pi/4 \tag{3.29}$$

の関係がある．

振幅比角 α を，

$$\alpha = \tan^{-1}\frac{A_y}{A_x} \tag{3.30}$$

で定義すると，

$$\mp\sin 2\chi = \sin 2\alpha\sin\delta \tag{3.31}$$

の関係もある．

a. 直 線 偏 光

$\delta = 0$ または $\pm 2\pi$ の整数倍の場合を考えよう．すると，式 (3.11) より，

$$\frac{E_x}{A_x} = \frac{E_y}{A_y} \tag{3.32}$$

となり，このとき，振動は，

$$\boldsymbol{E}(z,t) = (\hat{\boldsymbol{i}}A_x + \hat{\boldsymbol{j}}A_y)\cos(kz - \omega t) \tag{3.33}$$

となり，振幅が $\hat{\boldsymbol{i}}A_x + \hat{\boldsymbol{j}}A_y$ に固定された振動となる．振動はある平面内に限られ，リサージュ曲線は x 軸に対して振幅比角 $\alpha = \tan^{-1}(A_y/A_x)$ だけ傾いた直線になるので，これを直線偏光 (linearly polarized light) と呼ぶ．また以後，振動方向が x 軸方向のものを水平直線偏光，y 軸方向のものを垂直直線偏光，あるいは，x 軸から α だけ傾いたものを α 直線偏光などと呼ぶことにする．

また，$\delta = \pm\pi$ の奇数倍の場合，式 (3.11) より，

$$\frac{E_x}{A_x} = -\frac{E_y}{A_y} \tag{3.34}$$

が得られ，振動は

$$\boldsymbol{E}(z,t) = (\hat{\boldsymbol{i}}A_x - \hat{\boldsymbol{j}}A_y)\cos(kz - \omega t) \tag{3.35}$$

となり，振幅が $\hat{\boldsymbol{i}}A_x - \hat{\boldsymbol{j}}A_y$ に固定された振動となる．これも直線偏光である．

b. 円 偏 光

$\delta = 2m\pi \pm \pi/2$ (m は整数) のとき，式 (3.11) は，

$$\left(\frac{E_x}{A_x}\right)^2 + \left(\frac{E_y}{A_y}\right)^2 = 1 \tag{3.36}$$

となり，長軸と短軸を x 軸または y 軸とする楕円となる．

特に，$A_x = A_y = A$ の場合には，リサージュ曲線は円になり，これを円偏光 (circularly polarized light) という．

$\delta = \pi/2$ のときを考えよう．このときの振動成分は，

$$E_x(z,t) = A\cos(kz - \omega t) \tag{3.37}$$

$$E_y(z,t) = -A\sin(kz - \omega t) \tag{3.38}$$

となり，振動は，

$$\boldsymbol{E}(z,t) = \hat{\boldsymbol{i}}A\cos(kz - \omega t) - \hat{\boldsymbol{j}}A\sin(kz - \omega t) \tag{3.39}$$

となる．時間を固定して，ベクトル $\boldsymbol{E}$ の先端の軌跡を図示すると，図 3.2 になる．進

y
x
O
z

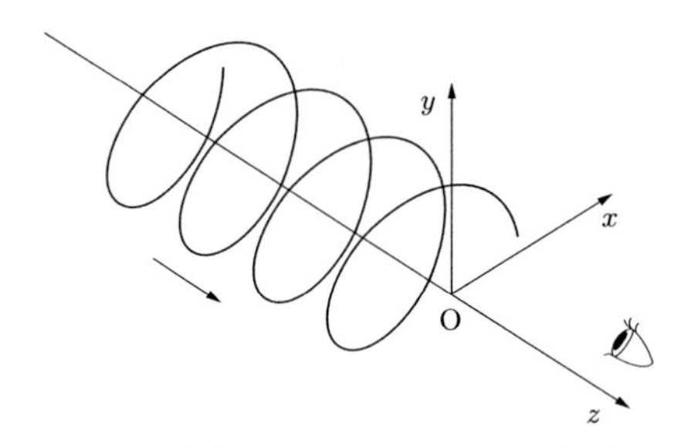

図 **3.2**　円偏光に対するベクトル $\boldsymbol{E}$ 先端の軌跡

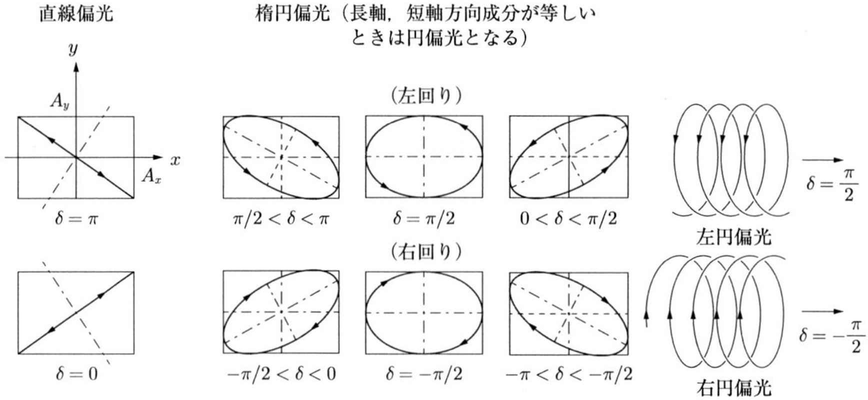

直線偏光
楕円偏光（長軸，短軸方向成分が等しい
ときは円偏光となる）
y
A_y
x
A_x
$\delta = \pi$
$\delta = 0$
（左回り）
$\pi/2 < \delta < \pi$
$\delta = \pi/2$
$0 < \delta < \pi/2$
（右回り）
$-\pi/2 < \delta < 0$
$\delta = -\pi/2$
$-\pi < \delta < -\pi/2$
$\delta = \frac{\pi}{2}$
左円偏光
$\delta = -\frac{\pi}{2}$
右円偏光

紙面より手前の方向に進む光の振動について示す

図 **3.3**　さまざまな偏光状態

行方向に垂直な面で，この螺旋との交点を，光が向かってくる方向を向いて見て，螺旋が時間とともに z 方向に移動すると反時計回りに回転して見える．この状態の偏光を，左回り円偏光 (left-handed circular polarization) という．同様な考えから，$\delta = -\pi/2$ の場合には，右回り円偏光 (right-handed circular polarization) である．

c.　楕 円 偏 光

直線偏光や円偏光以外の場合には，ベクトル $\boldsymbol{E}$ の先端の軌跡は，楕円を描くので，楕円偏光 (elliptical polarization) と呼ばれる．さまざまな偏光状態を図 3.3 に示す．

3.2　複　屈　折

透明な結晶に平行光を当てると，異なる 2 つの方向に分かれて光が進むことがある．これは，結晶を構成する原子または分子の並びが空間的に等方的でないために起こる．この性質をもつ代表的な結晶に，水晶や方解石がある．結晶が非等方的である場合には，一般に偏光の振動方向により屈折率が異なる．これを複屈折 (birefringence) という．光の進行方向によっては，偏光の振動方向によらず屈折率が一定である方向がある．この方向を光学軸 (optic axis) という．非等方的媒質中の光の伝搬に関しては第 10 章で詳しく述べる．ここでは，偏光の記述法に関して必要な事項だけを簡単に述べる．

方解石 (calcite) は組成が炭酸カルシウム ($CaCO_3$) で，三方晶系の結晶である．アイスランドスパー (氷州石) とも呼ばれている．劈開後は斜方平行 6 面体の形をしており，稜角は約 102° と 78° であり，3 面に対して稜角が 102° の頂点が 2 つ存在する (図 3.4)．一方の頂点を通り，この頂点に集まる 3 面と等しい角度をなす軸は光学軸である．この軸に対しては，結晶構造が等方的であるからである．

光学軸を含む面を主平面という．図 3.5 に示すように，方解石で平行平面板をつくる．光学軸が境界面に平行でない場合には，非偏光のビームを境界面に垂直に当てると，直進するビームと屈折するビームに分かれる．直進するビームはスネルの法則に従っているので，常光線 (ordinary ray)，屈折するビームは，スネルの法則に従わな

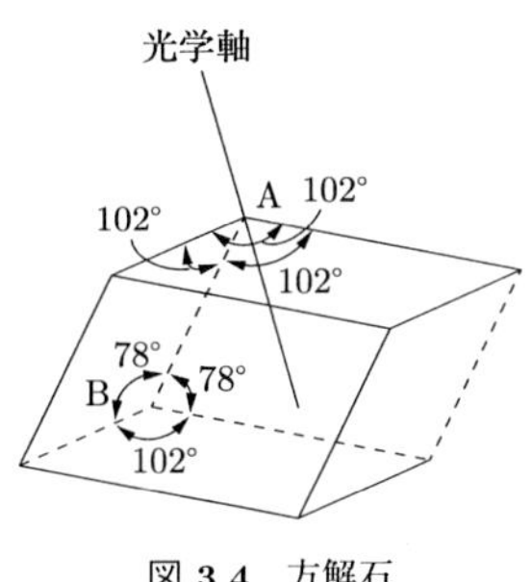

図 3.4　方解石

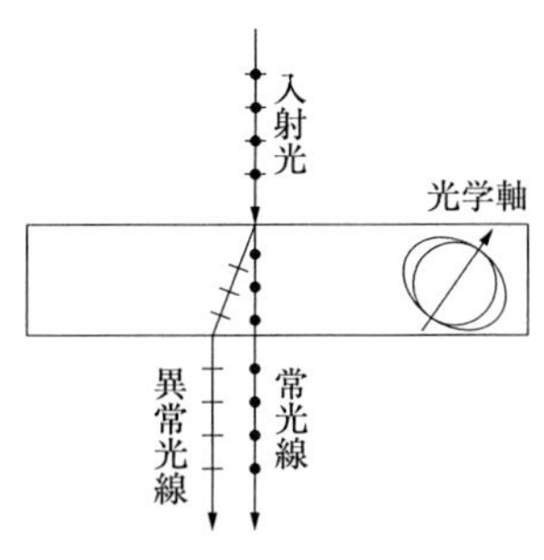

図 3.5　方解石の複屈折

いので，異常光線 (extraordinary ray) と呼ばれる．常光線と異常光線は互いに直交する直線偏光である．常光線の振動方向は，ビームの進行方向と光学軸がつくる平面に垂直方向，異常光線は平行方向である．

代表的な複屈折性結晶である方解石と水晶の屈折率を表 3.1 に示す．$n_o > n_e$ のものを負結晶，$n_o < n_e$ のものを正結晶という．方解石は負結晶，水晶は正結晶である．

表 3.1　方解石と水晶の屈折率 ($\lambda = 589$ nm)

結晶	n_o	n_e
方解石	1.6584	1.4864
水晶	1.5443	1.5534

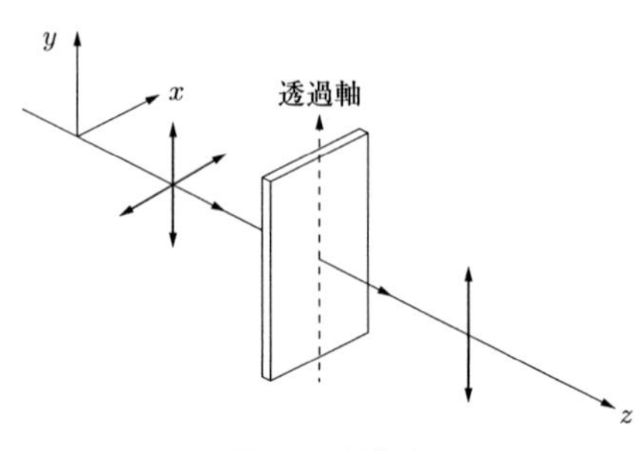

図 3.6　偏光子

3.3 偏　　光　　子

偏光していない光 (非偏光) から，偏光した光の成分のみを取り出す光学素子を偏光子 (polarizer) という．最もありふれた偏光子は，ポラロイドフィルムである．これは，透明なプラスチックであるポリビニルアルコール (PVA) シートを延伸させこれにヨードをしみこませたものである．延伸された方向に高分子が配向し，この方向に振動する電界成分を強く吸収する．したがって，延伸方向と直角方向に振動する成分をもつ直線偏光を透過させる．このように，吸収が偏光によって変わる現象を二色性 (dichroism) という．

偏光子をつくるには，この二色性を利用するほか，反射や複屈折の現象を使うことができる．

通常は，図 3.6 に示すように直線偏光成分のみを取り出す偏光子を直線偏光子という．単に，偏光子ということも多い．また，直線偏光子を透過した偏光の振動方向を透過軸ということもある．

偏光子を 2 枚互いの透過偏光成分が直交するように配置すると，理想的には透過光は 0 となるはずであるが，実際には漏れ光成分がある．偏光子を互いに回転すると，透過光が変化し，その最大強度と最小強度の比を消光比 (extinction ratio) γ という．ポラロイドフィルムの場合には，消光比は 1%程度である．一方，光学結晶を用いたグラン・トムソンプリズムの場合には 0.1%程度から 0.001%である．

同じ機能をもつ偏光子でも，偏光を検出する目的で使用する場合には，検光子 (analyzer) とよび，区別している．

3.4 波　長　板

偏光を2つの直線偏光成分に分けた場合に，両者の間に所定の位相差を与える素子をリターダー (retarder)，位相板 (phase shifter) もしくは，波長板 (wave plate) という．雲母や水晶などの複屈折性の結晶などによってつくられる．素子の厚さを d，素子媒質中をより遅く進む偏光に対する屈折率を n_{s}，より速く進む偏光に対する屈折率を n_{f} とすると，位相変化の差は，

$$\delta = \frac{2\pi(n_{\mathrm{s}} - n_{\mathrm{f}})d}{\lambda} \tag{3.40}$$

であり，これをリターデーション (retardation) と呼ぶ．当然，$n_{\mathrm{s}} > n_{\mathrm{f}}$ であり，素子媒質中をより速く進む直線偏光成分の振動方向を進相軸 (fast axis)，より遅い成分の振動方向を遅相軸 (slow axis) という．これらの軸は素子固有のものであり，習慣的に進相軸の方向を波長板の方位と呼ぶ．したがって，波長板と同じ方位の振動成分は，波長板を通過後，これと直交する振動成分をもつ成分よりも位相が進むことになる．リターデーションが π のものは 1/2 波長の位相変化に相当するので 1/2 波長板 (half-wave plate)，$\pi/2$ のものは 1/4 波長板 (quarter-wave plate) という．

3.5 ストークスパラメータとミューラー行列

3.5.1 ストークスパラメータ

偏光の状態を表す便利なパラメータとしてストークスパラメータ (Stokes parameter) がある．このパラメータを用いると，完全な偏光や部分的偏光ばかりでなく，完全非偏光の状態も表すことができる．また，単色光ばかりでなく，多色光に対しても定義できる．ストークスパラメータは4つの量からなり，いずれも光の強度の次元をもっている．

今，透過軸が水平軸方向の直線偏光子を水平直線偏光子などと呼ぶことにする．測定したい光を，検光子を通して，強度測定を行う．水平直線検光子で検出した強度を I_{LH}，垂直直線検光子で検出した強度を I_{LV}，45° 直線検光子で検出した強度を I_{L45}，−45° 直線検光子で検出した強度を $I_{\mathrm{L-45}}$，右回り円偏光検光子で検出した強度を I_{CR}，左回り円偏光検光子で検出した強度を I_{CL} とする．ストークスパラメータを要素とするストークスベクトルは，

$$\boldsymbol{S} = \begin{pmatrix} S_0 \\ S_1 \\ S_2 \\ S_3 \end{pmatrix} = \begin{pmatrix} I_{\mathrm{LH}} + I_{\mathrm{LV}} \\ I_{\mathrm{LH}} - I_{\mathrm{LV}} \\ I_{\mathrm{L45}} - I_{\mathrm{L-45}} \\ I_{\mathrm{CR}} - I_{\mathrm{CL}} \end{pmatrix} \tag{3.41}$$

で定義される．

偏光成分の実数表示式 (3.2) と式 (3.3) で記述される偏光の状態を表す 2 つの振幅 E_x と E_y は直接測定することはできず，その時間平均のみ測定可能である．計算の都合で，式 (3.2) と式 (3.3) を複素表示にし，偏光の観測点を $z=0$ とすると，単色光の場合には，

$$E_x(t) = A_x \exp[\mathrm{i}(-\omega t + \phi_x)] \tag{3.42}$$

$$E_y(t) = A_y \exp[\mathrm{i}(-\omega t + \phi_y)] \tag{3.43}$$

これを用いると，ストークスパラメータは次のように表すことができる．

$$S_0 = |E_x|^2 + |E_y|^2 \tag{3.44}$$

$$S_1 = |E_x|^2 - |E_y|^2 \tag{3.45}$$

$$S_2 = \frac{1}{2}[|E_x + E_y|^2 - |E_x - E_y|^2] = E_x E_y^* + E_x^* E_y \tag{3.46}$$

$$S_3 = \frac{1}{2}[|E_x + \mathrm{i}E_y|^2 - |E_x - \mathrm{i}E_y|^2] = -\mathrm{i}(E_x E_y^* - E_x^* E_y) \tag{3.47}$$

したがって，ストークスベクトルは，

$$\boldsymbol{S} = \begin{pmatrix} S_0 \\ S_1 \\ S_2 \\ S_3 \end{pmatrix} = \begin{pmatrix} A_x^2 + A_y^2 \\ A_x^2 - A_y^2 \\ 2A_x A_y \cos\delta \\ -2A_x A_y \sin\delta \end{pmatrix} \tag{3.48}$$

と表すことができる．

ストークスベクトルを，水平直線偏光，垂直直線偏光，45° 直線偏光，右回り円偏光などの条件で求めると，

$$\boldsymbol{S}_{\mathrm{LH}} = \begin{pmatrix} 1 \\ 1 \\ 0 \\ 0 \end{pmatrix}, \quad \boldsymbol{S}_{\mathrm{LV}} = \begin{pmatrix} 1 \\ -1 \\ 0 \\ 0 \end{pmatrix}, \quad \boldsymbol{S}_{\mathrm{L45}} = \begin{pmatrix} 1 \\ 0 \\ 1 \\ 0 \end{pmatrix},$$

$$\boldsymbol{S}_{\mathrm{L-45}} = \begin{pmatrix} 1 \\ 0 \\ -1 \\ 0 \end{pmatrix}, \quad \boldsymbol{S}_{\mathrm{CR}} = \begin{pmatrix} 1 \\ 0 \\ 0 \\ 1 \end{pmatrix}, \quad \boldsymbol{S}_{\mathrm{CL}} = \begin{pmatrix} 1 \\ 0 \\ 0 \\ -1 \end{pmatrix}$$

となる．ただし，適当に規格化されている．したがって，S_0 成分は偏光全体の強度，S_1 成分は水平直線偏光 (完全水平直線偏光のとき 1) と垂直直線偏光 (完全水平直線偏光のとき -1) の寄与を表し，S_2 成分は 45° 直線偏光のとき 1，$-45°$ 直線偏光のとき -1 になり，S_3 成分は円偏光の回転方向の寄与を表し，右回り円偏光のとき 1，左回りのときには -1 となる．

ストークスパラメータは，測定可能である．図 3.7 のように，入射偏光ビームを波

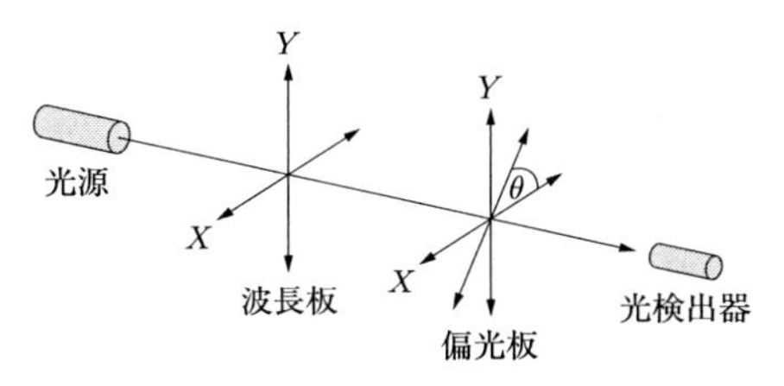

図 **3.7** ストークスパラメータの測定

長板と偏光板を介して光検出器で検出する．波長板によって受ける位相シフトを ψ，偏光板の方位角を θ とし，検出光の強度を $I(\theta,\psi)$ とすると，

$$I(\theta,\psi)=\frac{1}{2}\Big[S_0+S_1\cos 2\theta+S_2\sin 2\theta\cos\psi-S_3\sin 2\theta\sin\psi\Big] \tag{3.49}$$

この結果を使うとストークスパラメータは，

$$S_0=I(0,0)+I(\pi/2,0) \tag{3.50}$$

$$S_1=I(0,0)-I(\pi/2,0) \tag{3.51}$$

$$S_2=2I(\pi/4,0)-S_0 \tag{3.52}$$

$$S_3=S_0-2I(\pi/4,\pi/2) \tag{3.53}$$

で得られる．

ストークスパラメータを使うと，非偏光の光や部分偏光 (偏光と非偏光が混合した状態) (partially polarized light) を表すことができる．非偏光は，

$$\boldsymbol{S}_{\text{unp}}=S_0\begin{pmatrix}1\\0\\0\\0\end{pmatrix} \tag{3.54}$$

と表すことができる．部分偏光は，

$$\boldsymbol{S}=\begin{pmatrix}S_0\\S_1\\S_2\\S_3\end{pmatrix}=(1-\mathcal{P})\begin{pmatrix}S_0\\0\\0\\0\end{pmatrix}+\mathcal{P}\begin{pmatrix}S_0\\S_1\\S_2\\S_3\end{pmatrix},\qquad 0\le\mathcal{P}\le 1 \tag{3.55}$$

と表すことができる．ただし，$\mathcal{P}$ は，偏光度であり，完全な偏光状態のときには 1 であり，非偏光の場合には 0 である．偏光度 $\mathcal{P}$ は，全光量と偏光の光量との比で，

$$\mathcal{P}=\frac{I_{\text{pol}}}{I_{\text{total}}}=\frac{\sqrt{S_1^2+S_2^2+S_3^2}}{S_0} \tag{3.56}$$

で定義される．したがって，

$$S_0^2\ge S_1^2+S_2^2+S_3^2 \tag{3.57}$$

である．さまざまなストークスベクトルを表 3.2 に示す．

表 **3.2**　偏光状態に対するストークスベクトルとジョーンズベクトル

偏光状態	ストークスベクトル	ジョーンズベクトル
直線偏光 (振動方向が x 軸方向)	$\begin{pmatrix}1\\1\\0\\0\end{pmatrix}$	$\begin{pmatrix}1\\0\end{pmatrix}$
直線偏光 (振動方向が y 軸方向)	$\begin{pmatrix}1\\-1\\0\\0\end{pmatrix}$	$\begin{pmatrix}0\\1\end{pmatrix}$
直線偏光 (振動方向が x 軸に対して 45° 方向)	$\begin{pmatrix}1\\0\\1\\0\end{pmatrix}$	$\frac{1}{\sqrt{2}}\begin{pmatrix}1\\1\end{pmatrix}$
直線偏光 (振動方向が x 軸に対して −45° 方向)	$\begin{pmatrix}1\\0\\-1\\0\end{pmatrix}$	$\frac{1}{\sqrt{2}}\begin{pmatrix}1\\-1\end{pmatrix}$
直線偏光 (振動方向が x 軸に対して θ 方向)	$\begin{pmatrix}1\\\cos\theta\\\sin\theta\\0\end{pmatrix}$	$\begin{pmatrix}\cos\theta\\\sin\theta\end{pmatrix}$
右回り円偏光	$\begin{pmatrix}1\\0\\0\\1\end{pmatrix}$	$\frac{1}{\sqrt{2}}\begin{pmatrix}1\\-\mathrm{i}\end{pmatrix}$
左回り円偏光	$\begin{pmatrix}1\\0\\0\\-1\end{pmatrix}$	$\frac{1}{\sqrt{2}}\begin{pmatrix}1\\\mathrm{i}\end{pmatrix}$

注) 光波を $\exp[\mathrm{i}(\omega t - kz)]$ と表したときには，i を −i とすること．

3.5.2　ミューラー行列

偏光状態を変化させる光学素子の特性を表すためにミューラー行列 (Müller matrix) が用いられる．入力偏光のストークスベクトルを $\boldsymbol{S}$，出力を $\boldsymbol{S'}$ とし，これらの要素を線形に変化させるミューラー行列を $\boldsymbol{M}$ とすると，

$$\boldsymbol{S'} = \boldsymbol{M}\boldsymbol{S} \tag{3.58}$$

と書ける．これを成分で表せば，

$$\begin{pmatrix} S'_0 \\ S'_1 \\ S'_2 \\ S'_3 \end{pmatrix} = \begin{pmatrix} m_{00} & m_{01} & m_{02} & m_{03} \\ m_{10} & m_{11} & m_{12} & m_{13} \\ m_{20} & m_{21} & m_{22} & m_{23} \\ m_{30} & m_{31} & m_{32} & m_{33} \end{pmatrix} \begin{pmatrix} S_0 \\ S_1 \\ S_2 \\ S_3 \end{pmatrix} \tag{3.59}$$

a. 偏 光 子

直線偏光子に対するミューラー行列は，x 軸方向の振動成分と y 軸方向の振動成分に対する透過率をそれぞれ p_x と p_y とすると，

$$\boldsymbol{M}_{\mathrm{POL}} = \frac{1}{2}\begin{pmatrix} p_x^2+p_y^2 & p_x^2-p_y^2 & 0 & 0 \\ p_x^2-p_y^2 & p_x^2+p_y^2 & 0 & 0 \\ 0 & 0 & 2p_xp_y & 0 \\ 0 & 0 & 0 & 2p_xp_y \end{pmatrix} \tag{3.60}$$

特に，理想的な偏光子に対するミューラー行列は，x 軸に平行な成分のみを透過率 1 で透過する場合には，

$$\boldsymbol{M}_{\mathrm{POL}} = \frac{1}{2}\begin{pmatrix} 1 & 1 & 0 & 0 \\ 1 & 1 & 0 & 0 \\ 0 & 0 & 0 & 0 \\ 0 & 0 & 0 & 0 \end{pmatrix} \tag{3.61}$$

y 軸に平行な成分のみを透過率 1 で透過する場合には，

$$\boldsymbol{M}_{\mathrm{POL}} = \frac{1}{2}\begin{pmatrix} 1 & -1 & 0 & 0 \\ -1 & 1 & 0 & 0 \\ 0 & 0 & 0 & 0 \\ 0 & 0 & 0 & 0 \end{pmatrix} \tag{3.62}$$

である．

b. 波 長 板

波長板とは x 軸方向と y 軸方向の振動成分の間に位相シフトを与える素子である．今，進相軸を x 軸とし位相シフト量が ϕ_x であり，遅相軸が y 軸であり位相シフト量が ϕ_y の場合を考える．

このときのミューラー行列は，$\phi = \phi_y - \phi_x$ として，

$$\boldsymbol{M}_{\mathrm{WP}}(\phi) = \begin{pmatrix} 1 & 0 & 0 & 0 \\ 0 & 1 & 0 & 0 \\ 0 & 0 & \cos\phi & \sin\phi \\ 0 & 0 & -\sin\phi & \cos\phi \end{pmatrix} \tag{3.63}$$

特に，位相差が $\phi = \pi/2$ のものを 1/4 波長板，$\phi = \pi$ のものを 1/2 波長板ということはすでに述べた．

偏光の振動方向が x 軸に対して 45° の直線偏光を 1/4 波長板に通すと，左回り円偏光になる．

$$\boldsymbol{S}' = \begin{pmatrix} 1 & 0 & 0 & 0 \\ 0 & 1 & 0 & 0 \\ 0 & 0 & 0 & 1 \\ 0 & 0 & -1 & 0 \end{pmatrix}\begin{pmatrix} 1 \\ 0 \\ 1 \\ 0 \end{pmatrix} = \begin{pmatrix} 1 \\ 0 \\ 0 \\ -1 \end{pmatrix} \tag{3.64}$$

c. 旋 光 子

偏光の成分 E_x と E_y を角度 θ 回転させた座標系でミューラー行列がどのように表示されるか考えてみよう．図 3.8 に示すように角度 θ 回転して，E_x が E'_X に，E_y が E'_Y になったとする．ある偏光 $\boldsymbol{E}$ と E_x の角度を α とする．$\boldsymbol{E}$ は X-Y の系では，

$$E'_X = E\cos(\alpha - \theta) \tag{3.65}$$

$$E'_Y = E\sin(\alpha - \theta) \tag{3.66}$$

と表すことができる．一方，x-y の系では，

$$E_x = E\cos(\alpha) \tag{3.67}$$

$$E_y = E\sin(\alpha) \tag{3.68}$$

である．よって，

$$E'_X = E\cos(\alpha - \theta) = E(\cos\alpha\cos\theta + \sin\alpha\sin\theta) = E_x\cos\theta + E_y\sin\theta \tag{3.69}$$

$$E'_Y = E\sin(\alpha - \theta) = E(\sin\alpha\cos\theta - \cos\alpha\sin\theta) = -E_x\sin\theta + E_y\cos\theta \tag{3.70}$$

したがって，回転後の座標系 X'-Y' では，元の系で (E_x, E_y) と表されていた偏光が，

$$E'_X = E_x\cos\theta + E_y\sin\theta$$
$$E'_Y = -E_x\sin\theta + E_y\cos\theta$$

と表される．このことを用いて，式 (3.44) ～ (3.47) を変換することなどで，

$$\boldsymbol{M}_{\mathrm{ROT}}(\theta) = \begin{pmatrix} 1 & 0 & 0 & 0 \\ 0 & \cos 2\theta & \sin 2\theta & 0 \\ 0 & -\sin 2\theta & \cos 2\theta & 0 \\ 0 & 0 & 0 & 1 \end{pmatrix} \tag{3.71}$$

偏光素子 $\boldsymbol{M}_{\mathrm{LP}}$ を x 軸に対して，角度 θ 回転させたときのミューラー行列は

$$\boldsymbol{M}_{\mathrm{LP}}(\theta) = \boldsymbol{M}_{\mathrm{ROT}}(-\theta)\boldsymbol{M}_{\mathrm{LP}}\boldsymbol{M}_{\mathrm{ROT}}(\theta) \tag{3.72}$$

例えば，x 軸方向に振動する偏光成分を透過させる直線偏光子を角度 θ 回転させた場合のミューラー行列は，

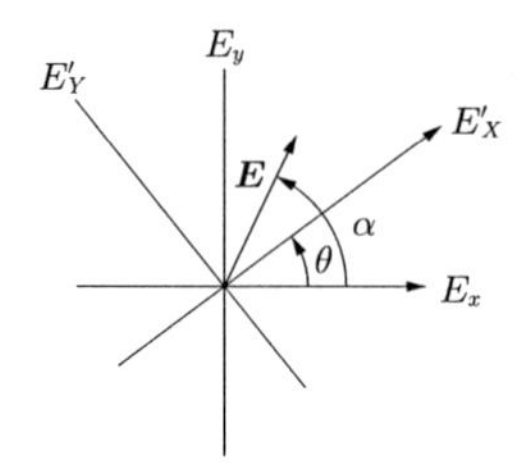

図 **3.8** 旋光子による偏光成分の回転

$$\boldsymbol{M}_{\mathrm{LP}}(\theta) = \boldsymbol{M}_{\mathrm{ROT}}(-\theta)\boldsymbol{M}\boldsymbol{M}_{\mathrm{ROT}}(\theta) = \begin{pmatrix} 1 & \cos 2\theta & \sin 2\theta & 0 \\ \cos 2\theta & \cos^2 2\theta & \cos 2\theta \sin 2\theta & 0 \\ \sin 2\theta & \cos 2\theta \sin 2\theta & \sin^2 2\theta & 0 \\ 0 & 0 & 0 & 0 \end{pmatrix} \tag{3.73}$$

である．

位相シフトが ϕ の波長板を角度 θ 回転させると，

$$\boldsymbol{M}_{\mathrm{WP}}(\phi,\theta) = \boldsymbol{M}_{\mathrm{ROT}}(-\theta)\boldsymbol{M}_{\mathrm{WP}}(\phi)\boldsymbol{M}_{\mathrm{ROT}}(\theta) = \begin{pmatrix} 1 & 0 & 0 & 0 \\ 0 & \cos^2 2\theta + \cos\phi \sin^2 2\theta & (1-\cos\phi)\sin 2\theta \cos 2\theta & -\sin\phi \sin 2\theta \\ 0 & (1-\cos\phi)\sin 2\theta \cos 2\theta & \sin^2 2\theta + \cos\phi \cos^2 2\theta & \sin\phi \cos 2\theta \\ 0 & \sin\phi \sin 2\theta & -\sin\phi \cos 2\theta & \cos\phi \end{pmatrix} \tag{3.74}$$

特に，1/2 波長板を角度 θ 回転させた場合のミューラー行列は，

$$\boldsymbol{M}_{\mathrm{HWP}}(\theta) = \begin{pmatrix} 1 & 0 & 0 & 0 \\ 0 & \cos 4\theta & \sin 4\theta & 0 \\ 0 & \sin 4\theta & -\cos 4\theta & 0 \\ 0 & 0 & 0 & -1 \end{pmatrix} \tag{3.75}$$

であり，1/4 波長板を角度 θ 回転させた場合のミューラー行列は，

$$\boldsymbol{M}_{\mathrm{QWP}}(\theta) = \begin{pmatrix} 1 & 0 & 0 & 0 \\ 0 & \cos^2 2\theta & \sin 2\theta \cos 2\theta & -\sin 2\theta \\ 0 & \sin 2\theta \cos 2\theta & \sin^2 2\theta & \cos 2\theta \\ 0 & \sin 2\theta & -\cos 2\theta & 0 \end{pmatrix} \tag{3.76}$$

である．

振動方向が x 軸に対して 45° の直線偏光が，1/4 波長板を透過した場合には，

$$\boldsymbol{S}(\theta) = \boldsymbol{M}_{\mathrm{QWP}}(\theta)\begin{pmatrix} 1 \\ 0 \\ 1 \\ 0 \end{pmatrix} = \begin{pmatrix} 1 \\ \cos 2\theta \sin 2\theta \\ \sin^2 2\theta \\ -\cos 2\theta \end{pmatrix} \tag{3.77}$$

となり，1/4 波長板を 0，$\pi/4$，$\pi/2$ と回転させると，

$$\boldsymbol{S}(0) = \begin{pmatrix} 1 \\ 0 \\ 0 \\ -1 \end{pmatrix}, \quad \boldsymbol{S}(\pi/4) = \begin{pmatrix} 1 \\ 0 \\ 1 \\ 0 \end{pmatrix}, \quad \boldsymbol{S}(\pi/2) = \begin{pmatrix} 1 \\ 0 \\ 0 \\ 1 \end{pmatrix} \tag{3.78}$$

表 3.3　ミューラー行列とジョーンズ行列

偏光光学素子	ミューラー行列	ジョーンズ行列
直線偏光子 (振動方向が x 軸方向)	$\frac{1}{2}\begin{pmatrix}1 & 1 & 0 & 0\\ 1 & 1 & 0 & 0\\ 0 & 0 & 0 & 0\\ 0 & 0 & 0 & 0\end{pmatrix}$	$\begin{pmatrix}1 & 0\\ 0 & 0\end{pmatrix}$
直線偏光子 (振動方向が y 軸方向)	$\frac{1}{2}\begin{pmatrix}1 & -1 & 0 & 0\\ -1 & 1 & 0 & 0\\ 0 & 0 & 0 & 0\\ 0 & 0 & 0 & 0\end{pmatrix}$	$\begin{pmatrix}0 & 0\\ 0 & 1\end{pmatrix}$
直線偏光子 (振動方向が x 軸に対して 45° 方向)	$\frac{1}{2}\begin{pmatrix}1 & 0 & 1 & 0\\ 0 & 0 & 0 & 0\\ 1 & 0 & 1 & 0\\ 0 & 0 & 0 & 0\end{pmatrix}$	$\frac{1}{2}\begin{pmatrix}1 & 1\\ 1 & 1\end{pmatrix}$
直線偏光子 (振動方向が x 軸に対して −45° 方向)	$\frac{1}{2}\begin{pmatrix}1 & 0 & -1 & 0\\ 0 & 0 & 0 & 0\\ -1 & 0 & 1 & 0\\ 0 & 0 & 0 & 0\end{pmatrix}$	$\frac{1}{2}\begin{pmatrix}1 & -1\\ -1 & 1\end{pmatrix}$
1/4 波長板 (進相軸は x 軸方向)	$\begin{pmatrix}1 & 0 & 0 & 0\\ 0 & 1 & 0 & 0\\ 0 & 0 & 0 & 1\\ 0 & 0 & -1 & 0\end{pmatrix}$	$\mathrm{e}^{\mathrm{i}\pi/4}\begin{pmatrix}1 & 0\\ 0 & \mathrm{i}\end{pmatrix}$
1/4 波長板 (進相軸は y 軸方向)	$\begin{pmatrix}1 & 0 & 0 & 0\\ 0 & 1 & 0 & 0\\ 0 & 0 & 0 & -1\\ 0 & 0 & 1 & 0\end{pmatrix}$	$\mathrm{e}^{\mathrm{i}\pi/4}\begin{pmatrix}1 & 0\\ 0 & -\mathrm{i}\end{pmatrix}$
右回り円偏光子	$\frac{1}{2}\begin{pmatrix}1 & 0 & 0 & 1\\ 0 & 0 & 0 & 0\\ 0 & 0 & 0 & 0\\ 1 & 0 & 0 & 1\end{pmatrix}$	$\frac{1}{2}\begin{pmatrix}1 & \mathrm{i}\\ -\mathrm{i} & 1\end{pmatrix}$
左回り円偏光子	$\frac{1}{2}\begin{pmatrix}1 & 0 & 0 & -1\\ 0 & 0 & 0 & 0\\ 0 & 0 & 0 & 0\\ -1 & 0 & 0 & 1\end{pmatrix}$	$\frac{1}{2}\begin{pmatrix}1 & -\mathrm{i}\\ \mathrm{i} & 1\end{pmatrix}$

注) 光波を $\exp[\mathrm{i}(\omega t - kz)]$ と表したときには，i を −i とすること．

となり，左回り円偏光，45° 直線偏光，右回り円偏光をつくることができる．
さまざまな，ミューラー行列を表 3.3 に示す．

3.6　ポアンカレ球

式 (3.48) で表されるストークスベクトルの各成分は，方位角 ψ と楕円率角 χ を用

いて，

$$S_1 = S_0 \cos 2\chi \cos 2\psi \tag{3.79}$$

$$S_2 = S_0 \cos 2\chi \sin 2\psi \tag{3.80}$$

$$S_3 = S_0 \sin 2\chi \tag{3.81}$$

と表すことができる．また，

$$S_0^2 = S_1^2 + S_2^2 + S_3^2 \tag{3.82}$$

の関係もあるので，図 3.9 に示すような直交座標系 (x, y, z) の原点を球心とする半径 S_0 の球を考え，球面上の点 P の位置で，偏光の状態を表すことができる．この球をポアンカレ球 (Poincaré sphere) という．点 P の位置は，xy 平面上で x 軸からの角度 2ψ と z 軸方向への角度 2χ で決める．

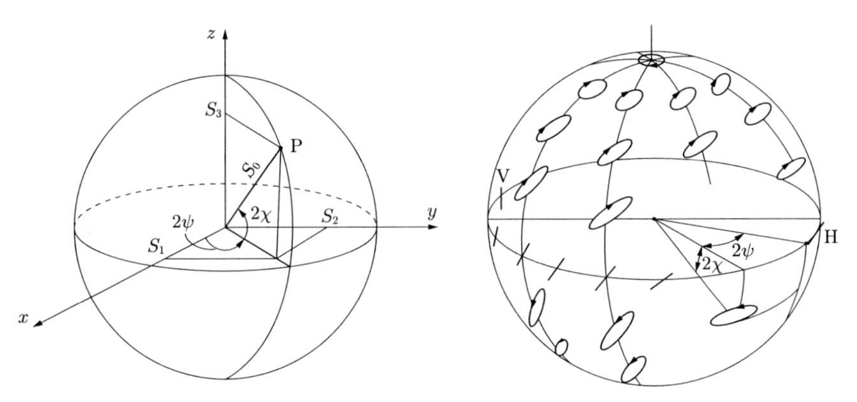

図 3.9 ストークスパラメータのポアンカレ球表示

図 3.10 ポアンカレ球による偏光状態の表示

点 P は，方位角 2ψ，楕円率角 2χ の楕円偏光を表す．赤道上にさまざまな方位の直線偏光が並び，北半球は $\chi > 0$ であり，したがって，$\delta < 0$ であるので，右回り楕円偏光の領域であり，南半球は左回り楕円偏光の領域である．北極は右回り円偏光，南極が左回り円偏光を表す．

さまざまな偏光の状態を，ポアンカレ球に表示すると図 3.10 のようになる．

a. 旋光子のポアンカレ球表示

旋光子の働きを示すミューラー行列は，式 (3.71) であるから，旋光子を通過する前後のストークスベクトル $\boldsymbol{S}$ と $\boldsymbol{S'}$ の各成分の間には，$S'_0 = S_0$，$S'_1 = S_1 \cos 2\theta + S_2 \sin 2\theta$，$S'_2 = -S_1 \sin 2\theta + S_2 \cos 2\theta$，$S'_3 = S_3$ の関係がある．これは，座標軸を S_3 軸の周りに 2θ 回転させる．すなわち，偏光状態で考えれば，偏光の方位が -2θ 回転することに相当する．したがって，旋光子は図 3.11 のように，S_3 軸の周りを時計回りに 2θ 回転させる働きがあることがわかる．

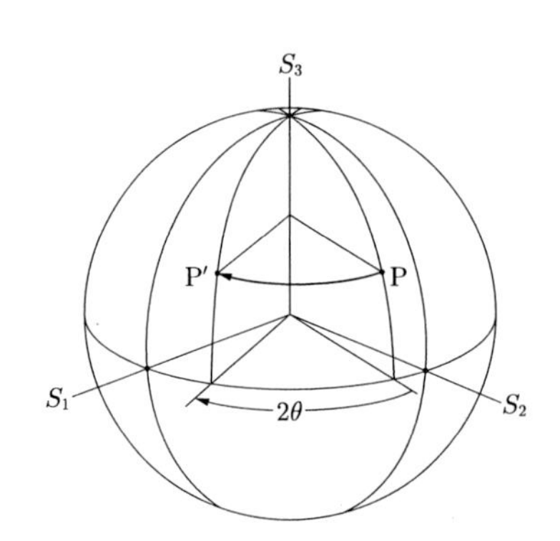

図 3.11 ポアンカレ球における旋光子の作用

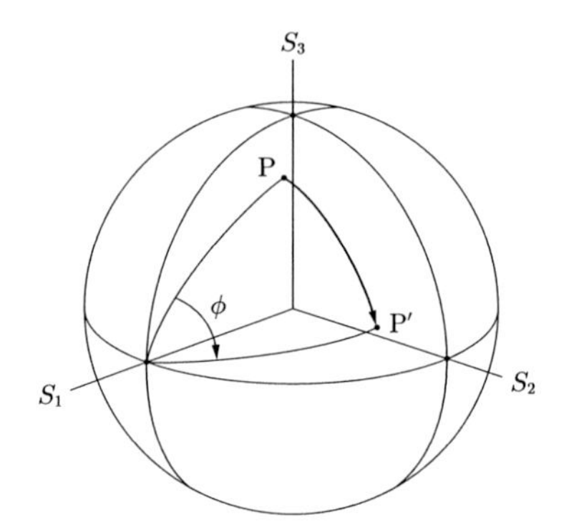

図 3.12 ポアンカレ球における方位角 0 の波長板の作用

b. 方位角 0 の波長板のポアンカレ球表示

方位角 0 の波長板の働きを示すミューラー行列は，式 (3.63) であるから，$S_0' = S_0$，$S_1' = S_1$，$S_2' = S_2 \cos\phi + S_3 \sin\phi$，$S_3' = -S_2 \sin\phi + S_3 \cos\phi$ の関係がある．したがって，座標軸 S_1 の周りに，ϕ だけ正の方向 (反時計回り) に回転している．偏光状態は，S_1 軸の周りに負の方向に ϕ だけ回転する．方位角 0 の波長板は図 3.12 のように，S_1 軸の周りを時計回りに ϕ 回転させる働きがある．

c. 方位角 θ の波長板のポアンカレ球表示

方位角 θ の波長板は，

$$\boldsymbol{M}(\phi, \theta) = \boldsymbol{M}_{\mathrm{ROT}}(-\theta)\boldsymbol{M}_{\mathrm{WP}}(\phi)\boldsymbol{M}_{\mathrm{ROT}}(\theta) \tag{3.83}$$

であるので，変換作用をポアンカレ球で表すと，図 3.13 のようになる．入射偏光が P_1 であるとする．θ の旋光子を通ると，S_3 軸の周りに時計回りに 2θ 回転して P_2 に至る．次に，方位角 0 の波長板を通るので，S_1 軸の周りに時計回りに ϕ 回転させ P_3 に至る．最後に，S_3 軸の周りに反時計方向に 2θ 回転して P_4 に至る．

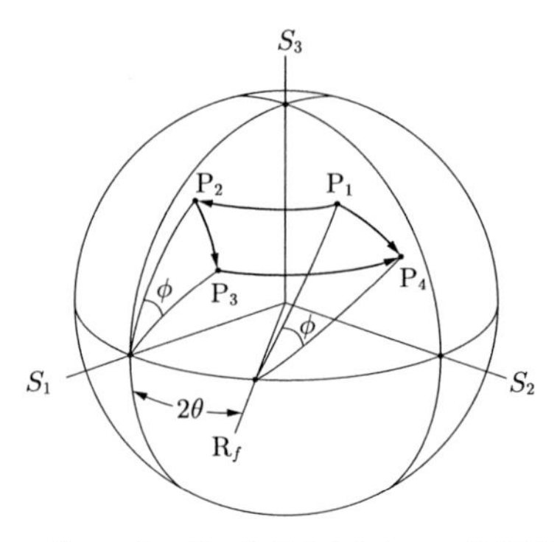

図 3.13 ポアンカレ球における方位角 θ の波長板の作用

ここで，赤道面上で S_1 軸から方位角 2θ の軸 R_f を考えよう．S_1 軸に対する P_2 から P_3 への変換は，P_1 を R_f 軸の周りに時計回りに ϕ 回転させる変換と同等である．つまり，方位角 θ の波長板の作用は，S_1 軸から赤道面上で方位角 2θ をもつ R_f 軸の周りを，時計回りに ϕ 回転させることと同等である．

3.7　ジョーンズベクトルとジョーンズ行列

偏光を表示するもう 1 つの方法が，ジョーンズベクトル (Jones vector) による方法である．ミューラーベクトルによる方法が非偏光を含めてすべての偏光状態を表すことに対して，ジョーンズベクトルでは，完全偏光の状態のみ記述できる．偏光に関する干渉を解析する場合や何種類かの偏光を重ね合わせた状態を解析する場合に便利である．ジョーンズベクトルは，

$$\boldsymbol{E} = \begin{pmatrix} E_x \\ E_y \end{pmatrix} = \begin{pmatrix} A_x \exp(\mathrm{i}\phi_x) \\ A_y \exp(\mathrm{i}\phi_y) \end{pmatrix} \tag{3.84}$$

で定義される．したがって，偏光の強度は，

$$I = |E_x|^2 + |E_y|^2 = E_x E_x^* + E_y E_y^* = (E_x^* \quad E_y^*) \begin{pmatrix} E_x \\ E_y \end{pmatrix} \tag{3.85}$$

強度は規格化して 1 とおくことにする．

さまざまな偏光に対するジョーンズベクトルを表 3.2 に示した．

互いに直交する振幅の等しい直線偏光を重ね合わせると

$$\boldsymbol{E} = \begin{pmatrix} 1 \\ 0 \end{pmatrix} + \begin{pmatrix} 0 \\ 1 \end{pmatrix} = \begin{pmatrix} 1 \\ 1 \end{pmatrix} \tag{3.86}$$

振動方向が $45°$ の直線偏光になることがわかる．

また，互いに逆の回転方向をもつ円偏光の重ね合わせは，

$$\boldsymbol{E} = \frac{1}{\sqrt{2}} \begin{pmatrix} 1 \\ \mathrm{i} \end{pmatrix} + \frac{1}{\sqrt{2}} \begin{pmatrix} 1 \\ -\mathrm{i} \end{pmatrix} = \sqrt{2} \begin{pmatrix} 1 \\ 0 \end{pmatrix} \tag{3.87}$$

となり，直線偏光になる．

3.7.1　ジョーンズ行列

偏光素子は 2 行 2 列のジョーンズ行列 (Jones matrix)

$$\boldsymbol{J} = \begin{pmatrix} j_{xx} & j_{xy} \\ j_{yx} & j_{yy} \end{pmatrix} \tag{3.88}$$

で表すことができる．偏光素子の出力は，

$$\boldsymbol{E}' = \boldsymbol{J}\boldsymbol{E} \tag{3.89}$$

で，計算できる．

さまざまな素子のジョーンズ行列を表 3.3 に示した．

3.7.2 固有偏光

偏光子の出力が元の偏光と同じ場合，すなわち，λ (ここでは波長ではない．固有値を表す) を定数として，

$$\boldsymbol{J}\boldsymbol{E} = \lambda \boldsymbol{E} \tag{3.90}$$

を満足する場合，$\boldsymbol{E}$ を固有偏光という．固有偏光は，偏光子を透過しても位相遅れが生じたり振幅が減衰することがあっても偏光状態は変化しない．固有偏光の例として，水平直線偏光と垂直直線偏光，右回り円偏光と左回り円偏光などがある．固有偏光の対は，互いに直交する．したがって，任意の偏光は固有偏光対の和で書ける．

3.7.3 旋光子

旋光子に対するジョーンズ行列は，

$$\boldsymbol{J}_{\mathrm{ROT}}(\theta) = \begin{pmatrix} \cos\theta & \sin\theta \\ -\sin\theta & \cos\theta \end{pmatrix} \tag{3.91}$$

である．

偏光素子を θ 回転させると，そのジョーンズ行列は，

$$\boldsymbol{J}(\theta) = \boldsymbol{J}_{\mathrm{ROT}}(-\theta)\boldsymbol{J}\boldsymbol{J}_{\mathrm{ROT}}(\theta) \tag{3.92}$$

で与えられる．

直線偏光子 (x 軸方向に振動成分をもつ場合) を θ 回転した場合には

$$\boldsymbol{J}(\theta) = \begin{pmatrix} \cos\theta & -\sin\theta \\ \sin\theta & \cos\theta \end{pmatrix} \begin{pmatrix} 1 & 0 \\ 0 & 0 \end{pmatrix} \begin{pmatrix} \cos\theta & \sin\theta \\ -\sin\theta & \cos\theta \end{pmatrix} = \begin{pmatrix} \cos^2\theta & \cos\theta\sin\theta \\ \cos\theta\sin\theta & \sin^2\theta \end{pmatrix} \tag{3.93}$$

である．

3.7.4 波長板

進相軸を x 軸とし位相シフト量が ϕ_x であり，遅相軸が y 軸であり位相シフト量が ϕ_y の場合を考える．このときのジョーンズ行列は，

$$\boldsymbol{J}_{\mathrm{WP}} = \begin{pmatrix} \mathrm{e}^{\mathrm{i}\phi_x} & 0 \\ 0 & \mathrm{e}^{\mathrm{i}\phi_y} \end{pmatrix} = \mathrm{e}^{\mathrm{i}\phi_x} \begin{pmatrix} 1 & 0 \\ 0 & \mathrm{e}^{\mathrm{i}\phi} \end{pmatrix} = \mathrm{e}^{\mathrm{i}(\phi_x+\phi_y)/2} \begin{pmatrix} \mathrm{e}^{-\mathrm{i}\phi/2} & 0 \\ 0 & \mathrm{e}^{\mathrm{i}\phi/2} \end{pmatrix} \tag{3.94}$$

となる．ただし，位相シフトの差を $\phi = \phi_y - \phi_x$ とする．したがって，1/2 波長板と 1/4 波長板はそれぞれ，$\phi = \pi$，$\phi = \pi/2$ として，

$$\boldsymbol{J}_{\mathrm{HWP}} = \begin{pmatrix} 1 & 0 \\ 0 & -1 \end{pmatrix} \tag{3.95}$$

$$\boldsymbol{J}_{\mathrm{QWP}} = \begin{pmatrix} 1 & 0 \\ 0 & \mathrm{i} \end{pmatrix} \tag{3.96}$$

と表すことができる．

波長板を角度 θ 回転すると，そのジョーンズ行列は，

$$
\begin{aligned}
\boldsymbol{J}(\boldsymbol{\phi},\boldsymbol{\theta}) &= \begin{pmatrix} \cos\theta & -\sin\theta \\ \sin\theta & \cos\theta \end{pmatrix} \begin{pmatrix} \mathrm{e}^{-\mathrm{i}\phi/2} & 0 \\ 0 & \mathrm{e}^{\mathrm{i}\phi/2} \end{pmatrix} \begin{pmatrix} \cos\theta & \sin\theta \\ -\sin\theta & \cos\theta \end{pmatrix} \\
&= \begin{pmatrix} \cos\frac{\phi}{2} - \mathrm{i}\sin\frac{\phi}{2}\cos 2\theta & -\mathrm{i}\sin\frac{\phi}{2}\sin 2\theta \\ -\mathrm{i}\sin\frac{\phi}{2}\sin 2\theta & \cos\frac{\phi}{2} + \mathrm{i}\sin\frac{\phi}{2}\cos 2\theta \end{pmatrix}
\end{aligned} \tag{3.97}
$$

3.7.5　直交直線偏光子

図 3.14 のように，直線偏光子を互いに直交するように配置し，その中に回転直線偏光子を挿入する場合を考えよう．そのときのジョーンズ行列は，式 (3.93) を用いて，

$$
\boldsymbol{J}(\theta) = \begin{pmatrix} 0 & 0 \\ 0 & 1 \end{pmatrix} \begin{pmatrix} \cos^2\theta & \cos\theta\sin\theta \\ \cos\theta\sin\theta & \sin^2\theta \end{pmatrix} \begin{pmatrix} 1 & 0 \\ 0 & 0 \end{pmatrix} = \begin{pmatrix} 0 & 0 \\ \cos\theta\sin\theta & 0 \end{pmatrix} \tag{3.98}
$$

この系に，x 軸方向に振動成分をもつ直線偏光を入力すると，

$$
\begin{pmatrix} 0 & 0 \\ \cos\theta\sin\theta & 0 \end{pmatrix} \begin{pmatrix} 1 \\ 0 \end{pmatrix} = \begin{pmatrix} 0 \\ \cos\theta\sin\theta \end{pmatrix} \tag{3.99}
$$

となり，出力光の強度は，

$$
I = \begin{pmatrix} 0 & \cos\theta\sin\theta \end{pmatrix} \begin{pmatrix} 0 \\ \cos\theta\sin\theta \end{pmatrix} = \frac{1}{8}(1-\cos 4\theta) \tag{3.100}
$$

挿入された直線偏光子を回転すると出力強度は正弦的に変化する．

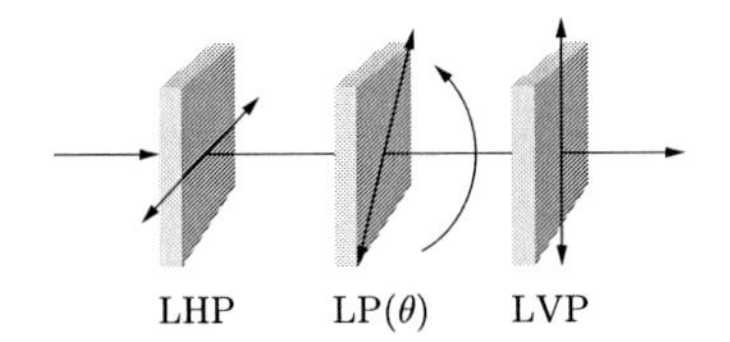

図 3.14　互いに直交する直線偏光子と回転直線偏光子

3.7.6　アイソレーター

アイソレーター (isolator) とは，光源から出た光が光学系で反射して再び光源に戻ることがないよう，戻り光を遮断する光学素子である．アイソレーターの構造の一例を図 3.15 に示す．この素子は，方位が 45° の直線偏光板と 1/4 波長板からなる円偏光子である．アイソレーターは反射鏡で反射された光を完全に 0 にすることができる (図 3.15)．

このジョーンズ行列は，

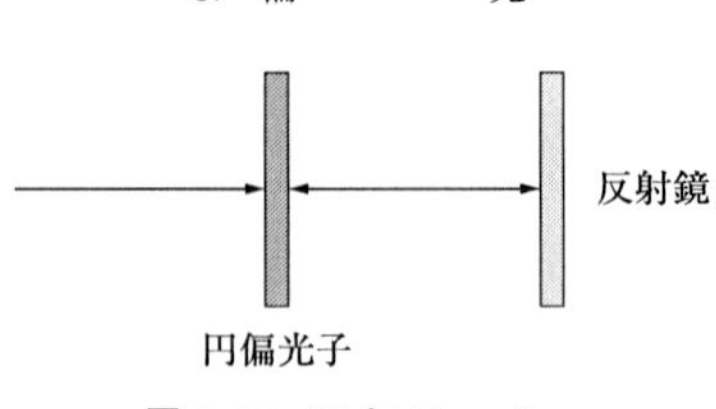

図 3.15 アイソレーター

$$\begin{aligned}\boldsymbol{J}(\theta) &= \boldsymbol{J}_{\mathrm{L}-45}(\theta)\boldsymbol{J}_{\mathrm{QWP}}(\theta)\boldsymbol{J}_{\mathrm{MIRROR}}(\theta)\boldsymbol{J}_{\mathrm{QWP}}(\theta)\boldsymbol{J}_{\mathrm{L}+45}(\theta)\\ &= \frac{1}{2}\begin{pmatrix}1 & -1\\ -1 & 1\end{pmatrix}\begin{pmatrix}1 & 0\\ 0 & \mathrm{i}\end{pmatrix}\begin{pmatrix}1 & 0\\ 0 & -1\end{pmatrix}\begin{pmatrix}1 & 0\\ 0 & \mathrm{i}\end{pmatrix}\frac{1}{2}\begin{pmatrix}1 & 1\\ 1 & 1\end{pmatrix}\\ &= \begin{pmatrix}0 & 0\\ 0 & 0\end{pmatrix} \qquad (3.101)\end{aligned}$$

となり，反射光は現れない．

問　　　題

1) 2 つの直線偏光

$$\boldsymbol{E}_1(z,t) = A(\hat{\boldsymbol{i}} + \hat{\boldsymbol{j}})\cos(kz - \omega t)$$

と

$$\boldsymbol{E}_2(z,t) = A(\sqrt{3}\hat{\boldsymbol{i}} + \hat{\boldsymbol{j}})\cos(kz - \omega t)$$

の間の振動方向のなす角度を求めよ．

2) 方位角 ψ と楕円率角 χ に関する式 (3.27) と (3.29) を導け．

3) 式 (3.46) と (3.47) を求めよ．

4) 式 (3.79) ～ (3.81) を求めよ．

5) ジョーンズベクトルを用いて，次の問いに答えよ．

a) 波長が等しく，振幅が異なる 2 つの直線偏光が重なったとき，できる光波は直線偏光であることを示せ．またこの直線偏光の振動方向を求めよ．

b) 楕円偏光は，円偏光と直線偏光に分割できることを示せ．

6) 式 (3.49) を求めよ．

7) 直線偏光子に対するミューラー行列 (3.60) を求めよ．ただし，偏光子に入力する光の偏光成分 (E_x, E_y) と偏光子透過後の光の偏光成分 (E'_x, E'_y) の間には，

$$E'_x = p_x E_x \qquad 0 \leq p_x \leq 1 \qquad (3.102)$$

$$E'_y = p_y E_y \qquad 0 \leq p_y \leq 1 \qquad (3.103)$$

の関係があることを用いよ．

8) 式 (3.71) を求めよ．

9) 振動面が y 軸方向の直線偏光子を表すジョーンズ行列は,

$$\begin{pmatrix} 0 & 0 \\ 0 & 1 \end{pmatrix}$$

であることを導け.

10) 振動面が x 軸に対して θ 方向の直線偏光子のジョーンズ行列は,

$$\begin{pmatrix} \cos^2\theta & \cos\theta\sin\theta \\ \cos\theta\sin\theta & \sin^2\theta \end{pmatrix}$$

であることを導け.

11) 複屈折結晶のリターダンスを測定する方法に，セナルモン (Senarmont) 法がある．この方法は，例えば図 3.16 に示すように，直線偏光の方位と 1/4 波長板の進相軸を同じ水平方向に配置し，その間に被測定複屈折結晶 (移相子) をおく．この複屈折結晶の進相軸か遅相軸の方位が水平方向に対して 45° をなすように配置しておく．このとき，1/4 波長板を透過した光の偏光状態をジョーンズ行列を用いて解析せよ．また，リターダンスはどのようにすれば求められるか.

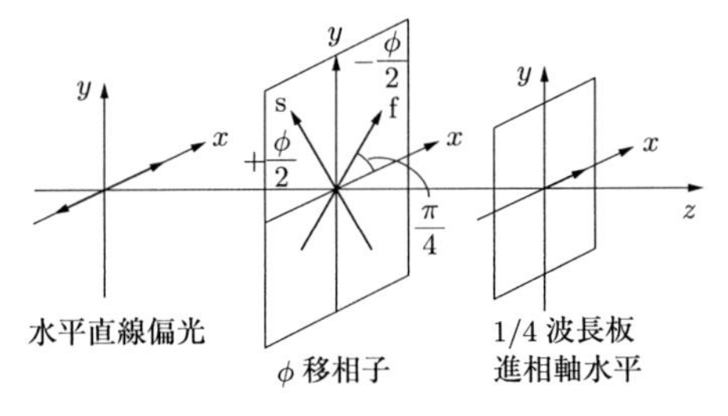

図 3.16　セナルモン法

4

光　の　干　渉

シャボン玉にきれいな色がついて見えたり，カメラのレンズがわずかに色づいて見えたりする原因は，光の干渉現象による．ヤングの干渉実験により，光の波動説が裏付けられる．この干渉の現象は，波動特有の現象である．

4.1　ヤングの実験

幅の狭いスリット S_1 と S_2 があり，この複スリットを別の単スリット S_0 から漏れ出た光が照明しているとしよう (図 4.1)．複スリットの面に対して平行な観測スクリーンを置き，この面における光の強度分布を計算してみよう．複スリット面と，スクリーン面までの距離を r_0 とし，複スリットの中心に z 軸をとる．複スリット面とスクリーン面の座標をそれぞれ，ξ と x とする．また，光源となるスリット S_0 は，z 軸上にあるとする．複スリットの間隔を d とする．光源 S_0 から出た光は，スリット S_1 と S_2 までの距離が等しいので同じ位相で，同じ振幅で，複スリットに到達する．各スリットから出て，スクリーン上の 1 点 P に到達する光波は，

$$E_1(r_1, t) = A_1 \exp[\mathrm{i}(kr_1 - \omega t + \phi_1)] \tag{4.1}$$

$$E_2(r_2, t) = A_2 \exp[\mathrm{i}(kr_2 - \omega t + \phi_2)] \tag{4.2}$$

と書ける．ただし，A_1 と A_2 は光波の振幅で，複スリットと点 P までの距離は，

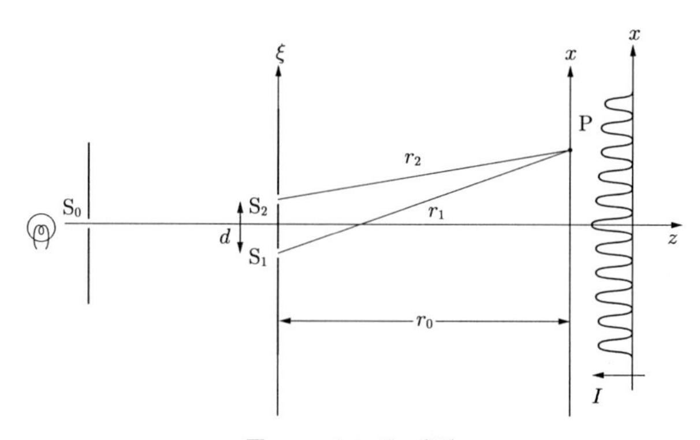

図 4.1　ヤングの実験

$$r_1 = \sqrt{r_0^2 + (x + d/2)^2} \tag{4.3}$$

$$r_2 = \sqrt{r_0^2 + (x - d/2)^2} \tag{4.4}$$

である．点 P における光の強度は，式 (2.79) より，

$$I(x) = |E_1 + E_2|^2 \tag{4.5}$$

したがって，

$$I(x) = A_1^2 + A_2^2 + 2A_1A_2 \cos\{k[r_2(x) - r_1(x)] + \phi_2 - \phi_1\} \tag{4.6}$$

ここで，

$$\delta(x) = k[r_2(x) - r_1(x)] + \phi_2 - \phi_1 \tag{4.7}$$

としよう．$r_2 - r_1$ は光路長差，δ は位相差と呼ばれる．光源が点光源で，光は単色光であるとみなせる場合には，$\phi_2 - \phi_1$ は変化しないので，この項は無視してもよい．すなわち，

$$I(x) = A_1^2 + A_2^2 + 2A_1A_2 \cos[\delta(x)] \tag{4.8}$$

ここで，両方の光の振幅が等しく $A = A_1 = A_2$ である場合を考えると，

$$I(x) = 2A^2 + 2A^2 \cos[k(r_2 - r_1)] = 2A^2 + 2A^2 \cos\delta(x) = 4A^2 \cos^2 \frac{\delta(x)}{2} \tag{4.9}$$

スクリーン上には，明暗の縞模様が現れる．この縞模様を干渉縞といい，この現象を干渉 (interference) という．2 つのスリットそれぞれから出て点 P に到達する光のエネルギーは，合計 $2A^2$ に比例するが，式 (4.9) ではそれ以外の第 2 項 $2A^2 \cos\delta$ が現れる．これが干渉による項である．干渉は波動特有の現象である．光路長差が波長の整数倍のとき，明縞が現れる．半整数のときには暗縞になる．すなわち，明縞の条件は，m を整数として，

$$r_2 - r_1 = m\lambda \tag{4.10}$$

である．

ここで，複スリット面と，スクリーン面までの距離 r_0 が複スリット間隔 d よりも，十分長いときには，次のような近似が成立する．

$$\begin{aligned} r_1 &= \sqrt{r_0^2 + (x + d/2)^2} = r_0\sqrt{1 + \frac{(x + d/2)^2}{r_0^2}} \\ &\approx r_0\left[1 + \frac{1}{2}\frac{(x + d/2)^2}{r_0^2}\right] \\ &= r_0 + \frac{1}{2}\frac{(x + d/2)^2}{r_0} \end{aligned} \tag{4.11}$$

$$r_2 \approx r_0 + \frac{1}{2}\frac{(x - d/2)^2}{r_0} \tag{4.12}$$

よって，

$$\delta(x) = k(r_2 - r_1) \approx -\frac{2\pi d}{\lambda r_0}x \tag{4.13}$$

したがって，強度分布は，

$$I(x) = 4A^2 \cos^2\left(\frac{\pi d}{\lambda r_0}x\right) \tag{4.14}$$

スクリーン上には，等間隔直線の縞模様が現れる．

この実験は，ヤング (Young) によって 1801 年行われ，光の波動説の有力な論拠となった．

a.　フレネルの複鏡

光の波動説を支持したもう 1 つの実験を紹介しよう．図 4.2 のようにわずかに傾いて置かれた 2 枚の平面鏡にスリット S から出た光を当てると，やや離れたところに置いたスクリーンに干渉縞が見える．平面鏡によって 2 つの虚光源 S_1 と S_2 ができ，この光源からの光がヤングの実験と同様に干渉して，等間隔平行な干渉縞が観測される．

b.　ロイドの鏡

図 4.3 のように，スリットの近傍に平面鏡を置いて，平面鏡で反射された光と直接きた光を干渉させる．これは，ロイド (Lloyd) が行った実験で，この場合にも，平面鏡で反射されてできた光源 S′ ともとの光源 S からの光が干渉して，フレネルの実験

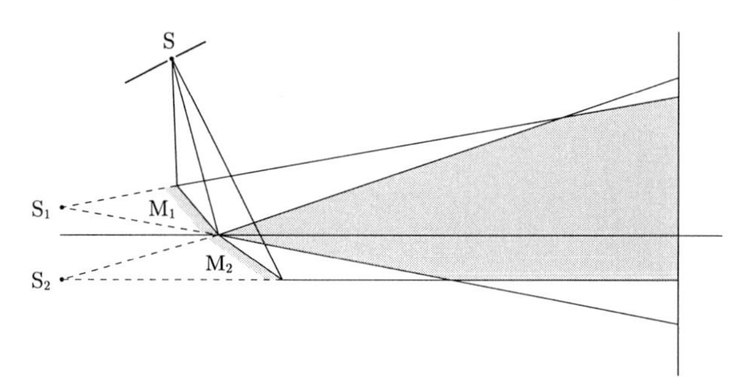

図 4.2　フレネルの複鏡

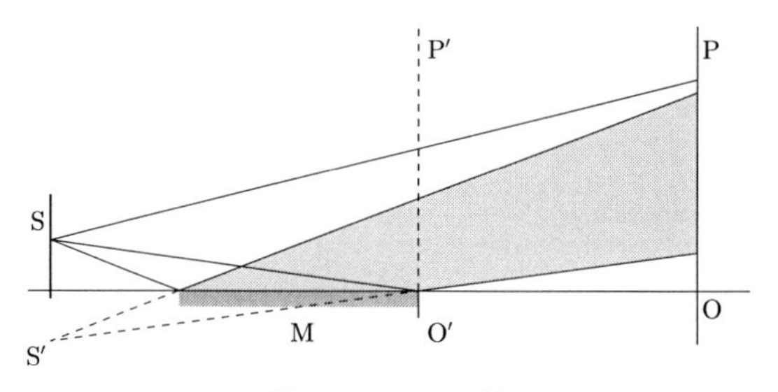

図 4.3　ロイドの鏡

と同じく，等間隔平行の干渉縞ができる．しかし，平面鏡に接したところにスクリーン P′O′ を置くと，光源から等距離にある点 O′ では，光路差が 0 であるのに明縞ができず暗縞ができる．これは，平面鏡で反射すると反射光の位相が π 跳ぶからである．

4.2　白色光による干渉

ヤングの実験では，単色光により干渉縞をつくった．この波長とわずかに波長が異なる光で干渉縞をつくると，干渉縞の間隔がわずかに異なる．ここで，光路長が 0 の場所では，明縞ができることに注意せよ．これを一般化して，波長がわずかに異なる光を同時に照射して，干渉縞をつくると，図 4.4(a) のように，光路長 0 の位置ではすべての波長に対して明縞をつくり白い縞が見え，その地点を離れると縞の間隔がずれて色のついた縞が見える．ある波長幅の中で連続的に波長が変わっている光源を用いると図 4.4(b) のような，白色の縞が見える．これを白色干渉縞といい，光路長差が 0 の近傍のみに現れる．

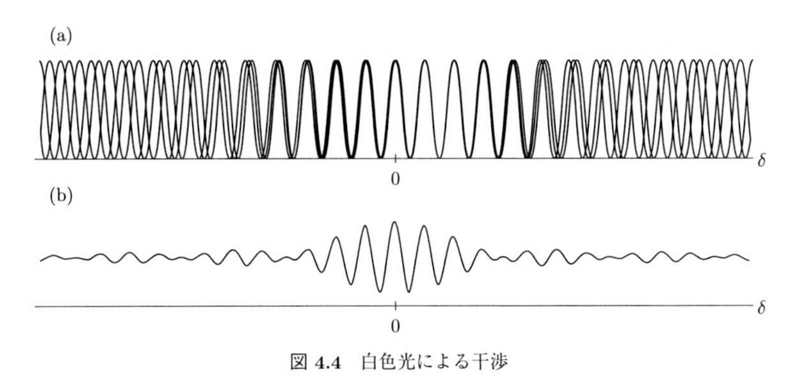

図 **4.4**　白色光による干渉

4.3　干渉縞の鮮明度と可干渉性

4.3.1　鮮　　明　　度

ヤングの実験において，干渉縞は式 (4.8) で表すことができるが，干渉縞の強度を位相差 δ の関数として描くと，図 4.5 のようになる．干渉縞の明暗はあるバイアスの上下に変化する．明暗の変化幅によって，干渉縞の鮮明度が変わる．鮮明度 (visibility) は，

$$V = \frac{I_{\max} - I_{\min}}{I_{\max} + I_{\min}} \tag{4.15}$$

で定義される．ここで，$I_{\max}$ は縞強度の最大値，$I_{\min}$ は縞強度の最小値である．鮮明度は $0 \leq V \leq 1$ である．式 (4.8) の場合のような，単色光の干渉では，干渉する光の振幅が等しく $A_1 = A_2$ の場合には，$V = 1$ である．ヤングの実験を例にとれば，

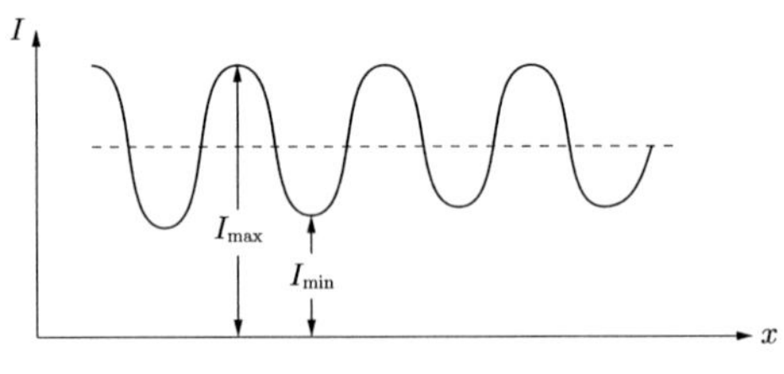

図 4.5 干渉縞の鮮明度

光源の位置がずれた場合にも干渉縞の間隔と位置がずれる．このように，干渉する光の振幅差や波長広がり，あるいは，光源の広がりで鮮明度は低下する．一般に，鮮明度は互いに干渉する光の干渉性の指標として使われる．

4.3.2 可 干 渉 性

ここで，干渉縞の式 (4.8) では無視した $\phi_2 - \phi_1$ の項について考えてみよう．無視できる条件は，光源が点光源で単色光の場合である．一般に，光源は多数の原子から放出される光からできているが，放出される時間はランダムで，しかも放出時間は無限に長いわけではない．したがって，周波数が唯一つに決まる単色光は存在せず，必ずある周波数広がりをもっている．また，光源は必ずある大きさをもっているので，光源の異なるいくつかの場所から放出される光は全く同じ周波数で同じ位相関係を保っているわけではない．したがって，$\phi_2 - \phi_1$ の項は一般には時間とともに変動する関数である．光源から出てくる光は，無限に続く正弦波ではなく，正弦波とみなせる継続時間が存在する．このように振幅と位相が決まった継続時間をもつ正弦波を波連という．

ヤングの実験において，光路長差を大きくしていくと，徐々に干渉縞の鮮明度は低下していく．これは，光が完全な正弦波ではなく，波連の状態にあるからである．鮮明度が 0 ではない場合には 2 つの光束は干渉しているとみなせるので，鮮明度が 0 となる光路長差で，波連の長さを見積もることができる．波連の続く長さを可干渉距離，波連の継続時間を可干渉時間という．

一般に可干渉距離の長い光は鮮明度の高い干渉縞をつくるので，可干渉性 (コヒーレンス，coherence) が高い光という．レーザーは典型的なコヒーレント (coherent) な光であり，白色光は，インコヒーレント (incoherent) な光である．

4.3.3 時間的可干渉性

光波がある一定時間 (τ_c) のみ正弦波とみなせる場合を考えよう．その光の振幅を，

$$u(t) = \begin{cases} U_0 \exp(-\mathrm{i}\omega_0 t) & |t| \le \tau_c/2 \\ 0 & |t| > \tau_c/2 \end{cases} \tag{4.16}$$

としよう．これを式 (2.71) に代入すると，

$$U(\omega) = \frac{1}{2\pi}\int_{-\tau_c/2}^{\tau_c/2} U_0 \exp[i(\omega-\omega_0)t]dt$$
$$= \frac{U_0}{\pi}\frac{\sin[(\omega-\omega_0)\tau_c/2]}{\omega-\omega_0} \tag{4.17}$$

も成立する．したがって，スペクトル強度は，

$$I(\omega) = |U(\omega)|^2 \propto \frac{\sin^2[(\omega-\omega_0)\tau_c/2]}{(\omega-\omega_0)^2} \tag{4.18}$$

これを図示すると，図 4.6 が得られる．スペクトルは，角周波数 ω_0 を中心にほぼ $-\pi/\tau_c$ から π/τ_c まで広がる．結局，スペクトル幅 $\Delta\omega$ と可干渉時間 τ_c の間には，

$$\Delta\omega = \frac{2\pi}{\tau_c} \tag{4.19}$$

の関係がある．

これを周波数広がり $\Delta\nu$ で書くと，

$$\Delta\nu = \frac{1}{\tau_c} \tag{4.20}$$

したがって，可干渉距離は，

$$l_c = c\tau_c = \frac{c}{\Delta\nu} = \frac{\lambda\nu}{\Delta\nu} \tag{4.21}$$

これを波長で表そう．波長広がり幅を $\Delta\lambda$ とすると $\Delta\nu/\nu = |\Delta\lambda|/\lambda$ であるので，

$$l_c = \frac{\lambda^2}{\Delta\lambda} \tag{4.22}$$

である．このように，光源のスペクトル広がりで決まる可干渉性を時間的可干渉性 (temporal coherence) という．

白熱電灯の波長広がりが 500 nm であると，可干渉距離は 1 mm 程度であり，ガスレーザーのスペクトル幅が $\Delta\nu = 10^9$ Hz であるとすると，可干渉距離は 30 cm 程度である．

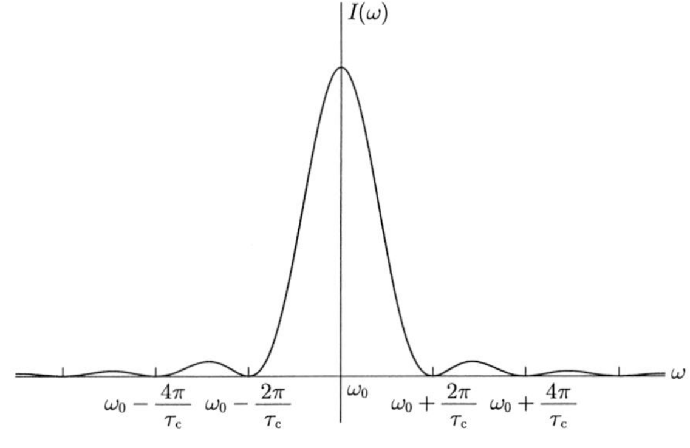

図 4.6　スペクトルの広がり $\Delta\omega$ と可干渉時間 τ_c

4.3.4 空間的可干渉性

単色の光源であっても，点光源でない場合には可干渉性が低下する．つまり光源の別の点から出た光の間には決まった位相関係が存在しないことになり，光源から等しい距離にある 2 点における光でも互いに可干渉であるわけではない．このように，光源の広がり (大きさ) に起因する可干渉性を，空間的可干渉性 (spatial coherence) という．

時間的可干渉性を利用して，光源のスペクトル幅を決定できたように，空間的可干渉性を使うと，光源の大きさを見積もることができる．今，図 4.7 のように広がった光源を用いてヤングの実験を行ったとする．光源の大きさを D とし，光源面の座標を ξ とすると，光源上の点 S から出た光によってできるヤングの干渉縞は，

$$I(x,\xi) = 4A^2\cos^2\left(\frac{\pi d}{\lambda r_0}x + \frac{\pi d}{\lambda r_0'}\xi\right) \tag{4.23}$$

で与えられる．光源すべての寄与を合計すると，ヤングの縞の強度分布は，

$$\begin{aligned} I(x) &= \int_{-D/2}^{D/2} 2A^2\left[1+\cos\left(\frac{2\pi d}{\lambda r_0}x + \frac{2\pi d}{\lambda r_0'}\xi\right)\right]\mathrm{d}\xi \\ &= 2DA^2\left[1+\cos\left(\frac{2\pi dx}{\lambda r_0}\right)\frac{\sin(\pi Dd/\lambda r_0')}{\pi Dd/\lambda r_0'}\right] \end{aligned} \tag{4.24}$$

この干渉縞の鮮明度は，

$$V = \left|\frac{\sin(\pi Dd/\lambda r_0')}{\pi Dd/\lambda r_0'}\right| \tag{4.25}$$

これを図示すると図 4.8 が得られる．

ピンホールの間隔 d を変えながら鮮明度を測定し，初めて 0 となったとき，$D = \lambda r_0'/d$ であるので，これから光源の大きさ D がわかる．これがマイケルソンの天体干渉計の原理である．この原理によって星の視直径が測定され，オリオン座のベテルギウスの視直径 0.047 秒角が得られた．因みにこの精度は，富士山頂に置いたゴルフボールを 100 km 離れた東京から見ることに相当する．

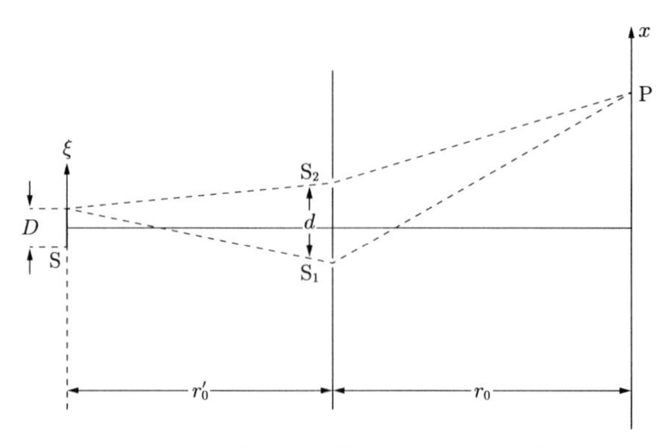

図 4.7 広がりのある光源によるヤングの実験

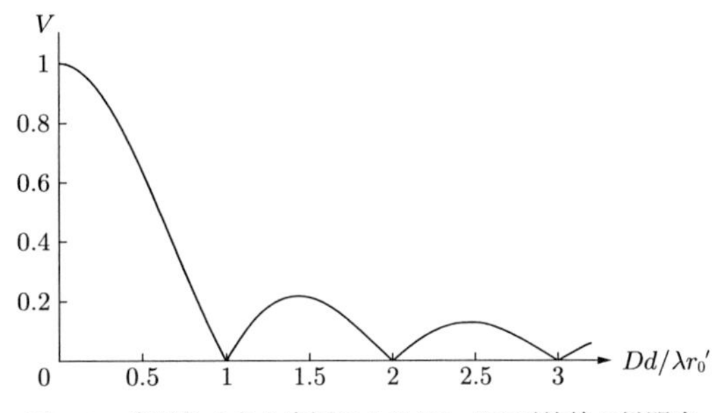

図 **4.8**　広がりのある光源によるヤングの干渉縞の鮮明度

4.3.5　ファンシッター・ツェルニケの定理

ここで，広がりのある光源の強度分布を $s(\xi)$ として，より一般化してみよう．式 (4.23) より，干渉縞の強度分布は，

$$
\begin{aligned}
I(x) &= \int 4A^2 s(\xi)\cos^2\left(\frac{\pi d}{\lambda r_0}x + \frac{\pi d}{\lambda r_0'}\xi\right)\mathrm{d}\xi \\
&= 2A^2\int s(\xi)\mathrm{d}\xi + A^2\int s(\xi)\Big[\exp\left(\frac{\mathrm{i}2\pi dx}{\lambda r_0}\right)\times\exp\left(\frac{\mathrm{i}2\pi d\xi}{\lambda r_0'}\right) \\
&\quad + \exp\left(\frac{-\mathrm{i}2\pi dx}{\lambda r_0}\right)\times\exp\left(\frac{-\mathrm{i}2\pi d\xi}{\lambda r_0'}\right)\Big]\mathrm{d}\xi
\end{aligned}
\tag{4.26}
$$

ここで，

$$
\nu = \frac{d}{\lambda r_0'}, \qquad \nu' = \frac{d}{\lambda r_0} \tag{4.27}
$$

とすると，

$$
\begin{aligned}
I(x) = 2A^2\int s(\xi)\mathrm{d}\xi + A^2\Big[&\int s(\xi)\exp(\mathrm{i}2\pi\nu' x)\cdot\exp(\mathrm{i}2\pi\nu\xi)\mathrm{d}\xi \\
&+ \int s(\xi)\exp(-\mathrm{i}2\pi\nu' x)\cdot\exp(-\mathrm{i}2\pi\nu\xi)\mathrm{d}\xi\Big]
\end{aligned}
\tag{4.28}
$$

次に，光源の強度分布 $s(\xi)$ のフーリエ変換を，

$$
S(\nu) = \int s(\xi)\exp(\mathrm{i}2\pi\nu\xi)\mathrm{d}\xi = |S(\nu)|\exp[\mathrm{i}\Phi(\nu)] \tag{4.29}
$$

とする．関数 $s(\xi)$ は実数であるので，

$$
S^*(\nu) = \int s(\xi)\exp(-\mathrm{i}2\pi\nu\xi)\mathrm{d}\xi = |S(\nu)|\exp[-\mathrm{i}\Phi(\nu)] \tag{4.30}
$$

したがって，

$$
\begin{aligned}
I(x) &= 2A^2S(0) + A^2\Big\{|S(\nu)|\exp[\mathrm{i}2\pi\nu' x + \Phi(\nu)] \\
&\quad + |S(\nu)|\exp[-\mathrm{i}2\pi\nu' x - \Phi(\nu)]\Big\} \\
&= 2A^2S(0) + 2A^2|S(\nu)|\cos[2\pi\nu' x + \Phi(\nu)] \\
&= 2A^2S(0)\Big\{1 + \frac{\left|S\left(\frac{d}{\lambda r_0'}\right)\right|}{S(0)}\cos\Big[\frac{2\pi d}{\lambda r_0}x + \Phi\Big(\frac{d}{\lambda r_0'}\Big)\Big]\Big\}
\end{aligned}
\tag{4.31}
$$

光源が 2 次元であると，

$$
I(x,y) = 2A^2S(0,0)\Big\{1 + \frac{\left|S\left(\frac{d_x}{\lambda r_0'}, \frac{d_y}{\lambda r_0'}\right)\right|}{S(0)}\cos\Big[\frac{2\pi}{\lambda r_0}(d_x x + d_y y) + \Phi\Big(\frac{d_x}{\lambda r_0'}, \frac{d_y}{\lambda r_0'}\Big)\Big]\Big\}
\tag{4.32}
$$

のように拡張できる．ただし，

$$
S(\nu_x, \nu_y) = \iint s(\xi, \eta)\exp[\mathrm{i}2\pi(\nu_x\xi + \nu_y\eta)]\mathrm{d}\xi\mathrm{d}\eta \tag{4.33}
$$

であり，光源の強度分布の 2 次元フーリエ変換である．式 (4.32) から，干渉縞 $I(x,y)$ のコントラストが，光源強度分布のフーリエ変換の絶対値を与えることがわかる．これを，ファンシッター・ツェルニケ (van Citter–Zernike) の定理という．

4.4 二 光 束 干 渉

シャボン玉の膜に色づいた縞模様が見える現象は，光の干渉による．このことをより詳しく検討してみよう．いま，図 4.9(a) に示すように，点光源 S を出た光が，ほぼ均一な厚みをもった膜の表面と裏面で反射し，点 P に到達し，干渉したとする．このように，2 つの光 (光束) が重ね合わされて生じる干渉を二光束干渉 (double beam interference) という．図 4.9(b) のように，半透明鏡 B で光束を 2 つに分け，それぞれを反射鏡 M_1 と M_2 で反射させ，再び半透明鏡 B で重ね合わせて干渉させる場合も二光束干渉という．二光束干渉では，2 つの光の位相差 (表面反射の位相の跳びを含む) により，干渉縞の明暗が決まることは，ヤングの実験やロイドの鏡からも理解できるであろう．

二光束干渉において，両光束の振幅がそれぞれ A_1，A_2 である場合には，干渉縞の強度は，式 (4.8) からの類推で，

$$
I(\Delta) = A_1^2 + A_2^2 + 2A_1A_2\cos(k\Delta) \tag{4.34}
$$

と書けることは理解できるであろう．ここで，Δ は光路差で，二光束が分割された点から干渉した点までの距離の差 Δr にその光路の媒質の屈折率 n を乗じた $n\Delta r$ である．また，

$$
\delta = \frac{2\pi}{\lambda_0}\Delta = \frac{2\pi}{\lambda_0}n\Delta r \tag{4.35}
$$

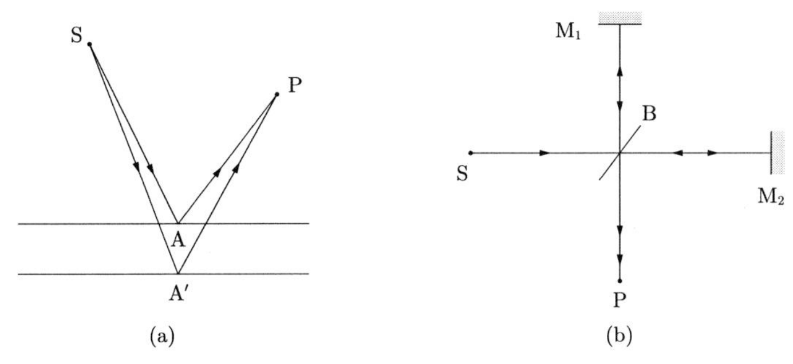

図 **4.9** 二光束干渉

を位相差という．したがって，

$$I(\Delta) = A_1^2 + A_2^2 + 2A_1A_2\cos\delta = (A_1^2 + A_2^2)\bigl(1 + \gamma\cos\delta\bigr) \tag{4.36}$$

ただし，

$$\gamma = \frac{2A_1A_2}{A_1^2 + A_2^2} \tag{4.37}$$

位相差により干渉縞の明暗が決まることは，ヤングの実験の場合と同じである．

a. 干渉縞の局在

レーザーのような干渉性のよい光源を用いた場合には，二光束が重ね合わされている場所では，点光源 S と観測点 P がどこにあっても，鮮明な干渉縞が観測される．ところが，光源が点光源でなく大きさをもっていた場合には，干渉縞の鮮明度は下がり，場合によっては干渉縞が見えなくなってしまうことがある．このように，光源の位置や大きさ，観測点の位置などで，鮮明度の高い干渉縞のできる位置が変わる．これを干渉縞の局在 (localization) という．

4.4.1 等傾角干渉

図 4.9(a) の配置で，観測点が無限遠にあった場合を考えよう．現実には，レンズの焦点面で干渉縞を観測すれば，無限遠で見たことに相当する．図 4.10 で，屈折率が n_1 の媒質に屈折率 n_2 の平行平面板があるとしよう．平行平面板の厚さは薄いものとする．光源 S からの入射光の一部が境界面 A で反射し，他は屈折して底面 B で反射し，表面 C で屈折して，点 A で反射した光線と同じ角度でレンズに向かう．入射光が平面波とみなせれば，反射光も平面波で両者はレンズの焦点面で重ね合わされて干渉する．

両平面波の光路差 Δ は，

$$\Delta = n_2(\overline{\mathrm{AB}} + \overline{\mathrm{BC}}) - n_1\overline{\mathrm{AN}} \tag{4.38}$$

ただし，N は点 C から点 A で反射された光線におろした足である．平行平面板の厚さを d とし，入射角を θ_1，屈折角を θ_2 とすると，

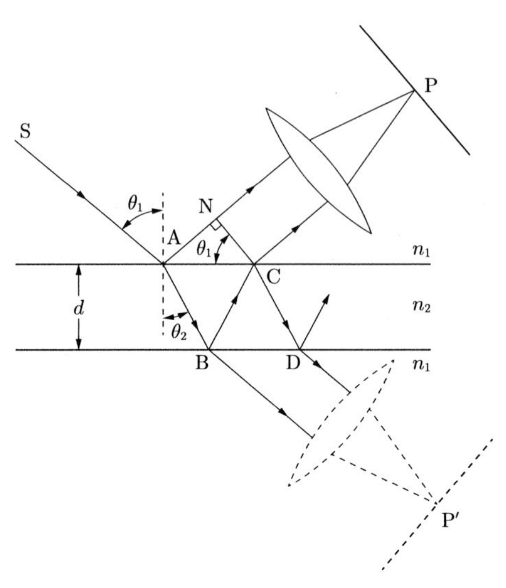

図 **4.10** 等傾角干渉

$$\Delta = 2\frac{n_2 d}{\cos\theta_2} - 2n_1 d \tan\theta_2 \sin\theta_1 = 2n_2 d \cos\theta_2 \tag{4.39}$$

したがって，位相差は，

$$\delta = \frac{2\pi}{\lambda_0}\Delta \pm \pi = \frac{4\pi}{\lambda_0} n_2 d \cos\theta_2 \pm \pi \tag{4.40}$$

位相差に $\pm\pi$ が入っているのは，反射による位相 π の跳びを考慮したためである．$n_1 < n_2$ ならば点 A，$n_1 > n_2$ ならば点 B における反射による．

干渉縞の明暗は，

$$2n_2 d \cos\theta_2 = \frac{1}{2}(2m+1)\lambda_0, \qquad m = 0, \pm 1, \pm 2, \ldots \tag{4.41}$$

のとき，明縞が得られ，

$$2n_2 d \cos\theta_2 = m\lambda_0, \qquad m = 0, \pm 1, \pm 2, \ldots \tag{4.42}$$

のとき暗縞になる．

媒質の屈折率と平行平面板の厚さが与えられれば，干渉縞の明暗は反射角 θ_1(したがって入射角) のみで決まる．これを等傾角干渉 (interference of equal inclination) という．光源が広がっているときには，いろいろな反射角で光が平行平面板から反射されるが，式 (4.41)，式 (4.42) の条件を満足した方向のみに明暗の縞ができる．レンズの軸が，平行平面板に垂直に置かれているときには，レンズの焦点面には，同心円上の縞ができる．このような条件で，物体から無限遠にできる同心円状の干渉縞をハイディンガー (Haidinger) 環という．

平行平面板を透過した光についても，等傾角干渉が起こる．光路 AB を通る光と光路 ABCD を通る光が干渉することになる．このときの 2 つの光の光路差は，反射の場合と同じであるが，反射が 2 回あるために，位相跳びの影響はなくなり，式 (4.41) と式 (4.42) の明暗が反対になる．

4.4.2 等厚干渉

平面板が少し傾いていたり，2 つの境界面の間隔が場所によって一定でない場合には，干渉縞のできる条件や位置が異なる．

図 4.11 のように，やや傾いた境界面で屈折率 n_2 の媒質 II が屈折率 n_1 の媒質 I で挟まれている場合を考えよう．点光源 S から表面上の点 A で反射された光と，裏面 C で反射された光が観測点 P で干渉する場合の光路差を求めればよい．

$$\Delta = n_1\overline{\mathrm{SB}} + n_2(\overline{\mathrm{BC}} + \overline{\mathrm{CD}}) + n_1\overline{\mathrm{DP}} - n_1(\overline{\mathrm{SA}} + \overline{\mathrm{AP}}) \tag{4.43}$$

境界面の間隔 d が小さいときには，点 B，点 A，点 D は互いに近く，点 A から BC と CD におろした垂線の足をそれぞれ $\mathrm{N_1}$，$\mathrm{N_2}$ とする．このとき，$\mathrm{AN_1}$ は，光線 SB の波面であると同時に，光線 SA の媒質 II 中の波面でもあるとみなすことができる．したがって，

$$n_1\overline{\mathrm{SA}} \approx n_1\overline{\mathrm{SB}} + n_2\overline{\mathrm{BN_1}} \tag{4.44}$$

同様に，

$$n_1\overline{\mathrm{AP}} \approx n_1\overline{\mathrm{DP}} + n_2\overline{\mathrm{N_2D}} \tag{4.45}$$

よって，

$$\Delta \approx n_2(\overline{\mathrm{N_1C}} + \overline{\mathrm{CN_2}}) \tag{4.46}$$

点 C から別の境界面におろした垂線の足を E とする．点 E から BC と CD におろした垂線の足をそれぞれ，$\mathrm{N'_1}$，$\mathrm{N'_2}$ とする．両境界面のなす角が小さいとすると，点 A と点 E は接近するので，

$$\Delta \approx n_2(\overline{\mathrm{N'_1C}} + \overline{\mathrm{CN'_2}}) \tag{4.47}$$

ここで，$\overline{\mathrm{N'_1C}} = \overline{\mathrm{CN'_2}} = d\cos\theta_2$ であるので，

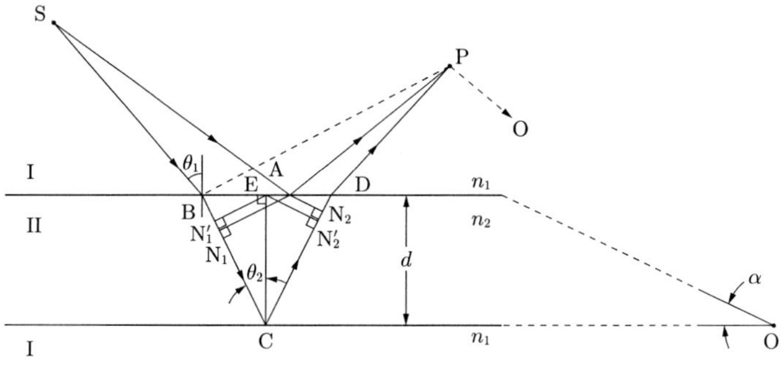

図 4.11 等厚干渉

$$\Delta = 2n_2 d\cos\theta_2 \tag{4.48}$$

位相差は，

$$\delta = \frac{4\pi}{\lambda_0} n_2 d\cos\theta_2 \pm \pi \tag{4.49}$$

これは，等傾角干渉の式 (4.40) と同じである．しかし，この場合には，干渉縞の明暗は媒質の厚さ d によって決まる．これを，等厚干渉 (interference of equal thickness) という．

光源が広がっている場合には，干渉縞の鮮明度は低下するが，観測点が媒質 II の近傍かその内部にあるときには，光源 S の位置が変わってもそれほど干渉縞の鮮明度は低下しない．このことを干渉縞の局在との関係で簡単に解析してみよう．2 つの境界面のなす角を α としよう．この境界面の交点を O とする．通常，光をほぼ垂直に入射させて，垂直方向から観測することが多いので，入射角 θ_1，屈折角 θ_2 とも小さいとする．すると，$\theta_1 \approx \theta_2$ である．三角形 PBC を考え，入射角が小さいときには，$\angle\mathrm{BPC} = 2\alpha$ と近似できるので，正弦定理から，

$$\frac{\overline{\mathrm{BP}}}{\sin 2\theta_2} = \frac{\overline{\mathrm{BC}}}{2\alpha} = \frac{d}{2\alpha\cos\theta_2} \tag{4.50}$$

したがって，

$$\overline{\mathrm{BP}} = \frac{d}{\alpha}\sin\theta_2 = \frac{\overline{\mathrm{BC}}\sin 2\theta_2}{2\alpha} \tag{4.51}$$

ここで，$\angle\mathrm{PBO} = \pi/2$ であるので，B は，PO を直径とする円の上にある．また，$\theta_2 \fallingdotseq 0$ であるので，$\overline{\mathrm{BP}} \approx 0$ となり，干渉縞は，対象としている場所の近傍に局在していることがわかる．

このとき，

$$\delta = \frac{4\pi}{\lambda_0} n_2 d \pm \pi \tag{4.52}$$

位相差は $n_2 d$ のみで決まる．等厚干渉縞は，測定対象近傍に局在化しているので，対象物にピントを合わせて，対象物と干渉縞とを同時に見ることができ，干渉縞から対象物の厚さを測定することができる．

a.　ニュートン・リング

等厚干渉の例として，レンズの曲率半径を測定するニュートン・リングの方法を説明しよう．図 4.12 のように，平面ガラスの上に，平凸レンズを置く．これにほぼ垂直な方向から波長 λ_0 の光を照射して，真上から観測する．球面と平面での反射光による等厚干渉縞が見える．球面の曲率半径を R とし，平面と球面の接点から球面上のある点までの距離を r とする．この点と球面までの距離 d は，

$$d = R - \sqrt{R^2 - r^2} = R - R\sqrt{1 - \frac{r^2}{R^2}} \approx R - R\left(1 - \frac{1}{2}\frac{r^2}{R^2}\right) = \frac{r^2}{2R} \tag{4.53}$$

位相差は，

$$\delta = \frac{2\pi}{\lambda_0} 2\frac{r^2}{2R} \pm \pi \tag{4.54}$$

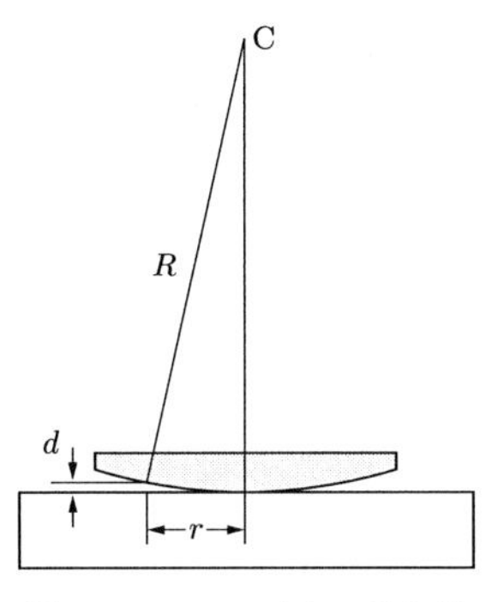

図 4.12 ニュートン・リング

したがって，

$$r = \sqrt{mR\lambda_0} \qquad m = 0, 1, 2, \ldots \tag{4.55}$$

のところに円環上の暗縞が見える．この縞をニュートン・リング (Newton's rings) という．レンズの曲率半径を測定する場合には，平面ガラスではなく被測定レンズと凸凹が逆の基準球面を使う．この基準球面を，ニュートン原器という．

4.5 多 光 束 干 渉

図 4.10 では，平行平面板の反射率は低いとして内部での多重反射を無視していた．ここでは，平行平面板の両面に反射膜をつけて，反射率を大きくした場合について考えてみよう．この場合には，多数の光束が干渉するので，この干渉を多光束干渉 (multiple beam interference) という．図 4.13 に示すように，光源 S から単色 (波長 λ_0) の平面波が入射角 θ_1 で入射し，平行平面板内で多重反射するとする．平行平面板に入射する場合の透過率を t，反射率を r，平行平面板から外に透過する光の透過率を t'，内部での反射率を r' とする．ここで，ストークスの関係式 (2.129) と (2.130) から，反射率に関しては，

$$r = -r' \tag{4.56}$$

強度透過率 T と反射率 R に関しては

$$T = tt', \qquad R = r^2 = r'^2, \qquad T + R = 1 \tag{4.57}$$

の関係があることに注意しよう．

まず，振幅 E_0 の入射光が点 A_1 で反射すると，その振幅は rE_0，その透過光の振幅は tE_0 である．この透過光が点 B_1 で反射し，点 A_2 で透過すると，その振幅は，$tt'r'E_0\exp(\mathrm{i}\delta)$ である．ただし，位相差は，

$$\delta = \frac{4\pi}{\lambda_0} n_2 d \cos\theta_2 \tag{4.58}$$

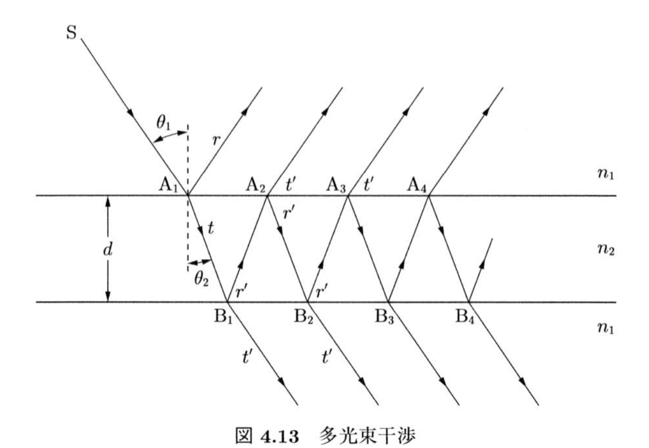

図 **4.13**　多光束干渉

である．以下同様に，点 A_3 で透過する光の振幅は，$tt'r'^3E_0\exp(\mathrm{i}2\delta)$ であり，平行平面板の上面から出る光の振幅の総計は，

$$
\begin{aligned}
E_\mathrm{r} &= \left(r + tt'r'\mathrm{e}^{\mathrm{i}\delta} + tt'r'^3\mathrm{e}^{\mathrm{i}2\delta} + tt'r'^5\mathrm{e}^{\mathrm{i}3\delta} + \cdots\right)E_0 \\
&= \left[r + tt'r'\mathrm{e}^{\mathrm{i}\delta}(1 + r'^2\mathrm{e}^{\mathrm{i}\delta} + r'^4\mathrm{e}^{\mathrm{i}2\delta} + \cdots)\right]E_0 \\
&= \left(r + tt'r'\mathrm{e}^{\mathrm{i}\delta}\frac{1}{1 - r'^2\mathrm{e}^{\mathrm{i}\delta}}\right)E_0 \\
&= \frac{(1 - \mathrm{e}^{\mathrm{i}\delta})\sqrt{R}}{1 - R\mathrm{e}^{\mathrm{i}\delta}}E_0
\end{aligned}
\tag{4.59}
$$

したがって，反射光の強度は，

$$
I_\mathrm{R} = |E_\mathrm{r}|^2 = \frac{2 - 2\cos\delta}{1 + R^2 - 2R\cos\delta}RI_0 = \frac{4R\sin^2\frac{\delta}{2}}{(1-R)^2 + 4R\sin^2\frac{\delta}{2}}I_0 \tag{4.60}
$$

ただし，$I_0 = |E_0|^2$ である．入射光強度に対する反射光強度比は，

$$
\frac{I_\mathrm{R}}{I_0} = \frac{4R\sin^2\frac{\delta}{2}}{(1-R)^2 + 4R\sin^2\frac{\delta}{2}} \tag{4.61}
$$

である．

同様にして，透過光強度と入射光強度の比は，

$$
\frac{I_\mathrm{T}}{I_0} = \frac{(1-R)^2}{(1-R)^2 + 4R\sin^2\frac{\delta}{2}} \tag{4.62}
$$

である．

多光束干渉による平行平面板の強度反射率と強度透過率を図示すると，図 4.14 が得られる．m を整数として，$\delta = 2m\pi$ のところで透過率は最大，反射率は最小になる．このように，多光束干渉では，干渉縞のプロファイルは，二光束干渉が正弦波状であったのに対して，反射率 R が大きくなると鋭く尖って幅の狭い縞になる．

干渉縞の鋭さの尺度として，縞の間隔に対する縞の半値幅でフィネス $\mathcal{F}$ を定義しよう．半値幅とは，縞の最大値の半分の値 $I_T/I_0 = 0.5$ になる位相幅 $\Delta\delta_{1/2}$ で，

$$\frac{(1-R)^2}{(1-R)^2 + 4R\sin^2(\frac{1}{2}\frac{\Delta\delta_{1/2}}{2})} = \frac{1}{2} \tag{4.63}$$

より，

$$\Delta\delta_{1/2} \approx \frac{2(1-R)}{\sqrt{R}} \tag{4.64}$$

したがって，フィネスは，

$$\mathcal{F} = \frac{2\pi}{\Delta\delta_{1/2}} = \frac{\pi\sqrt{R}}{1-R} \tag{4.65}$$

となる．このフィネスが大きいほど干渉縞の幅は細く鋭くなり，干渉縞の位置を読み取る精度が高くなる．

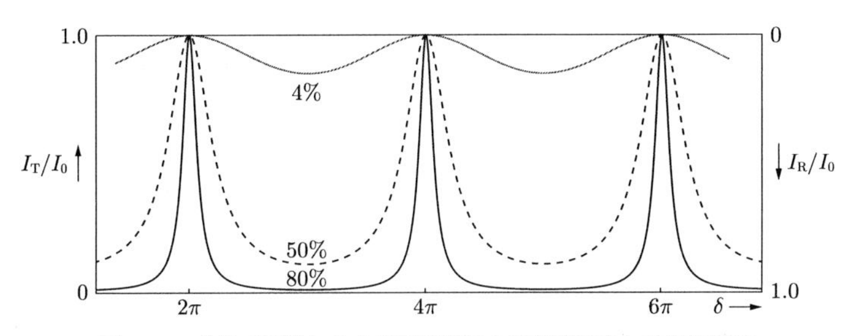

図 4.14 多光束干渉による平行平面板の強度透過率と強度反射率

a. 反射防止膜

空気中に置かれたガラスの表面では，約 4%の反射が起こることは 2.10 節で述べた．このガラスの表面に，薄膜を蒸着することにより，反射率を 0 にすることができる．このような薄膜を反射防止膜 (antireflection film) と呼ぶ．図 4.15 に示すように，屈折率が n_g のガラス板があり，この表面に，屈折率が n，膜厚が d の薄膜が蒸着されていたとする．空気から薄膜に入射する光波の振幅透過率と反射率をそれぞれ，t_1，r_1，薄膜からガラスへ入射する光波の振幅透過率と反射率を t_2，r_2 とする．入射した光波は，薄膜の中で多重反射を繰り返すから，式 (4.59) を導く過程と同様に考えると，薄膜から反射されるすべての光波の和は，隣りあう反射光の位相差を δ として，

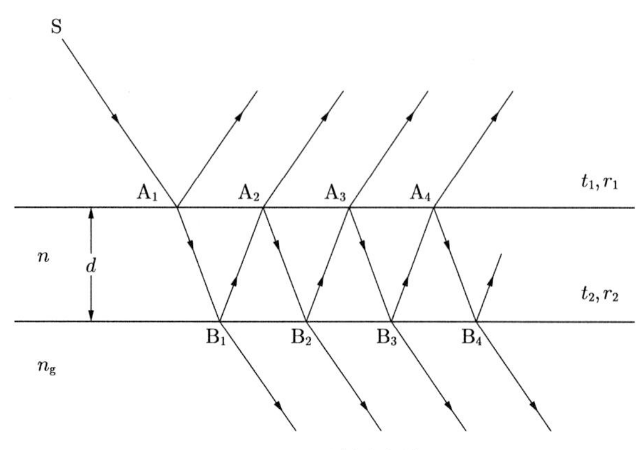

図 4.15 反射防止膜

$$\begin{aligned} E_{\mathrm{r}} &= \left(r_1 + t_1 t_1' r_2 \mathrm{e}^{\mathrm{i}\delta} + t_1 t_1' r_1' r_2^2 \mathrm{e}^{\mathrm{i}2\delta} + t_1 t_1' r_1'^2 r_2^3 \mathrm{e}^{\mathrm{i}3\delta} + \cdots\right) E_0 \\ &= \left[r_1 + t_1 t_1' r_2 \mathrm{e}^{\mathrm{i}\delta}(1 + r_1' r_2 \mathrm{e}^{\mathrm{i}\delta} + r_1'^2 r_2^2 \mathrm{e}^{\mathrm{i}2\delta} + \cdots)\right] E_0 \\ &= \left(r_1 + t_1 t_1' r_2 \mathrm{e}^{\mathrm{i}\delta} \frac{1}{1 - r_1' r_2 \mathrm{e}^{\mathrm{i}\delta}}\right) E_0 \\ &= \left[r_1 + (1 - r_1^2) r_2 \mathrm{e}^{\mathrm{i}\delta} \frac{1}{1 + r_1 r_2 \mathrm{e}^{\mathrm{i}\delta}}\right] E_0 \\ &= \frac{(r_1 + r_2 \mathrm{e}^{\mathrm{i}\delta})}{1 + r_1 r_2 \mathrm{e}^{\mathrm{i}\delta}} E_0 \end{aligned} \tag{4.66}$$

となる．ここで，ストークスの関係式，$r_1' = -r_1$，$t_1 t_1' = 1 - r_1^2$ を使った．反射光の強度は，

$$I_{\mathrm{R}} = |E_{\mathrm{r}}|^2 = \frac{r_1^2 + r_2^2 + 2r_1 r_2 \cos\delta}{1 + (r_1 r_2)^2 + 2r_1 r_2 \cos\delta} E_0^2 \tag{4.67}$$

ここで，$r_1 = r_2$ であると，式 (4.67) は，

$$I_{\mathrm{R}} = |E_{\mathrm{r}}|^2 = \frac{2r_1^2(1 + \cos\delta)}{1 + r_1^4 + 2r_1^2 \cos\delta} E_0^2 \tag{4.68}$$

さらに，$\delta = (2m - 1)\pi$ であれば，$I_{\mathrm{R}} = 0$ となり，反射光の強度は 0 となる．

ここでさらに，垂直入射の場合を考え，使用波長は λ_0 である場合を考えよう．フレネルの反射係数 (2.123) から，

$$r_1 = \frac{1 - n}{1 + n}, \qquad r_2 = \frac{n - n_{\mathrm{g}}}{n + n_{\mathrm{g}}} \tag{4.69}$$

したがって，$r_1 = r_2$ より，

$$n = \sqrt{n_{\mathrm{g}}} \tag{4.70}$$

また，位相に関しては，

$$\delta = (2m-1)\pi = \frac{4\pi}{\lambda_0}nd \tag{4.71}$$

したがって，$m=1$ とすると，

$$nd = \lambda_0/4 \tag{4.72}$$

この条件を満足する屈折率と膜厚の薄膜を蒸着すればこの波長の光に対しては反射を完全に抑制できる．しかし，可視光学ガラスの多くは，屈折率が 1.8 以下であるので，上記の条件を満足するためには，1.34 程度の屈折率の膜を蒸着しなければならない．良好な低屈折率の材料として，MgF_2 があるがこの屈折率は 1.38 であり，単層では $R=0$ を実現することができない．多層膜の技術が必要となる．

反射防止膜とは反対に，反射率を上げるためには，$n > n_g$ の薄膜を蒸着すればよい．しかし，100%反射の膜はできない．反射率を向上させたり，ある波長範囲の光に対して反射防止膜を作るためには，蒸着する膜を多層にする技術がほぼ確立されている．これによって，レンズの透過率を可視光領域全体に対してほぼ 100%にしたり，レーザー用の反射鏡の反射率をほぼ 100%にすることができるようになった．

また，透過光に関しても，特定の条件を満足させれば，ある波長の光に対して高い透過率を実現することができる (図 4.14 参照)．これを干渉フィルターという．干渉フィルターにも多層膜の技術が使われている．

4.6 多層膜における干渉

多層膜の解析には，各境界面における反射率や透過率をもとに解析する方法よりも，境界面における電磁場の境界条件を用いた方法が利用されることが多い．

図 4.16 のように，多層膜が N 層からなり，その境界面に 0，1，...，$k-1$，k，...，$N-1$，N と番号を振る．境界面 $k-1$ と k の媒質を第 k 層と呼び，その間隔を h_k，その屈折率を n_k とする．多層膜への平面波の入射角を θ_0 とし，第 k 層の境界面 k での入射角を θ_k などとすると，

$$n_0 \sin\theta_0 = n_1 \sin\theta_1 = \cdots = n_k \sin\theta_k = \cdots = n_N \sin\theta_N \tag{4.73}$$

が成立する．

また，第 k 層内では，入射角 θ_k の平面波と反射角 θ_k で反対方向に進む平面波の両者が存在し，その合成電場の接線方向成分は，

$$\begin{aligned} E_k = {} & E_k^{(\mathrm{i})} \exp[-\mathrm{i}\omega t + \frac{\mathrm{i}2\pi n_k}{\lambda_0}(x\sin\theta_k + z\cos\theta_k)] \\ & + E_k^{(\mathrm{r})} \exp[-\mathrm{i}\omega t + \frac{\mathrm{i}2\pi n_k}{\lambda_0}(x\sin\theta_k - z\cos\theta_k)] \end{aligned} \tag{4.74}$$

と表すことができる．ただし，境界面 k に入射する平面波の接線成分を $E_k^{(\mathrm{i})}$，反射波の接線成分を $E_k^{(\mathrm{r})}$ とする．

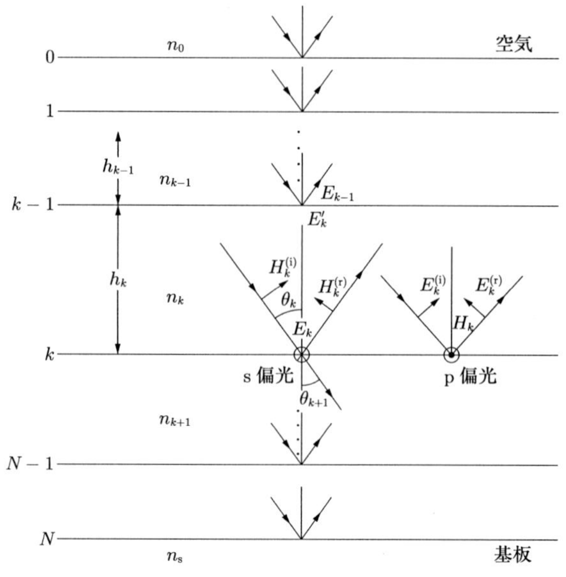

図 4.16　多層膜における干渉とその境界条件

a. 特 性 行 列

まず，s 偏光について考えよう．境界面における電場の接線成分は，

$$E_k = E_k^{(i)} + E_k^{(r)} \tag{4.75}$$

である．また，磁場の接線成分は，図 4.16 から磁場ベクトルの方向を考慮して，

$$H_k = \sqrt{\frac{\epsilon_0}{\mu_0}} n_k \cos\theta_k (E_k^{(i)} - E_k^{(r)}) \tag{4.76}$$

で与えられる．また，第 k 層内で，境界面 $k-1$ から境界面 k まで伝搬するのに，入射波と反射波の接線成分 $E_k^{(i)}$ と $E_k^{(r)}$ の位相は，式 (4.74) の第 1 項から，

$$\delta_k = \frac{2\pi}{\lambda_0} n_k h_k \cos\theta_k \tag{4.77}$$

だけ変化していることがわかるので，$k-1$ 境界面直下では，境界面 k よりも $E_k^{(r)}$ の位相は進んでおり，$E_k^{(i)}$ の位相は遅れているので，

$$E'_k = E_k^{(i)} \exp(\mathrm{i}\delta_k) + E_k^{(r)} \exp(-\mathrm{i}\delta_k) \tag{4.78}$$

が成り立つ．磁場に関しても同様である．各境界面において電場と磁場の接線成分が連続であるので，

$$E_{k-1} = E'_k = E_k^{(i)} \exp(\mathrm{i}\delta_k) + E_k^{(r)} \exp(-\mathrm{i}\delta_k) \tag{4.79}$$

$$H_{k-1} = H'_k = \sqrt{\frac{\epsilon_0}{\mu_0}} n_k \cos\theta_k [E_k^{(i)} \exp(\mathrm{i}\delta_k) - E_k^{(r)} \exp(-\mathrm{i}\delta_k)] \tag{4.80}$$

式 (4.75)，(4.76)，(4.79)，(4.80) を用いて，

$$E_{k-1} = E_k \cos\delta_k + \mathrm{i} H_k \frac{\sin\delta_k}{\sqrt{\frac{\epsilon_0}{\mu_0}}\eta_k} \tag{4.81}$$

$$H_{k-1} = \mathrm{i} E_k \sin\delta_k \sqrt{\frac{\epsilon_0}{\mu_0}}\eta_k + H_k \cos\delta_k \tag{4.82}$$

ただし，

$$\eta_k = n_k \cos\theta_k \tag{4.83}$$

とおく．これを，実効屈折率と呼ぶ．また，

$$Y_k = \sqrt{\frac{\epsilon_0}{\mu_0}} n_k \cos\theta_k = \sqrt{\frac{\epsilon_0}{\mu_0}}\eta_k \tag{4.84}$$

は，s 偏光に対する光学アドミッタンスと呼ばれる量である．これを用いて行列の形で書くと，

$$\begin{pmatrix} E_{k-1} \\ H_{k-1} \end{pmatrix} = [M_k] \begin{pmatrix} E_k \\ H_k \end{pmatrix} = \begin{pmatrix} \cos\delta_k & \frac{\mathrm{i}\sin\delta_k}{Y_k} \\ \mathrm{i}Y_k \sin\delta_k & \cos\delta_k \end{pmatrix} \begin{pmatrix} E_k \\ H_k \end{pmatrix} \tag{4.85}$$

したがって，

$$[M_k] = \begin{pmatrix} \cos\delta_k & \frac{\mathrm{i}\sin\delta_k}{Y_k} \\ \mathrm{i}Y_k \sin\delta_k & \cos\delta_k \end{pmatrix} \tag{4.86}$$

この行列 $[M_k]$ は特性行列と呼ばれている．

p 偏光に関しても，同様な解析ができる．ただし，実効屈折率は

$$\eta_k = \frac{n_k}{\cos\theta_k} \tag{4.87}$$

と定義し，したがって光学アドミッタンスは

$$Y_k = \sqrt{\frac{\epsilon_0}{\mu_0}}\eta_k = \sqrt{\frac{\epsilon_0}{\mu_0}} \frac{n_k}{\cos\theta_k} \tag{4.88}$$

を用いることにする．このような実効屈折率を用いれば，p 偏光に対しても特性行列は同じ式 (4.86) で与えられる．

一般に，N 層からなる多層膜では，

$$\begin{pmatrix} E_0 \\ H_0 \end{pmatrix} = [M_1][M_2]\cdots[M_N] \begin{pmatrix} E_N \\ H_N \end{pmatrix} \tag{4.89}$$

が成立し，多層膜全体の特性行列は，

$$[M] = [M_1][M_2]\cdots[M_N] \tag{4.90}$$

で与えられる．

b. 反射率と透過率

ここで，多層膜の反射率と透過率を考えてみよう．N 層膜に関しては，式 (4.89) より，

$$\begin{pmatrix} E_0 \\ H_0 \end{pmatrix} = \begin{pmatrix} E_0^{(\mathrm{i})} + E_0^{(\mathrm{r})} \\ (E_0^{(\mathrm{i})} - E_0^{(\mathrm{r})})Y_0 \end{pmatrix} = [M] \begin{pmatrix} E_{N+1}^{(\mathrm{i})} \\ E_{N+1}^{(\mathrm{i})} Y_{N+1} \end{pmatrix} \tag{4.91}$$

ここで，$E_{N+1}^{(\mathrm{i})}$ は境界 N の外側の多層膜の基板中を伝搬する光の接線成分であり，Y_{N+1} は基板の光学アドミッタンスである．多層膜の振幅反射率は，

$$r = \frac{E_0^{(\mathrm{r})}}{E_0^{(\mathrm{i})}} = \frac{Y_0(m_{11} + Y_{N+1}m_{12}) - (m_{21} + Y_{N+1}m_{22})}{Y_0(m_{11} + Y_{N+1}m_{12}) + (m_{21} + Y_{N+1}m_{22})} \tag{4.92}$$

ただし，特性行列を

$$[M] = \begin{pmatrix} m_{11} & m_{12} \\ m_{21} & m_{22} \end{pmatrix} \tag{4.93}$$

で表した．

透過率は，s 偏光では，

$$t_{\mathrm{s}} = \frac{E_{N+1}^{(\mathrm{i})}}{E_0^{(\mathrm{i})}} = \frac{2Y_0}{Y_0(m_{11} + Y_{N+1}m_{12}) + (m_{21} + Y_{N+1}m_{22})} \tag{4.94}$$

p 偏光では，

$$t_{\mathrm{p}} = \frac{E_{N+1}^{(\mathrm{i})}/\cos\theta_{N+1}}{E_0^{(\mathrm{i})}/\cos\theta_0} = \frac{\cos\theta_0}{\cos\theta_{N+1}} \frac{2Y_0}{Y_0(m_{11} + Y_{N+1}m_{12} + (m_{21} + Y_{N+1}m_{22})} \tag{4.95}$$

である．したがって，強度反射率と強度透過率は，

$$R = |r|^2 = \left| \frac{E_0^{(\mathrm{r})}}{E_0^{(\mathrm{i})}} \right|^2 \tag{4.96}$$

$$T = \frac{n_{N+1}\cos\theta_{N+1}}{n_0\cos\theta_0}|t|^2 = \frac{Y_{N+1}}{Y_0}\left| \frac{E_{N+1}^{(\mathrm{i})}}{E_0^{(\mathrm{i})}} \right|^2 \tag{4.97}$$

で与えられる．

最も簡単な構造の多層反射防止膜は，1/4 波長の位相差をもつ 2 層膜である (問題 8 参照)．

c. 多層反射膜

屈折率の高い媒質の層 (これを H と書く) と低い媒質の層 (これを L と書く) を交互に重ねると高い反射率をもつ多層膜をつくることができる．特に，各層の位相変化を $\delta_k = \pi/2$ とした $\lambda/4$ 膜を積層して，HLHL...HLH とする構造の多層膜は優れた特性を示すことが知られている．多層膜の外側は空気 (屈折率を n_0) と基板 (屈折率を n_{s}) とし，屈折率の高い媒質の屈折率を n_{H}，屈折率の低い媒質の屈折率を n_{L} とする．HL のペアの数を N とすると，膜の総数は $2N+1$ となる．

このような多層膜に光が垂直入射したときの多層膜の特性行列は，H 層と L 層の光学アドミッタンスを Y_H，Y_L として，

$$[M_{2N+1}] = \begin{pmatrix} 0 & \frac{\mathrm{i}}{Y_\mathrm{H}}\left(-\frac{Y_\mathrm{L}}{Y_\mathrm{H}}\right)^N \\ \mathrm{i}Y_\mathrm{H}\left(-\frac{Y_\mathrm{H}}{Y_\mathrm{L}}\right)^N & 0 \end{pmatrix} \tag{4.98}$$

反射率は，式 (4.92) より，

$$r = \frac{Y_0Y_\mathrm{s}m_{12} - m_{21}}{Y_0Y_\mathrm{s}m_{12} + m_{21}} = \frac{Y_0Y_\mathrm{s}\frac{\mathrm{i}}{Y_\mathrm{H}}\left(-\frac{Y_\mathrm{L}}{Y_\mathrm{H}}\right)^N - \mathrm{i}Y_\mathrm{H}\left(-\frac{Y_\mathrm{H}}{Y_\mathrm{L}}\right)^N}{Y_0Y_\mathrm{s}\frac{\mathrm{i}}{Y_\mathrm{H}}\left(-\frac{Y_\mathrm{L}}{Y_\mathrm{H}}\right)^N + \mathrm{i}Y_\mathrm{H}\left(-\frac{Y_\mathrm{H}}{Y_\mathrm{L}}\right)^N} \tag{4.99}$$

ただし，Y_0，Y_s はそれぞれ空気と基板の光学アドミッタンスである．したがって，

$$R = \left[\frac{1 - \left(\frac{n_\mathrm{H}}{n_0}\right)\left(\frac{n_\mathrm{H}}{n_\mathrm{s}}\right)\left(\frac{n_\mathrm{H}}{n_\mathrm{L}}\right)^{2N}}{1 + \left(\frac{n_\mathrm{H}}{n_0}\right)\left(\frac{n_\mathrm{H}}{n_\mathrm{s}}\right)\left(\frac{n_\mathrm{H}}{n_\mathrm{L}}\right)^{2N}}\right]^2 \tag{4.100}$$

透過率は，

$$T = 1 - R \tag{4.101}$$

である．

図 4.17 に多層膜の分光反射率 (垂直入射) の計算結果を示す．屈折率の高い膜は酸化チタン ($n_\mathrm{H} = 2.40$)，屈折率の低い膜はフッ化マグネシウム ($n_\mathrm{L} = 1.38$)，基板は BK7 ガラス ($n_\mathrm{s} = 1.52$) である．波長 $\lambda_0 = 550$ nm として，式 (4.77) より $\delta_k = \pi/2$ として膜厚を決める．$(\mathrm{HL})^N\mathrm{H}$ として $N = 0, 1, \ldots, 4$ の場合を描いている．N が増えるにしたがって反射率が向上している．$N = 4$ で $R = 0.987$，$N = 6$ で $R = 0.999$ である．ただし，この計算では，媒質の分散の効果は無視している．

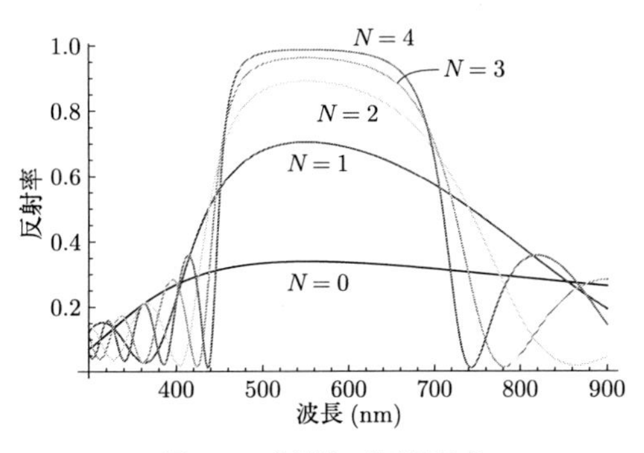

図 4.17 多層膜の分光反射率

4.7 干 渉 計

干渉計とは，分光の目的以外に使用される場合には，光源から来た光波を何らかの方法で分割し，一方を測定対象物に当てて，反射または透過させ，他方の参照光と重ね合わせる装置をいう．干渉計測の歴史は古く，現在までに，さまざまな型の干渉計が考案されている．

光波を物体光と参照光に分ける干渉計を二光束干渉計という．二光束干渉計には，光束を分割する方式によって，(i) 振幅分割型 (ii) 波面分割型 (iii) 偏光分割型の 3 つの型がある．トワイマン・グリーン干渉計は半透明鏡で光束の振幅を二分する振幅分割

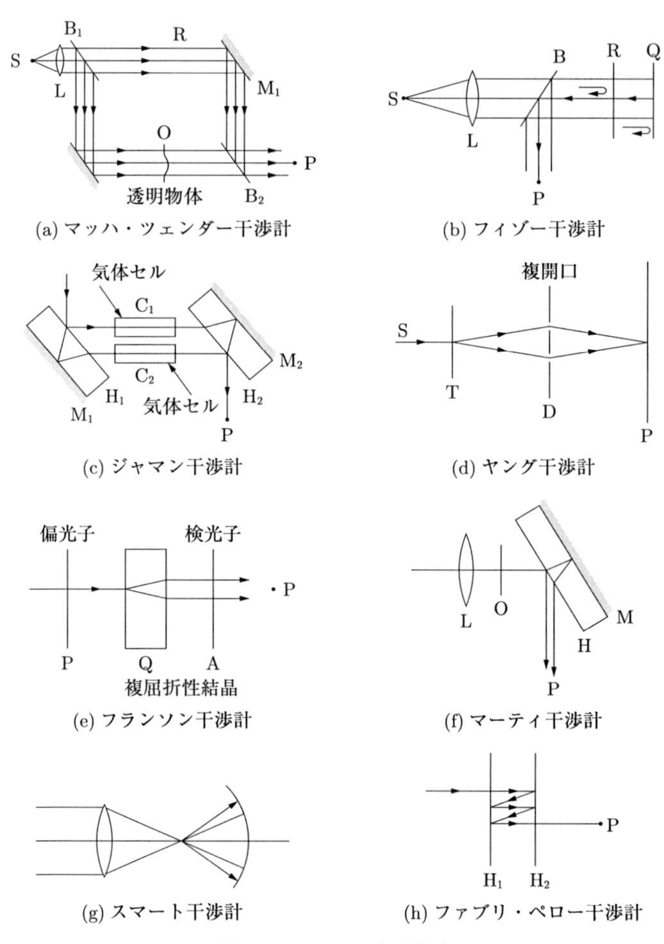

図 4.18　いろいろな干渉計

型干渉計で，ヤングの複開口干渉計は波面分割型，フランソン干渉計は偏光分割型の代表である．振幅分割型の古典的な干渉計としては，トワイマン・グリーン干渉計のほかに，マッハ・ツェンダー干渉計，フィゾー干渉計，ジャマン干渉計，そして，入射光束をずらして干渉させるシェアリング干渉計などが知られている．このシェアリング干渉計以外は，基準参照面を必要とする．代表的な干渉計の構成を図 4.18 に示す．

二光束干渉計に対して，多数の光束を用いて干渉縞をつくる方式が，多光束干渉計であり，ファブリ・ペロー干渉計はその代表である．

4.7.1 マイケルソン干渉計

マイケルソン干渉計 (Michelson interferometer) は，図 4.19 に示すように，等傾角干渉を利用した干渉計である．広がりのある光源で 2 枚の平行平面板を照明し，無限遠点に局在化した干渉縞をレンズの焦点面に結像させて，同心円状の干渉縞を観測する．

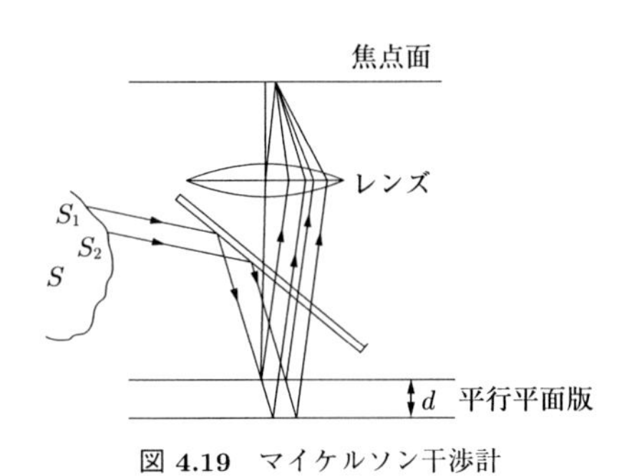

図 4.19　マイケルソン干渉計

4.7.2 トワイマン・グリーン干渉計

形状評価用の代表的な干渉計であるトワイマン・グリーン干渉計 (Twyman-Green interferometer) の例を図 4.20(a) に示す．準単色点光源 S からの光束をコリメーターレンズ L_1 で平行にし，半透明鏡 B で 2 つに分割し，参照基準反射鏡 M_1 と被検反射鏡 M_2 に当て，その反射光束をふたたび半透明鏡 B で重ね合わせる．この干渉計は 2 つの光束の干渉を利用しているので二光束干渉計である．トワイマン・グリーン干渉計は，等厚干渉を利用しているので，干渉縞は，物体面上に局在化し，被検反射鏡面を結像レンズ L_2 で，観測面 P 上に結像する．被検面が球面の場合には，図 4.20(b), (c) のように適当な焦点距離のレンズを用いればよい．

4.7.3 フィゾー干渉計

工業用の干渉計で最も多く利用されている干渉計がフィゾー干渉計 (Fizeau interferometer) である (図 4.21)．この干渉計で反射平面を計測する場合には，準単色点

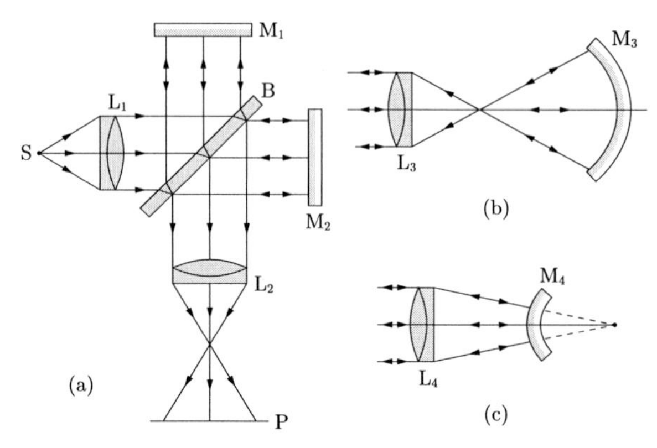

図 **4.20** トワイマン・グリーン干渉計

光源からの光を，コリメーターレンズで平行にし，半透明の基準参照面を通して，被検面を照明する．半透明の基準参照面からの反射光と被検面からの反射光とを干渉させる．干渉光は半透明鏡を使って観測面で観測する．フィゾー干渉計の場合も等厚干渉なので，被検面をコリメーターレンズで観測面に結像する．

干渉縞の強度分布は，式 (4.36) と同様の式で与えられ，

$$I(x, y) = \alpha(x, y)[1 + \gamma(x, y)\cos\delta(x, y)] \tag{4.102}$$

ただし，

$$\alpha(x, y) = A_1^2(x, y) + A_2^2(x, y) \tag{4.103}$$

である．このときの位相差は，式 (4.35) より，

$$\delta(x, y) = \frac{2\pi}{\lambda_0}[2h(x, y)] \tag{4.104}$$

の形に書ける．ただし，$h(x, y)$ は，被検面の表面形状を表す関数である．$h(x, y)$ が 2 倍になっているのは，光波が被検面で反射して，参照面と被検面の間を 1 往復するからである．干渉計測の主な目的は，干渉縞図形から被検面の表面形状 $h(x, y)$ を求めることである．干渉縞強度の局所的最大位置 (明るい縞のピーク位置) は

$$\delta(x, y) = \frac{2\pi}{\lambda_0}[2h(x, y)] = 2m\pi \tag{4.105}$$

より

$$h(x, y) = \frac{m}{2}\lambda_0 \tag{4.106}$$

ただし m は整数である．また干渉縞強度の局所的最小位置 (暗い縞のピーク位置) は

$$\delta(x, y) = \frac{2\pi}{\lambda_0}[2h(x, y)] = (2m + 1)\pi \tag{4.107}$$

より

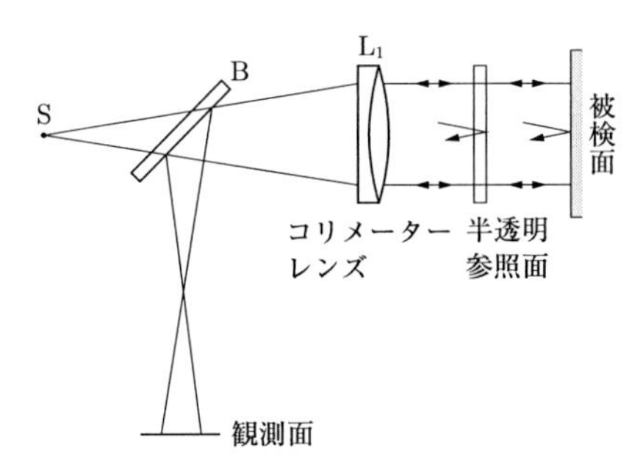

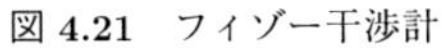
図 **4.21**　フィゾー干渉計

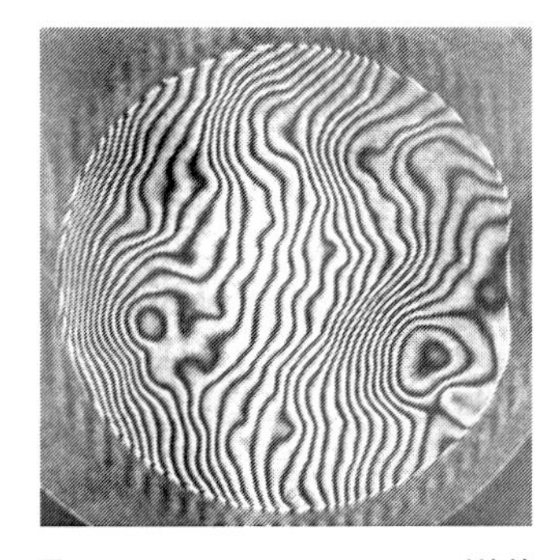

図 **4.22**　シリコンウエハーの干渉縞

$$h(x, y) = \frac{2m+1}{4}\lambda_0 \tag{4.108}$$

このように縞ピーク位置は，形状の等高線 (等高線間隔は $\lambda_0/2$) になっている．干渉計測が高感度なのは，使用波長の 2 分の 1 ($\lambda_0/2$) の感度で，形状が測定できることによる．しかし，形状の絶対値は，縞次数 m が決まらなければ決定できない．形状が凹か凸なのかも，縞次数 m の符号がわからなければ判断できない．このように，干渉計測では，縞次数の不確定により，一般には絶対的な形状分布は測定できないのである．

フィゾー干渉計やトワイマン・グリーン干渉計では，光源としてレーザーが用いられることが多い．フィゾー干渉計によるシリコンウエハーの表面形状を表す干渉縞を図 4.22 に示す．

4.7.4　ファブリ・ペロー干渉計

図 4.18(h) に示すような高反射率の平面鏡を 2 枚平行に対向させて配置した干渉計をファブリ・ペロー干渉計 (Fabry–Perot interferometer) という．平行平面板の両面に高反射面をつけたものをエタロン (ethalon) という．これらに，平行光を入射させると，両反射面の間で光波は多重反射して，多光束干渉を起こす．このときの干渉縞のプロファイルは，図 4.14 のように鋭くとがった幅の狭い縞になることはすでに述べた．このファブリ・ペロー干渉計は，高感度の分光計としても利用されている．

問　　題

1) 干渉する 2 つの波面の振幅の比が 1 対 0.8 であったとき，干渉縞の鮮明度はいくらか．
2) 二光束干渉において，干渉縞の鮮明度が 0.5 であった．このとき干渉する光束の振幅の比はいくらか．
3) 波長が λ で，波数ベクトルが $\boldsymbol{k}_1$ と $\boldsymbol{k}_2$ である 2 つの平面波が干渉してできる干渉縞の式を導け．また，この干渉縞を表す格子ベクトルを $\boldsymbol{K}$ とすると，

$\boldsymbol{K} = \boldsymbol{k}_1 - \boldsymbol{k}_2$ の関係があることを示し，これを図示せよ．

4) 式 (4.23) を導け．

5) 曲率半径がそれぞれ R_1 と R_2 である凸球面と凹球面があったとき，この 2 つの球面を重ねてニュートン・リングを観測した．このときの暗の干渉縞が見える条件式を導け．

6) 式 (4.62) を導け．

7) 屈折率 n_{s} のガラス基板の上に屈折率 n の単層膜が蒸着されている．波長 λ_0 の単色光が垂直に入射しているときの強度反射率 R を式 (4.100) を使って求めよ．単層膜の厚さ d は，$nd = \lambda_0/4$ の条件を満足しているとする．ただし，空気の屈折率を n_0 とせよ．また，このとき，反射率 R が 0 となる条件を求めよ．

8) 1/4 波長の 2 層反射防止膜について，その強度反射率 R を求めよ．また，どのような条件の場合に，強度反射率 R が 0 となるか．ただし，第 1 層と第 2 層の屈折率を，それぞれ，n_1，n_2 とせよ．

5

回　　　　折

均質な媒質中を進む光は，直進するように見える．しかし小さな開口を通過してきた光束は，完全に平行に直進するのではなく，開口の影はぼやけ，光は開口の影の部分に回り込む．このような現象を，回折 (diffraction) という．回折の数学的な取り扱いは，付録 E で述べる．ここでは，より実際的な状況で，回折の現象がどのように説明され，解析されるかについて述べる．

5.1　ホイヘンスの原理とフレネルの説明

ここではまず，歴史的に初めて回折の現象を定性的に説明した，ホイヘンス (Huygens) の原理から始めよう．ホイヘンスは，光の波動説を唱え，光波の伝搬を次のように説明した．まず，図 5.1 のように，ある時刻に光波が波面 Σ を形成していたとし，Δt 後における波面 Σ' は，もとの波面 Σ から発生した微小球面波 (これを二次波という) がつくる包絡面であるとした．これにより，光の直進性や，反射屈折の法則の説明に成功し，しかし，包絡面は，もとの波面の後方にも存在することや，波長の概念がないこと，二次波だけでは開口の影の部分に波が回り込む現象を説明するには困難であることなどの欠点があった．

これに対して，フレネル (Fresnel) は干渉の概念を使ってこの欠点を克服した．図 5.2 に示すように，ある時刻に光源 Q から出た光波が波面 Σ を形成しているとし，波面上の点 A における二次波が観測点に影響を与えるとした．点 A における波の振幅は，

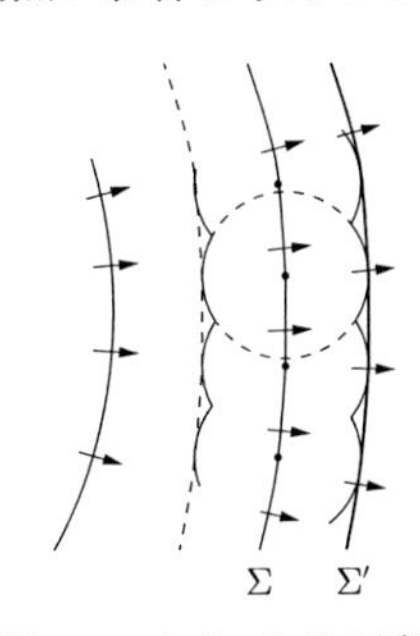

図 5.1　ホイヘンスの原理

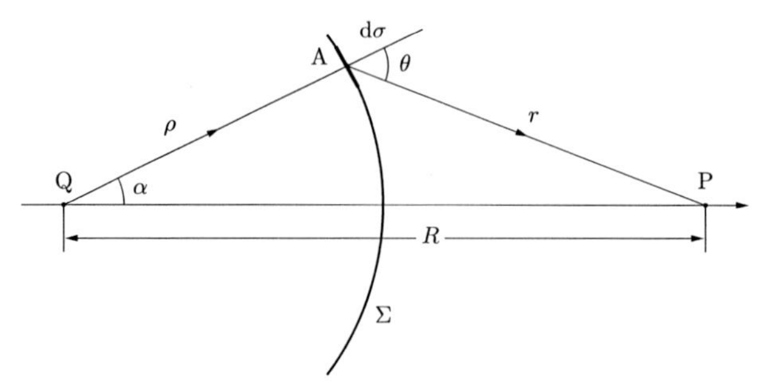

図 **5.2** フレネルによる回折の説明

$$u(A) = \frac{A\exp(\mathrm{i}k\rho)}{\rho} \tag{5.1}$$

であるので，この点 A の近傍の微小面積 $\mathrm{d}\sigma$ が観測点 P に与える影響は，

$$\mathrm{d}u(P) = \Theta(\theta)\frac{A\exp(\mathrm{i}k\rho)}{\rho}\frac{\exp(\mathrm{i}kr)}{r}\mathrm{d}\sigma \tag{5.2}$$

ただし，$\Theta(\theta)$ は傾斜因子と呼ばれる関数で，$\theta = 0$ で最大値をとり，θ が増加すると減少し $\theta \geq \pi/2$ で 0 となる特性をもつとした．したがって，波面全体が点 P に及ぼす影響は，波面上の多数の点の影響の和 (干渉) であるとすれば，

$$u(P) = \iint_{\Sigma} \Theta(\theta)\frac{A\exp(\mathrm{i}k\rho)}{\rho}\frac{\exp(\mathrm{i}kr)}{r}\mathrm{d}\sigma \tag{5.3}$$

を得る．

次に，フレネルによる球面波の伝搬について説明しよう．図 5.3 のように，透明で均質な空間で点光源 Q から球面波が射出されたとき，点光源 Q から R 離れた位置にある観測点 P における波の振幅 $u(P)$ を考えよう．球面波の波面の曲率半径を ρ とし，この波面上の点 A を QP から見た角を α とする．点 A を含み QP を中心とした球面上にできた輪帯の面積を考えよう．AP の距離を r とすると，$r^2 = \rho^2 + R^2 - 2R\rho\cos\alpha$ であるので，

$$2r\mathrm{d}r = 2R\rho\sin\alpha\mathrm{d}\alpha \tag{5.4}$$

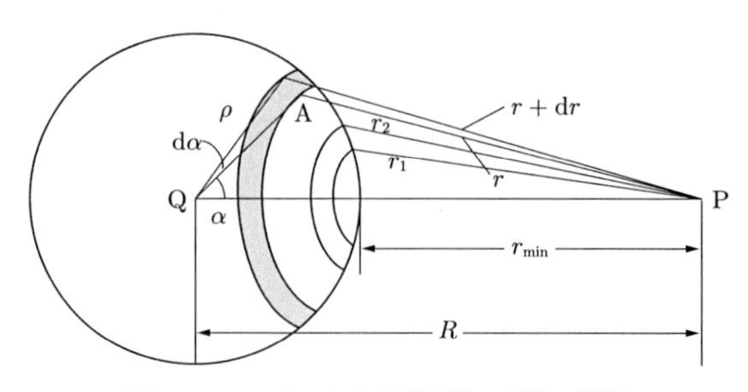

図 **5.3** フレネルによる球面波の伝搬の説明

したがって，輪帯の面積は，

$$\mathrm{d}\sigma = 2\pi(\rho\sin\alpha)\cdot(\rho\mathrm{d}\alpha) = \frac{2\pi\rho r}{R}\mathrm{d}r \tag{5.5}$$

式 (5.3) より，

$$\begin{aligned} u(P) &= \int_{r_{\min}}^{r_{\max}} \Theta(\theta)\frac{2\pi\rho r}{R}\frac{A\exp(\mathrm{i}k\rho)}{\rho}\frac{\exp(\mathrm{i}kr)}{r}\mathrm{d}r \\ &= \frac{2\pi A\exp(\mathrm{i}k\rho)}{R}\int_{r_{\min}}^{r_{\max}} \Theta(\theta)\exp(\mathrm{i}kr)\mathrm{d}r \end{aligned} \tag{5.6}$$

ただし，$r_{\min} = R - \rho$，$r_{\max} = R + \rho$ である．

ここで，この積分を計算するにあたって，次のようなことに注目する．まず，P を中心として，半径が r'，$r' + \lambda/2$，$r' + \lambda$，$r' + 3\lambda/2$ のように，$\lambda/2$ 刻みに増加する球を想定し，これらが，球面波の表面とでつくる多数の輪帯に分けてみる．これをフレネルの輪帯という．この輪帯から点 P への寄与を考える．最小の輪帯は半径 $r_{\min}$ と半径 $r_{\min} + \lambda/2$ の球がつくるもので，点 P への寄与を K_1 とする．同様に，順番に外側の輪帯からの寄与を，K_2，K_3 などとしよう．点 P に寄与する最も外側の輪帯は，$\angle\mathrm{QAP} = \pi/2$ のところで，この最外輪帯からの寄与を K_N とする．すべての輪帯からの寄与 $\Sigma_{m=1}^{N} K_m$ が式 (5.6) の積分になるはずである．ここで，傾斜因子 $\Theta(\theta)$ は m が増えるとゆっくりと減衰する関数であるので，各輪帯内では一定であり，各輪帯と点 P までの距離は，$\lambda/2$ 刻みで変化するので，点 P への寄与は，位相が π ずつずれている．したがって，点 P への寄与を

$$\begin{aligned} u(P) &= \Sigma_{m=1}^{N} K_m \\ &= \frac{K_1}{2} + \left(\frac{K_1}{2} + K_2 + \frac{K_3}{2}\right) + \left(\frac{K_3}{2} + K_4 + \frac{K_5}{2}\right) + \cdots \\ &\quad + \left(\frac{K_{N-2}}{2} + K_{N-1} + \frac{K_N}{2}\right) + K_N \end{aligned} \tag{5.7}$$

と表したとき，隣りあう輪帯からの点 P への寄与は位相が π ずつずれているので各括弧内は 0 とみなすことができ，最終的には，$K_1/2$ のみが寄与することになる．

$$u(P) = \frac{K_1}{2} = \frac{\pi A\Theta(0)\exp(\mathrm{i}k\rho)}{R}\int_{r_{\min}}^{r_{\min}+\lambda/2} \exp(\mathrm{i}kr)\mathrm{d}r = -\frac{\lambda A\Theta(0)}{\mathrm{i}R}\exp(\mathrm{i}kR) \tag{5.8}$$

ここで，直接点 Q から出た球面波が点 P に到達すると，これは $u(P) = (A/R)\exp(\mathrm{i}kR)$ となるはずであるから，傾斜因子は $\Theta(0) = -\mathrm{i}/\lambda$ となるべきである．

a. フレネルによる光の直進性と回折の説明

上記の結論から，光の伝搬に寄与するのは，小さい第 1 フレネル輪帯だけであるので，点 Q から張る立体角 Ω は，式 (5.5) を用いて，

$$\Omega = \frac{2\pi\rho(R-\rho)}{R}\frac{\lambda}{2}\frac{1}{\rho^2} = \frac{\pi\lambda(R-\rho)}{\rho R} \tag{5.9}$$

となる．この立体角は小さいので，光は点 Q から点 P に直進するように進む．また，この立体角は波長に比例しているので，波長が小さいほど直進性は顕著になる．光線の定義 (1.1 節) で述べたように，$\lambda \to 0$ の極限が光線であると解釈した根拠はここにある．

ここまでは，障害物がない場合を考えてきたが，ナイフエッジのような遮蔽板が光源 Q と観測点 P の間にある場合を考えてみよう．図 5.4(a) のように，ナイフエッジが直線 QP から外れて大部分の光が遮蔽されていない状態では，点 P から光源を見たとき，第 1 輪帯ばかりでなく多くの輪帯が見えるので，点 P での光の振幅は，遮蔽板がない状態とほとんど変わりない状態で明るく見える．ナイフエッジが直線 QP の近くまで挿入されている状態 (b) では，第 1 輪帯がまだ完全には遮蔽されていない状態では，やはり明るく見える．しかし，第 1 輪帯にほとんど接する状態までナイフエッジが近付いてくると，第 1 輪帯の外側の輪帯の影響が顕著になり点 P では明暗が繰り返される．これを回折縞という．場合によっては，(a) の状態よりも明るくなることもある．(c) のように，第 1 輪帯がかなり隠れても，点 P では，外側の輪帯の寄与が残っていれば，完全に暗くなることはない．これがフレネルによる光の回折現象の説明である．こうして，光が，影の部分にも回りこむ現象が説明された．

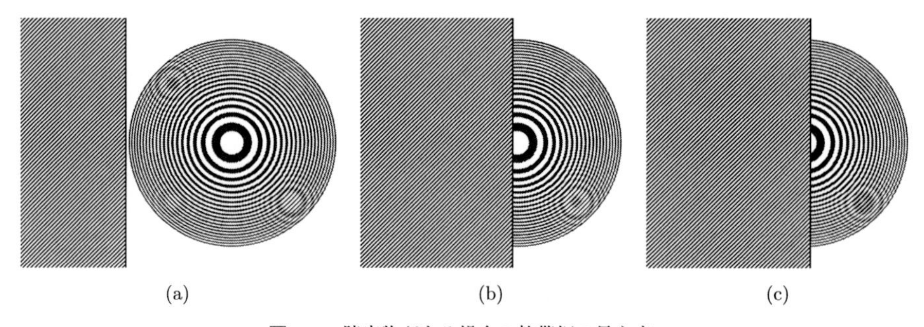

(a)　　(b)　　(c)

図 5.4　障害物がある場合の輪帯板の見え方

このフレネルの説明が数学的にも妥当であることは，次のキルヒホッフの理論の登場を待たなければならなかった．

5.2　フレネル・キルヒホッフの回折式

キルヒホッフ (Kirchhoff) は，波動の回折現象を考えるうえで，波動は単色であるとして偏光の状態を無視したスカラー波に対する波動方程式を対象とした．この波動方程式を開口を想定した境界条件で解けば，観測点における光波の振幅分布が求められる．詳しい説明は，付録 E と F に譲るとして，その理論のあらすじをここでは述べる．

スカラー波の空間依存部分 $\mathcal{E}$ は，ヘルムホルツ (Helmhortz) の方程式 (E.3 参照)

$$\nabla^2\mathcal{E} + k^2\mathcal{E} = 0 \tag{5.10}$$

に従うこと，そして，

グリーンの積分定理 (G.15)

$$\iint_S (\psi\nabla\phi - \phi\nabla\psi)\cdot \mathrm{d}\boldsymbol{S} = \iiint_V (\psi\nabla^2\phi - \phi\nabla^2\psi)\mathrm{d}V \tag{5.11}$$

を用いて，観測点における光波の振幅は，

$$\mathcal{E}(\boldsymbol{r}_\mathrm{P}) = \frac{1}{4\pi}\iint_S \left[\frac{\mathrm{e}^{\mathrm{i}kr}}{r}\nabla\psi - \psi\nabla\left(\frac{\mathrm{e}^{\mathrm{i}kr}}{r}\right)\right]\cdot \mathrm{d}\boldsymbol{S} \tag{5.12}$$

で与えられ，観測面を囲む閉曲面の振幅分布がわかれば求めることができることを示した．これをヘルムホルツ・キルヒホッフの積分定理という．

次に，点光源から出た光波を考えると，観測点に到達する光波の振幅は，

$$\mathcal{E}(\boldsymbol{r}_\mathrm{P}) = -\frac{\mathrm{i}\mathcal{E}_0}{\lambda}\iint_S \left\{\frac{\mathrm{e}^{\mathrm{i}k(\rho+r)}}{\rho r}\left[\frac{\cos(\boldsymbol{n},\boldsymbol{r}) - \cos(\boldsymbol{n},\boldsymbol{\rho})}{2}\right]\right\}\mathrm{d}S \tag{5.13}$$

で与えられ，フレネル・キルヒホッフ (Fresnel–Kirchhoff) の回折積分式と呼ばれている．ただし，$\boldsymbol{n}$ は開口面に立てた垂線の方向ベクトルである．ここで，$(\boldsymbol{n},\boldsymbol{r})$ はベクトル $\boldsymbol{n}$ と $\boldsymbol{r}$ のなす角，$(\boldsymbol{n},\boldsymbol{\rho})$ はベクトル $\boldsymbol{n}$ と $\boldsymbol{\rho}$ のなす角である．$[\cos(\boldsymbol{n},\boldsymbol{r}) - \cos(\boldsymbol{n},\boldsymbol{\rho})]/2$ は傾斜因子である．

図 5.5 のように，点光源と観測点の間に開口がある場合を考える．開口面の座標を (ξ,η) とし，開口の中心に垂線をとりこれを z 軸とする．点光源 Q を含んで z 軸と垂直の面を光源面 (x',y')，観測点 P を含んで z 軸と垂直の面を観測面 (x,y) とする．光源面から開口面までの距離を ρ_0，開口面から観測面までの距離を r_0 とする．観測点の振幅は，

$$\mathcal{E}(x,y) = -\frac{\mathrm{i}\mathcal{E}_0}{\lambda}\frac{\exp(\mathrm{i}k\rho_0)}{\rho_0}\iint_{-\infty}^{\infty} g(\xi,\eta)\frac{\mathrm{e}^{\mathrm{i}kr}}{r}\mathrm{d}\xi\mathrm{d}\eta \tag{5.14}$$

で与えられる．ただし，開口を表す関数として，

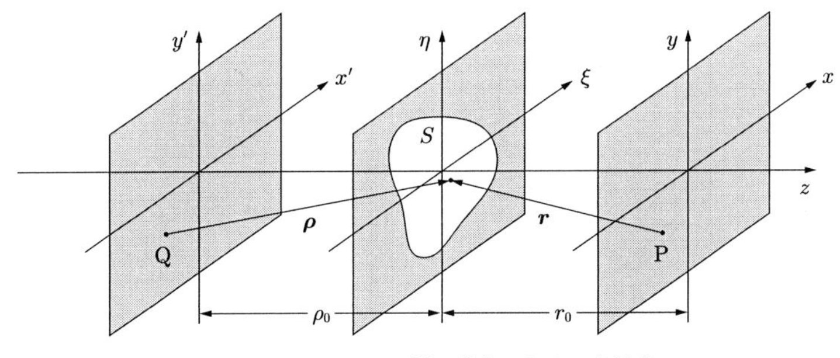

図 5.5　開口からの回折の計算のための座標系

$$g(\xi,\eta)=\begin{cases}1 & \text{開口の中}\\ 0 & \text{開口の外}\end{cases} \tag{5.15}$$

を定義する．また，開口内の点 (ξ,η) から P 点までの距離を r とすると，

$$r=\sqrt{r_0^2+(x-\xi)^2+(y-\eta)^2} \tag{5.16}$$

である．

b.　バビネの原理

いま，開口 S が図 5.6 に示すように 2 つの開口に分けられていたとする．この S_A と S_B のような 2 つの開口は，開口 S に対して相補的な開口であるという．観測点 P における回折波の複素振幅分布は，

$$\begin{aligned}\mathcal{E}(\boldsymbol{r}_\mathrm{P}) &= -\frac{\mathrm{i}\mathcal{E}_0}{\lambda}\iint_S\Big[\frac{\mathrm{e}^{\mathrm{i}k(\rho+r)}}{\rho r}\Big(\frac{\cos(\boldsymbol{n},\boldsymbol{r})-\cos(\boldsymbol{n},\boldsymbol{\rho})}{2}\Big)\Big]\mathrm{d}S\\ &= -\frac{\mathrm{i}\mathcal{E}_0}{\lambda}\iint_{S_\mathrm{A}+S_\mathrm{B}}\Big[\cdots\Big]\mathrm{d}S\\ &= -\frac{\mathrm{i}\mathcal{E}_0}{\lambda}\Big\{\iint_{S_\mathrm{A}}\Big[\cdots\Big]\mathrm{d}S+\iint_{S_\mathrm{B}}\Big[\cdots\Big]\mathrm{d}S\Big\}\\ &= \mathcal{E}_\mathrm{A}(\boldsymbol{r}_\mathrm{P})+\mathcal{E}_\mathrm{B}(\boldsymbol{r}_\mathrm{P})\end{aligned} \tag{5.17}$$

である．ここで，$\mathcal{E}_\mathrm{A}(\boldsymbol{r}_\mathrm{P})$ と $\mathcal{E}_\mathrm{B}(\boldsymbol{r}_\mathrm{P})$ はそれぞれ，単独の開口 S_A と S_B による点 P における回折波の複素振幅分布である．ある開口 S の回折波の複素振幅分布は，その開口の相補的な開口 S_A と S_B の回折波の複素振幅の和に等しいことがわかる．これを，バビネ (Babinet) の原理という．

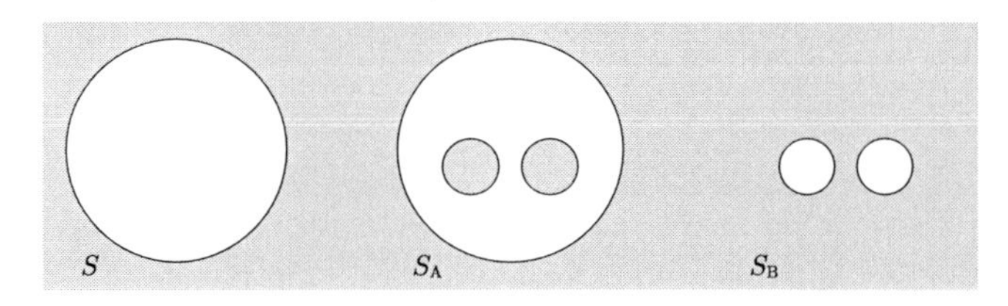

図 5.6　相補的開口

バビネの原理によれば，ある場所 P において開口 S に対する回折波の複素振幅が 0 であると，その開口 S の相補的な開口 S_A と S_B の回折波に対して，

$$\mathcal{E}_\mathrm{A}(\boldsymbol{r}_\mathrm{P})+\mathcal{E}_\mathrm{B}(\boldsymbol{r}_\mathrm{P})=0 \tag{5.18}$$

したがって，

$$\mathcal{E}_\mathrm{A}(\boldsymbol{r}_\mathrm{P})=-\mathcal{E}_\mathrm{B}(\boldsymbol{r}_\mathrm{P}) \tag{5.19}$$

が成り立ち，互いに相補的な開口 S_A と S_B の点 P における回折波の振幅は位相が π 異なり，回折波の強度分布は等しいこともわかる．

5.3 フレネル回折とフラウンホーファー回折

回折の現象は，開口面と観測面との距離 r_0 によって大きく様相が変わる．そこでまず，開口面上の点から観測面上の点 P までの距離 r を近似することから始めよう．距離 r_0 よりも，開口の大きさや，観測領域 (x や y の大きさ) は小さいとすると，

$$\begin{aligned} r &= \sqrt{r_0^2 + (x-\xi)^2 + (y-\eta)^2} = r_0\sqrt{1 + \frac{(x-\xi)^2 + (y-\eta)^2}{r_0^2}} \\ &\approx r_0 + \frac{1}{2}\frac{(x-\xi)^2 + (y-\eta)^2}{r_0} - \frac{1}{8}\frac{[(x-\xi)^2 + (y-\eta)^2]^2}{r_0^3} + \cdots \end{aligned} \tag{5.20}$$

回折の式 (5.14) では，距離 r の変化に対して $\mathrm{e}^{\mathrm{i}kr}$ の項が最も変化が大きいので，式 (5.20) の第 2 項までで距離を近似すると

$$r = r_0 + \frac{1}{2}\frac{(x-\xi)^2 + (y-\eta)^2}{r_0} \tag{5.21}$$

この近似が成立するためには，

$$k\frac{1}{8}\frac{[(x-\xi)^2 + (y-\eta)^2]^2}{r_0^3} \ll 2\pi \tag{5.22}$$

したがって，開口面と観測面との距離 r_0 が

$$r_0^3 \gg \frac{1}{8\lambda}\left[(x-\xi)^2 + (y-\eta)^2\right]^2 \tag{5.23}$$

の条件を満たせばよい．このときの回折をフレネル回折 (Fresnel diffraction) という．

フレネル回折の式は，

$$\begin{aligned} &\mathcal{E}(x,y) \\ &= -\frac{\mathrm{i}\mathcal{E}_0}{\lambda}\frac{\exp(\mathrm{i}k\rho_0)}{\rho_0}\frac{\exp(\mathrm{i}kr_0)}{r_0}\iint_{-\infty}^{\infty} g(\xi,\eta)\exp\left\{\frac{\mathrm{i}\pi}{\lambda r_0}[(x-\xi)^2 + (y-\eta)^2]\right\}\mathrm{d}\xi\mathrm{d}\eta \end{aligned} \tag{5.24}$$

である．ただし，積分内では，距離 r の変化は少なく，積分に対しては影響が無視できるので，$1/r_0$ として積分の外に出した．

この状態よりも，さらに開口面と観測面との距離 r_0 が大きくなると，ξ や η などの 2 乗の項が無視できて，

$$r = r_0 + \frac{1}{2}\frac{(x-\xi)^2 + (y-\eta)^2}{r_0} \approx r_0 - \frac{x\xi + y\eta}{r_0} + \frac{x^2 + y^2}{2r_0} \tag{5.25}$$

この近似が成り立つためには，

$$r_0 \gg \frac{\xi^2 + \eta^2}{2\lambda} \tag{5.26}$$

回折式は，

$$\mathcal{E}(x,y) = -\frac{\mathrm{i}\mathcal{E}_0}{\lambda}\frac{\exp(\mathrm{i}k\rho_0)}{\rho_0}\frac{\exp(\mathrm{i}kr_0)}{r_0}\exp\Big[\frac{\mathrm{i}\pi(x^2+y^2)}{\lambda r_0}\Big] \times \iint_{-\infty}^{\infty} g(\xi,\eta)\exp\Big[-\frac{\mathrm{i}2\pi}{\lambda r_0}(x\xi+y\eta)\Big]\mathrm{d}\xi\mathrm{d}\eta \tag{5.27}$$

この状態の回折をフラウンホーファー回折 (Fraunhofer diffraction) という.

5.4　フラウンホーファー回折

ここではまず，数学的な取り扱いがより簡単な，フラウンホーファー回折について考えてみよう．フラウンホーファー回折とは，開口面と観測面の距離 r_0 が十分離れている場合 (式 (5.26)) の回折である．このとき，回折式は，式 (5.27) である．ここで，

$$\nu_x = \frac{x}{\lambda r_0}, \qquad \nu_y = \frac{y}{\lambda r_0} \tag{5.28}$$

とおくと，式 (5.27) の積分の部分は

$$G(\nu_x,\nu_y) = \iint_{-\infty}^{\infty} g(\xi,\eta)\exp\Big[-\mathrm{i}2\pi(\nu_x\xi+\nu_y\eta)\Big]\mathrm{d}\xi\mathrm{d}\eta \tag{5.29}$$

となり，フーリエ変換の形になる．したがって，式 (5.27) は，

$$\mathcal{E}(x,y) = -\frac{\mathrm{i}\mathcal{E}_0}{\lambda}\frac{\exp(\mathrm{i}k\rho_0)}{\rho_0}\frac{\exp(\mathrm{i}kr_0)}{r_0}\exp\Big[\frac{\mathrm{i}\pi(x^2+y^2)}{\lambda r_0}\Big]\cdot G\Big(\frac{x}{\lambda r_0},\frac{y}{\lambda r_0}\Big) \tag{5.30}$$

このように，フラウンホーファー回折で与えられる光の振幅は，開口の形のフーリエ変換になっていることがわかる．回折の強度分布を求めるような場合には，式 (5.30) の積分の外の項

$$C = -\frac{\mathrm{i}\mathcal{E}_0}{\lambda}\frac{\exp(\mathrm{i}k\rho)}{\rho}\frac{\exp(\mathrm{i}kr_0)}{r_0}\exp\Big[\frac{\mathrm{i}\pi(x^2+y^2)}{\lambda r_0}\Big] \tag{5.31}$$

は，重要でないので，フラウンホーファー回折を，

$$\mathcal{E}(x,y) = \iint_{-\infty}^{\infty} g(\xi,\eta)\exp\Big[-\frac{\mathrm{i}2\pi}{\lambda r_0}(x\xi+y\eta)\Big]\mathrm{d}\xi\mathrm{d}\eta = G\Big(\frac{x}{\lambda r_0},\frac{y}{\lambda r_0}\Big) \tag{5.32}$$

と書く.

5.4.1　スリットのフラウンホーファー回折

幅 w のスリット開口のフラウンフォーファー回折像を計算してみよう．まず，以後の計算の都合で，図 5.7 のような幅 1 の 1 次元の開口を表す関数を定義しよう.

$$\mathrm{rect}(\xi) = \begin{cases} 1 & |\xi| \le 1/2 \\ 0 & |\xi| > 1/2 \end{cases} \tag{5.33}$$

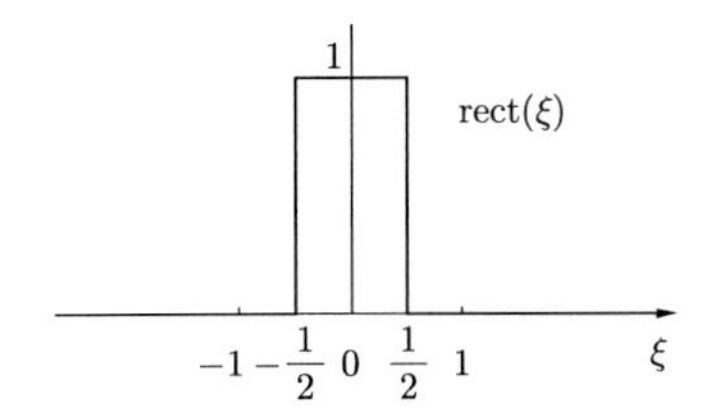

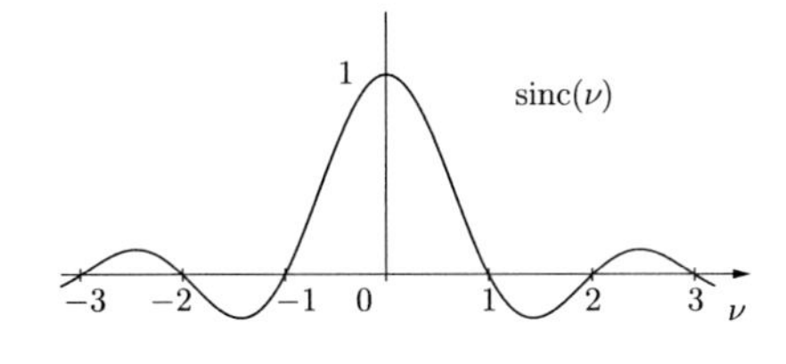

図 **5.7** rect 関数とそのフーリエ変換 sinc 関数

これを rect 関数と呼ぶ．この rect 関数のフーリエ変換は，

$$G(\nu) = \int_{-\infty}^{\infty} \mathrm{rect}(\xi)\exp(-\mathrm{i}2\pi\xi\nu)\mathrm{d}\xi = \int_{-1/2}^{1/2} \exp(-\mathrm{i}2\pi\xi\nu)\mathrm{d}\xi$$
$$= \frac{\sin\pi\nu}{\pi\nu} \equiv \mathrm{sinc}(\nu) \tag{5.34}$$

である．また，幅が w の開口に対しては，$\mathrm{rect}(\xi/w)$ のフーリエ変換は，$w\,\mathrm{sinc}(w\nu)$ であることに注意しよう．

幅が w のスリット開口は，$\mathrm{rect}(\xi/w)$ と表されることを使うと，フラウンホーファー回折は，式 (5.32) より，1 次元の計算であることを考慮して，

$$\mathcal{E}(x) = C' w\,\mathrm{sinc}\left(\frac{wx}{\lambda r_0}\right) \tag{5.35}$$

ただし，1 次元の回折像を計算しているので，

$$C' = -\frac{\mathrm{i}\mathcal{E}_0}{\lambda}\frac{\exp(\mathrm{i}k\rho_0)}{\rho_0}\frac{\exp(\mathrm{i}kr_0)}{r_0}\exp\left(\frac{\pi x^2}{\lambda r_0}\right) \tag{5.36}$$

であることに注意せよ．したがって，回折像の強度分布は，

$$I(x) = |\mathcal{E}(x)|^2 = C'^2 w^2 \mathrm{sinc}^2\left(\frac{wx}{\lambda r_0}\right) \tag{5.37}$$

これを図示すると，図 5.8 になる．回折像の強度分布は

$$\frac{wx}{\lambda r_0} = m, \qquad m = \pm 1, \pm 2, \ldots \tag{5.38}$$

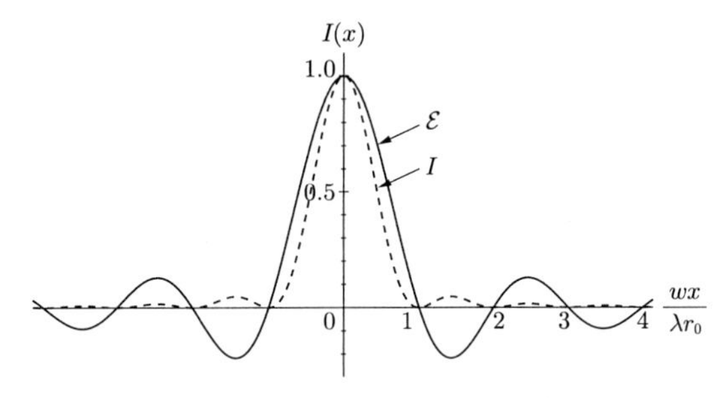

図 **5.8** スリット開口 (幅 w) の回折 (振幅と強度)

で 0 となり，等間隔で暗部が現れる．中心の明部の大きさを，回折の中心から最初の暗部までの距離とすると，

$$\Delta x = \frac{\lambda r_0}{w} \tag{5.39}$$

である．スリット幅に逆比例し，波長に比例する．

5.4.2 矩形開口のフラウンホーファー回折

幅が w_x，w_y の矩形開口の場合には，開口は，$\mathrm{rect}(\xi/w_x)\mathrm{rect}(\eta/w_y)$ と書けるので，この関数のフーリエ変換は，

$$\begin{aligned} G(\nu_x,\nu_y) &= \iint_{-\infty}^{\infty} \mathrm{rect}\Big(\frac{\xi}{w_x}\Big)\mathrm{rect}\Big(\frac{\eta}{w_y}\Big)\exp\big[-\mathrm{i}2\pi(\xi\nu_x+\eta\nu_y)\big]\mathrm{d}\xi\mathrm{d}\eta \\ &= \int_{-\infty}^{\infty} \mathrm{rect}\Big(\frac{\xi}{w_x}\Big)\exp(-\mathrm{i}2\pi\xi\nu_x)\mathrm{d}\xi \int_{-\infty}^{\infty} \mathrm{rect}\Big(\frac{\eta}{w_y}\Big)\exp(-\mathrm{i}2\pi\eta\nu_y)\mathrm{d}\eta \\ &= w_x w_y \mathrm{sinc}(w_x\nu_x)\mathrm{sinc}(w_y\nu_y) \end{aligned} \tag{5.40}$$

したがって，

$$\mathcal{E}(x,y) = C' w_x w_y \mathrm{sinc}\Big(\frac{w_x x}{\lambda r_0}\Big)\mathrm{sinc}\Big(\frac{w_y y}{\lambda r_0}\Big) \tag{5.41}$$

回折像の強度分布は，

$$I(x,y) = |\mathcal{E}(x,y)|^2 = |C'|^2 w_x^2 w_y^2 \mathrm{sinc}^2\Big(\frac{w_x x}{\lambda r_0}\Big)\mathrm{sinc}^2\Big(\frac{w_y y}{\lambda r_0}\Big) \tag{5.42}$$

これを図示すると，図 5.9 になる．この図の場合は矩形開口の横幅は縦幅の 1/2 である．したがって回折像は横に広がっている．

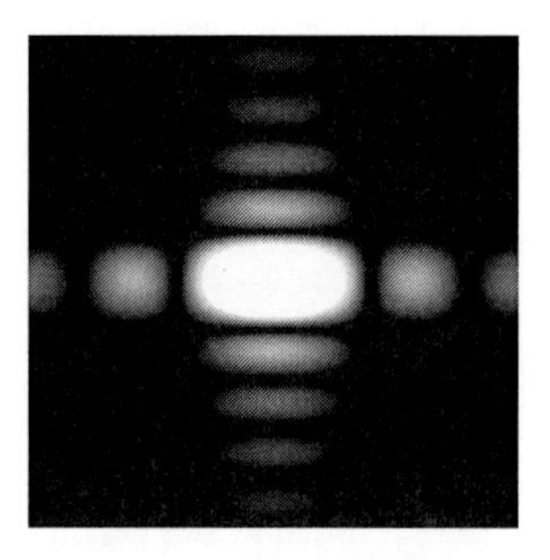

図 **5.9**　矩形開口の回折像

a.　横ずれしたスリットのフラウンホーファー回折

さてここで，幅 w のスリット開口の位置が d ずれた場合を考えよう．スリットを表す関数は，$\mathrm{rect}[(\xi-d)/w]$ であるので，フラウンホーファー回折は，

$$\mathcal{E}(x) = C' w\,\mathrm{sinc}\Big(\frac{wx}{\lambda r_0}\Big)\exp(-\mathrm{i}2\pi d\nu) \tag{5.43}$$

つまり，開口の横ずれ d によって，位相項 $\exp(-\mathrm{i}2\pi d\nu)$ が付加される．このことは，開口が矩形である必要がなく，開口を表す関数は任意でよく，これを $g(\xi,\eta)$ とすると，式 (5.29) より横ずれ (d_ξ, d_η) があると，

$$\begin{aligned}\iint_{-\infty}^{\infty} & g(\xi-d_\xi,\eta-d_\eta)\exp\Big[-\mathrm{i}2\pi(\nu_x\xi+\nu_y\eta)\Big]\mathrm{d}\xi\mathrm{d}\eta \\ &= G(\nu_x,\nu_y)\cdot\exp[-\mathrm{i}2\pi(d_\xi\nu_x+d_\eta\nu_y)]\end{aligned} \tag{5.44}$$

が成り立つ．これを，フーリエ変換におけるシフト定理という．

このときのスリット回折像の強度分布は，

$$I(x)=|\mathcal{E}(x)|^2=\left|C'w\,\mathrm{sinc}\Big(\frac{wx}{\lambda r_0}\Big)\exp(-\mathrm{i}2\pi d\nu)\right|^2=|C'|^2w^2\,\mathrm{sinc}^2\Big(\frac{wx}{\lambda r_0}\Big) \tag{5.45}$$

となり，横ずれのないスリットの回折像強度 (5.37) と同じになる．これを，フラウンホーファー回折像強度の空間不変性という．つまり，開口の位置がどこにあってもそのフラウンホーファー回折像強度は変わらない．

b.　複スリットのフラウンホーファー回折

次に，幅 w のスリットが 2 つ間隔 d で並んでいる場合のフラウンホーファー回折を考えてみよう．ただし，2 つのスリットは重ならないとするので，$d>w$ である．この複スリットは，$\mathrm{rect}[(\xi-d/2)/w]+\mathrm{rect}[(\xi+d/2)/w]$ と書けることに注意しよう．ここで，フラウンホーファー回折におけるシフト定理 (5.44) もしくはフーリエ変換の性質 (G.18) に注目すると，

$$\begin{aligned}G(\nu)&=\int_{-\infty}^{\infty}\Big[\mathrm{rect}\Big(\frac{\xi-d/2}{w}\Big)+\mathrm{rect}\Big(\frac{\xi+d/2}{w}\Big)\Big]\exp(-\mathrm{i}2\pi\xi\nu)\mathrm{d}\xi \\ &=\big[\exp(-\mathrm{i}\pi d\nu)+\exp(\mathrm{i}\pi d\nu)\big]w\,\mathrm{sinc}(w\nu) \\ &=2w\cos(\pi d\nu)\mathrm{sinc}(w\nu)\end{aligned} \tag{5.46}$$

であるので，フラウンホーファー回折の振幅分布は，式 (5.28) を考慮して，

$$\mathcal{E}(x)=2C'w\cos\Big(\frac{\pi dx}{\lambda r_0}\Big)\mathrm{sinc}\Big(\frac{wx}{\lambda r_0}\Big) \tag{5.47}$$

この強度分布は，

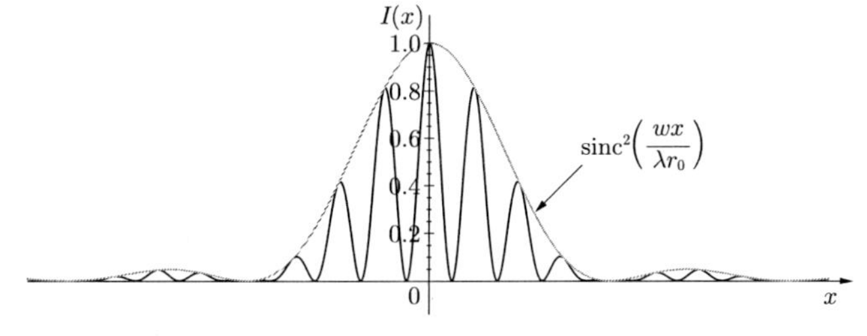

図 5.10　複スリットのフラウンホーファー回折像の強度分布

$$I(x) = |\mathcal{E}(x)|^2 = 4|C'|^2 w^2 \cos^2\left(\frac{\pi d x}{\lambda r_0}\right)\mathrm{sinc}^2\left(\frac{wx}{\lambda r_0}\right) \tag{5.48}$$

この回折分布は，ヤングの実験の等間隔平行縞 (4.14) と一致しているが，開口の幅の影響が $\mathrm{sinc}^2(wx/\lambda r_0)$ の項に現れている．この場合には，等間隔平行のヤング縞は図 5.10 のように，広がり幅はほぼ $2\lambda r_0/w$ である．

c.　回 折 格 子

回折格子 (diffraction grating) は，等間隔の細い溝に光を当て，この光をスペクトルに分解する光学素子である．回折格子の構造は，多数の等間隔平行な開口列と考えられるので，そのフラウンホーファー回折を計算するには，複開口の配置で，スリットの数を増やし，開口幅を狭めていけばよい．ここで，幅 w のスリットが N 個，間隔 d で並んでいるとする．複開口の場合と同様に考えると，フラウンホーファー開口の振幅分布は，式 (5.32) より，1 次元であることを考慮して，

$$\begin{aligned}
\mathcal{E}(x) &= C'\int_{-w/2}^{w/2}\exp\Big(-\mathrm{i}\frac{2\pi}{\lambda r_0}x\xi\Big)\mathrm{d}\xi + \int_{-w/2+d}^{w/2+d}\exp\Big(-\mathrm{i}\frac{2\pi}{\lambda r_0}x\xi\Big)\mathrm{d}\xi \\
&\qquad + \int_{-w/2+2d}^{w/2+2d}\exp\Big(-\mathrm{i}\frac{2\pi}{\lambda r_0}x\xi\Big)\mathrm{d}\xi + \cdots \\
&= C'\Big[1+\exp\Big(-\frac{\mathrm{i}2\pi dx}{\lambda r_0}\Big)+\exp\Big(-\frac{\mathrm{i}4\pi dx}{\lambda r_0}\Big)+\cdots\Big]\int_{-w/2}^{w/2}\exp\Big(-\mathrm{i}\frac{2\pi}{\lambda r_0}x\xi\Big)\mathrm{d}\xi \\
&= C'w\frac{1-\exp(-\mathrm{i}\frac{2\pi N dx}{\lambda r_0})}{1-\exp(-\mathrm{i}\frac{2\pi dx}{\lambda r_0})}\mathrm{sinc}\Big(\frac{wx}{\lambda r_0}\Big)
\end{aligned} \tag{5.49}$$

この強度分布は，

$$I(x) = |\mathcal{E}(x)|^2 = |C'|^2 w^2 \frac{\sin^2(\frac{\pi N dx}{\lambda r_0})}{\sin^2(\frac{\pi dx}{\lambda r_0})}\mathrm{sinc}^2\Big(\frac{wx}{\lambda r_0}\Big) \tag{5.50}$$

回折格子のフラウンホーファー回折像の強度分布を図 5.11 に示す．溝の数が増えるに従い，回折像の幅が狭まっていくことがわかる．光軸上の回折波は 0 次回折波，その 1 つ外側の回折波は ±1 次回折波，さらに外側の回折波は ±2 次回折波などと呼ばれる．

5.4.3　円形開口のフラウンホーファー回折

円形開口の場合には，開口が回転対称であるので，極座標系で考えよう．すなわち，

$$\xi = r\cos\theta, \qquad \eta = r\sin\theta \tag{5.51}$$

$$\nu_x = \varrho\cos\phi, \qquad \nu_y = \varrho\sin\phi \tag{5.52}$$

開口の半径を R とすると，この開口のフーリエ変換は，式 (5.29) より，

$$\begin{aligned}
G(\varrho,\phi) &= \int_0^{2\pi}\int_0^R \exp\big[-\mathrm{i}2\pi r\varrho(\cos\theta\cos\phi+\sin\theta\sin\phi)\big]r\mathrm{d}r\mathrm{d}\theta \\
&= \int_0^{2\pi}\int_0^R \exp\big[-\mathrm{i}2\pi r\varrho\cos(\theta-\phi)\big]r\mathrm{d}r\mathrm{d}\theta
\end{aligned} \tag{5.53}$$

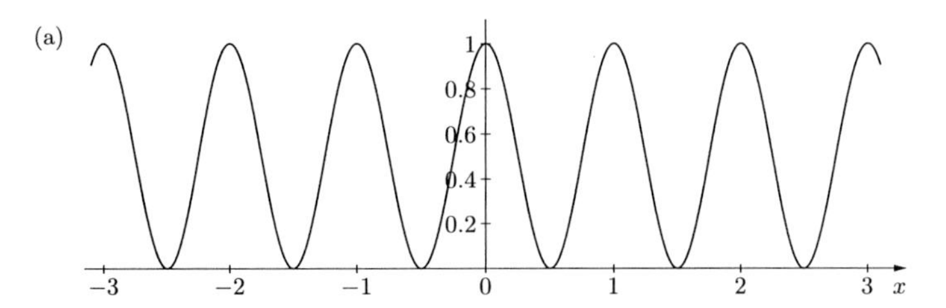

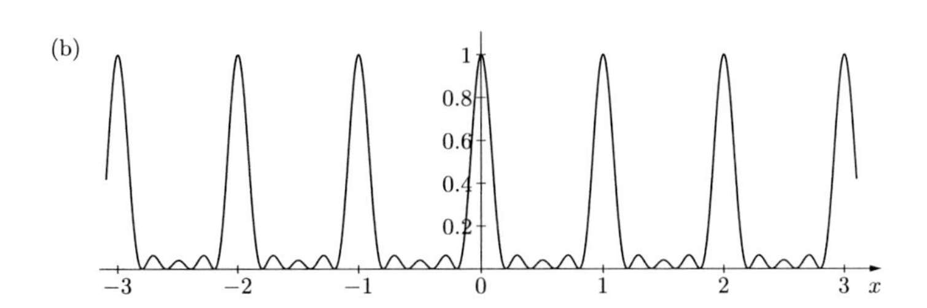

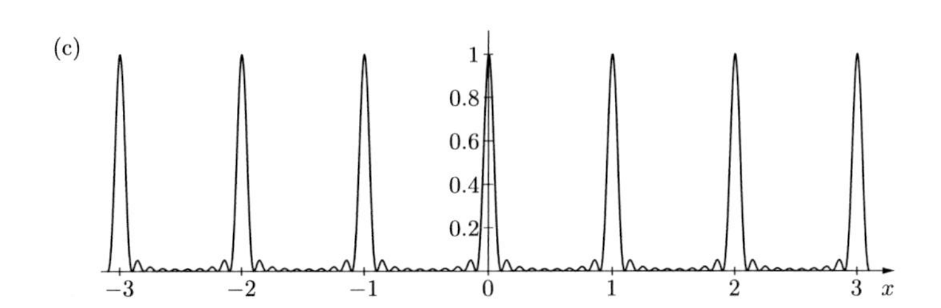

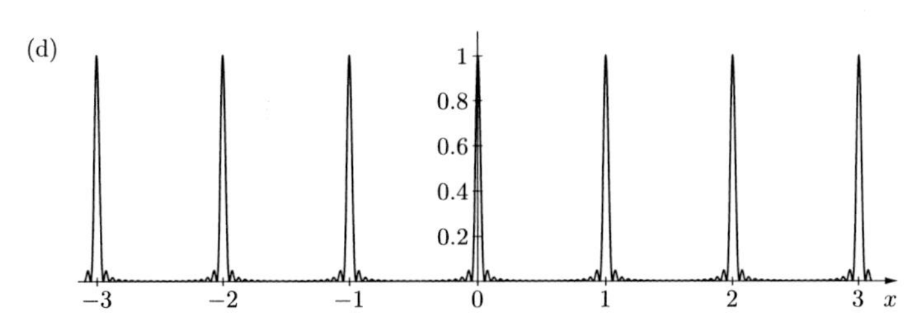

図 5.11 回折格子のフラウンホーファー回折像の強度分布
スリット数 N は，(a)$N=2$，(b)$N=5$，(c)$N=10$，(d)$N=20$.

ここで，公式 (G.20) より，0 次のベッセル関数 $J_0(x)$

$$J_0(x) = \frac{1}{2\pi}\int_0^{2\pi} \exp(\mathrm{i}x\cos\alpha)\mathrm{d}\alpha \tag{5.54}$$

を使うと，

$$G(\varrho) = 2\pi\int_0^R J_0(2\pi r\varrho)r\mathrm{d}r \tag{5.55}$$

また，公式 (G.21) より，

$$\frac{\mathrm{d}}{\mathrm{d}x}\big[xJ_1(x)\big] = xJ_0(x) \tag{5.56}$$

の関係があるので，積分ができて，

$$G(\varrho) = \pi R^2 \frac{2J_1(2\pi R\varrho)}{2\pi R\varrho} \tag{5.57}$$

ここで，

$$\varrho = \sqrt{\nu_x^2 + \nu_y^2} = \frac{\sqrt{x^2+y^2}}{\lambda r_0} \tag{5.58}$$

であるので，

$$\rho_0 = \sqrt{x^2+y^2} \tag{5.59}$$

とすると，

$$G(\rho_0) = \pi R^2 \frac{2J_1(\frac{2\pi R\rho_0}{\lambda r_0})}{\frac{2\pi R\rho_0}{\lambda r_0}} \tag{5.60}$$

フラウンホーファー回折の振幅分布は，

$$\mathcal{E}(\rho_0) = C\pi R^2 \frac{2J_1(\frac{2\pi R\rho_0}{\lambda r_0})}{\frac{2\pi R\rho_0}{\lambda r_0}} \tag{5.61}$$

のように 1 次のベッセル関数 $J_1(x)$ を用いて表すことができる．強度分布は，

$$I(\rho_0) = |\mathcal{E}(\rho_0)|^2 \tag{5.62}$$

これを図示すると 図 5.12 と 5.13 が得られる．回折強度の大部分は，最初の零点を半径とする円内にある．これをエアリーの円盤 (Airy disk) という．エアリーの円盤の大きさを円盤の半径 $\Delta\rho_0$ で表すと，開口の直径を $D = 2R$ として，

$$\Delta\rho_0 = 1.22\frac{\lambda r_0}{D} \tag{5.63}$$

である．

無収差レンズの焦点像を計算するには，円形開口のフラウンホーファー回折像を計

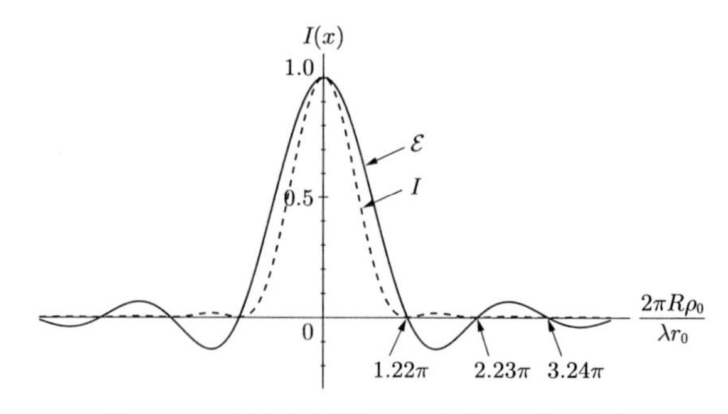

図 5.12 円形開口 (半径 R) の回折 (振幅と強度)

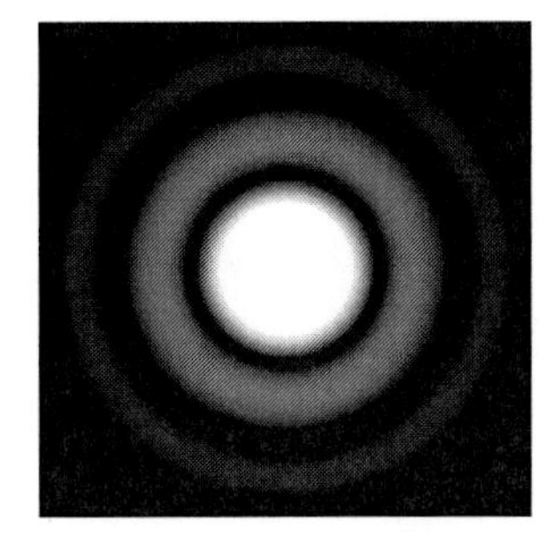

図 5.13　円形開口の回折像

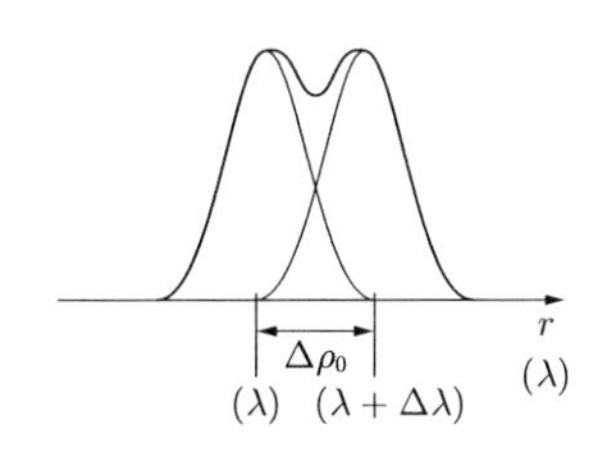

図 5.14　分解能に関するレイリーの基準

算すればよい．レンズの射出瞳の直径を D とし，レンズの焦点距離を f' とすると，エアリーの円盤の半径は

$$\Delta\rho_0 = 1.22\frac{\lambda f'}{D} \tag{5.64}$$

$F = f'/D$ で定義されるレンズの F ナンバーを用いると，

$$\Delta\rho_0 = 1.22\lambda F \tag{5.65}$$

である．

5.5 分　解　能

フラウンホーファー回折と関連して，光学器械の分解能について考えてみよう．レンズで代表される結像系において，隣りあう 2 つの点光源の像が分解できる最小の像間隔を分解能 (resolving power) という．点光源から発せられた光波は結像光学系で必ず一部がさえぎられ，すべての光波が結像に寄与するわけではない．光波がさえぎられることで回折が起こり像は必ず広がる．レンズでは，円形開口のフラウンホーファー回折により，エアリーの円盤の半径だけ広がることはすでに述べた．

分光器においても，光源からの光波は必ず一部がさえぎられ，輝線スペクトルといえども広がりをもつ．隣りあう波長のスペクトル像の分解できる最小の間隔によって分解能を定義できる．

a.　レイリーの基準

このように分解能を決める最小の “間隔” はどう定義するのが妥当であろうか．レイリー (Rayleigh) は分解能に対して次のような基準 (Rayleigh's criterion) を決めた．点光源の像は式 (5.61) と (5.62) で表されるが，隣りあう同じ強度をもつ 2 点光源の像は，図 5.14 に示すように，2 つの回折像が重なりあう．このとき，一方の回折像の最初の零点が他方の回折像の中心に一致するまで近づいても両者は分解して見分けることができるとした．したがって，式 (5.64) によって分解能 (2 点と識別できる最小の距離：Δl) を決めることができる．

$$\Delta l = 1.22\frac{\lambda f'}{D} \tag{5.66}$$

レイリーの基準に従っている 2 点像間の極小値は両側の点像強度の約 74%であり，通常十分 2 点と認識できる．

b. プリズムの分解能

図 5.15 に示すように，屈折率 n のプリズム ABC がありその頂点を A とする．波長 λ の平面波 BD がプリズムの第 1 面 AB に入射し，屈折後，波面 CE になったとする．このとき，光路長 DAE と光路長 BC は等しいはずである．したがって，

$$\overline{\mathrm{DA}} + \overline{\mathrm{AE}} = n\overline{\mathrm{BC}} \tag{5.67}$$

次に，波長 $\lambda + \Delta\lambda$ の光に対しては，屈折後光波は $\Delta\varphi$ 屈折し，C を通る波面は C′CE′ となるとすれば，

$$\overline{\mathrm{DA}} + \overline{\mathrm{AE'}} = \left(n + \frac{\delta n}{\delta\lambda}\Delta\lambda\right)\overline{\mathrm{BC'}} \tag{5.68}$$

屈折の角が小さいときには，$\overline{\mathrm{BC}} = \overline{\mathrm{BC'}}$，$\overline{\mathrm{AE'}} = \overline{\mathrm{AE''}}$ が成り立つので，$\overline{\mathrm{AE'}} = \overline{\mathrm{AE}} + \overline{\mathrm{EE''}}$ が得られ，

$$\overline{\mathrm{EE''}} = \frac{\delta n}{\delta\lambda}\Delta\lambda\overline{\mathrm{BC}} \tag{5.69}$$

が得られる．分散角 $\Delta\varphi = \angle\mathrm{EAE'}$ に対しては，

$$\Delta\varphi = \angle\mathrm{EAE'} = \angle\mathrm{ECE''} = \frac{\overline{\mathrm{EE''}}}{\overline{\mathrm{CE}}} = \frac{\overline{\mathrm{BC}}}{\overline{\mathrm{CE}}}\frac{\delta n}{\delta\lambda}\Delta\lambda \tag{5.70}$$

となる．プリズムから屈折された光波は回折されるが，回折波の幅は CE の幅であるので，回折像の広がりは，式 (5.39) から，

$$\Delta\theta = \frac{\lambda}{\overline{\mathrm{CE}}} \tag{5.71}$$

である．ここで，レイリーの基準を準用すれば，

$$\Delta\varphi = \Delta\theta \tag{5.72}$$

より，

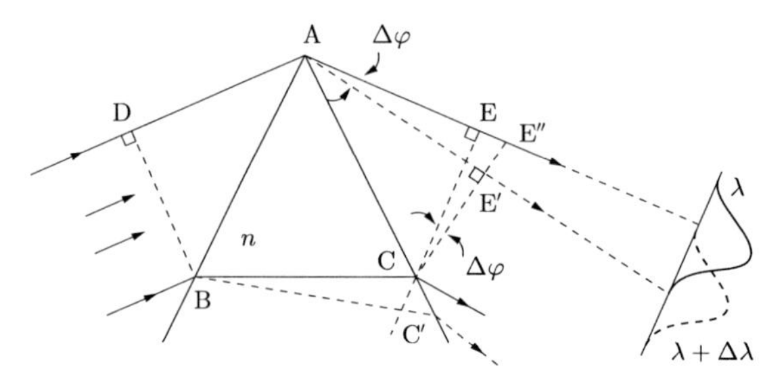

図 5.15 プリズムの分解能

$$\frac{\lambda}{\Delta\lambda} = \frac{\delta n}{\delta\lambda}\overline{\mathrm{BC}} \tag{5.73}$$

が得られる．プリズムの分解能は，プリズムの波長分散 $\delta n/\delta\lambda$ とプリズム内で光が通過する底辺の長さの積である．

c. 回折格子の分解能

格子の数 (もしくは開口の数) が N_g の回折格子の強度分布の式 (5.50) から，回折像の主ピークの半幅を求める．まず，

$$\sin^2\left(\frac{\pi N_\mathrm{g} dx}{\lambda r_0}\right) = 0 \tag{5.74}$$

より，

$$\frac{\pi N_\mathrm{g} dx}{\lambda r_0} = \pi \tag{5.75}$$

したがって，主ピーク半幅を角度で表すと，

$$\Delta\theta = \frac{x}{r_0} = \frac{\lambda}{N_\mathrm{g} d} \tag{5.76}$$

一方，波長による回折角の変化は，M を回折次数として

$$d\sin\theta = M\lambda \tag{5.77}$$

の関係式を微分して，

$$d\cos\theta\Delta\theta = M\Delta\lambda \tag{5.78}$$

したがって，式 (5.76) と式 (5.78) より，

$$\frac{\lambda}{\Delta\lambda} = N_\mathrm{g} M \tag{5.79}$$

ただし，$\cos\theta \approx 1$ とした．回折格子の分解能は，格子のピッチにはよらず，格子の本数と回折次数の積に比例する．

5.6 フレネル回折

フレネル回折式 (5.24) は，

$$\mathcal{E}(x,y) = C'' \iint_{-\infty}^{\infty} g(\xi,\eta)\exp\left\{\frac{\mathrm{i}\pi}{\lambda r_0}[(x-\xi)^2 + (y-\eta)^2]\right\}\mathrm{d}\xi\mathrm{d}\eta \tag{5.80}$$

と書き表すことができる．ただし，

$$C'' = -\frac{\mathrm{i}\mathcal{E}_0}{\lambda}\frac{\exp(\mathrm{i}k\rho_0)}{\rho_0}\frac{\exp(\mathrm{i}kr_0)}{r_0} \tag{5.81}$$

この積分を開口の形にしたがって積分すればよい．しかし，この積分を直接的に数値積分するには，困難が多い．指数関数の部分が正負に激しく振動するので数値積分が収束しにくいからである．

ここで，式 (5.80) の積分の部分

$$\phi(x) = \int_{\xi_1}^{\xi_2} \exp\left[\frac{\mathrm{i}\pi}{\lambda r_0}(\xi - x)^2\right]\mathrm{d}\xi \tag{5.82}$$

を考えよう．

$$\alpha = \sqrt{\frac{2}{\lambda r_0}}(\xi - x) \tag{5.83}$$

とおき，さらに，

$$\alpha_1 = \sqrt{\frac{2}{\lambda r_0}}(\xi_1 - x), \qquad \alpha_2 = \sqrt{\frac{2}{\lambda r_0}}(\xi_2 - x) \tag{5.84}$$

とすると，

$$\begin{aligned}\phi(x) &= \sqrt{\frac{\lambda r_0}{2}}\int_{\alpha_1}^{\alpha_2} \exp\left(\frac{\mathrm{i}\pi\alpha^2}{2}\right)\mathrm{d}\alpha \\ &= \sqrt{\frac{\lambda r_0}{2}}\int_{\alpha_1}^{\alpha_2} \left[\cos\left(\frac{\pi\alpha^2}{2}\right) + \mathrm{i}\sin\left(\frac{\pi\alpha^2}{2}\right)\right]\mathrm{d}\alpha \\ &= \sqrt{\frac{\lambda r_0}{2}}\left\{\Big[C(\alpha_2) - C(\alpha_1)\Big] + \mathrm{i}\Big[S(\alpha_2) - S(\alpha_1)\Big]\right\}\end{aligned} \tag{5.85}$$

と表すことができる．ただし，

$$C(\alpha) = \int_0^{\alpha} \cos\left(\frac{\pi\alpha^2}{2}\right)\mathrm{d}\alpha \tag{5.86}$$

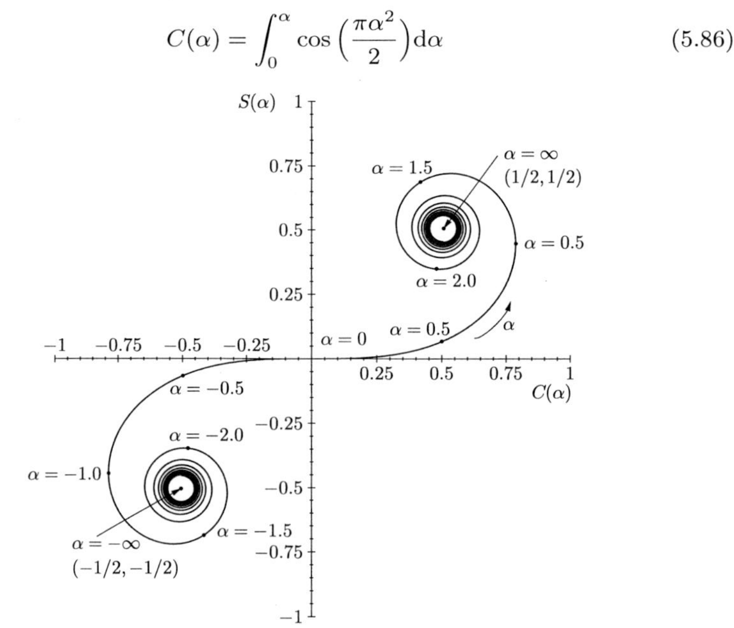

図 5.16 コルニューの螺旋

フレネル積分 $C(\alpha)$ と $S(\alpha)$ を α をパラメータとして 2 次元表示したもの．

$$S(\alpha) = \int_0^{\alpha} \sin\left(\frac{\pi\alpha^2}{2}\right)\mathrm{d}\alpha \tag{5.87}$$

この両積分を，フレネル積分という．フレネル積分を計算するには，いろいろな数値計算プログラムを利用することができる．フレネル積分は，$\alpha = 0$ のとき $C = S = 0$, $\alpha = \pm\infty$ のとき $C = S = \pm 1/2$ である．また，$C(\alpha) = -C(-\alpha), S(\alpha) = -S(-\alpha)$ である．

フレネル積分 $C(\alpha)$ と $S(\alpha)$ を 2 次元座標に表示すると，図 5.16 に示すような螺旋曲線が得られる．これをコルニュー (Cornu) の螺旋という．定性的に $C(\alpha)$ と $S(\alpha)$ の性質を理解するのに便利な曲線である [*1]．

5.6.1 ナイフエッジによるフレネル回折

ナイフエッジのフレネル回折を考えてみよう．ナイフエッジの歯に直交した方向に ξ 軸をとる．$\xi \geq 0$ の領域は光が通過するとすると，

$$\begin{aligned}
\mathcal{E}(x) &= C'' \int_0^{\infty} \exp\left[\frac{\mathrm{i}\pi}{\lambda r_0}(x-\xi)^2\right]\mathrm{d}\xi \\
&= C''\sqrt{\frac{\lambda r_0}{2}} \int_{\alpha_0}^{\infty} \left[\cos\left(\frac{\pi\alpha^2}{2}\right) + \mathrm{i}\sin\left(\frac{\pi\alpha^2}{2}\right)\right]\mathrm{d}\alpha \\
&= C''\sqrt{\frac{\lambda r_0}{2}} \left\{\left[\frac{1}{2} - C\left(-\sqrt{\frac{2}{\lambda r_0}}x\right)\right] + \mathrm{i}\left[\frac{1}{2} - S\left(-\sqrt{\frac{2}{\lambda r_0}}x\right)\right]\right\}
\end{aligned} \tag{5.88}$$

ただし，

$$\alpha_0 = \sqrt{\frac{2}{\lambda r_0}}(-x) \tag{5.89}$$

その強度分布は，

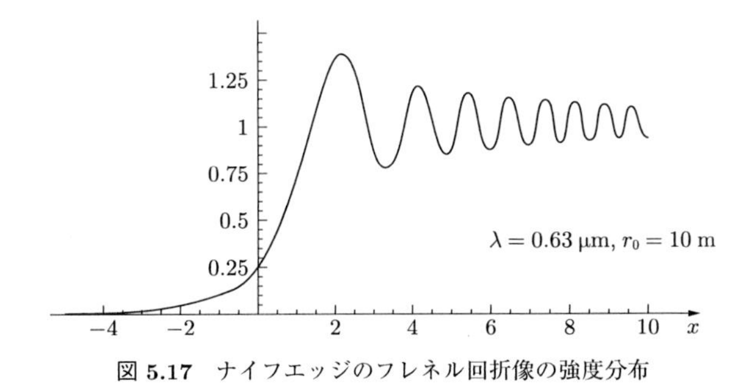

図 5.17 ナイフエッジのフレネル回折像の強度分布

[*1] このコルニューの螺旋は，クロソイド曲線ともよばれ，道路を運転するドライバーが車の速度を一定にしてハンドルを一定の角速度で回すときに車が描く軌跡を表す．直線道路から急カーブで進路を変えるとき，運転者の負担が少なくなる経路であることが知られており，緩和曲線とも呼ばれている．

$$I(x) = |\mathcal{E}(x)|^2 = \frac{I_0}{2}\Big\{\Big[C\Big(\sqrt{\frac{2}{\lambda r_0}}x\Big) + \frac{1}{2}\Big]^2 + \Big[S\Big(\sqrt{\frac{2}{\lambda r_0}}x\Big) + \frac{1}{2}\Big]^2\Big\} \tag{5.90}$$

ただし,

$$I_0 = |\mathcal{E}(x \to \infty)|^2 = \lambda r_0 C''^2 \tag{5.91}$$

これを図示すると，図 5.17 が得られる．ナイフエッジの影に対応する部分 ($x < 0$) にも光が回り込む様子がわかる．影でない部分は，エッジに平行な縞模様ができる．

5.6.2　スリットのフレネル回折

幅 w のスリットのフレネル回折は，式 (5.80) と式 (5.85) を用いて計算でき，その強度分布は,

$$I(x) = \frac{I_0}{2}\Big\{\Big[C(\alpha_2) - C(\alpha_1)\Big]^2 + \Big[S(\alpha_2) - S(\alpha_1)\Big]^2\Big\} \tag{5.92}$$

ただし,

$$\alpha_1 = \sqrt{\frac{2}{\lambda r_0}}\Big(-\frac{w}{2} - x\Big), \qquad \alpha_2 = \sqrt{\frac{2}{\lambda r_0}}\Big(\frac{w}{2} - x\Big) \tag{5.93}$$

いろいろな距離におけるスリットのフレネル回折強度分布を図 5.18 に示す.

5.6.3　矩形開口のフレネル回折

矩形開口のフレネル回折の計算は，式 (5.80) が変数分離できることに着目して,

$$\mathcal{E}(x, y) = C'' \int_{-w_x/2}^{w_x/2} \exp\Big[\frac{\mathrm{i}\pi}{\lambda r_0}(x - \xi)^2\Big]\mathrm{d}\xi \int_{-w_y/2}^{w_y/2} \exp\Big[\frac{\mathrm{i}\pi}{\lambda r_0}(y - \eta)^2\Big]\mathrm{d}\eta \tag{5.94}$$

ここで，スリットの場合と同様な変数変換をして,

$$\alpha = \sqrt{\frac{2}{\lambda r_0}}(\xi - x), \qquad \beta = \sqrt{\frac{2}{\lambda r_0}}(\eta - y) \tag{5.95}$$

さらに,

$$\alpha_1 = \sqrt{\frac{2}{\lambda r_0}}\Big(-\frac{w_x}{2} - x\Big), \qquad \alpha_2 = \sqrt{\frac{2}{\lambda r_0}}\Big(\frac{w_x}{2} - x\Big) \tag{5.96}$$

$$\beta_1 = \sqrt{\frac{2}{\lambda r_0}}\Big(-\frac{w_y}{2} - y\Big), \qquad \beta_2 = \sqrt{\frac{2}{\lambda r_0}}\Big(\frac{w_y}{2} - y\Big) \tag{5.97}$$

とすると，式 (5.94) は,

$$\mathcal{E}(x, y) = C''\frac{\lambda r_0}{2}\int_{\alpha_1}^{\alpha_2} \exp\Big(\frac{\mathrm{i}\pi}{2}\alpha^2\Big)\mathrm{d}\alpha \int_{\beta_1}^{\beta_2} \exp\Big(\frac{\mathrm{i}\pi}{2}\beta^2\Big)\mathrm{d}\beta \tag{5.98}$$

したがって，フレネル積分を使うと,

$$\begin{aligned}\mathcal{E}(x, y) = C''\frac{\lambda r_0}{2}&\Big\{[C(\alpha_2) - C(\alpha_1)] + \mathrm{i}[S(\alpha_2) - S(\alpha_1)]\Big\} \\ &\times \Big\{[C(\beta_2) - C(\beta_1)] + \mathrm{i}[S(\beta_2) - S(\beta_1)]\Big\}\end{aligned} \tag{5.99}$$

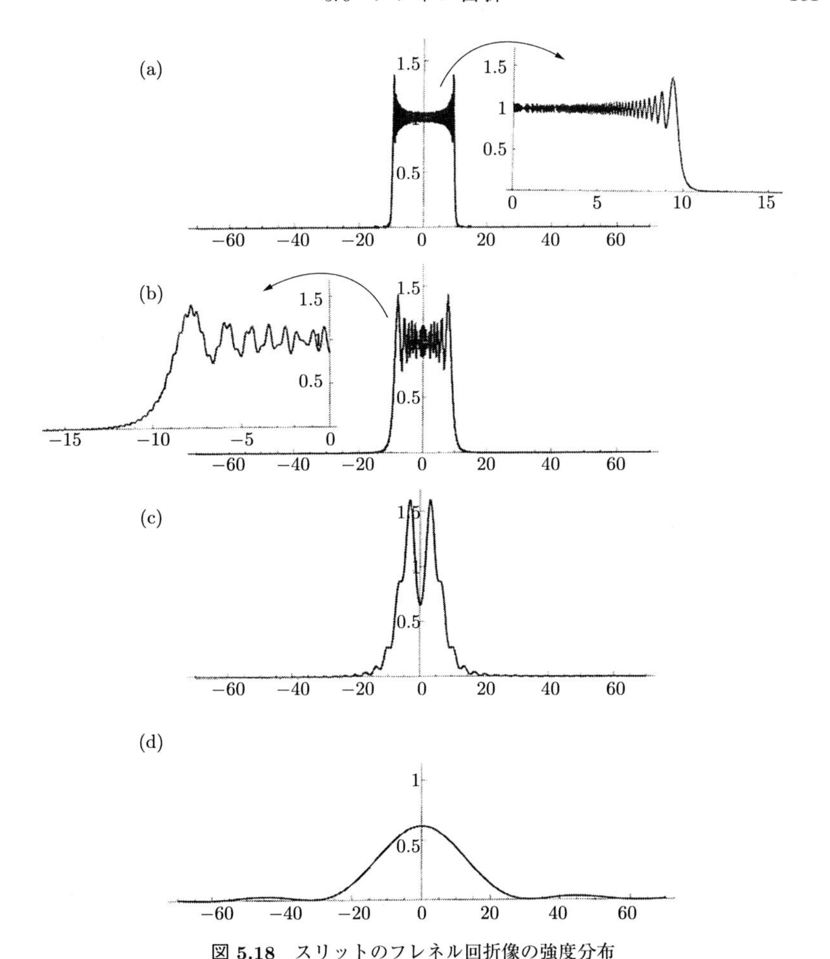

図 5.18 スリットのフレネル回折像の強度分布

スリット幅は 20 mm，波長は $\lambda = 630$ nm，スリットから観測面までの距離は (a) $r_0 = 1$ m，(b) $r_0 = 10$ m，(c) $r_0 = 100$ m，(d) $r_0 = 1$ km.

5.6.4 円形開口のフレネル回折

円形開口の場合には，式 (5.80) に戻り，極座標系への変換 (5.51) と $x = \varrho\cos\phi$, $y = \varrho\sin\phi$ により，次式を計算すればよい.

$$\begin{aligned}\mathcal{E}(\varrho,\phi) &= C''\int_0^{2\pi}\int_0^R \exp\left\{\frac{\mathrm{i}\pi}{\lambda r_0}\left[(\varrho\cos\phi - r\cos\theta)^2 + (\varrho\sin\phi - r\sin\theta)^2\right]\right\} r\mathrm{d}r\mathrm{d}\theta \\ &= C''\exp\left(\frac{\mathrm{i}\pi\varrho^2}{\lambda r_0}\right)\int_0^{2\pi}\int_0^R \exp\left(\frac{\mathrm{i}\pi r^2}{\lambda r_0}\right)\exp\left\{-\frac{\mathrm{i}2\pi}{\lambda r_0}[r\varrho\cos(\theta-\phi)]\right\} r\mathrm{d}r\mathrm{d}\theta \end{aligned} \tag{5.100}$$

ここで，付録の式 (G.20) を用いて，

$$\mathcal{E}(\varrho) = C'' \exp\left(\frac{\mathrm{i}\pi\varrho^2}{\lambda r_0}\right) \int_0^R \exp\left(\frac{\mathrm{i}\pi r^2}{\lambda r_0}\right) 2\pi J_0\left(\frac{2\pi r\varrho}{\lambda r_0}\right) r\mathrm{d}r \tag{5.101}$$

さらに適当な変数変換を行うと，

$$\mathcal{E}(\varrho) = C''' \exp\left(\frac{\mathrm{i}\pi\varrho^2}{\lambda r_0}\right) \int_0^1 \exp\left(\frac{\mathrm{i}\pi R^2}{\lambda r_0} r^2\right) J_0\left(\frac{2\pi R\varrho r}{\lambda r_0}\right) r\mathrm{d}r \tag{5.102}$$

ただし，

$$C''' = C'' 2\pi R^2 \tag{5.103}$$

これが，円形開口のフレネル回折像の振幅分布である．

光軸上の回折像強度は，

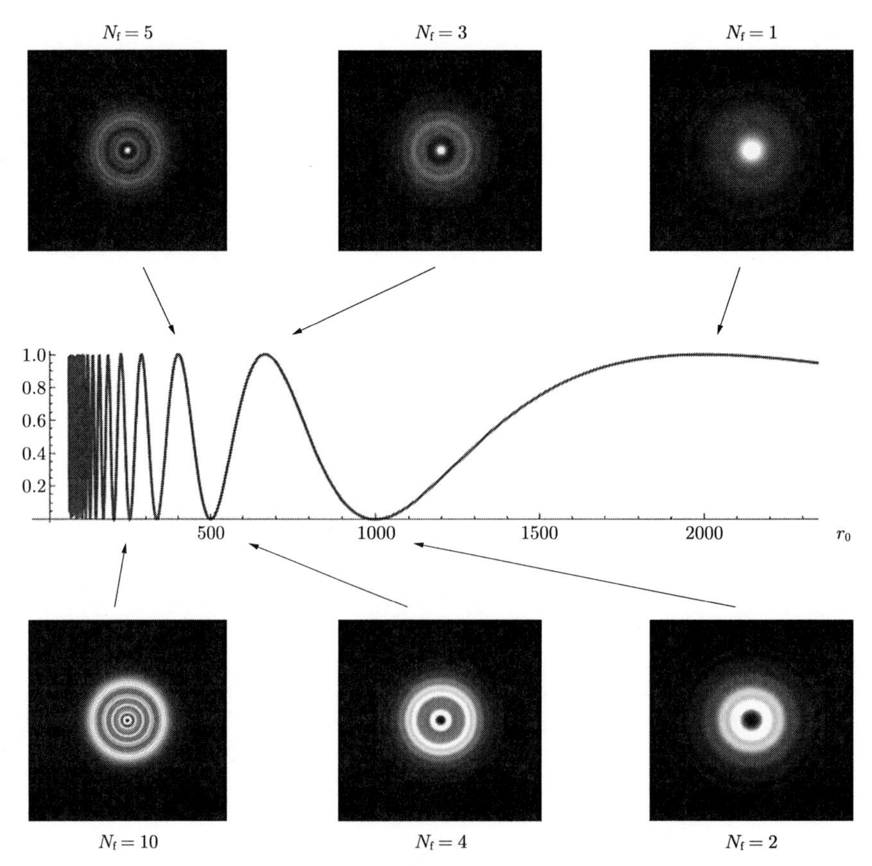

図 5.19　円形開口のフレネル回折

光軸上の強度分布 $I(0, r_0)$ とフレネル数 N_f．それに対応する回折像の強度分布．

$$
\begin{aligned}
I(0,r_0) &= \left| C''' \int_0^1 \exp\left(\mathrm{i}\frac{\pi R^2}{\lambda r_0} r^2\right) r \mathrm{d}r \right|^2 \\
&= \left| C''' \frac{\lambda r_0}{\pi R^2} \exp\left(\mathrm{i}\frac{\pi R^2}{2\lambda r_0}\right) \sin\left(\frac{\pi R^2}{2\lambda r_0}\right) \right|^2 \\
&= I_0 \sin^2\left(\frac{\pi R^2}{2\lambda r_0}\right)
\end{aligned}
\tag{5.104}
$$

ただし,

$$
I_0 = \left| C''' \frac{\lambda r_0}{\pi R^2} \right|^2 \tag{5.105}
$$

極大値をとるのは,

$$
\frac{\pi R^2}{2\lambda r_0} = \frac{\pi}{2}(2m+1), \qquad m = 0, 1, 2, \ldots \tag{5.106}
$$

ここでフレネル数

$$
N_{\mathrm{f}} = \frac{R^2}{\lambda r_0} \tag{5.107}
$$

を定義すると,フレネル数 N_{f} が奇数のとき,極大値をとり,偶数のとき 0 となる.観測面までの距離 r_0 とそれに対応するいろいろなフレネル数に対する回折像の強度分布 $I(\varrho) = |\mathcal{E}(\varrho)|^2$ を,図 5.19 に示す.

5.6.5 フレネルのゾーンプレイト

5.1 節の図 5.3 の説明において,フレネルの輪帯を考えた.このときは,光源 Q から発する球面波の表面に輪帯を想定したが,平面波による回折を考え,図 5.20 のように,平面上にフレネルの輪帯を想定することにする.この場合にも,観測点 P から各輪帯の半径までの距離は,$\lambda/2$ ずつ増えるとする.すなわち,観測点 P から輪帯の平面までの距離を r_0 とし,n 番目の輪帯の半径を r_n とすると,

$$
\begin{aligned}
r_n^2 + r_0^2 &= (r_0 + n\lambda/2)^2 \\
r_n &\approx \sqrt{n\lambda r_0}
\end{aligned}
\tag{5.108}
$$

ここで,式 (5.7) の場合と同様に,隣りあう輪帯から点 P への寄与は,位相が π 異な

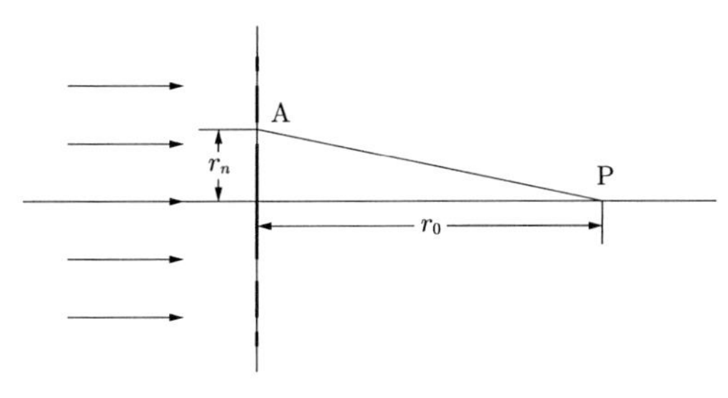

図 5.20 平面上のフレネル輪帯

図 5.21 フレネルゾーンプレイト

るので，1 つおきに輪帯を遮断すれば，残りの輪帯からの寄与はすべて同位相で強めあうことになる．このような同心円状の輪帯開口をフレネルゾーンプレイト (輪帯板) (Fresnel zone plate) という (図 5.21).

バビネの原理から，遮蔽する輪帯と透過する輪帯を入れ替えてもよい．フレネルゾーンプレイトに平面波を当てると，点 P に集光する．すなわち，焦点距離が r_0 のレンズと同様の結像作用をもつ．

X 線の領域ではレンズが作れないので，X 線を吸収する材料で形成されたフレネルゾーンプレイトが結像素子として使われている．

5.7 光波の伝搬と角スペクトル

スカラー波の伝搬や回折の現象を記述する別の方法について述べよう．図 5.22 に示すように，z 方向に伝搬する平面波があり，$z=0$ の位置で，$u(x,y,0)$ の複素振幅分布をもっているとする．この平面波が，$z=z$ の位置でどのような振幅分布をもつか考えよう．まず，面 $z=0$ における振幅分布の 2 次元フーリエ変換を考えよう．

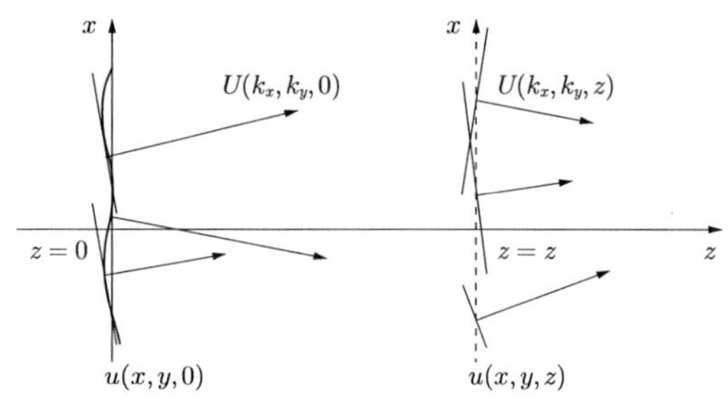

図 5.22 角スペクトルによる光波の伝搬

$$U(\nu_x, \nu_y, 0) = \iint_{-\infty}^{\infty} u(x, y, 0) \exp[-\mathrm{i}2\pi(x\nu_x + y\nu_y)]\mathrm{d}x\mathrm{d}y \tag{5.109}$$

その逆変換は,

$$u(x, y, 0) = \iint_{-\infty}^{\infty} U(\nu_x, \nu_y, 0) \exp[\mathrm{i}2\pi(x\nu_x + y\nu_y)]\mathrm{d}\nu_x\mathrm{d}\nu_y \tag{5.110}$$

で与えられる. これは, 光波 $u(x, y, 0)$ は, 振幅 $U(\nu_x, \nu_y, 0)$ をもつ平面波 $\exp[\mathrm{i}2\pi(x\nu_x + y\nu_y)]$ に分解されることを意味する.

ここで, $z = 0$ の位置にある複素振幅分布が z 方向に進む平面波として物理的に存在できるためには, 式 (2.45) より, $\exp[\mathrm{i}(k_x x + k_y y + k_z z)]$ の形になっている必要がある. ただし, 式 (2.53) より

$$k^2 = k_x^2 + k_y^2 + k_z^2 \tag{5.111}$$

の関係も必要である. したがって,

$$k_x = 2\pi\nu_x, \qquad k_y = 2\pi\nu_y, \qquad k_z = \sqrt{k^2 - (k_x^2 + k_y^2)} = \sqrt{k^2 - 4\pi^2(\nu_x^2 + \nu_y^2)} \tag{5.112}$$

これより,

$$U(k_x, k_y, 0) = \iint_{-\infty}^{\infty} u(x, y, 0) \exp[-\mathrm{i}(k_x x + k_y y)]\mathrm{d}x\mathrm{d}y \tag{5.113}$$

これを, 角スペクトル, もしくは, アンギュラースペクトル (angular spectrum) という. 均質な空間を伝搬する光は, 角スペクトルに分解できる. その角スペクトルは, それがもつ波数ベクトルの方向に進む平面波である.

次に, $z = z$ における角スペクトルは,

$$U(k_x, k_y, z) = \iint_{-\infty}^{\infty} u(x, y, z) \exp[-\mathrm{i}(k_x x + k_y y)]\mathrm{d}x\mathrm{d}y \tag{5.114}$$

したがって, その逆変換である $z = z$ における波動の振幅分布は,

$$u(x, y, z) = \frac{1}{4\pi^2} \iint_{-\infty}^{\infty} U(k_x, k_y, z) \exp[\mathrm{i}(k_x x + k_y y)]\mathrm{d}k_x\mathrm{d}k_y \tag{5.115}$$

である. この波動が物理的に存在できるためには, ヘルムホルツの方程式 (5.10)

$$\nabla^2 u + k^2 u = 0 \tag{5.116}$$

を満足する必要がある. したがって,

$$-(k_x^2 + k_y^2)U(k_x, k_y, z) + \frac{\mathrm{d}^2}{\mathrm{d}z^2}U(k_x, k_y, z) + k^2 U(k_x, k_y, z) = 0 \tag{5.117}$$

この解は,

$$U(k_x, k_y, z) = U(k_x, k_y, 0) \exp\left(\mathrm{i}\sqrt{k^2 - k_x^2 - k_y^2} \cdot z\right) \tag{5.118}$$

であるので,

$$u(x,y,z) = \frac{1}{4\pi^2}\iint_{-\infty}^{\infty} U(k_x,k_y,0)\exp\left(\mathrm{i}\sqrt{k^2-k_x^2-k_y^2}\cdot z\right)\exp[\mathrm{i}(k_x x+k_y y)]\mathrm{d}k_x\mathrm{d}k_y \tag{5.119}$$

したがって，$z=z$ における波動の振幅分布を求めるには，$z=0$ における角スペクトル $U(k_x,k_y,0)$ に $\exp\left(\mathrm{i}\sqrt{k^2-k_x^2-k_y^2}\cdot z\right)$ をかけて，それをフーリエ逆変換すればよい．

式 (5.118) より，$k_x^2+k_y^2<k$ の領域では，角スペクトルは平面波として $z=0$ から $z=z$ に伝わっていくことがわかる．一方，$k_x^2+k_y^2>k$ の領域では，$\exp\left(-\sqrt{k_x^2-k_y^2-k^2}\cdot z\right)$ に従って指数関数的に角スペクトルは減衰する．回折波は，平面波として伝搬する成分と減衰する波の成分の重ね合わせで表すことができる．

図 5.23 に角スペクトルによる回折の計算例を示す．$z=0$ の面に，幅 w のスリットがあり，$A=1$ の平面波が入射した場合の回折波の振幅分布を示す [*2]．

式 (5.119) は，均質な媒質中を伝搬するスカラー波に対する厳密解である．ベクトル波に対しては，6 つの成分 (E_x，E_y，E_z，H_x，H_y，H_z) に対して同様な式を導けば解析できる．しかし，マックスウエルの方程式の要請から，6 つの成分の内独立なのは 2 成分であることに注意せよ．

ここで，角スペクトル $U(k_x,k_y,0)$ が低い周波数の成分のみをもっている場合を考えよう．すなわち，式 (5.112) において，

$$k_z=\sqrt{k^2-(k_x^2+k_y^2)}=k\sqrt{1-\frac{k_x^2+k_y^2}{k^2}}\approx k-\frac{k_x^2+k_y^2}{2k} \tag{5.120}$$

とする．この近似は，考えている光波はほとんど z 方向に平行に進んでいる成分のみで構成されていることを意味し，幾何光学における近軸近似と同等である．

近軸近似の式 (5.120) を式 (5.119) に代入すると，

$$u(x,y,z)=\frac{1}{4\pi^2}\iint_{-\infty}^{\infty} U(k_x,k_y,0)\exp(\mathrm{i}kz) \times\exp\left[-\mathrm{i}\frac{(k_x^2+k_y^2)z}{2k}\right]\exp[\mathrm{i}(k_x x+k_y y)]\mathrm{d}k_x\mathrm{d}k_y \tag{5.121}$$

次に，式 (5.113) を代入すると，

$$u(x,y,z)=\frac{1}{4\pi^2}\exp(\mathrm{i}kz)\iint_{-\infty}^{\infty}\iint_{-\infty}^{\infty} u(x',y',0)\exp[-\mathrm{i}(k_x x'+k_y')]\mathrm{d}x'\mathrm{d}y' \times\exp\left[-\mathrm{i}\frac{(k_x^2+k_y^2)z}{2k}\right]\exp[\mathrm{i}(k_x x+k_y y)]\mathrm{d}k_x\mathrm{d}k_y \tag{5.122}$$

[*2] ここでの計算は，スカラー波によるものである．スカラー波近似は，開口や境界から波長程度離れた領域で成立するものである．したがって，開口の大きさが波長程度以下の場合や，開口近辺の回折計算は正確ではないことに注意せよ．

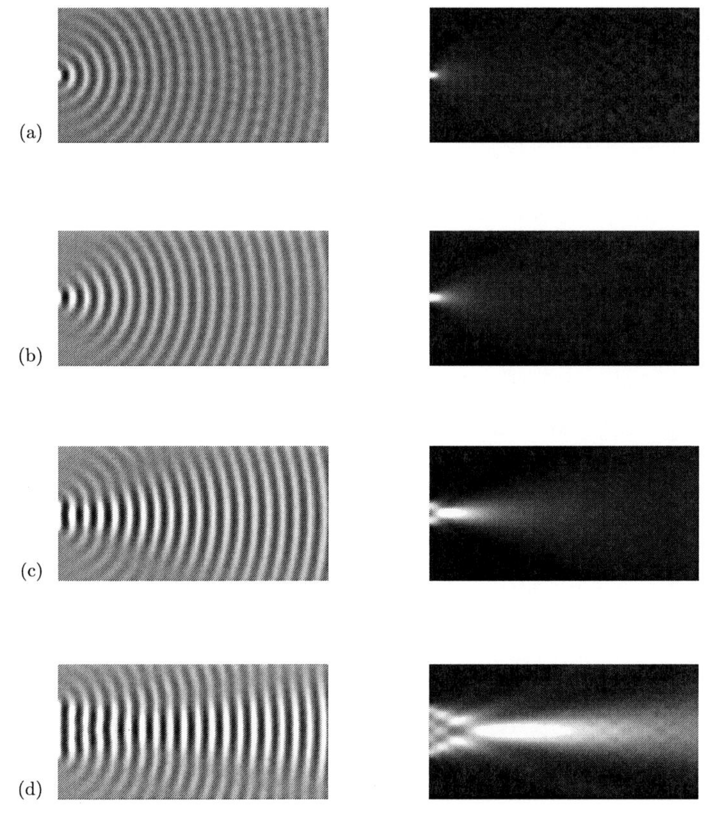

図 **5.23**　角スペクトルを用いた回折の計算

縦方向 10λ，横方向 20λ の範囲の光波振幅の実部 (左) と強度分布 (右)．開口は各図の左側面中央にあり，その幅 w は (a) 0.5λ，(b) 1.0λ，(c) 2.0λ，(d) 4.0λ．開口の大きさが波長以下であると，光波はほとんど開口後方に伝搬できない．

積分の順序を変えて，

$$\int_{-\infty}^{\infty} \exp(-ax^2 + bx)\mathrm{d}x = \sqrt{\frac{\pi}{a}} \exp\left(\frac{b^2}{4a}\right) \tag{5.123}$$

を用いて，k_x と k_y で積分すると，

$$u(x,y,z) = -\frac{\mathrm{i}}{\lambda z}\exp(\mathrm{i}kz)\iint_{-\infty}^{\infty} u(x',y',0)\exp\left\{\mathrm{i}\frac{\pi}{\lambda z}\left[(x-x')^2+(y-y')^2\right]\right\}\mathrm{d}x'\mathrm{d}y' \tag{5.124}$$

が得られる．これは，フレネル回折の式 (5.24) と一致する．スカラー波の伝搬の厳密式 (5.119) において近軸近似 (5.120) のみを用いて，式 (5.124) を導いた．このことは，フレネル回折の式 (5.24) は，開口の形状の角スペクトル分布が低周波成分のみである場合には，開口の極めて近くにおいても，成立することを意味する．

問　　題

1）直径が 100 mm，焦点距離が 3 m の望遠鏡対物レンズで，星を観測する．このとき，対物レンズの焦点面にできる星の像の直径を求めよ．光の波長は 550 nm とせよ．

2）He-Ne レーザー (波長 632.8 nm) から直径が 2 mm のビームが出力されている．このレーザー光がどれほどの距離を進むとビーム径が 2 倍になるか．ただし，レーザーの射出口では，円形で強度は一様であるとせよ．

3）図 5.24 に示すような，幅が d のスリットが間隔 D で 3 本並んでいる開口がある．この開口面に波長 λ の平面波が垂直に入射したときのフラウンホーファー回折像の振幅分布を計算せよ．ただし，$D \geq d$ である．

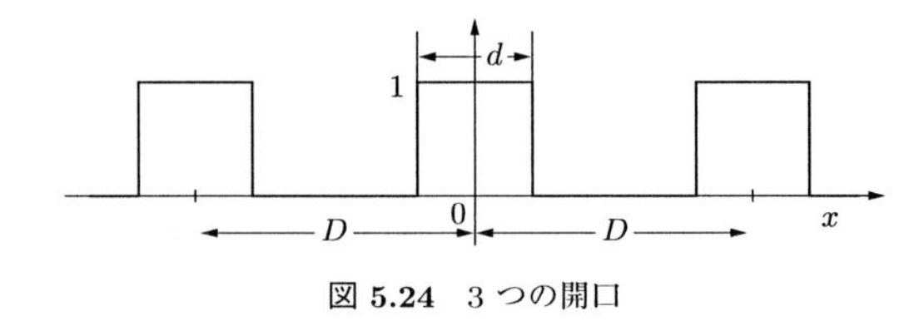

図 5.24　3 つの開口

4）図 5.25 に示すような，幅が d の正方開口が間隔 D で並んでいる複開口がある．この複開口面に波長 λ の平面波が垂直に入射したときのフラウンホーファー回折像の振幅分布を計算せよ．ただし，$D \geq d$ である．

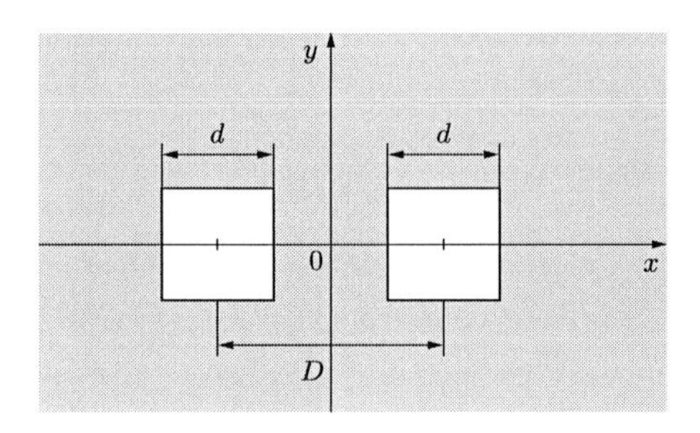

図 5.25　複開口

5）図 5.26 に示すように，半径 R の円形開口が 2 個間隔 D で並んでいる．このときのフラウンホーファー回折像の振幅分布を計算せよ．ただし，光の波長を λ，$D > 2R$ とせよ．

6）図 5.27 に示すように，幅 W の矩形開口があり，この中心に幅 w の矩形遮光板が置かれている．このときの，フラウンホーファー回折像の強度分布を計算せ

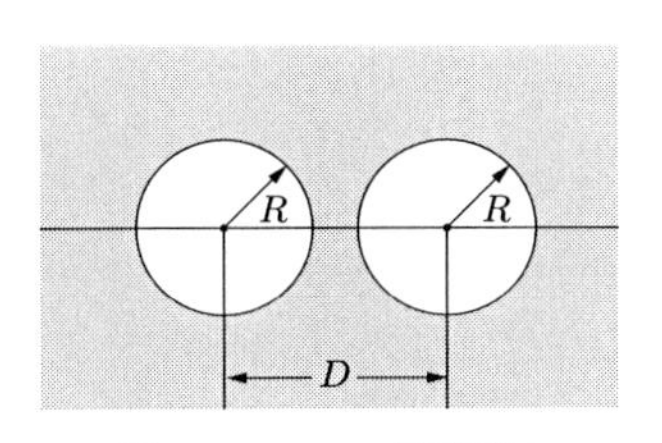

図 5.26　2 つの円形開口

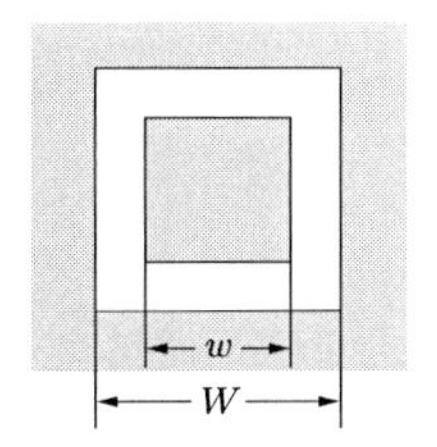

図 5.27　中心に矩形遮光板がある矩形開口

よ．ただし，光の波長を λ とし，$W > w$ である．

7) 図 5.28 に示すように，幅 $W_x \times W_y$ の矩形開口があり，開口の半分の部分がほかの部分と位相が π 変化している．このときの，フラウンホーファー回折像の強度分布を計算せよ．ただし，光の波長を λ とせよ．

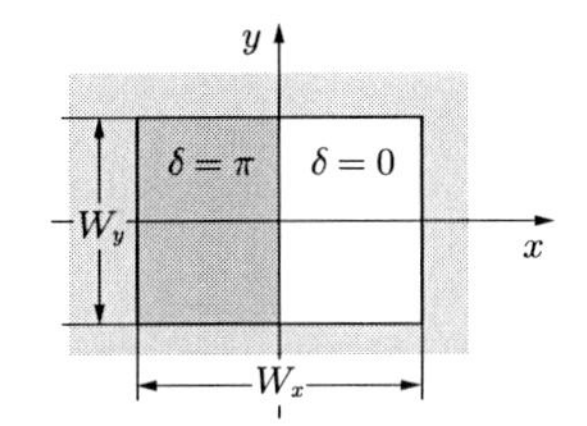

図 5.28　半分の部分で位相が π 異なる矩形開口

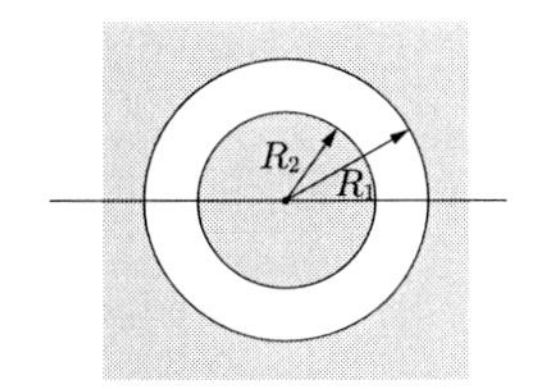

図 5.29　円環状の開口

8) 図 5.29 に示すように，外半径が R_1，内半径が R_2 の円環状の開口のフラウンホーファー回折像の強度分布を計算せよ．ただし，$R_1 > R_2$，光の波長を λ とせよ．

9) 振幅透過率が $g(x) = 1/2 + A\cos(2\pi x/p)$ で与えられる正弦格子に，波長 λ の平行光が入射したときのフラウンホーファー回折像を計算せよ．ただし，$|A| < 1/2$.

10) 屈折率が $n(x) = n_0 + \alpha\cos(2\pi x/p)$ のように正弦的に変化している透明板に，波長 λ の平行光が入射したときのフラウンホーファー回折像を計算せよ．ただし，透明板の厚さは d，$|\alpha| \ll n_0$.

11) DVD 用の半導体レーザーの波長は $\lambda = 630$ nm である．図 5.30 に示すように，この半導体レーザーの端面の形状が $w_x = 8$ μm，$w_y = 3$ μm の長方形であったとき，レーザービームの広がり角を求めよ．ただし，レーザーの射出面上では一様のレーザー強度であるとせよ．

12) 図 5.31 に示すように，細い He-Ne レーザービームを顕微鏡対物レンズ L_1 で焦点に絞り，これを焦点距離 $f' = 50$ mm，直径 $D = 10$ mm のレンズ L_2 で再度集光したい．このときの集光スポットの直径 d を求めよ．ただし，顕微鏡対物レンズ L_1 の焦点からレンズ L_2 までの距離を 150 mm とし，レンズ L_2 の開口にはレーザー光が一様に入射しているとせよ．また，He-Ne レーザーの波

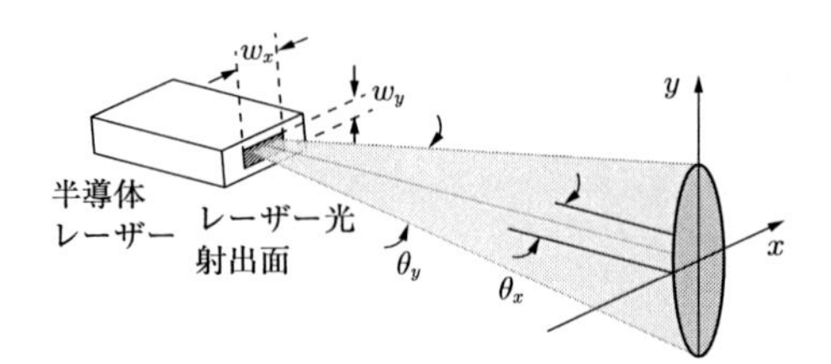

図 5.30　半導体レーザー光の広がり

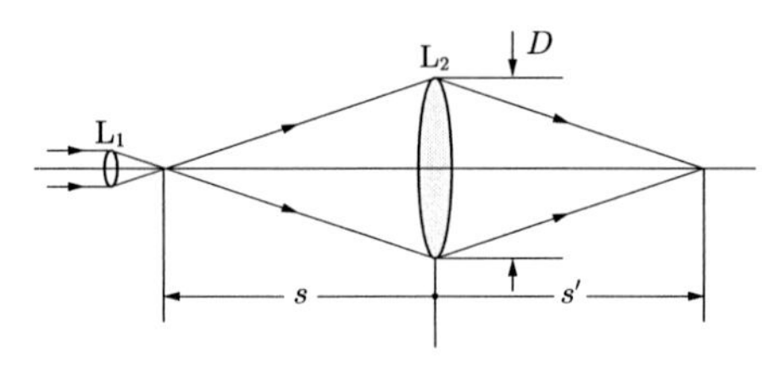

図 5.31　レーザービームの収束

長は 632.8 nm である．このように，レンズ L_2 の開口にレーザー光を一様に入射させるためには，どのような条件が必要か．

6

フーリエ光学，光情報処理，ホログラフィ

フラウンホーファー回折は，5.4 節で，数学的にはフーリエ変換であることを述べた．レンズによっても光学的フーリエ変換ができる．回折や結像の概念によって見直すと，新しい展開ができる．また，フーリエ変換によって，物体や像を周波数空間で記述することが可能になり，結像の性質や分解能の概念が明快に解釈できる．次に，フーリエ光学の結果をもとに，光学的情報 (画像) のアナログ的な変換や処理の方法について述べる．さらに，光波の複素振幅分布を記録再生できるホログラフィについても述べる．ホログラフィによって立体情報の記録と表示が可能となり，計測分野への応用も開けてきた．

6.1 フーリエ変換とコンボリューション

通常，フーリエ変換 (Fourier transform) は，時間信号 $f(t)$ に対して，

$$F(\omega) = \int_{-\infty}^{\infty} f(t) \exp(-\mathrm{i}\omega t) \mathrm{d}t \tag{6.1}$$

その逆変換は，

$$f(t) = \frac{1}{2\pi} \int_{-\infty}^{\infty} F(\omega) \exp(\mathrm{i}\omega t) \mathrm{d}\omega \tag{6.2}$$

と定義されることが多い．ω は，周波数 (正確には角周波数) である．光学では，空間的な信号 (画像) を考えるので，時間信号の代わりに空間信号 $G(\xi)$ を考え，そのフーリエ変換と逆変換を

$$G(\nu_x) = \int_{-\infty}^{\infty} g(x) \exp(-\mathrm{i}2\pi x\nu_x) \mathrm{d}x \tag{6.3}$$

$$g(x) = \int_{-\infty}^{\infty} G(\nu_x) \exp(\mathrm{i}2\pi x\nu_x) \mathrm{d}\nu_x \tag{6.4}$$

とする．ここで，逆変換で，$1/2\pi$ がないのは，フーリエ変換の核を $\exp(-\mathrm{i}2\pi x\nu_x)$ としたためである．この方が対称性がよいことに注意．ここで，ν_x を x の空間周波数という．また，フーリエ変換とその逆変換を

$$G(\nu_x) = \mathcal{F}[g(x)] \tag{6.5}$$

$$g(x) = \mathcal{F}^{-1}[G(\nu_x)] \tag{6.6}$$

のように表すこともある．以後，フーリエ変換を，式 (6.3) や式 (6.4) の形で定義する．

a.　2 次元フーリエ変換

フラウンホーファー回折式は，式 (5.29) より，

$$G(\nu_x, \nu_y) = \iint_{-\infty}^{\infty} g(x, y) \exp\left[-\mathrm{i}2\pi(\nu_x x + \nu_y y)\right] \mathrm{d}x\mathrm{d}y \tag{6.7}$$

である．ただし，空間周波数は

$$\nu_x = \frac{x}{\lambda r_0}, \qquad \nu_y = \frac{y}{\lambda r_0} \tag{6.8}$$

で与えられる．式 (6.7) は 2 次元のフーリエ変換である．2 次元のフーリエ逆変換も存在し，

$$g(x, y) = \iint_{-\infty}^{\infty} G(\nu_x, \nu_y) \exp\left[\mathrm{i}2\pi(\nu_x x + \nu_y y)\right] \mathrm{d}\nu_x \mathrm{d}\nu_y \tag{6.9}$$

で与えられる．実空間の信号とそのスペクトルの間には，

$$\iint_{-\infty}^{\infty} |g(x, y)|^2 \mathrm{d}x\mathrm{d}y = \iint_{-\infty}^{\infty} |G(\nu_x, \nu_y)|^2 \mathrm{d}\nu_x \mathrm{d}\nu_y \tag{6.10}$$

の関係がある．これは，実空間における物体のエネルギーとスペクトルのエネルギーは等しいことを意味し，この関係は，パーシバルの式と呼ばれる．

b.　コンボリューション積分

2 つの関数 $g_1(x, y)$ と $g_2(x, y)$ があり，それぞれのフーリエ変換を，$G_1(\nu_x, \nu_y)$ と $G_2(\nu_x, \nu_y)$ とする．このとき，$G_1(\nu_x, \nu_y)$ と $G_2(\nu_x, \nu_y)$ の積の逆フーリエ変換は，

$$\mathcal{F}^{-1}\left[G_1(\nu_x, \nu_y) \cdot G_2(\nu_x, \nu_y)\right] = \iint_{-\infty}^{\infty} g_1(x', y') g_2(x - x', y - y') \mathrm{d}x' \mathrm{d}y' \tag{6.11}$$

となる．式 (6.11) の右辺の積分を関数 $g_1(x, y)$ と $g_2(x, y)$ のコンボリューション (convolution) 積分 (あるいは，畳み込み積分) といい，式 (6.11) をコンボリューション定理という．コンボリューション積分は，

$$\iint_{-\infty}^{\infty} g_1(x', y') g_2(x - x', y - y') \mathrm{d}x' \mathrm{d}y' = g_1(x, y) * g_2(x, y) \tag{6.12}$$

と書かれることもある．

c.　フーリエ変換の性質

よく使うフーリエ変換の性質をまとめる．1 次元関数について記したが，2 次元への拡張は容易である．

● 線形性

$$\mathcal{F}[\alpha g_1(x) + \beta g_2(x)] = \alpha \mathcal{F}[g_1(x)] + \beta \mathcal{F}[g_2(x)] \tag{6.13}$$

ただし，α，β は定数である．

● 相似性

$$\mathcal{F}[g(\alpha x)] = \frac{1}{|\alpha|} G\left(\frac{\nu_x}{\alpha}\right) \tag{6.14}$$

● シフト定理

$$\mathcal{F}[g(x - \alpha)] = \exp(-\mathrm{i}2\pi\alpha\nu_x) G(\nu_x) \tag{6.15}$$

- パーシバルの定理 (エネルギー保存則)

$$\int_{-\infty}^{\infty} |g(x)|^2 \mathrm{d}x = \int_{-\infty}^{\infty} |G(\nu_x)|^2 \mathrm{d}\nu_x \tag{6.16}$$

- コンボリューション定理

$$\mathcal{F}\left[\int_{-\infty}^{\infty} g_1(x')g_2(x-x')\mathrm{d}x'\right] = \mathcal{F}[g_1(x) * g_2(x)] = G_1(\nu_x)G_2(\nu_x) \tag{6.17}$$

- 相関定理

$$\mathcal{F}\left[\int_{-\infty}^{\infty} g_1(x')g_2^*(x'-x)\mathrm{d}x'\right] = \mathcal{F}[g_1(x) \star g_2^*(x)] = G_1(\nu_x)G_2^*(\nu_x) \tag{6.18}$$

d.　よく使う関数のフーリエ変換

よく使う関数のフーリエ変換をまとめておこう．まず，いくつかの関数を定義する．まず，矩形関数 $\mathrm{rect}(x)$ は，

$$\mathrm{rect}(x) = \begin{cases} 1 & |x| \leq 1/2 \\ 0 & |x| > 1/2 \end{cases} \tag{6.19}$$

$$\mathrm{sinc}(\nu_x) = \frac{\sin \pi\nu_x}{\pi\nu_x} \tag{6.20}$$

デルタ関数 $\delta(x)$ は，

$$\int_{-\infty}^{\infty} g(x')\delta(x'-x)\mathrm{d}x' = g(x) \tag{6.21}$$

で定義され，

$$\int_{-\infty}^{\infty} \delta(x)\mathrm{d}x = 1 \tag{6.22}$$

である．また，デルタ関数列は，

$$\mathrm{comb}(x) = \sum_{n=-\infty}^{\infty} \delta(x-n) \tag{6.23}$$

で定義される．ただし，n は整数である．

代表的な関数とそのフーリエ変換を表 6.1 に示す．

表 6.1　関数とそのフーリエ変換

関数 $g(x)$	フーリエ変換 $G(\nu_x)$
$\mathrm{rect}(x)$	$\mathrm{sinc}(\nu_x)$
$\exp(-\pi x^2)$	$\exp(-\pi\nu_x^2)$
$\delta(x)$	1
$\exp(-\mathrm{i}2\pi\alpha x)$	$\delta(\nu_x+\alpha)$
$\cos(2\pi\alpha x)$	$[\delta(\nu_x+\alpha)+\delta(\nu_x-\alpha)]/2$
$\sin(2\pi\alpha x)$	$\mathrm{i}[\delta(\nu_x+\alpha)-\delta(\nu_x-\alpha)]/2$
$\mathrm{comb}(x)$	$\mathrm{comb}(\nu_x)$

6.2 フレネル回折とコンボリューション積分

光波が距離 z 伝搬するときのフレネル回折は，式 (5.80) より，

$$\mathcal{E}(x,y)=\iint_{-\infty}^{\infty} g(\xi,\eta)\exp\left\{\frac{\mathrm{i}\pi}{\lambda z}[(x-\xi)^2+(y-\eta)^2]\right\}\mathrm{d}\xi\mathrm{d}\eta \tag{6.24}$$

で与えられる．ただし，定数 C'' は無視した．この式は，コンボリューション積分の形をしているので，

$$\begin{aligned}\mathcal{E}(x,y)&=\iint_{-\infty}^{\infty} g(\xi,\eta)h(x-\xi,y-\eta)\mathrm{d}\xi\mathrm{d}\eta\\&=g(x,y)*h(x,y)\end{aligned} \tag{6.25}$$

と書ける．ただし，

$$h(x,y)=\exp\left[\frac{\mathrm{i}\pi}{\lambda z}(x^2+y^2)\right] \tag{6.26}$$

である．

ここで，関数 $h(x,y)$ のフーリエ変換は，

$$H(\nu_x,\nu_y)=\mathrm{i}\lambda z\exp[-\mathrm{i}\pi\lambda z(\nu_x^2+\nu_y^2)] \tag{6.27}$$

である．したがって，式 (6.25) にコンボリューション定理 (6.17) を適用すると，

$$\begin{aligned}\mathcal{E}(x,y)&=\mathcal{F}^{-1}[G(\nu_x,\nu_y)H(\nu_x,\nu_y)]\\&=\mathrm{i}\lambda z\iint G(\nu_x,\nu_y)\exp[-\mathrm{i}\pi\lambda z(\nu_x^2+\nu_y^2)]\exp[\mathrm{i}2\pi(x\nu_x+y\nu_y)]\mathrm{d}\nu_x\mathrm{d}\nu_y\end{aligned} \tag{6.28}$$

が得られ，これは角スペクトル法における近軸近似の式 (5.121) と同じであることに注意しよう．

ここで再び，フレネル回折の式 (6.24) を変形して，

$$\begin{aligned}\mathcal{E}(x,y)&=\iint_{-\infty}^{\infty} g(\xi,\eta)\exp\left\{\frac{\mathrm{i}\pi}{\lambda z}[(x-\xi)^2+(y-\eta)^2]\right\}\mathrm{d}\xi\mathrm{d}\eta\\&=\exp\left[\frac{\mathrm{i}\pi}{\lambda z}(x^2+y^2)\right]\iint g(\xi,\eta)\exp\left[\frac{\mathrm{i}\pi}{\lambda z}(\xi^2+\eta^2)\right]\exp\left[-\frac{\mathrm{i}2\pi}{\lambda z}(x\xi+y\eta)\right]\mathrm{d}\xi\mathrm{d}\eta\\&=\exp\left[\frac{\mathrm{i}\pi}{\lambda z}(x^2+y^2)\right]G_H\left(\frac{x}{\lambda z},\frac{y}{\lambda z}\right)\end{aligned} \tag{6.29}$$

ただし，

$$\begin{aligned}G_H(\nu_x,\nu_y)&=\iint g(\xi,\eta)\exp\left[\frac{\mathrm{i}\pi}{\lambda z}(\xi^2+\eta^2)\right]\exp[-\mathrm{i}2\pi(\nu_x\xi+\nu_y\eta)]\mathrm{d}\xi\mathrm{d}\eta\\&=\mathcal{F}\left\{g(\xi,\eta)\exp\left[\frac{\mathrm{i}\pi}{\lambda z}(\xi^2+\eta^2)\right]\right\}\end{aligned} \tag{6.30}$$

以上の結果から，フレネル回折を計算するには，フーリエ変換を 2 回使う式 (6.28) の方法と，フーリエ変換を 1 回使う式 (6.29) の方法があることがわかる．

6.3　レンズのフーリエ変換作用

無収差のレンズは，光軸上にある点光源から出た球面波を軸上の点像に収束する球面波に変換する作用をもつ．図 6.1 に示すように，点光源からレンズの前側主平面 H に到達した球面波を考え，球面上の点 A を通り主平面 H を切る点を B とする．B 点の後側主平面 H′ における対応点を B′ とし，H′ に接する像点に収束する球面波を考え，B′ 点から出てこの球面を横切る点を A′ とする．点光源を出た全光線が無収差で像点に収束するためには，光軸上を通る光線よりも，ABB′A′ を通る光線の方が，距離 $\overline{\mathrm{AB}}$ と距離 $\overline{\mathrm{B'A'}}$ だけ長い距離を進むので，レンズはこの距離に相当する位相を進める必要がある．この条件を満足させるには，レンズは

$$t(x,y)=\exp\Big[-\mathrm{i}\frac{2\pi}{\lambda}(\overline{\mathrm{AB}}+\overline{\mathrm{B'A'}})\Big] \tag{6.31}$$

の振幅透過率をもつ必要がある．ここで，

$$\overline{\mathrm{AB}}=\frac{x^2+y^2}{-2s} \qquad \overline{\mathrm{B'A'}}=\frac{x^2+y^2}{2s'} \tag{6.32}$$

したがって，

$$\begin{aligned} t(x,y)&=\exp\Big\{-\mathrm{i}\frac{2\pi}{\lambda}\Big[\Big(\frac{x^2+y^2}{-2s}+\frac{x^2+y^2}{2s'}\Big)\Big]\Big\}\\ &=\exp\Big[-\mathrm{i}\frac{\pi}{\lambda f'}(x^2+y^2)\Big] \end{aligned} \tag{6.33}$$

ただし，レンズの公式 (1.131)

$$-\frac{1}{s}+\frac{1}{s'}=\frac{1}{f'} \tag{6.34}$$

を用いた．

図 6.2(a) に示すように，レンズの前方 $-s$ の位置に振幅透過率 $g(x,y)$ の物体があり，これをレンズの焦点面で観測する場合を考えよう．物体は，コヒーレント光で照明されているとする．フーリエ光学では，(1) 物体からレンズまでのフレネル回折，(2) 式 (6.33) で表されるレンズによる複素振幅の変化，(3) レンズから焦点面までのフレネル回折，の 3 段階に分けて考える．図 6.2(b) はこれを模式的に表したものである．

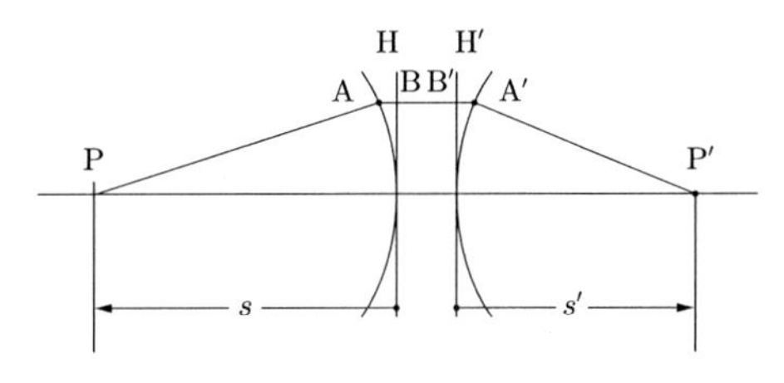

図 6.1　レンズのフーリエ変換作用

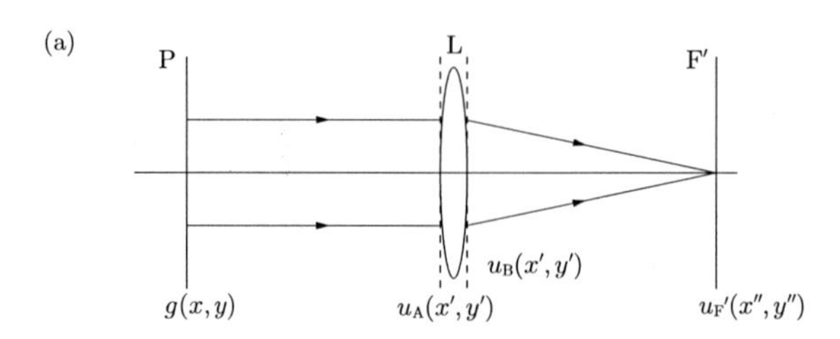

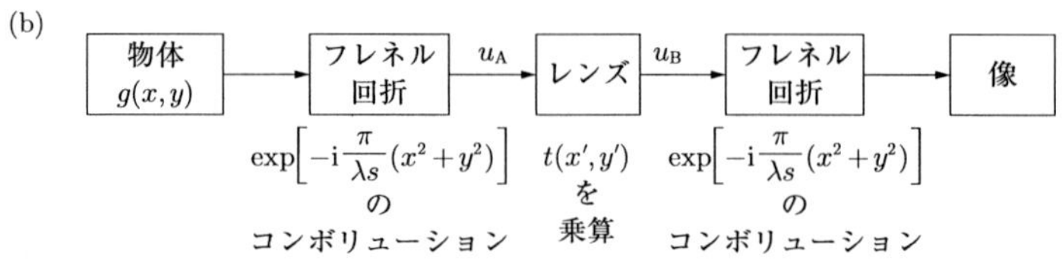

図 **6.2**　レンズの焦点面における振幅の計算

距離 $-s$ 伝搬しレンズ面に到達する波面の振幅分布は，

$$u_{\mathrm{A}}(x',y')=\iint_{-\infty}^{\infty}g(x,y)\exp\left\{-\mathrm{i}\frac{\pi}{\lambda s}\left[(x'-x)^2+(y'-y)^2\right]\right\}\mathrm{d}x\mathrm{d}y \qquad (6.35)$$

レンズを透過後の波面は，

$$u_{\mathrm{B}}(x',y')=t(x',y')u_{\mathrm{A}}(x',y')=\exp\left[-\mathrm{i}\frac{\pi}{\lambda f'}(x'^2+y'^2)\right]u_{\mathrm{A}}(x',y') \qquad (6.36)$$

と書ける．ただし，レンズの開口の大きさは十分大きいものとして無視する．焦点面における波面は，

$$u_{\mathrm{F}'}(x'',y'')=\iint_{-\infty}^{\infty}u_{\mathrm{B}}(x',y')\exp\left\{\mathrm{i}\frac{\pi}{\lambda f'}\left[(x''-x')^2+(y''-y')^2\right]\right\}\mathrm{d}x'\mathrm{d}y' \quad (6.37)$$

したがって，

$$\begin{aligned}
u_{\mathrm{F}'}(x'',y'')&=\iiiint_{-\infty}^{\infty}g(x,y)\exp\left\{-\mathrm{i}\frac{\pi}{\lambda s}\left[(x'-x)^2+(y'-y)^2\right]\right\}\\
&\quad\times\exp\left[-\mathrm{i}\frac{\pi}{\lambda f'}(x'^2+y'^2)\right]\\
&\quad\times\exp\left\{\mathrm{i}\frac{\pi}{\lambda f'}\left[(x''-x')^2+(y''-y')^2\right]\right\}\mathrm{d}x\mathrm{d}y\mathrm{d}x'\mathrm{d}y'\\
&=\exp\left[\mathrm{i}\frac{\pi}{\lambda f'}(x''^2+y''^2)\right]\iiiint_{-\infty}^{\infty}g(x,y)\\
&\quad\times\exp\left(-\mathrm{i}\frac{\pi}{\lambda s}\left\{\left[x'-\left(x-\frac{s}{f'}x''\right)\right]^2+\left[y'-\left(y-\frac{s}{f'}y''\right)\right]^2\right\}\right)\\
&\quad\times\exp\left\{\mathrm{i}\frac{\pi}{\lambda s}\left[\left(x-\frac{s}{f'}x''\right)^2+\left(y-\frac{s}{f'}y''\right)^2\right]\right\}\\
&\quad\times\exp\left[-\mathrm{i}\frac{\pi}{\lambda s}(x^2+y^2)\right]\mathrm{d}x\mathrm{d}y\mathrm{d}x'\mathrm{d}y'
\end{aligned} \qquad (6.38)$$

ここで，x' と y' に関する積分は収束し定数になることに注目しよう．この定数を C とすると，

$$
\begin{aligned}
u_{\mathrm{F}'}(x'',y'') &= C\exp\left[\mathrm{i}\frac{\pi}{\lambda f'}(x''^2+y''^2)\right]\iint_{-\infty}^{\infty} g(x,y)\\
&\quad\times\exp\left\{\mathrm{i}\frac{\pi}{\lambda s}\left[\left(x-\frac{s}{f'}x''\right)^2+\left(y-\frac{s}{f'}y''\right)^2\right]\right\}\\
&\quad\times\exp\left[-\mathrm{i}\frac{\pi}{\lambda s}(x^2+y^2)\right]\mathrm{d}x\mathrm{d}y\\
&= C\exp\left[\mathrm{i}\frac{\pi}{\lambda f'}\left(1+\frac{s}{f'}\right)(x''^2+y''^2)\right]\\
&\quad\times\iint_{-\infty}^{\infty} g(x,y)\exp\left[-\mathrm{i}\frac{2\pi}{\lambda f'}(xx''+yy'')\right]\mathrm{d}x\mathrm{d}y
\end{aligned}
\tag{6.39}
$$

ここで，座標変換

$$
\nu_x=\frac{x''}{\lambda f'}\qquad \nu_y=\frac{y''}{\lambda f'} \tag{6.40}
$$

を行うと，

$$
\begin{aligned}
u_{\mathrm{F}'}(\nu_x,\nu_y) &= C\exp\left[\mathrm{i}\pi\lambda f'\left(1+\frac{s}{f'}\right)(\nu_x^2+\nu_y^2)\right]\\
&\quad\times\iint_{-\infty}^{\infty} g(x,y)\exp\left[-\mathrm{i}2\pi(x\nu_x+y\nu_y)\right]\mathrm{d}x\mathrm{d}y
\end{aligned}
\tag{6.41}
$$

が得られる．これは2次元フーリエ変換である．すなわち，レンズの前面に振幅分布 $g(x,y)$ の物体をおいて，コヒーレント照明をすると，レンズの焦点面では，位相項を除き，振幅分布 $g(x,y)$ のフーリエ変換が得られる．ν_x，ν_y は，空間周波数と呼ばれる．

特に，物体をレンズの前側焦点面におくと，$s=-f'$ であるので，

$$
u_{\mathrm{F}'}(\nu_x,\nu_y)=C\iint_{-\infty}^{\infty} g(x,y)\exp\left[-\mathrm{i}2\pi(x\nu_x+y\nu_y)\right]\mathrm{d}x\mathrm{d}y \tag{6.42}
$$

となり，位相項の影響がなくなり，回折像の振幅分布 $u_{\mathrm{F}'}(\nu_x,\nu_y)$ が，物体の振幅分布 $g(x,y)$ のフーリエ変換に比例する．

6.4　結　　　像

レンズによる結像を解析してみよう．レンズの焦点距離が f' であり，レンズの前方 $-s$ の位置に複素振幅分布が $g(x,y)$ の物体があり，像面に相当するレンズの後方 s' の位置での複素振幅分布 $u(x'',y'')$ を求めてみよう．

距離 $-s$ 伝搬してレンズに到達する波面は，

$$
u_{\mathrm{A}}(x',y')=\iint_{-\infty}^{\infty} g(x,y)\exp\left\{-\mathrm{i}\frac{\pi}{\lambda s}\left[(x'-x)^2+(y'-y)^2\right]\right\}\mathrm{d}x\mathrm{d}y \tag{6.43}
$$

レンズを透過した後の波面は，

$$u_{\mathrm{B}}(x',y') = t(x',y')u_{\mathrm{A}}(x',y') = p(x',y')\exp\Big[-\mathrm{i}\frac{\pi}{\lambda f'}(x'^2+y'^2)\Big]u_{\mathrm{A}}(x',y') \tag{6.44}$$

と書ける．ただし，レンズの瞳の大きさは有限であるとして，関数 $p(x',y')$ で表した．これを瞳関数 (pupil function) という．レンズを透過後，距離 s' 伝搬した波面は，

$$u(x'',y'') = \iint_{-\infty}^{\infty} u_{\mathrm{B}}(x',y')\exp\Big\{\mathrm{i}\frac{\pi}{\lambda s'}\Big[(x''-x')^2+(y''-y')^2\Big]\Big\}\mathrm{d}x'\mathrm{d}y' \tag{6.45}$$

したがって，

$$\begin{aligned}
u(x'',y'') &= \iiiint_{-\infty}^{\infty} g(x,y)p(x',y')\exp\Big\{-\mathrm{i}\frac{\pi}{\lambda s}\Big[(x'-x)^2+(y'-y)^2\Big]\Big\} \\
&\quad\times\exp\Big[-\mathrm{i}\frac{\pi}{\lambda f'}(x'^2+y'^2)\Big] \\
&\quad\times\exp\Big\{\mathrm{i}\frac{\pi}{\lambda s'}\Big[(x''-x')^2+(y''-y')^2\Big]\Big\}\mathrm{d}x\mathrm{d}y\mathrm{d}x'\mathrm{d}y' \\
&= \exp\Big[\mathrm{i}\frac{\pi}{\lambda s'}(x''^2+y''^2)\Big]\iiiint_{-\infty}^{\infty} g(x,y)p(x',y') \\
&\quad\times\exp\Big[-\mathrm{i}\frac{\pi}{\lambda s}(x^2+y^2)\Big]\cdot\exp\Big[\mathrm{i}\frac{\pi}{\lambda}\Big(-\frac{1}{s}+\frac{1}{s'}-\frac{1}{f'}\Big)(x'^2+y'^2)\Big] \\
&\quad\times\exp\Big\{\mathrm{i}\frac{2\pi}{\lambda}\Big[\Big(\frac{x}{s}-\frac{x''}{s'}\Big)x'+\Big(\frac{y}{s}-\frac{y''}{s'}\Big)y'\Big]\Big\}\mathrm{d}x\mathrm{d}y\mathrm{d}x'\mathrm{d}y'
\end{aligned} \tag{6.46}$$

ここで，結像の条件 (6.34) を用いると，

$$\begin{aligned}
u(x'',y'') &= \exp\Big[\mathrm{i}\frac{\pi}{\lambda s'}(x''^2+y''^2)\Big]\iiiint_{-\infty}^{\infty} g(x,y)p(x',y') \\
&\quad\times\exp\Big[-\mathrm{i}\frac{\pi}{\lambda s}(x^2+y^2)\Big] \\
&\quad\times\exp\Big\{\mathrm{i}\frac{2\pi}{\lambda}\Big[\Big(\frac{x}{s}-\frac{x''}{s'}\Big)x'+\Big(\frac{y}{s}-\frac{y''}{s'}\Big)y'\Big]\Big\}\mathrm{d}x\mathrm{d}y\mathrm{d}x'\mathrm{d}y'
\end{aligned} \tag{6.47}$$

ここで，レンズの開口は十分大きいとして，無視することにする．すなわち，$p(x',y')=1$ とすると，

$$\begin{aligned}
u(x'',y'') &= \exp\Big[\mathrm{i}\frac{\pi}{\lambda s'}(x''^2+y''^2)\Big]\iiiint_{-\infty}^{\infty} g(x,y)\exp\Big[-\mathrm{i}\frac{\pi}{\lambda s}(x^2+y^2)\Big] \\
&\quad\times\exp\Big\{\mathrm{i}\frac{2\pi}{\lambda}\Big[\Big(\frac{x}{s}-\frac{x''}{s'}\Big)x'+\Big(\frac{y}{s}-\frac{y''}{s'}\Big)y'\Big]\Big\}\mathrm{d}x\mathrm{d}y\mathrm{d}x'\mathrm{d}y' \\
&= \exp\Big[\mathrm{i}\frac{\pi}{\lambda s'}(x''^2+y''^2)\Big]\iint_{-\infty}^{\infty} g(x,y)\exp\Big[-\mathrm{i}\frac{\pi}{\lambda s}(x^2+y^2)\Big] \\
&\quad\times\delta\Big(\frac{x}{s}-\frac{x''}{s'},\frac{y}{s}-\frac{y''}{s'}\Big)\mathrm{d}x\mathrm{d}y \\
&= \exp\Big[\mathrm{i}\frac{\pi}{\lambda s'}\Big(1-\frac{s}{s'}\Big)(x''^2+y''^2)\Big]g\Big(\frac{s}{s'}x'',\frac{s}{s'}y''\Big)
\end{aligned} \tag{6.48}$$

したがって，倍率が s'/s の倒立像が得られる ($s'/s<0$ であるから).

6.5　光学系の伝達関数

これまで考察してきた結像では，レンズの開口の大きさや収差の影響を考えなかった．いわば完全結像系を対象にしてきたのである．しかし，現実の光学系では，レンズの開口は有限の大きさをもち，したがって，点像分布は図 5.13 のエアリーの円盤状に広がり，決して点にはならない．

一般に，点物体 $\delta(x_\mathrm{o}, y_\mathrm{o})$ に対する像の分布関数を $h(x_\mathrm{i}, y_\mathrm{i})$ とすると，任意の物体 $g(x_\mathrm{o}, y_\mathrm{o})$ に対する像は，

$$u(x_\mathrm{i}, y_\mathrm{i}) = \iint_{-\infty}^{\infty} g(x_\mathrm{o}, y_\mathrm{o}) h(x_\mathrm{i}, y_\mathrm{i}; x_\mathrm{o}, y_\mathrm{o}) \mathrm{d}x_\mathrm{o} \mathrm{d}y_\mathrm{o} \tag{6.49}$$

の形に書くことができる．ここで，像の形は，一般に点物体の位置によって形が変わることがあるため，$h(x_\mathrm{i}, y_\mathrm{i}; x_\mathrm{o}, y_\mathrm{o})$ のように書いた．考えている光学系で，物体と像が線形の関係にあり，しかも，分布関数 $h(x_\mathrm{i}, y_\mathrm{i}; x_\mathrm{o}, y_\mathrm{o})$ が物体の位置によらずその形が変わらなければ，分布関数は $h(x_\mathrm{i} - x_\mathrm{o}, y_\mathrm{i} - y_\mathrm{o})$ の形に書けることに注目しよう．物体の位置がある量だけ変わると，像の位置もその量だけ変化するがその形は変わらないとしたからである．この条件を，横ずらし不変 (shift invariant) もしくは空間不変 (space invariant) という．一般に収差のある光学系では，この条件は成立しない．しかし，光軸近傍などある限られた領域ではこの条件を満たすと考えられる．分布関数 $h(x_\mathrm{i} - x_\mathrm{o}, y_\mathrm{i} - y_\mathrm{o})$ は点応答関数 (point spread function) とも呼ばれる．

横ずらし不変光学系では，

$$u(x_\mathrm{i}, y_\mathrm{i}) = \iint_{-\infty}^{\infty} g(x_\mathrm{o}, y_\mathrm{o}) h(x_\mathrm{i} - x_\mathrm{o}, y_\mathrm{i} - y_\mathrm{o}) \mathrm{d}x_\mathrm{o} \mathrm{d}y_\mathrm{o} = g(x_\mathrm{i}, y_\mathrm{i}) * h(x_\mathrm{i}, y_\mathrm{i}) \tag{6.50}$$

が成り立つ．すなわち，像の分布は物体と点応答関数のコンボリューション積分で表すことができる．式 (6.50) の両辺をフーリエ変換すると，コンボリューション定理から，

$$U(\nu_x, \nu_y) = G(\nu_x, \nu_y) \cdot H(\nu_x, \nu_y) \tag{6.51}$$

ただし，$U(\nu_x, \nu_y)$，$G(\nu_x, \nu_y)$，$H(\nu_x, \nu_y)$ はそれぞれ，$u(x, y)$，$g(x, y)$，$h(x, y)$ のフーリエ変換である．点応答関数 $h(x, y)$ のフーリエ変換 $H(\nu_x, \nu_y)$ は周波数応答関数 (frequency response function) あるいは伝達関数 (optical transfer function, OTF) と呼ばれている．

6.5.1　コヒーレント光学系の伝達関数

今まで述べてきた結像の理論では，物体の各点から回折されてきた光は互いにコヒーレントであるとしてきた．このような結像系をコヒーレント結像系 (coherent imaging system) という．像の強度分布は，

$$I_{\mathrm{c}}(x_{\mathrm{i}}, y_{\mathrm{i}}) = |u(x_{\mathrm{i}}, y_{\mathrm{i}})|^2 = |g(x_{\mathrm{i}}, y_{\mathrm{i}}) * h(x_{\mathrm{i}}, y_{\mathrm{i}})|^2 \tag{6.52}$$

で与えられる．

コヒーレント結像系における点像分布は，式 (6.47) で，$g(x, y) = \delta(x, y)$ とおけばよいので，

$$\begin{aligned}
h(x'', y'') &= u(x'', y'') \\
&= \exp\left[\mathrm{i}\frac{\pi}{\lambda s'}(x''^2 + y''^2)\right] \iiiint_{-\infty}^{\infty} \delta(x, y) p(x', y') \cdot \exp\left[-\mathrm{i}\frac{\pi}{\lambda s}(x^2 + y^2)\right] \\
&\quad \times \exp\left\{\mathrm{i}\frac{2\pi}{\lambda}\left[\left(\frac{x}{s} - \frac{x''}{s'}\right)x' + \left(\frac{y}{s} - \frac{y''}{s'}\right)y'\right]\right\} \mathrm{d}x\mathrm{d}y\mathrm{d}x'\mathrm{d}y' \\
&= \exp\left[\mathrm{i}\frac{\pi}{\lambda s'}(x''^2 + y''^2)\right] \iint_{-\infty}^{\infty} p(x', y') \\
&\quad \times \exp\left[-\mathrm{i}\frac{2\pi}{\lambda s'}(x''x' + y''y')\right] \mathrm{d}x'\mathrm{d}y'
\end{aligned} \tag{6.53}$$

ここでまた，座標変換

$$\nu_x = \frac{x'}{\lambda s'} \qquad \nu_y = \frac{y'}{\lambda s'} \tag{6.54}$$

を行い，積分の外の定数を無視すると，

$$h(x'', y'') = \iint p(\lambda s' \nu_x, \lambda s' \nu_y) \exp\{-\mathrm{i}2\pi(\nu_x x'' + \nu_y y'')\} \mathrm{d}\nu_x \mathrm{d}\nu_y \tag{6.55}$$

したがって，伝達関数は，

$$H(\nu_x, \nu_y) = \mathcal{F}[h(x'', y'')] = p(-\lambda s' \nu_x, -\lambda s' \nu_y) \tag{6.56}$$

ここで，あらかじめ瞳関数の座標系に符号を逆にとっておけば，

$$H(\nu_x, \nu_y) = p(\lambda s' \nu_x, \lambda s' \nu_y) \tag{6.57}$$

となり，コヒーレントな光学系の伝達関数は瞳関数そのものになる．

6.5.2　インコヒーレント光学系の伝達関数

物体が白熱光や太陽光で照明されている状態では，物体の各点から回折されてくる光は互いにインコヒーレントである．この状態の結像系は，インコヒーレント結像系 (incoherent imaging system) と呼ばれる．このとき，異なる点における振幅分布の積の時間平均 $\langle u(x_{\mathrm{o}}, y_{\mathrm{o}}) u^*(x'_{\mathrm{o}}, y'_{\mathrm{o}}) \rangle$ は，

$$\langle g(x_{\mathrm{o}}, y_{\mathrm{o}}) g^*(x'_{\mathrm{o}}, y'_{\mathrm{o}}) \rangle = I_g(x_{\mathrm{o}}, y_{\mathrm{o}}) \delta(x_{\mathrm{o}} - x'_{\mathrm{o}}, y_{\mathrm{o}} - y'_{\mathrm{o}}) \tag{6.58}$$

で表される．このことは，異なる点においては，干渉せずに振幅の積の時間平均が 0 になることを意味している．このとき，像の強度は，式 (6.50) を用いて，

$$
\begin{aligned}
I_{\rm i}(x_{\rm i},y_{\rm i}) &= \langle u(x_{\rm i},y_{\rm i})u^*(x_{\rm i},y_{\rm i})\rangle \\
&= \left\langle \iint_{-\infty}^{\infty} g(x_{\rm o},y_{\rm o})h(x_{\rm i}-x_{\rm o},y_{\rm i}-y_{\rm o})\mathrm{d}x_{\rm o}\mathrm{d}y_{\rm o} \right. \\
&\quad \left. \times \iint_{-\infty}^{\infty} g^*(x'_{\rm o},y'_{\rm o})h^*(x_{\rm i}-x'_{\rm o},y_{\rm i}-y'_{\rm o})\mathrm{d}x'_{\rm o}\mathrm{d}y'_{\rm o} \right\rangle \\
&= \iint_{-\infty}^{\infty} |g(x_{\rm o},y_{\rm o})|^2|h(x_{\rm i}-x_{\rm o},y_{\rm i}-y_{\rm o})|^2\mathrm{d}x_{\rm o}\mathrm{d}y_{\rm o} \\
&= \iint_{-\infty}^{\infty} I_g(x_{\rm o},y_{\rm o})|h(x_{\rm i}-x_{\rm o},y_{\rm i}-y_{\rm o})|^2\mathrm{d}x_{\rm o}\mathrm{d}y_{\rm o} \\
&= I_g(x_{\rm i},y_{\rm i}) * |h(x_{\rm i},y_{\rm i})|^2
\end{aligned}
\tag{6.59}
$$

すなわち，インコヒーレント光学系では，物体の強度分布 $I_g(x_{\rm o},y_{\rm o})$ と点応答関数の強度分布 $|h(x_{\rm i},y_{\rm i})|^2$ のコンボリューションが像の強度分布 $I_{\rm i}(x_{\rm i},y_{\rm i})$ を与える．

インコヒーレント光学系の伝達関数 (OTF) は，

$$
\tilde{H} = \mathcal{F}[|h(x_{\rm i},y_{\rm i})|^2] = H(\nu_x,\nu_y) \star H^*(\nu_x,\nu_y) \tag{6.60}
$$

で与えられる．ただし，$H(x,y) \star H^*(x,y)$ は関数 $H(x,y)$ の自己相関関数を表す．通常は，規格化して，

$$
\begin{aligned}
\tilde{H} &= \frac{H(\nu_x,\nu_y) \star H^*(\nu_x,\nu_y)}{|H(0,0)|^2} \\
&= \frac{p(\lambda s'\nu_x,\lambda s'\nu_y) \star p^*(\lambda s'\nu_x,\lambda s'\nu_y)}{|p(0,0)|^2}
\end{aligned}
\tag{6.61}
$$

インコヒーレント光学系の伝達関数 (OTF) は，瞳関数の自己相関関数である．無収差光学系では，瞳関数はその値が 1 で，円形である．瞳関数の直径を D とすると，コヒーレント結像系とインコヒーレント結像系の OTF は，図 6.3 のようになる．OTF は，空間周波数 0 のところで 1 になり，ある周波数を超えると 0 になる．この限界の周波数を，カットオフ周波数 $\nu_{\rm c}$ という．カットオフ周波数は，コヒーレントの場合は

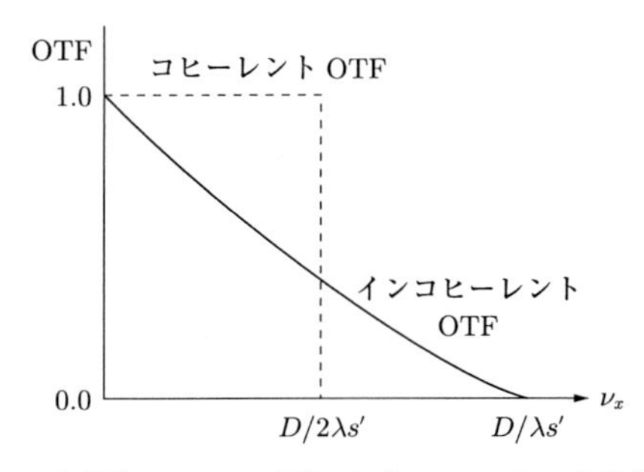

図 6.3 コヒーレント結像の OTF (点線) とインコヒーレント結像の OTF (実線)

$\nu_c = D/(2\lambda s')$，インコヒーレントの場合は $\nu_c = D/(\lambda s')$ である．インコヒーレント結像では，コヒーレント結像に比べてカットオフ周波数は 2 倍である．

6.6 光 情 報 処 理

6.6.1 空間周波数フィルタリング

入力信号の強調，変換，識別分類などを目的にして，入力信号のスペクトルを修正することを，空間周波数フィルタリング (spatial frequency filtering) という．まず，図 6.4 のような同じ焦点距離 f' をもつ 2 つのレンズを $2f'$ の距離を置いて配置した光学系を使って空間周波数フィルタリングを説明しよう．レンズ L_1 の前側焦点面 P_1 に入力物体 $g(x,y)$ を置き，これをコヒーレントな平行光で照明する．レンズ L_1 でこの信号のフーリエ変換 $G(\nu_x,\nu_y)$ を P_2 面に得，そこに振幅透過率 $H(\nu_x,\nu_y)$ のフィルターを置いて，レンズ L_2 で再びフーリエ変換し，結果を出力面 P_3 で観測する．このとき，P_3 面で得られる信号は

$$g'(x,y) = \mathcal{F}[G(\nu_x,\nu_u)H(\nu_x,\nu_y)]$$
$$= \iint_{-\infty}^{\infty} g(x',y')h(x-x',y-y')\mathrm{d}x'\mathrm{d}y' \qquad (6.62)$$

であり，コンボリューション積分が得られる．ただし，$h(x,y)$ はフィルター $H(\nu_x,\nu_y)$ のフーリエ変換であり，フィルターの点応答関数と呼ばれる．

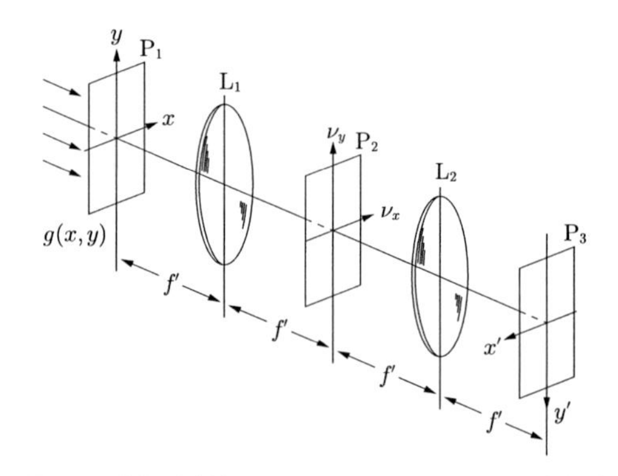

図 6.4　空間周波数フィルタリングのための $4f$ 光学系

6.6.2 周波数制限フィルター

物体スペクトルの高周波成分を強調すると，物体の微細構造の抽出や境界線や輪郭線を検出することができる．これがハイパスフィルターである．ハイパスフィルターの一種に微分フィルターがある．今，入力物体を $g(x,y)$ とし，これのフーリエ変換は

$$g(x,y) = \iint_{-\infty}^{\infty} G(\nu_x, \nu_y) \exp\left[\mathrm{i}2\pi(x\nu_x + y\nu_y)\right] \mathrm{d}\nu_x \mathrm{d}\nu_y \tag{6.63}$$

となるので，その x 方向の 1 次微分は，

$$\frac{\partial g(x,y)}{\partial x} = \iint_{-\infty}^{\infty} (\mathrm{i}2\pi\nu_x) G(\nu_x, \nu_y) \exp\left[\mathrm{i}2\pi(x\nu_x + y\nu_y)\right] \mathrm{d}\nu_x \mathrm{d}\nu_y \tag{6.64}$$

であるから，フィルターとして

$$H(\nu_x, \nu_y) = \mathrm{i}2\pi\nu_x \tag{6.65}$$

をとれば，空間周波数フィルタリングの光学系で，入力信号の微分が計算できることがわかる．微分フィルターは，その振幅が周波数の 1 次関数であり，ハイパスフィルターの構造をしている．同様な考察から，ラプラシアンフィルターは，

$$H(\nu_x, \nu_y) \propto \nu_x^2 + \nu_y^2 \tag{6.66}$$

の周波数応答をもっていることがわかる．

6.6.3 マッチトフィルター

入力信号 $g(x,y)$ が白色雑音に埋もれている (信号と雑音は加算的である) 場合に入力信号を最大の信号対雑音比で検出するフィルターがマッチトフィルター (matched filter) である．マッチトフィルターの周波数応答は，

$$H(\nu_x, \nu_y) = G^*(\nu_x, \nu_y) \tag{6.67}$$

で与えられる．すなわち，フィルターの特性は入力信号のスペクトルの複素共役である．光学的なマッチトフィルタリングは，図 6.4 の光学系で実現される．マッチトフィルターに雑音 $n(x,y)$ に埋もれた信号 $g(x,y)$ が入力されたとき，その出力は，

$$g'(x,y) = [g(x,y)+n(x,y)]*g^*(x,y) = g(x,y)*g^*(x,y)+n(x,y)*g^*(x,y) \tag{6.68}$$

となり，雑音とフィルターの応答とに相関がないとすれば第 2 項は一様な分布となり，第 1 項は信号の自己相関関数で顕著なピークとなる．出力面にこの自己相関ピークが存在すれば，その位置に信号が存在していたことがわかる．

この光学的マッチトフィルターは，文字の自動認識への応用が期待され，多くの研究がなされた．その後，指紋の検出への応用，航空写真の解析 (標的の検出，ステレオ写真の解析，雲の移動解析) など多くの研究がある．

6.6.4 結合フーリエ変換による相関演算

空間周波数フィルタリングでは，入力物体とフィルターが直列的に配置され，相互相関が計算された．両者を並列的に配置して，相互相関を計算するものが結合 (フーリエ) 変換相関器 (joint transform correlator) である．図 6.5 のように，2 つの入力物体 $g_1(x,y)$ と $g_2(x,y)$ を考えよう (一方をフィルターの応答関数と考えることがで

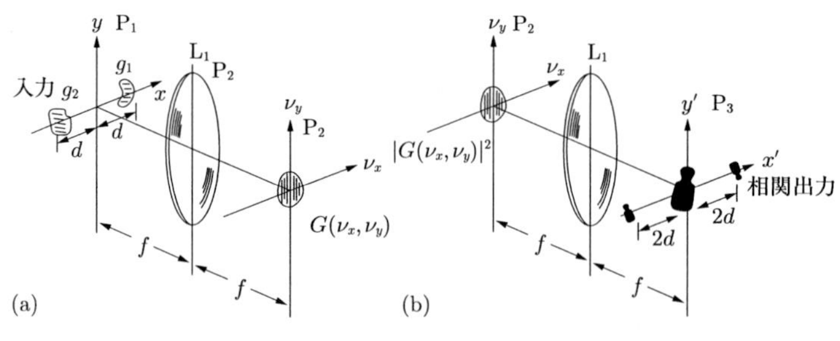

図 **6.5**　結合変換相関器

きる)．これを互いに距離 $2d$ をおいて入力面 P_1 に配置する．これをコヒーレント光で照明すると，フーリエ変換面 P_2 では

$$G(\nu_x,\nu_y)=\mathcal{F}[g_1(x-d,y)+g_2(x+d,y)]$$
$$=\exp(-\mathrm{i}2\pi d\nu_x)G_1(\nu_x,\nu_y)+\exp(\mathrm{i}2\pi d\nu_x)G_2(\nu_x,\nu_y) \tag{6.69}$$

これを写真や空間光変調器に記録すると，記録される強度分布は，

$$|G(\nu_x,\nu_y)|^2=|G_1(\nu_x,\nu_y)|^2+|G_2(\nu_x,\nu_y)|^2+\exp(-\mathrm{i}4\pi d\nu_x)G_1(\nu_x,\nu_y)G_2^*(\nu_x,\nu_y)$$
$$+\exp(\mathrm{i}4\pi d\nu_x)G_1^*(\nu_x,\nu_y)G_2(\nu_x,\nu_y) \tag{6.70}$$

となる．これを再び光学的にフーリエ変換すると，出力面 P_3 では

$$\mathcal{F}[|G(\nu_x,\nu_y)|^2]=g_1(x,y)*g_1^*(x,y)+g_2(x,y)*g_2^*(x,y)$$
$$+g_1(x-2d,y)*g_2^*(x,y)+g_1^*(x+2d,y)*g_2(x,y) \tag{6.71}$$

が得られる．第 3 項と第 4 項が入力 $g_1(x,y)$ と $g_2(x,y)$ の相互相関関数になる．

6.7　ホログラフィ

光の回折と干渉の現象を利用して物体の振幅透過率分布を記録，再生する方法がホログラフィ (holography) である．通常の写真は，物体像の強度分布を記録するが，ホログラフィでは，光波の複素振幅分布を記録できるので，光の位相情報を含む光波のすべての情報が記録される．このため，見る方向により像の視差が変わる表示が可能である．つまり，ホログラフィは立体像の記録再生ができるのである．

6.7.1　ホログラムの記録と再生

ホログラフィでは，被写体をレーザー光で照明し，物体から反射して回折してきた光 (これを物体波 (object wave) という) と，これとは別の参照波 (reference wave) と呼ばれる光とを干渉させて，その干渉縞を記録する．図 6.6 にホログラフィの概念図を示す．干渉縞を記録するためには，干渉性の高い光源としてレーザーが用いられ

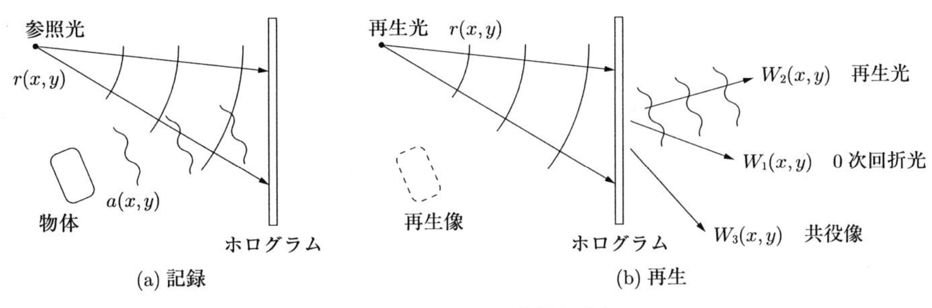

図 **6.6** ホログラムの記録と再生

る．レーザー光を2つに分け，一方を被写体の照明に，一方を参照波として用いる．干渉縞の記録媒体上における物体波を，

$$a(x,y) = |a(x,y)| \exp[-\mathrm{i}\phi(x,y)] \tag{6.72}$$

参照波を，

$$r(x,y) = |r(x,y)| \exp[-\mathrm{i}\psi(x,y)] \tag{6.73}$$

とする．このときできる干渉縞強度分布は，

$$\begin{aligned} I(x,y) &= |a(x,y) + r(x,y)|^2 \\ &= |a(x,y)|^2 + |r(x,y)|^2 + 2|a(x,y)||r(x,y)| \cos[\psi(x,y) - \phi(x,y)] \end{aligned} \tag{6.74}$$

である．この干渉縞強度分布を記録したものが，ホログラム (hologram) である．ここで，干渉縞を記録する媒体が写真フィルムであるとすると，現像後のフィルムの振幅透過率は

$$t(x,y) = t_0 + \beta I(x,y) \tag{6.75}$$

と表すことができる．ただし，t_0 は透過率のバイアス成分，β は比例定数である．したがって，ホログラムの振幅透過率は，

$$t(x,y) = t_0 + \beta[|a(x,y)|^2 + |r(x,y)|^2] + 2\beta\{|a(x,y)||r(x,y)| \cos[\psi(x,y) - \phi(x,y)]\} \tag{6.76}$$

で与えられる．

ここで，参照波が平面波であって x 方向に θ 傾いてホログラム面に入射したとすると，$\alpha = \sin\theta/\lambda$ として，参照波の位相は，

$$\psi(x,y) = 2\pi\alpha x \tag{6.77}$$

と書ける．このような場合には，ホログラムの強度分布は，空間周波数 α の周期的な縞構造が物体の位相 $\phi(x,y)$ によって変調を受けた構造になる．α をキャリア周波数という．

ホログラムを再生して，再生像を観測するには，参照波と同じ再生波をホログラム

に当てればよい．ホログラムを透過してくる光波は

$$r(x,y)t(x,y) = W_1(x,y) + W_2(x,y) + W_3(x,y) \tag{6.78}$$

と表される．ただし，

$$W_1(x,y) = \{t_0 + \beta[|a(x,y)|^2 + |r(x,y)|^2]\}|r(x,y)|\exp[-\mathrm{i}\psi(x,y)] \tag{6.79}$$

$$W_2(x,y) = \beta|a(x,y)||r(x,y)|^2\exp[-\mathrm{i}\phi(x,y)] \tag{6.80}$$

$$W_3(x,y) = \beta|a(x,y)||r(x,y)|^2\exp\{-\mathrm{i}[2\psi(x,y) - \phi(x,y)]\} \tag{6.81}$$

ホログラムを透過する光は，3 方向に分かれ，第 1 項 $W_1(x,y)$ は参照光がそのまま透過する方向に進む成分であり，0 次光と呼ばれる．第 2 項 $W_2(x,y)$ は，+1 次回折波で，参照光の振幅がホログラム面で一定なら物体光の複素振幅分布 $a(x,y)$ に比例する再生波である．第 3 項 $W_3(x,y)$ は，再生光とは 0 次光の方向に対して反対方向に伝搬する成分で，−1 次回折波である．物体光の位相と共役な位相分布をもっているので，共役波とも呼ばれる．像の再生において，0 次波と +1 次回折波あるいは −1 次回折波が重ならないようにするためには，十分大きなキャリア周波数をもった参照波を入射させる必要がある．

6.7.2　ホログラムの種類

ホログラムには撮影の条件により図 6.7 に示すように，さまざまなタイプがある．

a.　フレネルホログラムとフーリエ変換ホログラム

記録物体のフレネル回折像をホログラムとして記録するのがフレネルホログラムで，通常のホログラムの大部分がこれに当たる．図 6.7(a) にフレネルホログラムの撮影配

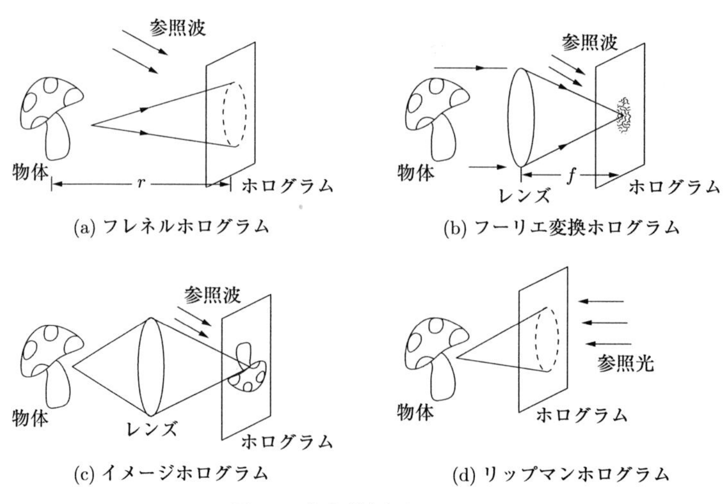

図 6.7　さまざまなホログラム

置を示す．観測点の位置をずらして撮影すると視差の変化があることがわかる．

一方，透過物体を平行光で照明し，レンズの焦点面にできたフーリエ変換像をホログラムとして記録するのが，フーリエ変換ホログラムである．微小な領域に記録できるので，光メモリーとしての応用が検討されている．図 6.7(b) にフーリエ変換ホログラムの記録光学系を示す．

また，図 6.7(a) の配置で，物体面上に点光源を置いてこれを参照光として作成したホログラムをレンズレスフーリエ変換ホログラムという (問題 9 および図 6.16 参照)．このホログラムを平行光で再生すると，物体のフーリエ変換像が再生される．

b.　イメージホログラム

物体を結像面でホログラムに記録したものがイメージホログラムである (図 6.7(c))．一般に，記録時と異なる波長で像再生を行うと再生像には色収差が生じるが，この配置では色収差を低減できるので，イメージホログラムは白色光再生が可能なホログラムである．印刷に用いられるホログラムや，クレジットカードなどに利用されているホログラムにはこのタイプのものが多い．

c.　リップマンホログラム

通常のホログラムでは，物体光と参照光は同じ方向からホログラムに入射される．しかし，リップマンホログラム (Lippmann hologram) では，図 6.7(d) に示すように，物体光と参照光を対向した向きにしてホログラムを記録する．このような配置をとると，ホログラム内にできる干渉縞は，ホログラム面に対してほぼ平行な層状構造をとる．再生時には，ブラッグ回折の条件を満足する波長のみ，高い回折効率が得られ，白色光再生ができる．

6.7.3　ホログラフィとディジタル処理

ホログラムは，物体からの回折波と参照波の干渉縞であるので，物体の数値モデルがあればホログラムを数値的に計算することができる．また，ホログラムの強度分布がディジタルデータとして得られれば，回折計算により，再生像を計算することができる．

a.　計算機ホログラム

ホログラムを用いると複素振幅分布を記録・表示することができることがわかった．ホログラムの振幅透過率を表す式 (6.76) をコンピュータで計算し表示することができれば，複素振幅分布を再生することができる．できたホログラムは，計算機ホログラム (computer-generated hologram) とよばれ，光コンピューティングで用いられる空間周波数フィルターの合成や，各種光学素子の作製に用いられている．

ホログラムを表す関数 (6.76) は，透過率分布が 0 から 1 の中間値をもっている．通常は描画装置の都合でこれを 0 と 1 の 2 値で表現して，バイナリー (2 値) ホログラムの形をとることが多い．

計算機ホログラムを製作するには，計算の都合で，フーリエ変換ホログラムをつくることが多い．このとき，注意しなければならないのは，再生波は複素振幅分布をもつが，ホログラムの振幅透過率分布 (6.76) は実数である点である．実関数のフーリエ変換は，スペクトル空間では実部が偶関数で，虚部が奇関数である．すなわち，再生面では

$$T(\nu_x, \nu_y) = T^*(-\nu_x, -\nu_y) \tag{6.82}$$

でなければならない．再生したい複素振幅を $A(\nu_x, \nu_y)$ とすると，これは，一般には上記の性質を持たない．式 (6.82) を満足させるためには，原点に対して，点対称に物体 $A(\nu_x, \nu_y)$ とその複素共役 $A^*(\nu_x, \nu_y)$ を配置し，

$$T(\nu_x, \nu_y) = A(\nu_x - \nu_{xc}, \nu_y - \nu_{yc}) + A^*(-\nu_x - \nu_{xc}, -\nu_y - \nu_{yc}) \tag{6.83}$$

としなければならない．ここで，(ν_{xc}, ν_{yc}) があるのは，2 つの像が重ならないように互いに適当な位置だけ横にずらすためである．図 6.8 にホログラム作成のための物体

図 6.8　ホログラム作成のための物体配置

図 6.9　計算機ホログラム原画とその再生像

配置，図 6.9 にその計算機ホログラムと再生像を示す．ホログラム原画を写真縮小して，これにレーザー光を当てフーリエ変換面で観測すると再生像が得られる．

(i) ローマン形バイナリーホログラム　バイナリーホログラムの一例として，ローマン (Lohmann) のホログラムを説明しよう．まず図 6.10 に示すように，ホログラム面を等間隔のサンプル点に分割する．各サンプル点 (j,k) を中心に一辺 $\Delta\nu$ のセルに分割し，各セルに矩形の小開口をあけ，開口の高さ V_{jk} と中心位置の横ずれ量 P_{jk} を変調して，振幅と位相の変化を表す．ここで，再生すべき物体波を $a(x,y)$ とし，そのフーリエ変換ホログラムをつくる場合を考えよう．数値計算法により $a(x,y)$ のフーリエ変換 $A(\nu_x,\nu_y)$ が得られたとして，その振幅を $V(\nu_x,\nu_y)$，位相を $\Phi(\nu_x,\nu_y)$ とする．このとき開口の高さとその横ずれ量を，

$$\begin{aligned} V_{jk} &= V(\nu_x,\nu_y)\Delta\nu/V_{\max} \\ P_{jk} &= \Phi(\nu_x,\nu_y)\Delta\nu/2\pi \end{aligned} \tag{6.84}$$

のように与えることとしよう．ただし，$V_{\max}$ は $V(\nu_x,\nu_y)$ の最大値である．このようにして計算された高さと横ずれ量をもつ多くの矩形開口からなるパターンをレーザープリンタなどに出力し，写真記録すればホログラムができあがる．

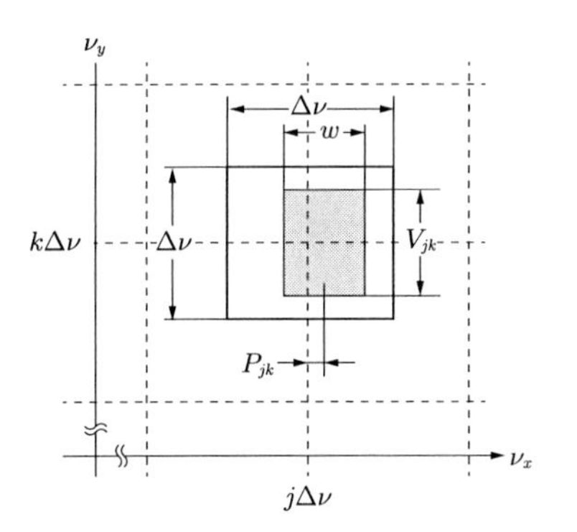

図 6.10　ローマン形ホログラムのセルの構造

図 6.11　ローマン形ホログラムの再生像

このときのホログラムの振幅透過率分布は

$$H(\nu_x,\nu_y) = \sum_j \sum_k \mathrm{rect}\left(\frac{\nu_x - j\Delta\nu - P_{jk}}{w}\right)\mathrm{rect}\left(\frac{\nu_y - k\Delta\nu}{V_{jk}}\right) \tag{6.85}$$

ただし，w は矩形開口の横幅を表す．次に，このホログラムを平面波 $\exp(-\mathrm{i}2\pi\alpha\nu_x)$ で照明すると，ホログラムの 1 つのセルを透過した波面は，

$$\begin{aligned} T(\nu_x,\nu_y) &= \int\!\!\int \mathrm{rect}\left(\frac{\nu_x - j\Delta\nu - P_{jk}}{w}\right)\mathrm{rect}\left(\frac{\nu_y - k\Delta\nu}{V_{jk}}\right)\exp(-\mathrm{i}2\pi\alpha\nu_x)\mathrm{d}\nu_x\mathrm{d}\nu_y \\ &= wV_{jk}\mathrm{sinc}(\alpha w)\exp(-\mathrm{i}2\pi\alpha j\Delta\nu)\exp(-\mathrm{i}2\pi\alpha P_{jk}) \end{aligned} \tag{6.86}$$

ここで，N を整数として，

$$\alpha\Delta\nu = N \tag{6.87}$$

とおくと，

$$\begin{aligned} T(\nu_x, \nu_y) &= wV_{jk}\mathrm{sinc}(\alpha w)\exp(-\mathrm{i}2\pi jN)\exp(-\mathrm{i}2\pi NP_{jk}/\Delta\nu) \\ &\approx V_{jk}\exp(-\mathrm{i}2\pi NP_{jk}/\Delta\nu) \propto V(\nu_x, \nu_y)\exp[-\mathrm{i}\Phi(\nu_x, \nu_y)] \end{aligned} \tag{6.88}$$

が得られる．ただし，N は回折次数で $N = 1$ とすることが多い．矩形開口の高さと位置を変調することによって，各標本点で，希望する振幅と位相が再現されることがわかる．図 6.11 に再生像を示す．サンプル数は 128×128 で，レーザープリンターにより，20 cm × 20 cm の大きさにホログラム原図を出力し，この原図を写真的に約 5 mm × 5 mm に縮小しホログラムとした．物体は拡散性のものを仮定したので，入力データには，ランダムな位相が加えられている．

(ii)　干渉縞形計算機ホログラム　　ホログラフィック光学素子のように再生すべき波面の位相変化がゆるやかで，しかも振幅が一定の場合には，より簡単にホログラムを製作することができる．この方法では，振幅変化が無視できるという点と，位相の変化がゆるやかであるという点の 2 つに注目して，干渉縞であるホログラムを直接計算する．

ここで，物体波と参照波の振幅が一定で，再生したい物体の位相分布が $\phi(x, y)$ であるとき，ホログラムの振幅透過率分布は (6.76) と同様に，

$$t(x, y) = \frac{1}{2} + \frac{1}{2}\cos[2\pi\alpha x - \phi(x, y)] \tag{6.89}$$

の形で与えられる．これを濃淡図形として表示すれば干渉縞形計算機ホログラムを得る．

さらに，フレネルゾーンプレイトの場合と同様に，2 値化ホログラムにするためには，適当な閾値をもうけて

$$\frac{1}{2} + \frac{1}{2}\cos[2\pi\alpha x - \phi(x, y)] < q \tag{6.90}$$

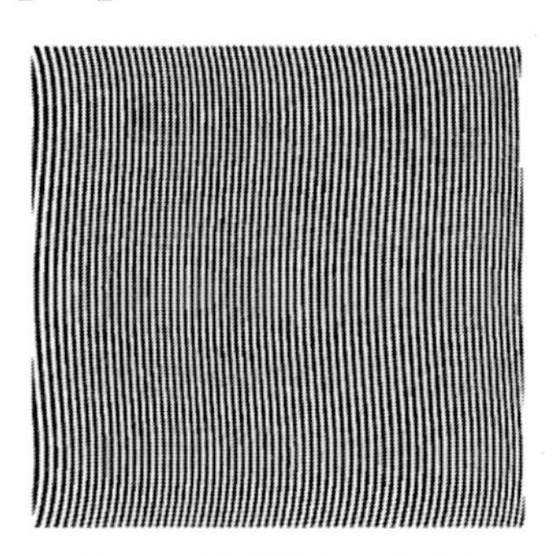

図 6.12　干渉縞形ホログラム

を満たす領域を透過率 0 とし，それ以外の領域を 1 とすればよい．ただし，q は，閾値を決める定数で $0 < q < 1$ である．図 6.12 に干渉縞形のホログラムの一例を示す．この手法を簡便化して，干渉縞のピークのみを表示することも可能である．m を整数として，

$$2\pi\alpha x - \phi(x, y) = 2\pi m \tag{6.91}$$

を解き，縞のピーク位置を求め，これらを曲線で結べばよい．

b. ディジタルホログラフィ

ホログラムの強度分布 (6.74) が計算機に入力されていたとする．この数値化されたホログラムから再生像を計算する方法をディジタルホログラフィという．このデータに参照波の複素振幅分布 (6.73) を乗算すると再生波の複素振幅分布が得られる．

$$D(x, y) = r(x, y)I(x, y) = D_1(x, y) + D_2(x, y) + D_3(x, y) \tag{6.92}$$

ただし，

$$D_1(x, y) = r(x, y)[|a(x, y)|^2 + |r(x, y)|^2] \tag{6.93}$$

$$D_2(x, y) = |a(x, y)||r(x, y)|^2 \exp[-\mathrm{i}\phi(x, y)] \tag{6.94}$$

$$D_3(x, y) = |a(x, y)||r(x, y)|^2 \exp\{-\mathrm{i}[2\psi(x, y) - \phi(x, y)]\} \tag{6.95}$$

ここで，ホログラムから物体面までの距離 r_0 がわかっていれば式 (6.92) とフレネル回折の式 (5.80) を用いて，ホログラムから物体面まで逆方向へのフレネル回折を計算すれば再生像が求まる．

$$\mathcal{E}(x, y) = C'' \iint_{-\infty}^{\infty} D(\xi, \eta) \exp\left\{\frac{-\mathrm{i}\pi}{\lambda r_0}[(x - \xi)^2 + (y - \eta)^2]\right\} \mathrm{d}\xi \mathrm{d}\eta \tag{6.96}$$

ホログラムを撮像するイメージセンサーの画素数は限られているから，キャリア周波数を下げるため，物体波と参照波のなす角はなるべく小さくする必要がある．ホログラムの撮像中に参照波の位相 δ を変化させることができる場合には，物体波 $a(x, y)$ を計算することができる．例えば，$\delta = 0, \pi/2, \pi, 3\pi/2$ のように 4 段階変化させて 4 枚のホログラム $I(x, y, 0), I(x, y, \pi/2), I(x, y, \pi), I(x, y, 3\pi/2)$ を撮像したとする．このとき，

$$a(x, y) = \frac{1}{4r^*(x, y)}\{[I(x, y, 0) - I(x, y, \pi)] + \mathrm{i}[I(x, y, \pi/2) - I(x, y, 3\pi/2)]\} \tag{6.97}$$

が得られる．この物体波の複素振幅分布から物体面までのフレネル回折を計算すれば再生像が得られる．

6.8 ホログラフィの応用

ホログラフィはさまざまな応用がなされている．特に波面の振幅位相分布が記録再生できるので，立体像の表示に利用されていることはもちろん，波面形成光学素子，立体形状の計測，物体の変形や振動の計測など工業応用の分野でも多くの応用がある．

a. 回折光学素子

図 6.13 に示すように，点光源を物体とし平行光を参照光としてホログラムをつくる．点光源からホログラムまでの距離を f とすると，記録される球面波は，式 (6.31) より，

$$a(x,y) = a_0 \exp\left[\mathrm{i}\frac{\pi}{\lambda f}(x^2+y^2)\right] \tag{6.98}$$

と表すことができる．参照波は，$r(x,y) = r_0 \exp(\mathrm{i}2\pi\alpha x)$ であるとすると，ホログラムの振幅透過率分布は，式 (6.76) より，

$$t(x,y) = t_0 + \beta(a_0^2 + r_0^2) + 2\beta a_0 r_0 \cos\left[2\pi\alpha x - \frac{\pi}{\lambda f}(x^2+y^2)\right] \tag{6.99}$$

このホログラムを，平行光 $r'(x,y) = r_0 \exp(-\mathrm{i}2\pi\alpha x)$ で照明すると，再生光は，

$$\begin{aligned} r'(x,y)t(x,y) &= r_0[t_0 + \beta(a_0^2 + r_0^2)]\exp(-\mathrm{i}2\pi\alpha x) \\ &\quad + \beta a_0 r_0^2 \exp\left\{-\mathrm{i}\left[4\pi\alpha x - \frac{\pi}{\lambda f}(x^2+y^2)\right]\right\} \\ &\quad + \beta a_0 r_0^2 \exp\left[-\mathrm{i}\frac{\pi}{\lambda f}(x^2+y^2)\right] \end{aligned} \tag{6.100}$$

となり，第 3 項は収束球面波になる．平行光で照明すると位置 f に点像を結ぶので，このホログラムは，焦点距離 f のレンズと同じ機能があることになる．事実，ホログラムの前方 s の位置に点物体を置くと，ホログラムの後方 s' の位置に点像を結ぶ．もちろん，$1/s + 1/s' = 1/f$ [*1] の関係がある．このように，レンズの働きをホログラムに持たせることができる．これをホログラフィックレンズという．

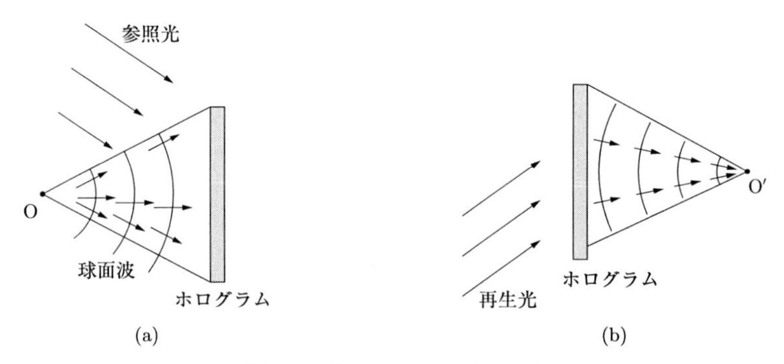

図 6.13　ホログラフィックレンズ

(a) 球面波と平行光でホログラムをつくる，(b) 平行光で再生すると点像ができる．これはレンズの作用をもつ．

異なる向きで入射する 2 つの平面波を物体波と参照波としてホログラムをつくると，等間隔平行な干渉縞ができ，このときホログラムは回折格子の働きをもつ．分光の目的で作られたホログラムをホログラフィック格子という．

---

*1)　レンズの公式 (1.102) とは距離の符号の定義が異なっていることに注意．

b.　ホログラフィ干渉

ホログラムには，物体の振幅と位相情報が記録できる．したがって，変形前後の物体をそれぞれホログラムに撮影しておき，これを同時に再生すれば，両再生波が互いに干渉して，変形前後の位相差により干渉縞が生じる．これがホログラフィ干渉である．

ホログラフィ干渉の配置図を図 6.14 に示す．変形前の物体の振幅位相分布を

$$a(x,y)\exp[-\mathrm{i}\phi(x,y)] \tag{6.101}$$

変形後のそれを

$$a(x,y)\exp[-\mathrm{i}\phi'(x,y)] \tag{6.102}$$

とする．この波面を同じ参照光を使って，1 つのホログラムに二重露光して記録する．このホログラムを再生すると，再生波の中の 2 つの物体波は干渉して

$$I(x,y) = a^2(x,y)r^2[1+\cos(\Delta\phi)] \tag{6.103}$$

つまり，物体の強度分布 $a(x,y)$ の上に $1+\cos(\Delta\phi)$ の干渉縞が現れる．ここで，変形前後の物体は，変形量が極めて小さい (波長の数倍程度) とするとほぼ同じ位置に再生され，両者の位相 $\Delta\phi$ のみ異なっているとした．ただし，

$$\Delta\phi = \phi(x,y) - \phi'(x,y) \tag{6.104}$$

である．

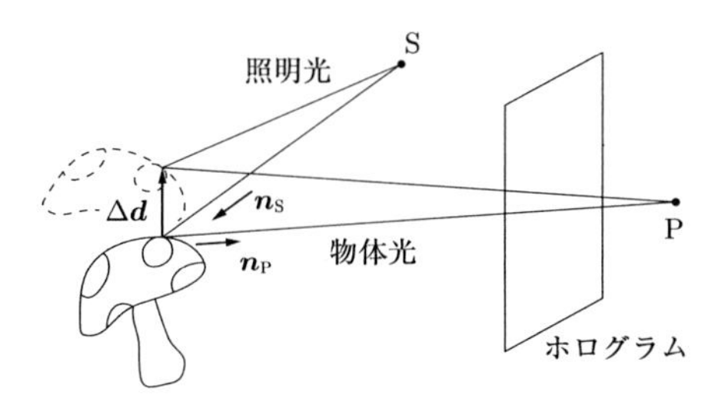

図 6.14　ホログラフィ干渉による変形測定

ここで，この位相差についてさらに詳しく検討しよう．物体は，点光源で照明され，物体上の点 O で散乱された光が観測点 P に到達するとしよう．変形前に記録された位相は，

$$\phi = \frac{2\pi}{\lambda}(\overline{\mathrm{SO}} + \overline{\mathrm{OP}}) \tag{6.105}$$

変形後の位相は，物体が変形して点 O が点 O′ に変位したとすると，

$$\phi' = \frac{2\pi}{\lambda}(\overline{\mathrm{SO'}} + \overline{\mathrm{O'P}}) \tag{6.106}$$

で与えられる．照明方向の単位ベクトルを $\boldsymbol{n}_{\mathrm{S}}$，観測方向の単位ベクトルを $\boldsymbol{n}_{\mathrm{P}}$，変位ベクトルを $\overrightarrow{\mathrm{OO'}} = \Delta\boldsymbol{d}$ とすると，

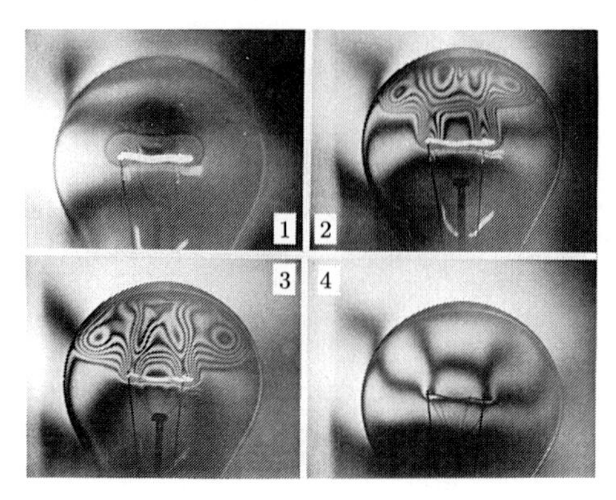

図 6.15　ホログラフィ干渉による屈折率変化の測定

$$\Delta\phi = \phi'(x,y) - \phi(x,y) \approx \frac{2\pi}{\lambda}[(\overline{\mathrm{SO'}} - \overline{\mathrm{SO}}) + (\overline{\mathrm{O'P}} - \overline{\mathrm{OP}})] = \frac{2\pi}{\lambda}(\boldsymbol{n}_{\mathrm{S}} - \boldsymbol{n}_{\mathrm{P}}) \cdot \Delta\boldsymbol{d} \tag{6.107}$$

が得られる．したがって，照明方向と観測方向が定まれば，変形量 $\overrightarrow{\mathrm{OO'}} = \Delta\boldsymbol{d}$ が測定できる．

図 6.15 にホログラフィ干渉による測定例を示す．電球を点灯し，その後消灯したときのフィラメント周辺のガスの屈折率変化を観測している．この場合には，物体は変形していないが熱により屈折率が変化し位相差を生じている．

問　　　題

1) フーリエ変換の相似則 (6.14) を導け．
2) コンボリューション定理 (6.17) を導け．
3) 関数 $\mathrm{rect}(x)$ を図示せよ．また，この関数のコンボリューション積分 $\Lambda(x) = \mathrm{rect}(x) * \mathrm{rect}(x)$ も図示せよ．
4) 上記の関数 $\Lambda(x)$ のフーリエ変換を求めよ．
5) 関数 $\exp(-\pi x^2)$ のフーリエ変換が $\exp(-\pi\nu^2)$ であることを示せ．
6) 式 (6.27) を導け．
7) 焦点距離 f のレンズの直前に透過物体 $g(x,y)$ を置いたとき，焦点面における光の振幅分布を求めよ．ただし，波長 λ の平行レーザー光で照明されているとする．
8) 焦点距離 f のレンズとレンズの後側焦点との間 (レンズから距離 d) に透過物体 $g(x,y)$ を置いたとき，焦点面における光の振幅分布を求めよ．ただし，波長 λ の平行レーザー光で照明されているとする．
9) レンズレスフーリエ変換ホログラムは，図 6.16 のように，物体面と同じ面に参照点光源を置いてホログラムをつくる (物体面からホログラム面までの距離を d とする). このホログラムを平行光によって再生すると物体のフーリエ変換が再生されることを示せ. したがって, 物体像を再生するためには, 再生時にホログラムの直後にレンズを配置して, 焦点面で観測すればよい.

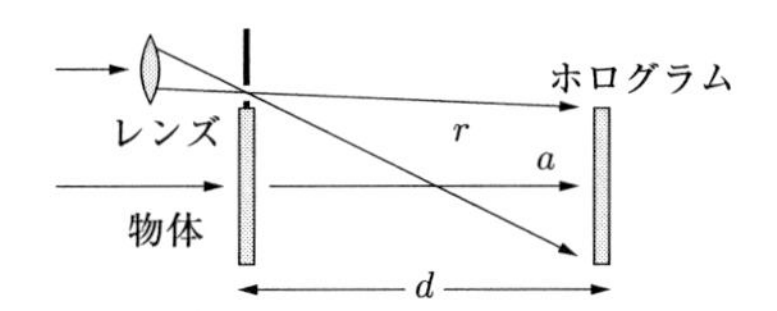

図 6.16　レンズレスフーリエ変換ホログラムの配置

10) 瞳関数が図 5.25 に示すような複開口であるインコヒーレント結像系の OTF を図示せよ. ただし, x 方向に関するもののみでよい.
11) ラプラシアンフィルターの周波数特性 (6.66) を求めよ.
12) x 方向の積分の演算を行う空間周波数フィルターを求めよ.

7

物　質　と　光

光は物質によって，屈折，反射あるいは吸収を受ける．このような現象は，屈折率というマクロな量を考察してきたが，本来は光と電子の相互作用によって考察すべきである．ここでは，原子の古典的なモデルを使って屈折率と吸収率を求めることにする．

7.1　電気双極子モーメントと分極，屈折率

均一で等方的な誘電媒質中の電場と磁場は，マックスウエルの方程式 (2.14) ～ (2.17) で記述できることは述べた．誘電体中の電子は，その媒質を構成する原子や分子に束縛され自由に動き回ることができない．物質中の原子に電界が加わると原子の周りに存在している電子の分布 (電子雲) に歪みが生じ，電子雲の重心が原子核の中心からずれる．このことにより，分極が生まれる．

媒質中の電束密度 $\boldsymbol{D}$ に対しては，真空場に対する電界の効果のほかにこの分極 $\boldsymbol{P}$ に対する効果も考慮しなければならない．

$$\boldsymbol{D} = \epsilon \boldsymbol{E} = \epsilon_0 \boldsymbol{E} + \boldsymbol{P} \tag{7.1}$$

ここで，ϵ は誘電率で，ϵ_0 は真空の誘電率である．また，分極 $\boldsymbol{P}$ を電気感受率 (susceptibility) χ を用いて，

$$\boldsymbol{P} = \epsilon_0 \chi \boldsymbol{E} \tag{7.2}$$

と表せば，

$$\boldsymbol{D} = \epsilon_0 (1 + \chi) \boldsymbol{E} \tag{7.3}$$

と書ける．また，

$$1 + \chi = \epsilon / \epsilon_0 \tag{7.4}$$

である．さらに，式 (2.31) より，屈折率は

$$n^2 = \epsilon / \epsilon_0 \tag{7.5}$$

で与えられる．したがって，

$$n^2 = 1 + \chi \tag{7.6}$$

であることに注意せよ．

さて，個々の原子核がもつ正の電荷を $+e$，電子による負の電荷を $-e$ とする．原子から電子雲の重心位置の変位量を $\boldsymbol{x}$ とする．電気双極子モーメントと呼ばれるベクトル $\boldsymbol{p}=e\boldsymbol{x}$ が定義される．単位体積あたりの電気双極子モーメントを分極 $\boldsymbol{P}$ で定義する．等方的な媒質の場合には，電子雲の歪みは電場の方向に起こり，$\boldsymbol{P}$ と $\boldsymbol{E}$ は平行である．このときには，単位体積中の電気双極子の数を N とすると，

$$\boldsymbol{P}=N\boldsymbol{p} \tag{7.7}$$

いま，電界が角周波数 ω で振動すると，分極も同じ角周波数で振動する．この分極の振動により，角周波数 ω の電磁波が放出される (8.1 節参照)．光が物質中を伝搬する場合には，真空中を伝搬する電磁波成分以外にこの分極による電磁波成分が加わる．もちろん，この分極の振動による二次波の振幅は入射波の振幅に比べて小さい．一方，二次波の位相は入射波に対して $\pi/2$ だけ遅れる．したがって，両者の合成である透過波は，やはり振動数は ω であるが，真空中を伝搬するよりも位相が遅れることになる．この位相の遅れは，物質を伝わる距離に比例するので，物質中では光速が真空中よりも遅くなる．これが，物質の屈折率が 1 よりも大きい理由である．

次に，この光波によって誘起されるされる分極をバネのモデルによって解析しよう．これをローレンツモデルもしくは振動子モデルと呼ぶ．

7.2 分 散 と 吸 収

7.2.1 気 体 の 分 散

気体分子に光電場が作用した場合には，電子雲の重心位置が原子核の位置からずれる．電子雲は原子核に束縛されているので，電子雲の変位 x に対して復元力 $-ax$ が働くとする．この条件で，外部電場が 0 のとき，電子雲の重心の運動方程式は，電子の質量を m とし，

$$m\frac{\mathrm{d}^2x}{\mathrm{d}t^2}+ax=0 \tag{7.8}$$

である．

ここでまず，電子の運動の固有周波数 ω_0 を求めてみよう．外部電場が 0 のときの解として，$\exp(-\mathrm{i}\omega_0 t)$ を仮定し，式 (7.8) に代入すると，

$$\omega_0^2=a/m \tag{7.9}$$

が得られる．

次に，電子雲の振動の減衰を考慮するため，速度に比例する摩擦力 $\Gamma(\mathrm{d}x/\mathrm{d}t)$ も考慮して運動方程式を立てよう．光の振動電場 $E_0\exp(-\mathrm{i}\omega t)$ が加わったときの電子雲の重心の運動方程式は，

$$m\Big(\frac{\mathrm{d}^2x}{\mathrm{d}t^2}+\Gamma\frac{\mathrm{d}x}{\mathrm{d}t}+\omega_0^2x\Big)=eE_0\exp(-\mathrm{i}\omega t) \tag{7.10}$$

ここで，解として $x = x_0 \exp(-\mathrm{i}\omega t)$ を仮定すると，

$$x_0 = \frac{eE_0/m}{\omega_0^2 - \omega^2 - \mathrm{i}\Gamma\omega} \tag{7.11}$$

得られる．したがって，

$$P = Np = Nex_0 = \frac{(e^2N/m)E_0}{\omega_0^2 - \omega^2 - \mathrm{i}\Gamma\omega} \tag{7.12}$$

が得られる．電子雲は，光と同じ周波数で振動するが，振幅は，周波数によって異なる．ここで，P/E_0 は複素数であることに注意せよ．このことは，P の振動と E の振動の位相にずれがあることを意味する．

さて，式 (7.2) と式 (7.12) より，

$$\chi = \frac{e^2N/(m\epsilon_0)}{\omega_0^2 - \omega^2 - \mathrm{i}\Gamma\omega} \tag{7.13}$$

ここで，電気感受率 χ は，複素数になることに注意せよ．すなわち，

$$\chi = \chi' + \mathrm{i}\chi'' \tag{7.14}$$

とすると，

$$\chi' = \frac{e^2N/(m\epsilon_0)(\omega_0^2 - \omega^2)}{(\omega_0^2 - \omega^2)^2 + \Gamma^2\omega^2} \tag{7.15}$$

$$\chi'' = \frac{e^2N/(m\epsilon_0)\Gamma\omega}{(\omega_0^2 - \omega^2)^2 + \Gamma^2\omega^2} \tag{7.16}$$

式 (7.6) を用いて屈折率を求めるが，屈折率も複素数になるので，複素屈折率 $\hat{n}$ を，

$$\hat{n} = n + \mathrm{i}\kappa \tag{7.17}$$

と定義する．ただし，複素屈折率の実部は，従来の屈折率 n であり，虚部を κ とする．式 (7.6) より，

$$\hat{n}^2 = 1 + \frac{e^2N/(m\epsilon_0)}{\omega_0^2 - \omega^2 - \mathrm{i}\Gamma\omega} \tag{7.18}$$

したがって，

$$n^2 - \kappa^2 = 1 + \chi' \tag{7.19}$$

$$2n\kappa = \chi'' \tag{7.20}$$

が得られる．

図 7.1 に，電気感受率 (susceptibility) χ の実部 χ' と虚部 χ'' の周波数応答を示す．一般に，χ' の変曲点と χ'' の極大点は一致し，その振動数 ω_R は共鳴周波数と呼ばれる．この共鳴周波数 ω_R は，近似的に

$$\omega_\mathrm{R}^2 = \omega_0^2 - (\Gamma/2)^2 \tag{7.21}$$

で与えられる．$\omega_0 \gg \Gamma$ であると，$\omega_\mathrm{R} \approx \omega_0$ であり，このとき，

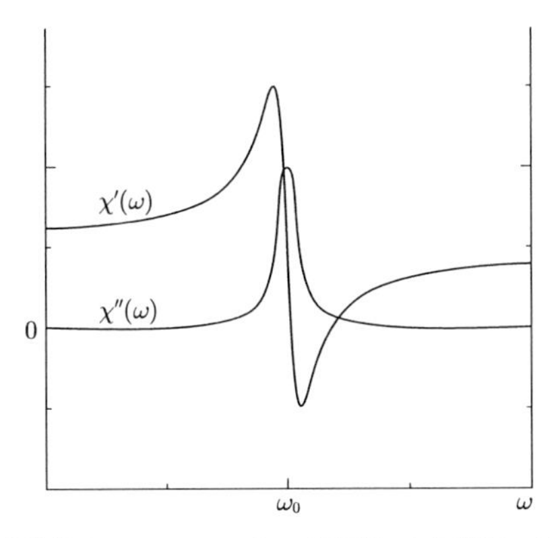

図 **7.1** 電気感受率 (susceptibility) χ の実部 χ' と虚部 χ'' の周波数応答

$$\chi'' = 2n\kappa = \frac{\pi e^2 N}{2m\epsilon_0\omega_0} L(\omega) \tag{7.22}$$

が得られる．ただし，

$$L(\omega) = \frac{\Gamma/2\pi}{(\omega_0 - \omega)^2 + (\Gamma/2)^2} \tag{7.23}$$

は，ローレンツ分布関数と呼ばれる．その半値幅は，Γ である．

媒質が気体であると，式 (7.18) の第 2 項は 1 に比べて十分に小さいとすることができて，

$$\hat{n} \approx 1 + \frac{e^2 N/(2m\epsilon_0)}{\omega_0^2 - \omega^2 - \mathrm{i}\Gamma\omega} \tag{7.24}$$

このとき，

$$n = 1 + \frac{(e^2 N/2m\epsilon_0)(\omega_0^2 - \omega^2)}{(\omega_0^2 - \omega^2)^2 + \Gamma^2\omega^2} \tag{7.25}$$

$$\kappa = \frac{(e^2 N/2m\epsilon_0)\Gamma\omega}{(\omega_0^2 - \omega^2)^2 + \Gamma^2\omega^2} \tag{7.26}$$

を得る．

ここで，複素屈折率 $\hat{n}$ の実部 n と虚部 κ の意味を考えてみよう．平面波が z 方向へ進む場合を考え，複素屈折率を形式的に使うと，

$$\begin{aligned} \boldsymbol{E} &= \boldsymbol{E}_0 \exp\left[\mathrm{i}\left(\frac{2\pi\hat{n}}{\lambda_0}z - \omega t\right)\right] \\ &= \boldsymbol{E}_0 \exp\left[\mathrm{i}\left(\frac{2\pi n}{\lambda_0}z - \omega t\right)\right] \cdot \exp\left(-\frac{2\pi\kappa}{\lambda_0}z\right) \end{aligned} \tag{7.27}$$

したがって，κ を含む項は波の進行とともに減衰する項で，減衰係数 (extinction coefficient) と呼ばれる．複素屈折率の実部 n は，今までの屈折率と同じく，位相速度を決める．

図 7.2 は複素屈折率 $\hat{n}$ の実部 n と虚部 κ を角周波数 ω の関数として表示したもの

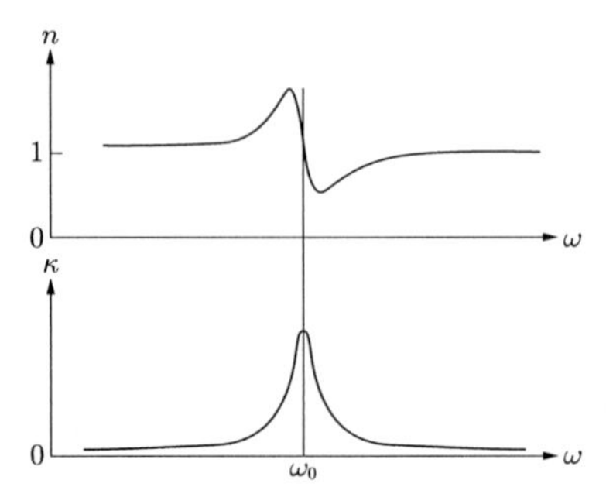

図 7.2　屈折率 n と減衰係数 κ の周波数応答 ($n \approx 1$ の場合)

である．気体においては，$\Gamma \ll \omega_0$ であり，固有振動数 ω_0 付近で減衰係数が急激に大きくなり，この周波数で吸収が起こっていることがわかる．透明な領域では，波長が長くなるに従って，屈折率は減少する．これを正常分散 (normal dispersion) という．ところが，吸収がある領域では，波長が長くなると屈折率は増大する．これを異常分散 (anomalous dispersion) という．

通常，1 つの媒質でもいくつかの原因で吸収が起こるので，いくつかの固有振動数をもつ．したがって，電気感受率も各々の固有振動数成分の和で表され，屈折率の実部と虚部も

$$n = 1 + \sum_k \frac{(e^2 N_k / 2m\epsilon_0)(\omega_k^2 - \omega^2)}{(\omega_k^2 - \omega^2)^2 + \Gamma_k^2 \omega^2} \tag{7.28}$$

$$\kappa = \sum_k \frac{(e^2 N_k / 2m\epsilon_0)\Gamma_k \omega}{(\omega_k^2 - \omega^2)^2 + \Gamma_k^2 \omega^2} \tag{7.29}$$

となる．ただし，ω_k は k 番目の固有振動数，Γ_k は摩擦係数，N_k は k 番目の吸収に寄与する原子または分子の単位体積あたりの数である．

7.3　液体，固体の屈折率分散

液体や固体では，気体に比べてはるかに原子の密度が高い．電子雲に働く電場は，外部電場 $\boldsymbol{E}$ ばかりではなく，周りの分極の影響も無視できなくなる．実際に電子雲に働く電場は，波長が原子間隔より充分大きく，分極を一様と見なせる場合には，

$$\boldsymbol{E}' = \boldsymbol{E} + \frac{1}{3\epsilon_0}\boldsymbol{P} \tag{7.30}$$

と見なせる．個々の双極子がつくる分極は

$$\boldsymbol{p} = \alpha \boldsymbol{E}' \tag{7.31}$$

ここで，α は分子分極率である．式 (7.7) を使うと，

$$\boldsymbol{P} = N\alpha \boldsymbol{E}' \tag{7.32}$$

したがって，

$$\frac{\epsilon - \epsilon_0}{\epsilon + 2\epsilon_0} = \frac{\hat{n}^2 - 1}{\hat{n}^2 + 2} = \frac{\alpha N}{3\epsilon_0} \tag{7.33}$$

これを，クラウジウス・モソッティ (Clausius–Mossotti) の式という．

ここで，電子雲の運動方程式 (7.10) は，電場に関して補正を行うべきである．すなわち式 (7.30) を考慮して，

$$m\Big(\frac{\mathrm{d}^2 x}{\mathrm{d}t^2} + \Gamma\frac{\mathrm{d}x}{\mathrm{d}t} + \omega_0^2 x\Big) = e\Big(E_0 + \frac{1}{3\epsilon_0}P\Big)\exp(-\mathrm{i}\omega t) \tag{7.34}$$

さらに，$P = Np = Nex$ であるから，

$$m\Big[\frac{\mathrm{d}^2 x}{\mathrm{d}t^2} + \Gamma\frac{\mathrm{d}x}{\mathrm{d}t} + \Big(\omega_0^2 - \frac{Ne^2}{3\epsilon_0 m}\Big)x\Big] = eE_0\exp(-\mathrm{i}\omega t) \tag{7.35}$$

ここで，新たに固有振動数を

$$\bar{\omega}_0^2 = \omega_0^2 - \frac{Ne^2}{3\epsilon_0 m} \tag{7.36}$$

と書きなおすと，

$$m\Big[\frac{\mathrm{d}^2 x}{\mathrm{d}t^2} + \Gamma\frac{\mathrm{d}x}{\mathrm{d}t} + \bar{\omega}_0^2 x\Big] = eE_0\exp(-\mathrm{i}\omega t) \tag{7.37}$$

が得られる．

これから，固有振動数は液体や固体では，希薄な気体の場合と異なる値をとることがわかる．気体における電気感受率の式 (7.13) を導いたのと同様に

$$\chi = \frac{e^2 N/(m\epsilon_0)}{\bar{\omega}_0^2 - \omega^2 - \mathrm{i}\Gamma\omega} \tag{7.38}$$

したがって，

$$\frac{\epsilon - \epsilon_0}{\epsilon + 2\epsilon_0} = \frac{\hat{n}^2 - 1}{\hat{n}^2 + 2} = \frac{1}{3}\frac{e^2 N/(m\epsilon_0)}{\bar{\omega}_0^2 - \omega^2 - \mathrm{i}\Gamma\omega} \tag{7.39}$$

媒質の中に，何種類かの原子が存在し，異なる性質の電子雲をつくっているときには，単位体積中に含まれる k 番目の原子の数を N_k，Γ_k を摩擦係数とすると，

$$\frac{\hat{n}^2 - 1}{\hat{n}^2 + 2} = \sum_k \frac{1}{3}\frac{e^2 N_k/(m\epsilon_0)}{\bar{\omega}_k^2 - \omega^2 - \mathrm{i}\Gamma_k\omega} \tag{7.40}$$

である．また，振動子強度係数を

$$f_k = N_k/N \tag{7.41}$$

で定義すると，

$$\frac{\hat{n}^2 - 1}{\hat{n}^2 + 2}\frac{1}{N} = \sum_k \frac{1}{3}\frac{e^2 f_k/(m\epsilon_0)}{\bar{\omega}_k^2 - \omega^2 - \mathrm{i}\Gamma_k\omega} \tag{7.42}$$

これを，ローレンツ・ローレンツ (Lorentz–Lorenz) の式という．透明な媒質の場合には，摩擦係数 Γ_k は無視できるので，屈折率は実数になる．

7.4　金属の屈折率分散

金属の場合には，位置が固定されているイオンの間を伝導電子が動く．この伝導電子の運動方程式は，

$$m\frac{\mathrm{d}^2x}{\mathrm{d}t^2}+m\Gamma\frac{\mathrm{d}x}{\mathrm{d}t}=eE_0\exp(-\mathrm{i}\omega t) \tag{7.43}$$

この解は，

$$x_0=\frac{eE_0/m}{-\omega^2-\mathrm{i}\Gamma\omega} \tag{7.44}$$

したがって，伝導電子と束縛電子によって，複素屈折率は，

$$\hat{n}^2=1-\frac{e^2N/(m\epsilon_0)}{\omega^2+\mathrm{i}\Gamma\omega}+\sum_k\frac{e^2N_k/(m\epsilon_0)}{\bar{\omega}_k^2-\omega^2-\mathrm{i}\Gamma_k\omega} \tag{7.45}$$

である．

ここで，自由電子の効果について考えよう．束縛電子の項は無視するとして，

$$\hat{n}^2=1-\frac{e^2N/(m\epsilon_0)}{\omega^2+\mathrm{i}\Gamma\omega} \tag{7.46}$$

したがって，屈折率 n と減衰係数 κ は，

$$n^2-\kappa^2=1-\frac{\omega_\mathrm{p}^2}{\omega^2+\Gamma^2} \tag{7.47}$$

$$2n\kappa=\frac{\omega_\mathrm{p}^2}{\omega^2+\Gamma^2}\frac{\Gamma}{\omega} \tag{7.48}$$

であり，ω_p はプラズマ周波数 (plasma frequency) とよばれ，

$$\omega_\mathrm{p}^2=\frac{Ne^2}{\epsilon_0 m} \tag{7.49}$$

で与えられる．これは金属内のイオン原子と自由電子がつくるプラズマの自励振動数である．金属の場合には，$N=10^{29}\ \mathrm{m}^{-3}$ であり，$\omega_\mathrm{p}=10^{15}\ \mathrm{s}^{-1}$ となり，これは紫外域に位置する．プラズマ周波数よりも高い周波数では光は透過し，低い周波数では，金属反射を起こす．

ここで，プラズマ振動数 ω_p と電気伝導率 σ の関係を見てみよう．まず，電流 j は，

$$j=\sigma E \tag{7.50}$$

であり，

$$j=Ne\frac{\mathrm{d}x}{\mathrm{d}t} \tag{7.51}$$

であることに注意しよう．これらの式を，伝導電子の運動式 (7.43) に代入すると，

$$\frac{\mathrm{d}j}{\mathrm{d}t}+\Gamma j=\frac{Ne^2E_0}{m}\exp(-\mathrm{i}\omega t) \tag{7.52}$$

が得られる．過渡的な電流 j の減衰は，

$$\frac{\mathrm{d}j}{\mathrm{d}t} + \Gamma j = 0 \tag{7.53}$$

から，解として $j = j_0 \mathrm{e}^{-\Gamma t}$ が得られるので，$1/\Gamma$ は緩和時間と呼ばれる．静的な電界に対しては，式 (7.52) は，

$$\Gamma j = \frac{Ne^2 E_0}{m} \tag{7.54}$$

となるので，電気伝導率は，

$$\sigma = \frac{Ne^2}{m\Gamma} \tag{7.55}$$

で与えられる．j の解が $\mathrm{e}^{-\mathrm{i}\omega t}$ であるとすると，式 (7.52) から，

$$(-\mathrm{i}\omega + \Gamma)j = \frac{Ne^2}{m} E_0 = \sigma\Gamma \tag{7.56}$$

が得られる．よって，

$$j = \frac{\sigma}{1 - \mathrm{i}\omega/\Gamma} \tag{7.57}$$

これらの結果から，一般的な波動方程式は，式 (C.32) から，

$$\nabla^2 \boldsymbol{E} = \frac{1}{c^2}\frac{\partial^2 \boldsymbol{E}}{\partial t^2} + \frac{\mu_0 \sigma}{1 - \mathrm{i}\omega/\Gamma}\frac{\partial \boldsymbol{E}}{\partial t} \tag{7.58}$$

で与えられる．この解として，

$$\boldsymbol{E} = \boldsymbol{E}_0 \exp[\mathrm{i}(k_0 \hat{n} z - \omega t)] \tag{7.59}$$

を仮定しよう．したがって，

$$(k_0 \hat{n})^2 = \frac{\omega^2}{c^2} + \frac{\mathrm{i}\omega\mu_0\sigma}{1 - \mathrm{i}\omega/\Gamma} \tag{7.60}$$

周波数が低い場合には，

$$(k_0 \hat{n})^2 \approx \mathrm{i}\omega\mu_0\sigma \tag{7.61}$$

これより，$(k_0\hat{n}) \approx \sqrt{\mathrm{i}\omega\mu_0\sigma} = (1+\mathrm{i})\sqrt{\omega\mu_0\sigma/2}$ が得られ，

$$\hat{n} = n + \mathrm{i}\kappa = (1+\mathrm{i})\sqrt{\frac{\omega\mu_0\sigma}{2}} \cdot \frac{c}{\omega} = (1+\mathrm{i})\sqrt{\frac{\sigma}{2\omega\epsilon_0}} \tag{7.62}$$

したがって，

$$n \approx \kappa \approx \sqrt{\frac{\sigma}{2\omega\epsilon_0}} \tag{7.63}$$

より厳密には，式 (7.60) から，

$$\hat{n}^2 = 1 + \frac{\mathrm{i}\omega\mu_0\sigma}{1 - \mathrm{i}\omega/\Gamma}\frac{c^2}{\omega^2} = 1 - \frac{\sigma\Gamma/\epsilon_0}{\omega^2 + \mathrm{i}\omega\Gamma} \tag{7.64}$$

式 (7.46) との比較から，プラズマ周波数は，

$$\omega_{\mathrm{p}}^2 = \sqrt{\frac{\sigma\Gamma}{\epsilon_0}} \tag{7.65}$$

とも表すことができる．

7.5 クラマース・クローニッヒの関係

電気感受率 χ の実部と虚部の間は，式 (7.13) で結ばれている．また，電気感受率 χ が働く原因は，式 (7.2) で与えられ，時刻 t における分極 $P(t)$ は，それ以前の電場 $E(t)$ で決まる．つまり，因果律が成立している．このような場合には，電気感受率 χ の実部と虚部あるいは，複素屈折率の実部 n と虚部 κ の間には，次のような関係が成り立つ．これをクラマース・クローニッヒ (Kramers–Kronig) の関係式という．

$$n(\omega) - 1 = \frac{2}{\pi}\mathcal{P}\int \frac{\omega' \kappa(\omega')}{\omega'^2 - \omega^2}\mathrm{d}\omega' \tag{7.66}$$

$$\kappa(\omega) = -\frac{2}{\pi}\mathcal{P}\int \frac{\omega[n(\omega') - 1]}{\omega'^2 - \omega^2}\mathrm{d}\omega' \tag{7.67}$$

ただし，$\mathcal{P}$ は積分の主値をとることを意味する．

7.6 分　散　式

可視域で透明な媒質の分散曲線の例を図 7.3 に示す．紫外域に価電子遷移による吸収があり，赤外域には分子振動による吸収がある．可視域では波長が長くなるとともに，屈折率も減少する (正常分散)．

光学材料などの透明な媒質の分散特性を記述するのに，従来から，いくつかの分散式が用いられてきた．式 (7.42) より，

$$n^2 - 1 = \frac{3\frac{e^2 N}{m\epsilon_0}\sum \frac{f_k}{\bar{\omega}_k^2 - \omega^2}}{3 - \frac{e^2 N}{m\epsilon_0}\sum \frac{f_k}{\bar{\omega}_k^2 - \omega^2}} \tag{7.68}$$

ただし，透明な媒質を考えているので，$\Gamma_k = 0$ としている．

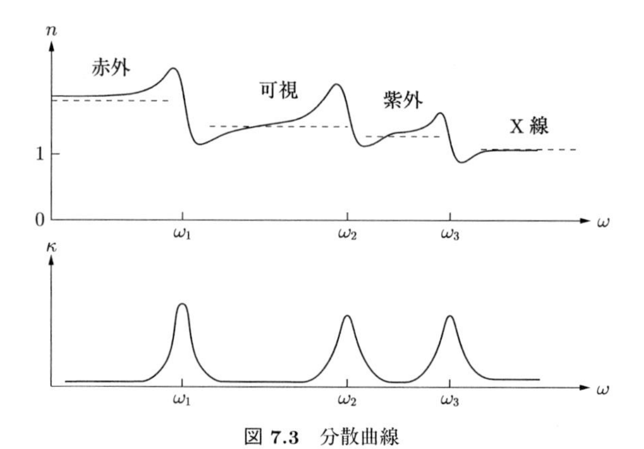

図 7.3　分散曲線

ここで，式 (7.68) は ω^2 の有理関数で，この式の分母が

$$3 - \frac{e^2 N}{m\epsilon_0} \sum \frac{f_k}{\bar{\omega}_k^2 - \omega^2} = 0 \tag{7.69}$$

を満足する位置で極をもつはずである．したがって，式 (7.69) の解を，$\tilde{\omega}_k$ とすると，式 (7.68) は，

$$n^2 - 1 = \frac{e^2 N}{m\epsilon_0} \sum_k \frac{\tilde{f}_k}{\tilde{\omega}_k^2 - \omega^2} \tag{7.70}$$

と書ける．これは希薄気体の屈折率を与える式 (7.18) と同じ形になる．

ここで，角周波数を波長で表すことにする．すなわち，

$$\omega = 2\pi c/\lambda \tag{7.71}$$

$$\tilde{\omega}_k = 2\pi c/\lambda_k \tag{7.72}$$

したがって，式 (7.70) は，

$$n^2 - 1 = \frac{e^2 N}{m\epsilon_0} \frac{1}{4\pi^2 c^2} \sum_k \frac{\tilde{f}_k \lambda^2 \lambda_k^2}{\lambda^2 - \lambda_k^2} \tag{7.73}$$

ここで，

$$\frac{\lambda^2}{\lambda^2 - \lambda_k^2} = 1 + \frac{\lambda_k^2}{\lambda^2 - \lambda_k^2} \tag{7.74}$$

の関係を用いると，式 (7.73) は，

$$n^2 - 1 = a + \sum_k \frac{b_k}{\lambda^2 - \lambda_k^2} \tag{7.75}$$

の形で表すことができる．この式はセルマイヤー (Sellmeier) の式と呼ばれている．特に，可視域では，

$$n = A + \frac{B}{\lambda^2} + \frac{C}{\lambda^4} + \cdots \tag{7.76}$$

と近似される．この式はコーシー (Cauchy) の式と呼ばれる．

問　　題

1) 共鳴周波数 ω_{R} を与える式 (7.21) を導け．

2) あるガラスの屈折率がコーシーの式 (7.76) に従い，

$$n = A + B/\lambda^2$$

で与えられるとき，このガラス中の波長 $\lambda = 0.5\ \mu\mathrm{m}$ の光の位相速度 v_{p} と群速度 v_{g} を求めよ．ただし，$A = 1.40$，$B = 1.2 \times 10^{-2}\ \mu\mathrm{m}^2$．

3) 希薄な気体において，固有振動数 ω_0 付近の各振動数をもつ光に対する複素屈折率の実部と虚部は，式 (7.25) と (7.26) を近似して，

$$n = 1 + \frac{e^2 N/2m\epsilon_0}{4\omega_0} \cdot \frac{2(\omega_0 - \omega)}{(\omega_0 - \omega)^2 + \Gamma^2/4}$$

$$\kappa = \frac{e^2 N/2m\epsilon_0}{4\omega_0} \cdot \frac{\Gamma}{(\omega_0 - \omega)^2 + \Gamma^2/4}$$

とできることを示せ.

また，このとき，屈折率 n の極大と極小を与える角振動数が減衰係数 κ (複素屈折率の虚部) の半値 (最大値の半分) を与える周波数であることを示せ.

8

発光と受光

これまでは，光が放出される機構は考えず，光の伝搬や反射・屈折について考えてきた．ここでは，光の発生と検出の機構について考察する．電子が振動すると電磁波を放出する．はじめに，古典的な電気双極子の振動モデルによる電波放射について述べる．次に，量子力学に基づく黒体放射と光の放出と吸収，レーザーの発振の原理，光電効果，光検出器の原理などについて，干渉や回折およびそれを利用した関連事項が理解できる程度の基礎事項を述べる．

8.1 電気双極子による電磁波の放射

今，電荷 $\pm e$ をもつ電気双極子があり，その電荷が角周波数 ω で振動しているとする．このときの電気双極子の振動によって放射される光について考えてみよう (図 8.1)．計算を行うために，ここでは付録 D で述べる電磁ポテンシャルを用いることにする．電磁ポテンシャル $\boldsymbol{A}$，ϕ から電場 $\boldsymbol{E}$ と磁束密度 $\boldsymbol{B}$ は，式 (D.11) と式 (D.8) からそれぞれ，

$$\boldsymbol{E} = -\mathrm{grad}\,\phi - \frac{\partial \boldsymbol{A}}{\partial t} \tag{8.1}$$

$$\boldsymbol{B} = \mathrm{rot}\boldsymbol{A} \tag{8.2}$$

で与えられる．ただし，ローレンツ条件 (D.20) は，

$$\mathrm{div}\boldsymbol{A} + \epsilon_0\mu_0 \frac{\partial \phi}{\partial t} = 0 \tag{8.3}$$

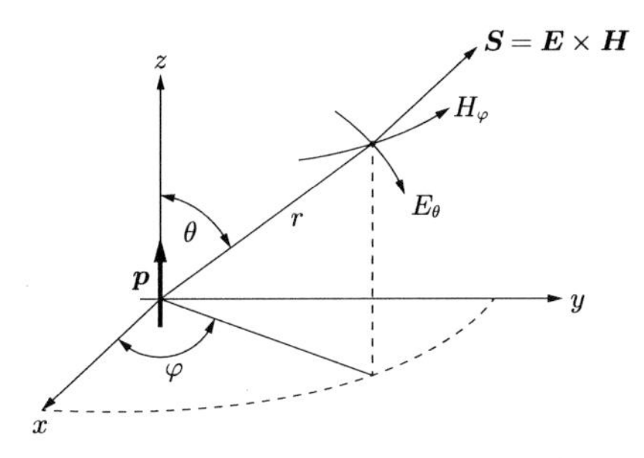

図 8.1　電気双極子による電磁波の放射

である．

さて，この電気双極子モーメントは

$$\boldsymbol{p} = e\exp(-\mathrm{i}\omega t)\mathrm{d}\boldsymbol{s} \tag{8.4}$$

と書ける．ただし，$\mathrm{d}\boldsymbol{s}$ は振動の微小変位量である．この電気双極子モーメントによる電流は，

$$\boldsymbol{j} = \frac{\mathrm{d}\boldsymbol{p}}{\mathrm{d}t} = -\mathrm{i}\omega e\exp(-\mathrm{i}\omega t)\mathrm{d}\boldsymbol{s} \tag{8.5}$$

である．この電流によって生じる遅延ポテンシャルは，式 (D.26) より，

$$\begin{aligned}\boldsymbol{A} &= \frac{\mu_0}{4\pi}\frac{\boldsymbol{j}\exp(-\mathrm{i}\omega t)}{r}\mathrm{d}\boldsymbol{s}\\ &= \frac{-\mathrm{i}\omega\mu_0 e\exp[\mathrm{i}(\boldsymbol{k}_0\cdot\boldsymbol{r}-\omega t)]}{4\pi r}\mathrm{d}\boldsymbol{s}\end{aligned} \tag{8.6}$$

となる．ここで，電気双極子の振動の方向が z 軸方向であるとすると，

$$A_z = \frac{-\mathrm{i}\omega\mu_0 e\exp[\mathrm{i}(\boldsymbol{k}_0\cdot\boldsymbol{r}-\omega t)]}{4\pi r}\mathrm{d}s \tag{8.7}$$

極座標系で表すために，

$$A_r = A_z\cos\theta \tag{8.8}$$

$$A_\theta = -A_z\sin\theta \tag{8.9}$$

$$A_\varphi = 0 \tag{8.10}$$

であることを用いて，式 (8.1) の極座標系における各成分を計算しておく．公式 (G.9), (G.10)，(G.11) から，

$$(\mathrm{rot}\boldsymbol{A})_r = 0 \tag{8.11}$$

$$(\mathrm{rot}\boldsymbol{A})_\theta = 0 \tag{8.12}$$

$$(\mathrm{rot}\boldsymbol{A})_\varphi = \frac{\partial A_\theta}{\partial r} = \sin\theta\Big(\frac{1}{r}-\mathrm{i}k\Big)A_z \tag{8.13}$$

式 (8.2) より，

$$H_r = 0 \tag{8.14}$$

$$H_\theta = 0 \tag{8.15}$$

$$H_\varphi = \frac{1}{\mu_0}\frac{\partial A_\theta}{\partial r} = \frac{1}{\mu_0}\sin\theta\Big(\frac{1}{r}-\mathrm{i}k\Big)A_z \tag{8.16}$$

次に，式 (8.3) を用いるために，

$$\mathrm{div}\boldsymbol{A} = \frac{\partial A_z}{\partial z} = \frac{\partial A_z}{\partial r}\frac{\partial r}{\partial z} = \frac{z}{r}\frac{\partial A_z}{\partial r} = \cos\theta\frac{\partial A_z}{\partial r} = -\cos\theta\Big(\frac{1}{r}-\mathrm{i}k\Big)A_z \tag{8.17}$$

を計算しておき，

$$\phi = -\frac{1}{\epsilon_0\mu_0}\int \mathrm{div}\boldsymbol{A}\mathrm{d}t = -\frac{\cos\theta}{\mathrm{i}\epsilon_0\mu_0\omega}\Big(\frac{1}{r} - \mathrm{i}k\Big)A_z \tag{8.18}$$

ここで，式 (G.6)，式 (G.7)，式 (G.8) を用いて，

$$(\mathrm{grad}\,\phi)_r = \frac{\partial\phi}{\partial r} = \frac{\cos\theta}{\mathrm{i}\epsilon_0\mu_0\omega}\Big(\frac{2}{r^2} - \frac{2\mathrm{i}k}{r} - k^2\Big)A_z \tag{8.19}$$

$$(\mathrm{grad}\,\phi)_\theta = \frac{1}{r}\frac{\partial\phi}{\partial\theta} = \frac{\sin\theta}{\mathrm{i}\epsilon_0\mu_0\omega}\Big(\frac{1}{r^2} - \frac{\mathrm{i}k}{r}\Big)A_z \tag{8.20}$$

$$(\mathrm{grad}\,\phi)_\varphi = \frac{1}{r\sin\theta}\frac{\partial\phi}{\partial\varphi} = 0 \tag{8.21}$$

この結果より，式 (8.1) を用いて，

$$E_r = -(\mathrm{grad}\,\phi)_r - \frac{\partial A_r}{\partial t} = -\frac{\cos\theta}{\mathrm{i}\epsilon_0\mu_0\omega}\Big(\frac{2}{r^2} - \frac{2\mathrm{i}k}{r} - k^2\Big)A_z + \mathrm{i}\omega\cos\theta A_z$$
$$= -\frac{\cos\theta}{\mathrm{i}\epsilon_0\mu_0\omega}\Big(\frac{2}{r^2} + \frac{2k}{\mathrm{i}r}\Big)A_z \tag{8.22}$$

$$E_\theta = -(\mathrm{grad}\,\phi)_\theta - \frac{\partial A_\theta}{\partial t} = -\frac{\sin\theta}{\mathrm{i}\epsilon_0\mu_0\omega}\Big(\frac{1}{r^2} - \frac{\mathrm{i}k}{r}\Big)A_z - \mathrm{i}\omega\sin\theta A_z$$
$$= -\frac{\sin\theta}{\mathrm{i}\epsilon_0\mu_0\omega}\Big(\frac{1}{r^2} - \frac{\mathrm{i}k}{r} - k^2\Big)A_z \tag{8.23}$$

$$E_\varphi = -(\mathrm{grad}\,\phi)_\varphi - \frac{\partial A_\varphi}{\partial t} = 0 \tag{8.24}$$

となる．

ここで，双極子からの距離が波長に比べて十分大きな場合には，

$$E_r \approx 0 \tag{8.25}$$

$$E_\theta \approx -\mathrm{i}\omega\sin\theta A_z \tag{8.26}$$

$$E_\varphi \approx 0 \tag{8.27}$$

$$H_\varphi \approx -\mathrm{i}k/\mu_0\sin\theta A_z \tag{8.28}$$

である．この電磁界は，放射電界 (radiated field) と呼ばれ，球面波として伝搬する．電界と磁界は θ 成分と φ 成分のみで直交している．

このとき，ポインティングベクトルの時間平均は，

$$\overline{S}_r = \frac{1}{2}E_\theta H_\varphi^* = \frac{1}{2}\frac{\omega k}{\mu_0}\sin^2\theta|A_z|^2 = \frac{\omega^4\mu_0 e^2\sin^2\theta}{32\pi^2 cr^2}(\mathrm{d}s)^2 \tag{8.29}$$

$$\overline{S}_\theta = 0 \tag{8.30}$$

$$\overline{S}_\varphi = 0 \tag{8.31}$$

したがって，電気双極子から放射されるエネルギーは θ 方向と φ 方向に放出され，その放射パターンは，$\sin^2\theta/r^2 = 1$ の曲面 (図 8.2) を z 軸の周りに回転したものになる．

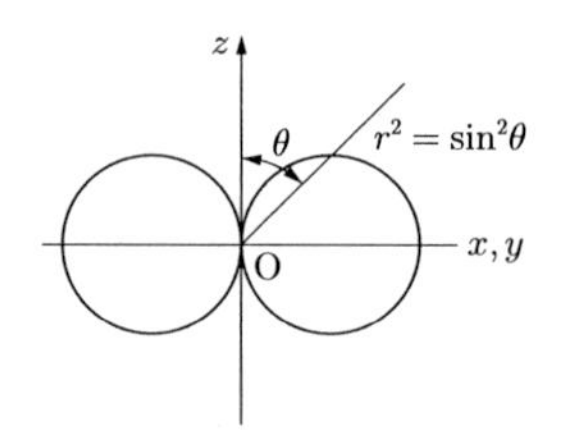

図 **8.2**　電気双極子による電磁波の放射パターン

8.2　黒体からの光放射

電子の振動によって電磁波が放出されることがわかった．外部の電磁波によって電子の振動が励起される場合以外でも，例えば，熱的に励起された電子が振動する場合でも光波の発生が起こる．物質に当てた光をあらゆる波長に対して完全に吸収する理想的な物体を黒体という．ある温度の黒体から放出される光の強さは，黒体の表面の単位面積から単位時間に放出されるエネルギー *1) で波長 λ から $\lambda + \mathrm{d}\lambda$ の間にあるものは，

$$M_{\mathrm{e}}(\lambda, T)\mathrm{d}\lambda = \frac{2\pi hc^2}{\lambda^5}\frac{\mathrm{d}\lambda}{\exp(hc/\lambda k_{\mathrm{B}}T) - 1} \tag{8.32}$$

で与えられる．これをプランクの式という．ただし，プランク定数 h とボルツマン定数 k_{B} は，

$$h = 6.626070040 \times 10^{-34}\,\mathrm{Js}$$

$$k_{\mathrm{B}} = 1.38064852 \times 10^{-23}\,\mathrm{JK}^{-1}$$

である．

プランクの式を図示すると図 8.3 になる．黒体が高温になると分光放射発散度の最大値を与える波長 (λ_{max}) は短くなる．つまり，温度が上がるに従って，その色が赤から青に変わることが説明できる．λ_{max} と黒体の温度 T の間には，

$$\lambda_{\mathrm{max}} \propto 1/T \tag{8.33}$$

の関係がある．これをウイーンの変位則という．

黒体の微小表面積 $\mathrm{d}S$ から，単位立体角 $\mathrm{d}\omega$ に放出される放射エネルギー密度 $U(\nu, T)$ は，表面に立てた垂線から角度 θ では，

$$U(\nu, T)c\mathrm{d}S(\mathrm{d}\omega/4\pi)\cos\theta$$

であるので，放射発散度は *2)，

---

*1)　これを放射発散度という．定義は式 (13.10) 参照．

*2)　極座標で，角度 θ，ψ 方向の微小立体角は，$r\mathrm{d}\theta \times r\sin\theta\mathrm{d}\psi/r^2 = \sin\theta\mathrm{d}\theta\mathrm{d}\psi$ であることに注意．

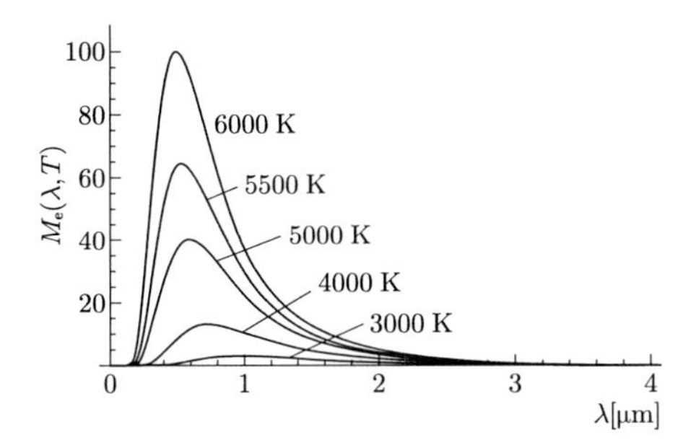

図 **8.3**　プランクの式による黒体からの分光放射発散度

$$M_{\mathrm{e}}(\nu,T)\mathrm{d}S = \int_0^{\pi/2}\int_0^{2\pi} U(\nu,T)c\mathrm{d}S/(4\pi)\cos\theta\sin\theta\mathrm{d}\theta\mathrm{d}\psi = \frac{c}{4}U(\nu,T)\mathrm{d}S \tag{8.34}$$

ここで，$\mathrm{d}\lambda = -(c/\nu^2)\mathrm{d}\nu$ であるので，

$$U(\nu,T)\mathrm{d}\nu = \frac{8\pi h\nu^3}{c^3}\cdot\frac{\mathrm{d}\nu}{\exp(h\nu/k_{\mathrm{B}}T)-1} \tag{8.35}$$

が得られる．

8.3　自然放出と誘導放出

量子力学によると，原子は任意のエネルギー状態をとることができず，とびとびの離散的な固有のエネルギー状態しかとれない．このようにエネルギー状態がとりうる離散化されたエネルギーレベルをエネルギー準位という．このエネルギー準位を W_1 と表すことにする．この状態の原子が光を吸収すると，より高いエネルギー準位 W_2 に変化することになる．吸収された光の周波数を ν とすると，

$$W_2 - W_1 = h\nu \tag{8.36}$$

の関係がある．ただし，h はプランク定数である．この関係は，ボーアの周波数条件と呼ばれている．このような，光の吸収過程を模式的に示すと，図 8.4(a) が得られる．

一方，原子が高いエネルギー準位 W_2 にあり，低い準位 W_1 に遷移して安定な状態をとるとき，式 (8.36) で与えられる光を放出する．これを自然放出という (図 8.4(b))．自然放出が起こる過程は，ランダムである．光の放出過程にはもう 1 つある．図 8.4(c) に示すように，高いエネルギー準位 W_2 にある原子に，式 (8.36) を満たす周波数の光が来るとその周波数の光を放出する．これを誘導放出という．原子が光を吸収または放出することのできるエネルギーは決まった量 $h\nu$ である．このエネルギーの塊を光子 (photon) という．上準位 W_2 にある原子が単位時間に光子を放出する確率は，

$$p_{\mathrm{e}} = A + B\rho_\nu \tag{8.37}$$

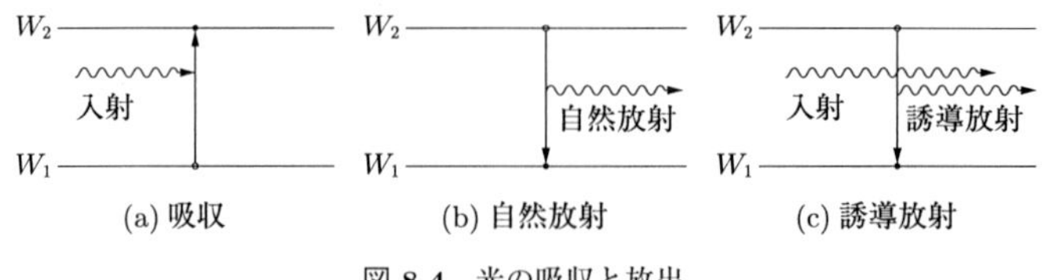

図 **8.4**　光の吸収と放出

と表すことができる．ただし，ρ_ν は，周波数 ν の光のエネルギー密度で，A と B はそれぞれ，アインシュタインの A 係数，B 係数，もしくは，自然放出係数，誘導放出係数と呼ばれている．

さらに，下準位 W_1 にある原子が周波数 ν の光子を吸収する確率は，

$$p_{\mathrm{a}} = B\rho_\nu \tag{8.38}$$

で与えられる．

次に，下準位に N_1 個の原子があり，上準位に N_2 個の原子があったとき，これらの原子から放出される光エネルギーは，

$$P_{\mathrm{e}} = p_{\mathrm{e}}N_2 = (A + B\rho_\nu)N_2 \tag{8.39}$$

であり，吸収される光エネルギーは，

$$P_{\mathrm{a}} = p_{\mathrm{a}}N_1 = B\rho_\nu N_1 \tag{8.40}$$

である．

この系で光の放出エネルギーと吸収エネルギーが平衡の状態にあるときの光のエネルギー密度を ρ_{eq} とすると，式 (8.39) と (8.40) が等しいとおいて，

$$(A + B\rho_{\mathrm{eq}})N_2 = B\rho_{\mathrm{eq}}N_1 \tag{8.41}$$

より，

$$\rho_{\mathrm{eq}} = \frac{AN_2}{B(N_1 - N_2)} \tag{8.42}$$

エネルギー密度が ρ_ν の光が物質に入射したとすると，ここで吸収される光エネルギー ΔP は，式 (8.39) ～ (8.42) を用いると，

$$\Delta P = P_{\mathrm{a}} - P_{\mathrm{e}} = B(\rho_\nu - \rho_{\mathrm{eq}})(N_1 - N_2) \tag{8.43}$$

つまり，熱平衡状態では，ボルツマン定数を用いて

$$N_2 = N_1 \exp\left(-h\nu/kT\right) \tag{8.44}$$

となるので，必ず下準位の原子数 N_1 が上準位の原子数 N_2 よりも多いので，$\Delta P > 0$ となり光は吸収される．しかし，上準位の原子数 N_2 が下準位の原子数 N_1 を上回る状態をつくることができれば，吸収が負になり光の増幅が起こることになる．この状態を反転分布もしくは負の温度という．レーザーの発振には，この反転分布の状態が必須である．

8.4 蛍 光 と LED

物質が，光照射や放電などにより刺激を受けると，物質中の電子が励起され，光を放出してより安定な状態に推移することがある．このような発光過程は，蛍光もしくはルミネッセンスと呼ばれる．ネオン管の発光や蛍光灯の発光もこの現象による．蛍光のスペクトルを解析することで，その物質のエネルギー準位を知ることができる．

LED (Light Emitting Diode) は，半導体技術で作られる小型の光源である．図 8.5(a) に示すように，p 型半導体と n 型半導体を接合 (これを pn 接合という) し，これに電流を流すと p 型半導体中のホールと n 型半導体中の電子が再結合して蛍光を発する．pn 接合部において効率よく再結合が起こるようにさまざまな工夫がなされている．表 8.1 に示すように，半導体材料によりさまざまな波長の LED が開発されている．

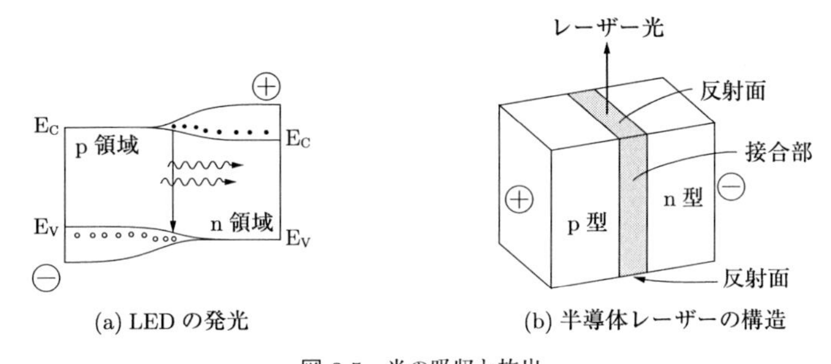

(a) LED の発光　(b) 半導体レーザーの構造

図 8.5　光の吸収と放出

表 8.1　主な LED

色	材料
紫外・紫・青	AlGaN,GaN
青・緑	GaInN,ZnSe
緑・橙・黄	InGaAlP
橙・赤	GaAsP
赤・赤外	GaAlAs

8.5 レ ー ザ ー

電子回路で発振器を作るには，増幅回路とこれに出力をフィードバックする回路を付加すればよい．フィードバック回路は共振器を構成し，この回路に入力されたエネルギーが回路の損失を上回れば発振する．この現象と同様な現象を光波においても実現できる．すなわち，図 8.6 に示すように，反転分布状態の媒質を光共振器中におくと，媒質中の光が誘導放出により増幅され共振器の損失 (反射鏡の反射率，回折による損失，散乱など) を上回れば，発振する．光共振器は，反射鏡を対向させるなどして構成することができる．これが，レーザーである．共振器から出力される光の可干渉性は極めて高い．これは，誘導放出によって発生する光は入射光に可干渉で，増幅中に光の位相がほとんど乱されないからである．

反転分布をもつ媒質を，レーザー媒質と呼ぶ．レーザー媒質の種類により，さまざまな，レーザーが開発されている．主なレーザーを表 8.2 に示す．

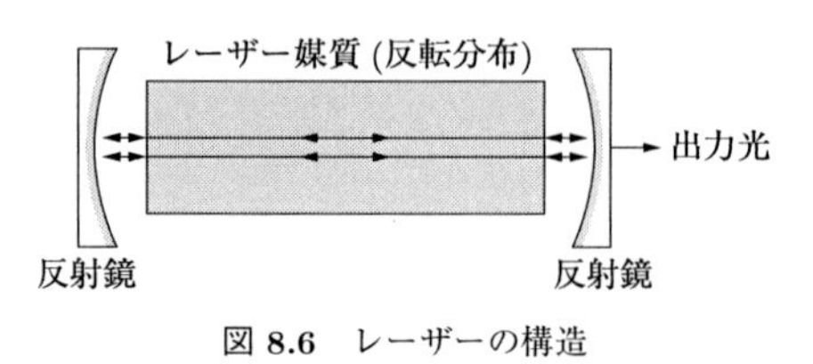

図 8.6　レーザーの構造

表 8.2　主なレーザー

	レーザー名	波長 (nm)
気体レーザー	KrF エキシマーレーザー	248
	He-Cd レーザー	442
	Ar レーザー	488.0
		514.5
	He-Ne レーザー	632.8
	炭酸ガスレーザー	10600
液体レーザー	色素レーザー　(いろいろな色素)	ほぼすべての可視域
固体レーザー	ルビーレーザー	694.3
	チタン：サファイアレーザー	680～1180
	ネオジウム：YAG レーザー	1064
	エルビウム：ファイバーレーザー	1520～1570
半導体レーザー	GaN	405
	GaAlAs	660～840
	AlGaAs 半導体レーザー	700～900

8.5.1　半導体レーザー

pn 接合において，p 型半導体部では多数のホールが，n 型半導体部では多数の電子が存在し，接合部分に拡散して流れ込むことができ，反転分布が生じている (この接合部分を活性層と呼ぶ)．図 8.5(b) に示すように，活性層を 2 つの反射面からなる光共振器に入れると，誘導放出で光は増幅される．発光効率を上げるため，活性層周辺の構造を工夫したり，注入電流を増加させる工夫などさまざまな技術が開発されている．

8.5.2 半導体励起固体レーザー

発振効率が高い半導体レーザーを光源として，レーザー結晶を励起する固体レーザーを半導体励起固体 (DPSS, Diode Pumped Solid State) レーザーという．フラッシュランプ励起の固体レーザーに比べて，小型，長寿命で出力の安定した発振が実現できる．図 8.7 に非線形光学結晶を挿入した DPSS レーザーの構成を示す．レーザー結晶を半導体レーザーで励起し，非線形光学結晶で波長が半分の高調波を出力光として取り出す．例えば，レーザー結晶として Nd:YVO_4 を用いて 1064 nm の赤外光を発生させ非線形光学結晶 KTP を用いると，波長 532 nm の緑色レーザー光が得られる．

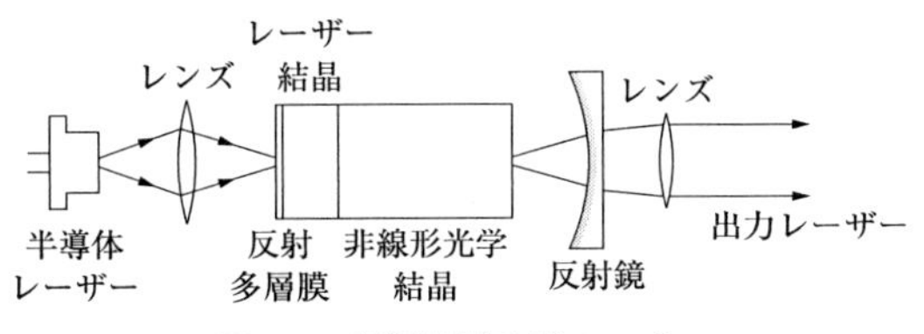

図 8.7 半導体励起固体レーザー

8.5.3 ファイバーレーザー

固体レーザーの一種であるが，レーザー媒質として希土類がドープされたコアをもつ光ファイバーである (図 8.8)．励起半導体レーザーからの光を光ファイバーのクラッドに注入する．レーザー媒質をもつ光ファイバーの両端をファイバーブラッグ格子 (FBG) で挟み共振器構造をつくる．ドープする希土類元素には，Yb，Nd，Er などが用いられ，それによってレーザー発振波長が決まる．

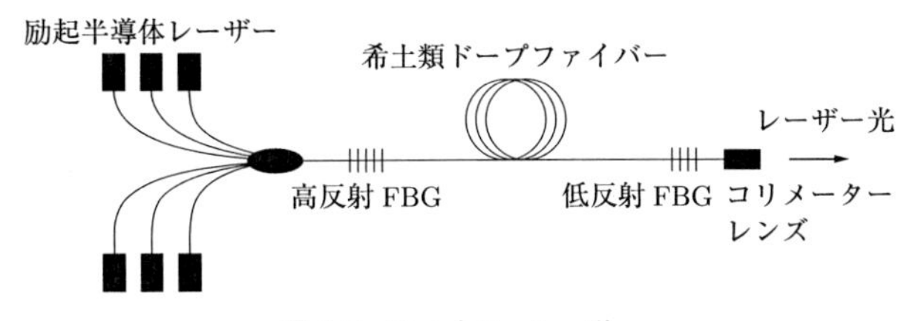

図 8.8 ファイバーレーザー

8.6 光 検 出 器

光エネルギーを電気的な信号に変換する素子が光検出器である．光と物質の物理的・化学的相互作用によって光を検出する．物理的な効果として，外部光電効果と内部光電効果がある．外部光電効果とは，光の入射によって物質外に電子が放出される現象であり，内部光電効果は，物質内部にできた励起状態によって伝導率や起電力が変化する現象である．

8.6.1　光電子増倍管

外部光電効果を使った光検出器として，光電子増倍管がある．図 8.9 に示すように，入射窓を通して入射した光により光電面から光電子が放出され，加速されて第 1 電極に衝突して多数の二次電子を放出する．この二次電子が次の第 2 電極に衝突してさらに多数の二次電子を放出する．このように多段階に増幅を繰り返し，最終的に陽極で，10^6 から 10^8 倍に増幅された電子が検出される．

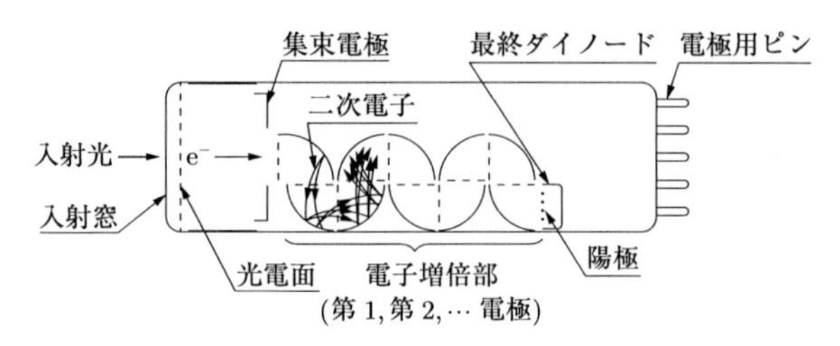

図 8.9　光電子増倍管 (浜松ホトニクスカタログより，一部改変)

8.6.2　フォトセルとフォトダイオード

フォトセルは，入射する光の強度変化により電気抵抗が変化する光導電率効果を使う光検出器である．その構造は，図 8.10 のように，半導体を電極で挟んだ単純な構造である．バンドギャップよりもエネルギーの高い光子が入射すると，束縛電子が伝導帯に励起され自由電子となって電気抵抗が減少する．

フォトダイオードは，光起電力効果による光検出器である (図 8.11)．pn 接合境界面を逆バイアス状態にしておき，pn 接合境界面のポテンシャル壁を高くしておく．この状態で，バンドギャップ以上のエネルギーをもつ光が入射すると，励起された電子はポテンシャル壁のスロープで加速され外部回路に電流が流れる．キャリアが再結合する前に加速されるので再結合によって発生する雑音は少ない．

フォトダイオードの pn 接合部の間に高抵抗の真性半導体 (これを i 層という) を挟んだ構造のものを pin フォトダイオードという．i 層の抵抗率は高いので印加する電圧はこの部分で極めて高くなる．入射光によって発生したキャリアは i 層で加速され電極に至るので途中で再結合されなくなり，単なる pn 接合フォトダイオードよりも高感度となる．また高速応答でもある．

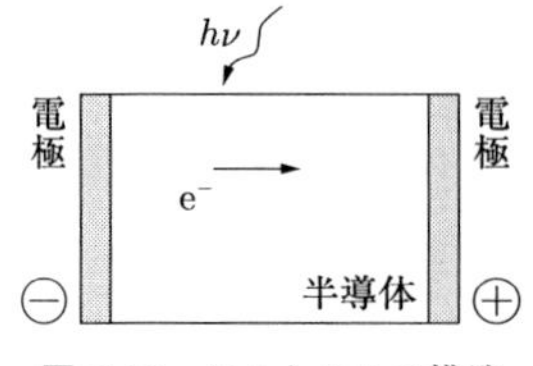

図 8.10　フォトセルの構造

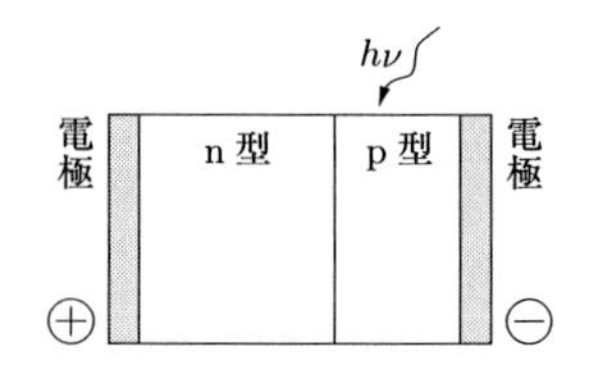

図 8.11　フォトダイオードの構造

8.6.3 固体撮像素子

フォトダイオードを 2 次元的に配列し，信号検出回路や増幅回路をチップに集積した素子である．2 次元的な画像の検出器ができる．個々のフォトダイオードは微小であるので，光の利用効率を向上させるため，マイクロレンズアレイが用いられることも多い．

a. CCD イメージセンサー

CCD イメージセンサーは，図 8.12 のような構造をとり，フォトダイオードによって検出された電荷を，同時に垂直配列電荷結合素子 (CCD) に移動させ，これを水平配列 CCD に順次入力させる．水平配列 CCD に蓄積された電荷を出力アンプで，電圧として順次取り出す．垂直・水平配列 CCD は遮光されている．この構造により，2 次元画素の走査を行う．

b. CMOS イメージセンサー

図 8.13 に示すように，フォトダイオード，電荷の読み出し回路，画素の選択回路を CMOS 技術によって製作したイメージセンサーが CMOS イメージセンサーである．CMOS 回路が光の利用効率を妨げるので，フォトダイオードの裏面に CMOS 回路を配置する構造のものもある．

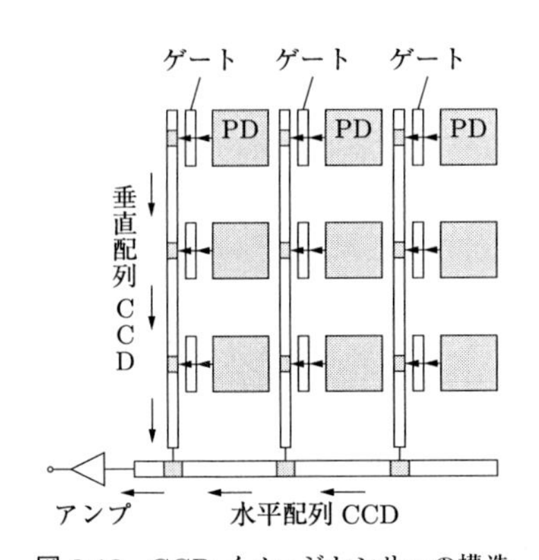

図 8.12　CCD イメージセンサーの構造

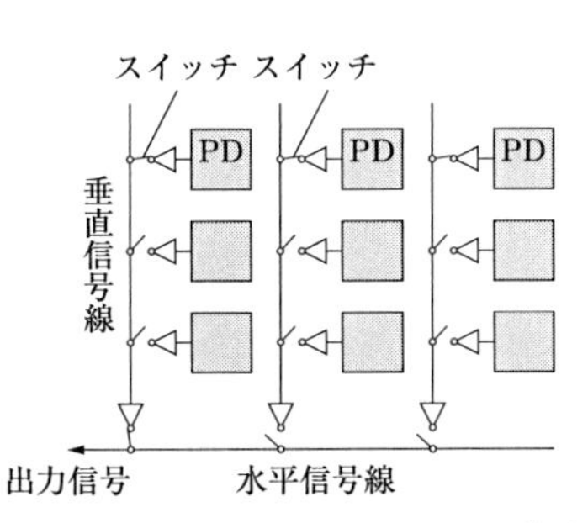

図 8.13　CMOS イメージセンサーの構造

問　　　題

1) 黒体から放射されるエネルギー密度の式 (8.35) を，0 から ∞ まで積分すると，全波長を考慮した放射発散度が求まる．この放射発散度は温度 T の 4 乗に比例して，

$$M_{\mathrm{e}}(T) = \frac{2}{15}\frac{\pi^5 k_{\mathrm{B}}^4 T^4}{c^2 h^3}$$

となることを示せ．これをステファン・ボルツマンの法則という．

ただし，

$$\int_0^\infty \frac{x^3}{\mathrm{e}^x - 1}\mathrm{d}x = \frac{\pi^4}{15}$$

2）ウイーンの変位則 (8.33) を導け．

9

光の散乱と吸収

光が物質に当たると，入射光の方向と大きく異なる方向に広がることがある．このような光が散乱光である．空の色が青いこと，夕焼けが赤いこと，雲が白く見えることなどは光の散乱による．レオナルド・ダ・ヴィンチは，空が青いのは空気の中の粒子のせいであると予言したと伝えられている．ニュートンも空気中の微粒子によって光が散乱されることを説明し，これを受けてチンダルは，粒子が細かいと散乱光は青みを帯びることを発見した．その後，レイリーは，理論的に散乱により空は青く見えることを証明した．これがレイリー散乱と呼ばれる現象である．

以上の散乱現象は，ある体積中に散乱体が分布している場合に生じるものであるが，屈折率が異なる境界面の表面に凹凸がある場合にも散乱の現象がみられる．この散乱現象についても言及する．

9.1 散乱と吸収

散乱を受けつつ光が媒質中を伝搬する場合や吸収のある媒質を伝搬する場合に，光の強度は媒質による散乱 (scattering) と吸収 (absorption) で減衰する．図 9.1 に示すように，散乱と吸収をする物体があり，表面から垂直に内部に向かって z 軸をとる．その散乱と吸収の量は微小の厚さに比例するとする．z と $z + \mathrm{d}z$ の間の微小層を考え，z の方向に進む光束の強度を $I_\mathrm{F}(z)$ とし，微小層の中での変化を $\mathrm{d}I_\mathrm{F}$ とする．また，逆方向に進む光束の強度を $I_\mathrm{B}(z)$ とし，微小層での変化を $\mathrm{d}I_\mathrm{B}$ とする．微小層中での散乱は層の厚さ $\mathrm{d}z$ に比例するとして，これを $s\mathrm{d}z$ とする．s は散乱係数と呼ばれる．また，吸収に対しても吸収係数 α を使うと，微小層の吸収は，$\alpha\mathrm{d}z$ で与えられ

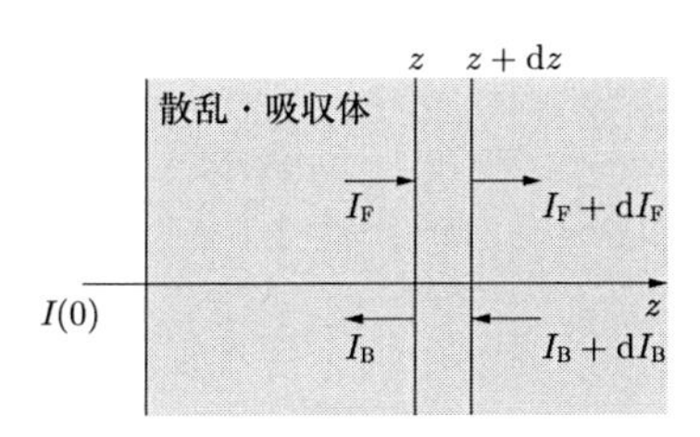

図 9.1　散乱・吸収媒質中の光の伝搬

る．このとき，微小層を出入りする光束の強度変化に対して，

$$\mathrm{d}I_\mathrm{F} = -(s+\alpha)I_\mathrm{F}\mathrm{d}z + sI_\mathrm{B}\mathrm{d}z \tag{9.1}$$

$$\mathrm{d}I_\mathrm{B} = -(s+\alpha)I_\mathrm{B}(-\mathrm{d}z) + sI_\mathrm{F}(-\mathrm{d}z) \tag{9.2}$$

が成り立つ．

9.1.1 ランバート・ベールの法則

いま，逆方向に進む光束の強度 $I_\mathrm{B}(z)$ が無視できる場合を考えよう．このとき，前方に進む光強度に対しては，式 (9.1) より

$$\mathrm{d}I_\mathrm{F} = -\mu I_\mathrm{F}\mathrm{d}z \tag{9.3}$$

が成り立つ．ただし，

$$\mu = \alpha + s \tag{9.4}$$

とする．距離 $z=0$ における光の強度を I_0 とすると，

$$I(z) = I_0 \exp(-\mu z) \tag{9.5}$$

で与えられる．係数 μ は減衰係数と呼ばれる．また，光強度が 1/e まで減衰する距離は光侵達長と呼ばれ，

$$l = 1/\mu \tag{9.6}$$

で与えられる．式 (9.5) はランバートの法則 (Lambert's law) と呼ばれる．

また，散乱が無視できて吸収が媒質の濃度 c に比例する場合には，一定厚さの媒質を透過する光の強度は

$$I(c) = I_{0c} \exp(-\beta c) \tag{9.7}$$

で与えられ，これをベールの法則 (Beer's law) という．ただし，I_{0c} は濃度 0 のときの透過光強度である．2 つの法則を合わせて得られる

$$I(z) = I_0 \exp(-\kappa c z) \tag{9.8}$$

のことをランバート・ベールの法則 (Lambert–Beer's law) という．

9.1.2 クベルカ・ムンクの式

さて，式 (9.1) と (9.2) から，

$$\frac{\mathrm{d}^2 I_\mathrm{F}}{\mathrm{d}z^2} = \gamma^2 I_\mathrm{F} \tag{9.9}$$

$$I_\mathrm{B} = \frac{1}{s}\frac{\mathrm{d}I_\mathrm{F}}{\mathrm{d}z} + (1+q)I_\mathrm{F} \tag{9.10}$$

が得られる．ただし，

$$\alpha(\alpha+2s) = \gamma^2, \qquad q = \alpha/s \tag{9.11}$$

とする．

媒質の厚さが d であった場合を考えよう．入射光強度が $I_{\rm F}(0)$ であり，媒質の終端では強度が $I_{\rm F}(d)$ であったとすると，方程式 (9.9) の解は，

$$I_{\rm F}(z) = I_{\rm F}(0)\left[\frac{{\rm e}^{\gamma d} - \frac{I_{\rm F}(d)}{I_{\rm F}(0)}}{{\rm e}^{\gamma d} - {\rm e}^{-\gamma d}}{\rm e}^{-\gamma z} - \frac{{\rm e}^{-\gamma d} - \frac{I_{\rm F}(d)}{I_{\rm F}(0)}}{{\rm e}^{\gamma d} - {\rm e}^{-\gamma d}}{\rm e}^{\gamma z}\right] \tag{9.12}$$

で与えられる．したがって，式 (9.10) は，

$$I_{\rm B}(z) = I_{\rm F}(0)\left[\left(1+q-\frac{\gamma}{s}\right)\frac{{\rm e}^{\gamma d} - \frac{I_{\rm F}(d)}{I_{\rm F}(0)}}{{\rm e}^{\gamma d} - {\rm e}^{-\gamma d}}{\rm e}^{-\gamma z} - \left(1+q+\frac{\gamma}{s}\right)\frac{{\rm e}^{-\gamma d} - \frac{I_{\rm F}(d)}{I_{\rm F}(0)}}{{\rm e}^{\gamma d} - {\rm e}^{-\gamma d}}{\rm e}^{\gamma z}\right] \tag{9.13}$$

となる．ここで媒質の厚さが d であるとして，境界条件として $I_{\rm B}(d) = 0$ としたときには，

$$I_{\rm B}(d) = I_{\rm F}(0)\left[\left(1+q-\frac{\gamma}{s}\right)\frac{{\rm e}^{\gamma d} - \frac{I_{\rm F}(d)}{I_{\rm F}(0)}}{{\rm e}^{\gamma d} - {\rm e}^{-\gamma d}}{\rm e}^{-\gamma d} - \left(1+q+\frac{\gamma}{s}\right)\frac{{\rm e}^{-\gamma d} - \frac{I_{\rm F}(d)}{I_{\rm F}(0)}}{{\rm e}^{\gamma d} - {\rm e}^{-\gamma d}}{\rm e}^{\gamma d}\right] = 0 \tag{9.14}$$

より，

$$\frac{1}{2}\frac{I_{\rm F}(d)}{I_{\rm F}(0)}\left[\left(\frac{\gamma}{s}-1-q\right)\exp(-\gamma d) + \left(\frac{\gamma}{s}+1+q\right)\exp(\gamma d)\right] = \frac{\gamma}{s} \tag{9.15}$$

となる．したがって，強度透過率は

$$T(d) = \frac{I_{\rm F}(d)}{I_{\rm F}(0)} = \frac{2\gamma}{s}\frac{1}{(\frac{\gamma}{s}-1-q)\exp(-\gamma d) + (\frac{\gamma}{s}+1+q)\exp(\gamma d)} \tag{9.16}$$

強度反射率は，

$$R(d) = \frac{I_{\rm B}(0)}{I_{\rm F}(0)} = 1+q-\frac{\gamma}{s}\frac{{\rm e}^{\gamma d}+{\rm e}^{-\gamma d}}{{\rm e}^{\gamma d}-{\rm e}^{-\gamma d}} + \frac{2\gamma}{s}\frac{T(d)}{{\rm e}^{\gamma d}-{\rm e}^{-\gamma d}} \tag{9.17}$$

で与えられる．

十分厚い層では $d = \infty$ であるから，

$$R(\infty) = (1+q) - \gamma/s \tag{9.18}$$

となり，$R = R(\infty)$ と書き換えると，

$$\frac{\alpha}{s} = \frac{(1-R)^2}{2R} \tag{9.19}$$

が得られる．この式は，クベルカ・ムンク (Kubelka–Munk) の式と呼ばれている．この式から，吸収係数 α と散乱係数 s の比が反射率 R から求められることがわかる．

9.2　微粒子や媒質による散乱

ある媒質中に光を散乱する物体があったとき，散乱物体の大きさによって，また散

乱される光の波長が入射光の波長と異なるか否かによって散乱の現象は分類される．

散乱によってエネルギーの変化が生じない場合を弾性散乱と呼び，エネルギー変化を伴う散乱を非弾性散乱と呼ぶ．微粒子に光が入射すると，それを構成する分子や原子が励起され，入射光とは振動数の異なる光が散乱されることがある．分子振動や格子振動との相互作用で生じる非弾性散乱をラマン散乱と呼び，液体や固体の振動などによって生じる非弾性散乱をブリラン散乱という．

ある媒質中に希薄に散乱体が分布しているとき，この媒質に光を照射すると，検出される散乱光はほぼ1回の散乱を受ける．これを単散乱という．同じ体積の中で散乱体の数が増すと，散乱光は多数回の散乱を受けて検出されることになり，多重散乱が起こる．また，散乱体間の平均的な距離が照射光の可干渉距離 l_c と同等かそれよりも短いとき，散乱光間の干渉の効果を考えに入れなければならない．このような散乱を可干渉散乱という．媒質中の散乱を図9.2にまとめた．

ある体積 V_{vol} をもった散乱媒質中の散乱体の数を N，散乱体の平均体積を V_{scatt} として，充填率を

$$\eta = \frac{NV_{\mathrm{scatt}}}{V_{\mathrm{vol}}} \tag{9.20}$$

で定義すると，単散乱は $\eta < 0.3$ で起こると考えられている．

図9.3に示すように，ある散乱体に強度 I_{in} $(\mathrm{W\ m^{-2}})$ の光が入射したとする．このとき，全方向に散乱されるエネルギーの全体 $P_{\mathrm{scatt}}(\mathrm{W})$ は，

$$P_{\mathrm{scatt}} = C_{\mathrm{scatt}} I_{\mathrm{in}} \tag{9.21}$$

で与えられる．ここで，C_{scatt} は，散乱の起こりやすさを表す量で，次元が m^2 であるので散乱断面積と呼ばれている．ある方向に散乱される光エネルギーは，微分散乱

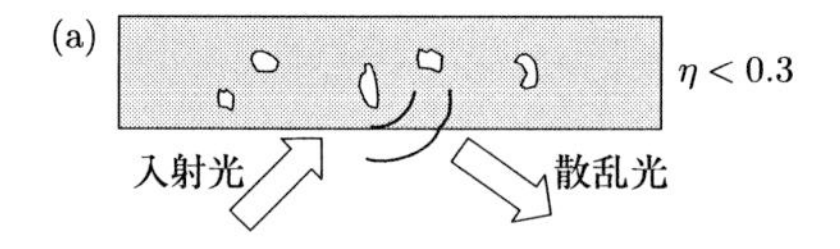

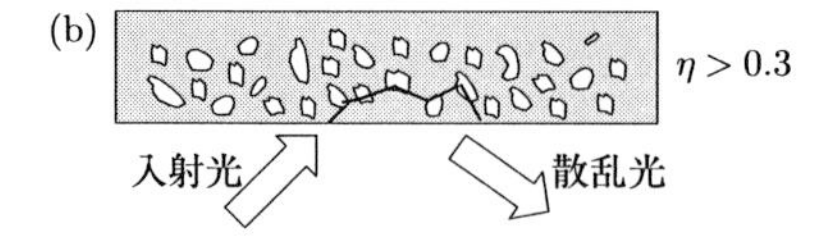

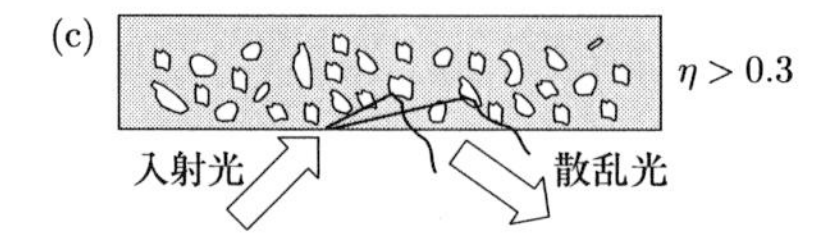

図 9.2　いろいろな散乱
(a) 単散乱，(b) 多重散乱，(c) 可干渉散乱．

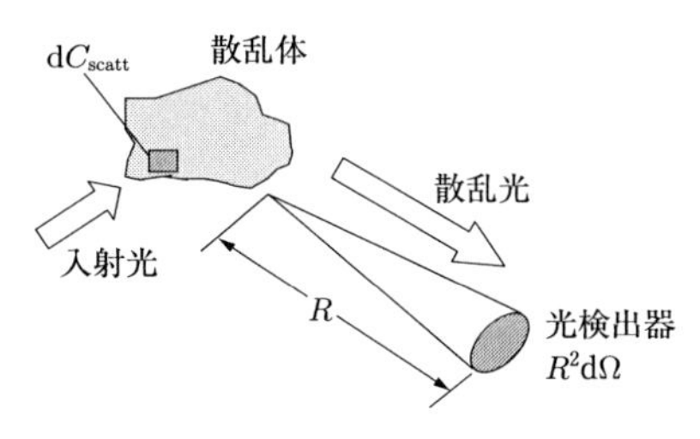

図 **9.3** 散乱と散乱断面積

断面積

$$\frac{\mathrm{d}C_{\mathrm{scatt}}}{\mathrm{d}\Omega} = R^2 \frac{I_{\mathrm{scatt}}}{I_{\mathrm{in}}} \tag{9.22}$$

で与えられる．ただし，R は散乱体から観測点までの距離，I_{scatt} は散乱光強度 (W m^{-2}) である．散乱断面積は微分散乱断面積を用いて，

$$C_{\mathrm{scatt}} = \int_{4\pi} \frac{\mathrm{d}C_{\mathrm{scatt}}}{\mathrm{d}\Omega} \mathrm{d}\Omega \tag{9.23}$$

で与えられる．

次に，光散乱が発生する原因について考えてみよう．媒質が完全に光学的に均一であるなら，光は媒質中を直進する．逆に考えると，媒質中に光学的不均一が存在すると，光散乱が発生することになる．すなわち，完全に均一な媒質中に微小な体積 V があるとして，ここに平面波が照射されると，平面波の進行方向と異なる方向に光が散乱されたとする．この散乱光は，この微小な体積 V の近傍にある同じ光学特性をもった微小な体積 V' からの散乱光が干渉して打ち消すことになる．このような過程で，入射光の進行方向以外の方向に散乱される光はすべて打ち消され，入射光は媒質を直進すると説明される．しかし，微小な体積 V と V' の光学特性が異なると，散乱光振幅の干渉による打ち消しは完全ではなくなり，散乱光が発生する．

ここで想定した微小な体積 V の大きさによって，光散乱を分類することができる．今，微小な体積が半径 R の球であるとし，光の波長を λ とすると，

1) $2\pi R/\lambda \ll 1$ ：レイリー散乱 (Rayleigh scattering)
2) $2\pi R/\lambda \approx 1$ ：ミー散乱 (Mie scatttering)
3) $2\pi R/\lambda \gg 1$ ：屈折による散乱

のようになる．ここで，$2\pi R/\lambda = kR$ はサイズパラメータと呼ばれている．

9.2.1 レイリー散乱

光散乱体の大きさが光の波長 λ より十分小さい場合には，散乱体中の原子または分子の電気双極子モーメント $\boldsymbol{p}$ による光放射が散乱光となる．したがって，散乱光強度は，式 (8.29) より，

$$I = \frac{\omega^4 \mu_0 e^2 \sin^2\theta}{32\pi^2 c r^2} (\mathrm{d}s)^2 \tag{9.24}$$

ここで，図 8.1 からもわかるように，θ は双極子モーメント $\boldsymbol{p}$ と観測方向 $\boldsymbol{r}$ のなす角である．

次に，微分散乱断面積 (9.22) を求めよう．

$$\frac{\mathrm{d}C_{\mathrm{scatt}}}{\mathrm{d}\Omega} = r^2 \frac{I_{\mathrm{scatt}}}{I_{\mathrm{in}}} = \frac{|\chi|^2 \omega^4}{16\pi^2 c^2} \sin^2 \theta \tag{9.25}$$

ただし，入力光の強度は $I_{\mathrm{in}} = |\boldsymbol{E}_0|^2/(2c\mu_0)$，$\boldsymbol{p} = e\mathrm{d}\boldsymbol{s} = \epsilon_0 \chi \boldsymbol{E}_0$．

ここで，図 9.4 のように，入射光の方向に対する観測方向を ϕ とすると，

$$\frac{\mathrm{d}C_{\mathrm{scatt}}}{\mathrm{d}\Omega} = \frac{|\chi|^2 \omega^4}{16\pi^2 c^2} \cos^2 \phi \tag{9.26}$$

散乱光のスペクトル分布は，ω の 4 乗に比例することがわかる．大気による散乱は，空気中の分子 (N_2，O_2) によるレイリー散乱であるとすると，赤い光は散乱されにくく，青い光の方が多く散乱されるので，空の色が青いことが説明できる．

この微分散乱断面積は，入射光が p 偏光の場合に対するものである．一方，s 偏光に対しては，式 (9.26) で $\phi = 0$ とすればよい．入射光が無偏光である場合には，p 偏光と s 偏光の平均であるとすると，

$$\frac{\mathrm{d}C_{\mathrm{scatt}}}{\mathrm{d}\Omega} = \frac{|\chi|^2 \omega^4}{16\pi^2 c^2} \frac{1}{2}(1 + \cos^2 \phi) \tag{9.27}$$

これを図示すると，図 9.5 が得られる．

散乱の偏光の程度を表すのに，直線偏光度を無偏光の微分散乱断面積に対する p 偏光と s 偏光の差と定義すると，

$$D = \frac{\sin^2 \phi}{1 + \cos^2 \phi} \tag{9.28}$$

となる．これを図示すると図 9.6 になる．太陽を真横側にして空を見たとき，空は最も偏光している．

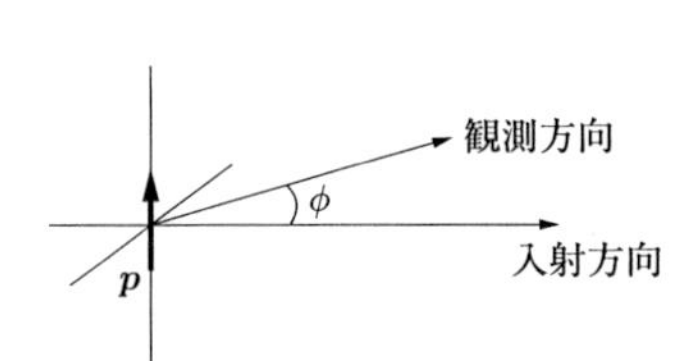

図 9.4　レイリー散乱の角度依存性

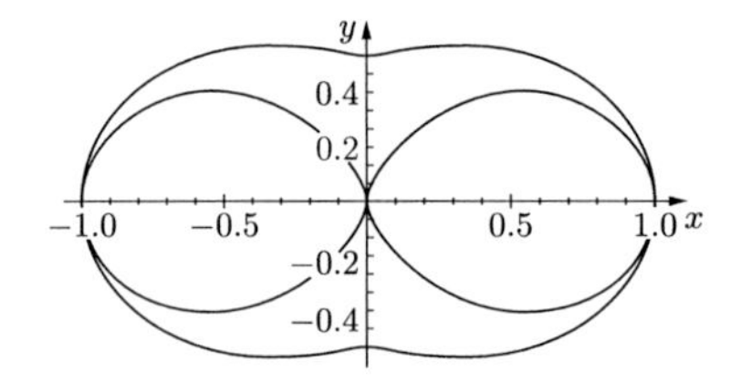

図 9.5　レイリー散乱の散乱断面積

9.2.2　ミ　ー　散　乱

微粒子のサイズが光の波長と同程度のときの散乱をミー散乱という．この場合には，粒子を通過した光波と回折波が複雑に干渉しあうことになる．サイズパラメータ kR のわずかな変化で散乱の状態は大きく変化する．屈折率が一様な微小球による散乱現

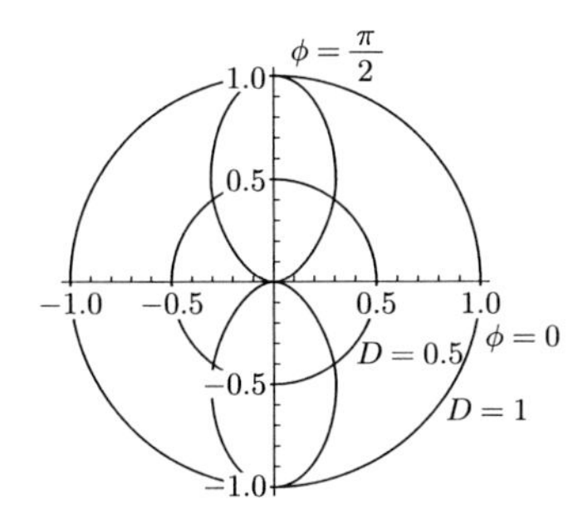

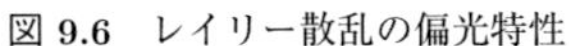
図 9.6 レイリー散乱の偏光特性

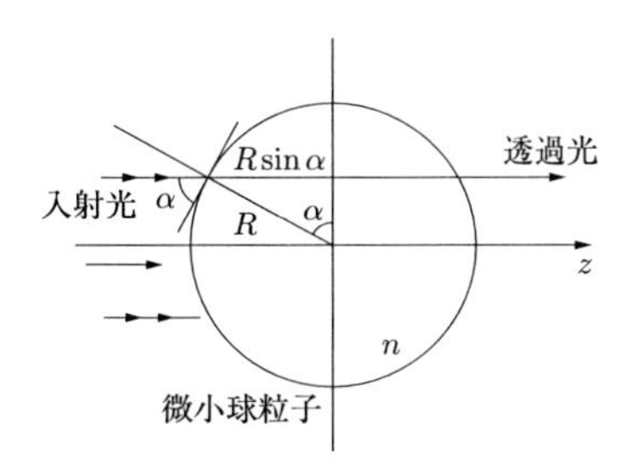

図 9.7 微小球粒子を通過する光線

象の解析的な解は，入射平面波および散乱波を調和球面関数で展開し，境界条件を考慮して，展開係数を決定することで得られる．

最も簡単な例として，図 9.7 に示すような屈折率が 1 に近い微小球が空気中にあり，球面上で反射や屈折が無視できる場合を考えてみよう．この場合には，球面を通過する光波は球内を通過する場合に生じる位相の変化のみと考えることができる．球の半径を R とし，球の接面に対して角度 α で入射する光波の位相変化は $2Rn\sin\alpha$ である．したがって，位相差は，

$$\frac{2\pi}{\lambda}2R(n-1)\sin\alpha = \rho\sin\alpha \tag{9.29}$$

ただし，$\rho = 4\pi R(n-1)/\lambda = 2kR(n-1)$ である．微小球背後の光波の変化分は，

$$\begin{aligned} Q(\rho) &= \int [1-\exp(-\mathrm{i}\rho\sin\alpha)]\mathrm{d}x\mathrm{d}y \\ &= 2\pi R^2\int_0^{\pi/2}[1-\exp(-\mathrm{i}\rho\sin\alpha)]\cos\alpha\sin\alpha\mathrm{d}\alpha \\ &= 2\pi R^2\left[\frac{1}{2}+\frac{\mathrm{e}^{-\mathrm{i}\rho}}{\mathrm{i}\rho}-\frac{\mathrm{e}^{-\mathrm{i}\rho}-1}{\rho^2}\right] \end{aligned} \tag{9.30}$$

散乱効率と呼ばれる量は，関数 $Q(\rho)$ を粒子の断面積 πR^2 で割ったものの実部に比例し，

$$K(\rho) = 2-\frac{4}{\rho}\sin\rho+\frac{4}{\rho^2}(1-\cos\rho) \tag{9.31}$$

で与えられる．この式は，バン・デ・ハルスト (van de Hulst) の式と呼ばれている [*1)]．

この式をグラフに表示すると，図 9.8 になる．厳密に，微小球による散乱を解析したのはミー (G. Mie) で，その理論によると誘電体球による光散乱効率は，図 9.9 のようになる．バン・デ・ハルストの式は，ミー理論の厳密解をよく近似していることがわかる．

地球上で，澄んだ空が青く見えるのは，大気分子によるレイリー散乱によることは述べた．日の出や日没時に太陽や太陽の周りの空が赤く見えるのは，昼に比べて太陽

---

*1) H. C. van de Hulst, *Light Scattering by Small Particles*, Dover, 1957. [48]

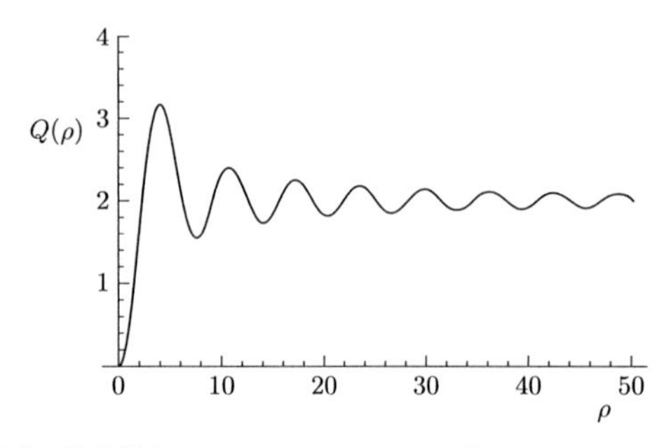

図 **9.8** ミー散乱の散乱効率 (バン・デ・ハルストの式による)，$\rho = 4\pi R(n-1)/\lambda$

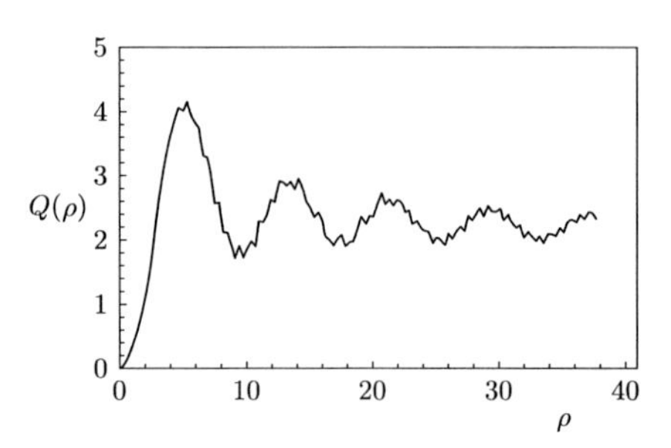

図 **9.9** ミー散乱の厳密式による散乱効率 *2，$\rho = 4\pi R(n-1)/\lambda$

光が通過する大気の層の厚さが大きいため，青い光はほとんど散乱され，赤い光の成分が相対的に多くなるためである．空気が水蒸気や波長以上の粒径の微粒子を多く含んでいる場合には，ミー散乱の効果が大きくなる．粒形が大きくなると，ρ は 10 を超え，散乱の波長依存性は小さくなり，空は白く見える．

一方，火星においては大気が非常に薄く，大気中に漂っている微粒子は主に珪酸塩を多く含んだガラスに近いとされる．この径は地球の大気中に存在する微粒子に比べて小さく，光の波長程度である．したがって，レイリー散乱の効果は小さい．この微粒子の屈折率を $n = 1.4$，そして粒径を $R = 0.65\ \mu\text{m}$ と仮定すると，可視光の範囲で，$4.7 < \rho < 8.2$ となり，図 9.8 のグラフでは，この範囲では，散乱効率は波長が長くなるほど大きくなる．つまり，赤い光ほど多く散乱される．火星の日の出や日没時の太陽は青く見える．このような青い太陽の現象は，地球上でも観測されることがある．火山の噴火や山火事などによって波長以下の微粒子が多く大気に含まれている状態では太陽や月が青みがかって見えることがある [*2),*3)]．

---

*2) K. Ehlers, R. Chakrabarty, and H. Moosmueller, Applied Optics, **53**, 1808-1819, (2014).

*3) 英語で青い月のことを blue moon という．慣用句 once in a blue moon もある．blue moon は「極めてまれな」との意味がある．

9.3　表面による散乱

屈折率の異なる媒質が接しているときを考えてみよう．境界面が完全に平面であると，図 9.10(a) に示すように，反射の法則が成立し，この場合には散乱光が発生しない．これを正反射という．しかし，境界面に不規則性があると，光散乱が起こる．このような反射を拡散反射ともいう．光が入射している範囲がある程度狭くても，その範囲内での境界面が平面とみなされない場合には，図 9.10(b) のように，正反射光成分と拡散反射光成分が存在する．境界面の凹凸が光の波長に比べて十分大きい図 9.10(c) の場合には，特定の方向に進む正反射成分は無視でき拡散光成分のみとみなせる．この場合を完全拡散反射といい，拡散光の輝度はランバートの余弦則 (13.19) に従う．

正反射が生じるのは，境界面が滑らかな場合であるが，どの程度の滑らかさが必要であろうか．これを決めるための基準がレイリーの表面散乱に関する基準である．図 9.11 において，平面波が粗面に入射したとき，2 つの反射光線の間の位相差は

$$\Phi = 2\frac{2\pi}{\lambda}\cos\theta\Delta h \tag{9.32}$$

で与えられる．ただし，λ は光の波長，θ は反射角である．また，Δh は粗面の表面高さの標準偏差で RMS 表面粗さと呼ばれる．境界面が滑らかであるためには，$\Phi < \pi/2$ であるとするのがレイリー基準である．すなわち，

$$\Delta h < \frac{\lambda}{8\cos\theta} \tag{9.33}$$

垂直方向の反射光に対しては，$\lambda/8$ 以下の表面粗さであれば光学的には滑らかな面であるといえる．

表面粗さと光散乱を関係付けるために，全散乱量 (TIS, Total Integrated Scatter) がある．

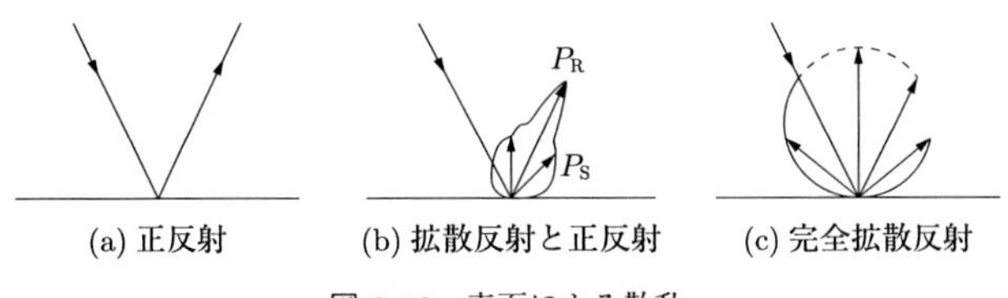

図 9.10　表面による散乱

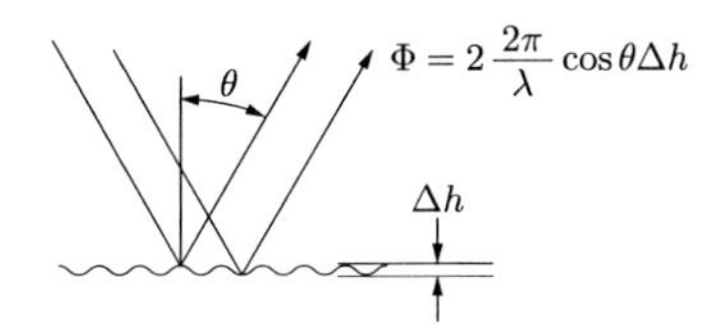

図 9.11　表面反射における位相差

$$\mathrm{TIS} = \frac{P_{\mathrm{scatt}}}{P_{\mathrm{spec}}} = \left[\frac{4\pi\cos\theta}{\lambda}\right]^2 (\Delta h)^2 \tag{9.34}$$

ただし，P_{scatt} は散乱光強度，P_{spec} は鏡面反射光強度である．

9.4 一般的な散乱理論

粗面の形状や屈折率変化の分布や形状がわかっていると，散乱場の一般理論を考えることができる．特に，屈折率変化が小さい場合には，第 1 ボルン近似が適用され，解析解を導くことができる．ある空間に存在する光波の振幅分布 $U(\boldsymbol{r})$ を入射波 $U_{\mathrm{i}}(\boldsymbol{r})$ と散乱波 $U_{\mathrm{s}}(\boldsymbol{r})$ とに分けると，$U(\boldsymbol{r}) = U_{\mathrm{i}}(\boldsymbol{r}) + U_{\mathrm{s}}(\boldsymbol{r})$ であり，この波動は，ヘルムホルツ方程式 (2.48) に従う．

$$[\nabla^2 + k^2]U(\boldsymbol{r}) = 0 \tag{9.35}$$

ここで，真空中の波数を k_0，考えている領域の屈折率分布を $n(\boldsymbol{r})$ とすると，

$$[\nabla^2 + k_0^2]U(\boldsymbol{r}) = -k_0^2[n^2(\boldsymbol{r}) - 1]U(\boldsymbol{r}) \tag{9.36}$$

が得られる．式 (9.36) の右辺は，屈折率の変動によって散乱を発生させる項で，散乱ポテンシャル $S(\boldsymbol{r}) = k_0^2[n^2(\boldsymbol{r}) - 1]$ である．式 (9.36) における散乱光の解は，

$$U_{\mathrm{s}}(\boldsymbol{r}) = \int_V S(\boldsymbol{r}')U(\boldsymbol{r}')G(\boldsymbol{r}', \boldsymbol{r})\mathrm{d}V \tag{9.37}$$

ただし，$G(\boldsymbol{r}', \boldsymbol{r})$ はグリーン関数で，

$$G(\boldsymbol{r}', \boldsymbol{r}) = \frac{\mathrm{e}^{\mathrm{i}k_0|(\boldsymbol{r}', \boldsymbol{r})|}}{|(\boldsymbol{r}', \boldsymbol{r})|} \tag{9.38}$$

である．式 (9.37) で散乱波 $U_{\mathrm{s}}(\boldsymbol{r})$ を求めるためには，$U(\boldsymbol{r})$ が必要で，$U(\boldsymbol{r})$ には $U_{\mathrm{s}}(\boldsymbol{r})$ が含まれている．この問題を解決するためには，第 1 ボルン近似では，屈折率変化は小さいとして，

$$U(\boldsymbol{r}) \approx U_1(\boldsymbol{r}) = \mathrm{e}^{\mathrm{i}\boldsymbol{k}_{\mathrm{i}}\boldsymbol{r}} + \frac{\mathrm{e}^{\mathrm{i}kr}}{r}\int_V S(\boldsymbol{r}')\mathrm{e}^{\mathrm{i}(\boldsymbol{k}_{\mathrm{i}} - \boldsymbol{k})\boldsymbol{r}'}\mathrm{d}V \tag{9.39}$$

とする．ただし，$\mathrm{e}^{\mathrm{i}\boldsymbol{k}_{\mathrm{i}}\boldsymbol{r}}$ は，入射平面波である．第 1 ボルン近似では，入射してくる平面波は散乱体をそのまま通過し，一部が球面波として散乱されると考える．散乱される球面波は，

$$U_{\mathrm{s}}(\boldsymbol{r}) = \frac{\mathrm{e}^{\mathrm{i}kr}}{r}\int_V S(\boldsymbol{r}')\mathrm{e}^{\mathrm{i}(\boldsymbol{k}_{\mathrm{i}} - \boldsymbol{k})\boldsymbol{r}'}\mathrm{d}V \tag{9.40}$$

である．

この近似は，屈折率変化が小さい場合に成り立つ．一般的な粗面に適用するためには，式 (9.39) を拡張して，

$$U_{n+1}(\boldsymbol{r}) = U_{\mathrm{i}}(\boldsymbol{r}) + \int_V U_n(\boldsymbol{r})S(\boldsymbol{r}')G(\boldsymbol{r}', \boldsymbol{r})\mathrm{d}V \tag{9.41}$$

として，これを逐次的に計算すればよい．ただし，$U_{\mathrm{i}}(\boldsymbol{r})$ は入射波で，このときの第1ボルン近似は，

$$U_1(\boldsymbol{r}) = U_{\mathrm{i}}(\boldsymbol{r}) + \int_V U_{\mathrm{i}}(\boldsymbol{r})S(\boldsymbol{r}')G(\boldsymbol{r}', \boldsymbol{r})\mathrm{d}V \tag{9.42}$$

で与え，第 $n+1$ ボルン近似は，式 (9.41) で与えられる．

問　　　題

1）水中に波長 600 nm の光を入射させたところ，4 m 進んだところで，光強度が 1/4 に減衰した．このときの減衰係数 μ を求めよ．光侵達長 l はいくらか．光強度が 1%に減衰するまでの光路長はいくらか．

2）レイリー散乱において，赤い光 ($\lambda = 700$ nm) は青い光 ($\lambda = 400$ nm) に対して散乱強度は何倍と見積もられるか．

3）波長よりも十分小さい微粒子がランダムに分散している．この状態における，光散乱の強度をさまざまな方向から測定した．入射光の方向に向かって測定した散乱強度が前方散乱強度である．入射方向に対して 45° 方向および 90° 方向の散乱光強度の前方散乱強度に対する比 R を求めよ．

10

結晶中の光

これまでは主に等方的な媒質中を伝わる光波について考えてきた．ここでは，光学結晶などのような方向によって光学的性質が異なる非等方的媒質中の光の伝搬について考察する．偏光を制御する素子や液晶表示素子などの光学的性質についても述べる．

10.1　非等方的媒質中の平面波

10.1.1　誘電率テンソル

媒質が透明で電流密度も電荷密度も 0 であるとすると，マックスウエルの方程式は，付録 C の式 (C.17) ～ (C.20) で表される．媒質の光学的性質を表す方程式は，式 (C.5) と (C.6) である．

$$\boldsymbol{D} = \epsilon \boldsymbol{E} \tag{10.1}$$

$$\boldsymbol{B} = \mu \boldsymbol{H} \tag{10.2}$$

媒質が等方的であれば，誘電率 ϵ も透磁率 μ もスカラーである．しかし，方向によって光学的性質 (屈折率) が異なると，誘電率 ϵ はもはやスカラー量では表すことができなくて，

$$\boldsymbol{D} = \begin{pmatrix} \epsilon_{xx} & \epsilon_{xy} & \epsilon_{xz} \\ \epsilon_{yx} & \epsilon_{yy} & \epsilon_{yz} \\ \epsilon_{zx} & \epsilon_{zy} & \epsilon_{zz} \end{pmatrix} \boldsymbol{E} = [\epsilon] \boldsymbol{E} \tag{10.3}$$

のように，テンソルの形で表す必要がある．$[\epsilon]$ を誘電率テンソル (dielectric tensor) という．また，光学媒質の磁性的性質を考慮しない場合には，透磁率 μ はスカラーとしてよい．

透明で磁気的性質が等方的であるときには，

$$\epsilon_{ij} = \epsilon_{ji}^{*} \tag{10.4}$$

であることが示せて，誘電率テンソルは実数で対称である．このとき，適当な直交座標系をとると，誘電率テンソルを対角化することができ，

$$[\epsilon] = \begin{pmatrix} \epsilon_x & 0 & 0 \\ 0 & \epsilon_y & 0 \\ 0 & 0 & \epsilon_z \end{pmatrix} \tag{10.5}$$

と表すことができる．これを主軸変換という．したがって，式 (10.3) は，

$$D_x = \epsilon_x E_x \tag{10.6}$$

$$D_y = \epsilon_y E_y \tag{10.7}$$

$$D_z = \epsilon_z E_z \tag{10.8}$$

と書ける．このときの，$(x,\ y,\ z)$ 軸を電気的主軸といい，$(\epsilon_x,\ \epsilon_y,\ \epsilon_z)$ を主誘電率という．電気的主軸の方向に対しては，$\boldsymbol{D}$ は $\boldsymbol{E}$ に平行になり，この方向に伝搬する直線偏光は偏光の状態を変えずに伝搬することができる．

10.1.2　電磁場の振動方向

ここで，電場 $\boldsymbol{E}$ と電束密度 $\boldsymbol{D}$，磁場 $\boldsymbol{H}$ と磁束密度 $\boldsymbol{B}$ とはそれぞれベクトルの方向が平行にはならないことに注意せよ．この関係を求めてみよう．まず，$\boldsymbol{k}$ の方向に伝搬する平面波を考える．

$$\boldsymbol{E} = \boldsymbol{E}_0 \exp[\mathrm{i}(\boldsymbol{k} \cdot \boldsymbol{r} - \omega t)] \tag{10.9}$$

$$\boldsymbol{H} = \boldsymbol{H}_0 \exp[\mathrm{i}(\boldsymbol{k} \cdot \boldsymbol{r} - \omega t)] \tag{10.10}$$

また，式 (2.82) と (2.83) より，

$$\boldsymbol{k} \times \boldsymbol{E} = \omega \mu \boldsymbol{H} \tag{10.11}$$

$$\boldsymbol{k} \times \boldsymbol{H} = -\omega [\epsilon] \boldsymbol{E} \tag{10.12}$$

式 (10.12) に (10.11) を代入すると，

$$\boldsymbol{k} \times (\boldsymbol{k} \times \boldsymbol{E}) = -\mu \omega^2 [\epsilon] \boldsymbol{E} \tag{10.13}$$

ここで，付録 G で述べるベクトルの公式 (G.1) を使うと，

$$(\boldsymbol{k} \cdot \boldsymbol{E})\boldsymbol{k} - |k|^2 \boldsymbol{E} = -\mu \omega^2 [\epsilon] \boldsymbol{E} \tag{10.14}$$

が得られる．ここで，波面の進行方向を示す波数ベクトル $\boldsymbol{k}$ をその方向を示す単位ベクトル $\boldsymbol{\kappa}$ を使って表そう．

$$\boldsymbol{k} = k \boldsymbol{\kappa} \tag{10.15}$$

これを，式 (10.14) に代入すると，

$$(\boldsymbol{\kappa} \cdot \boldsymbol{E})\boldsymbol{\kappa} - \boldsymbol{E} = -\mu \left(\frac{\omega}{k}\right)^2 [\epsilon] \boldsymbol{E} \tag{10.16}$$

したがって，式 (10.3) と，$k = n\omega/c$ を用い，$\mu = \mu_0$ を仮定すると，

$$\boldsymbol{D} = [\epsilon]\boldsymbol{E} = n^2 \epsilon_0 [\boldsymbol{E} - (\boldsymbol{\kappa} \cdot \boldsymbol{E})\boldsymbol{\kappa}] \tag{10.17}$$

が得られる．ここで，式 (10.17) の両辺に $\boldsymbol{\kappa}$ をかけると，

$$\boldsymbol{D} \cdot \boldsymbol{\kappa} = n^2 \epsilon_0 [\boldsymbol{E} \cdot \boldsymbol{\kappa} - (\boldsymbol{\kappa} \cdot \boldsymbol{E})(\boldsymbol{\kappa} \cdot \boldsymbol{\kappa})] = n^2 \epsilon_0 [\boldsymbol{E} \cdot \boldsymbol{\kappa} - (\boldsymbol{\kappa} \cdot \boldsymbol{E})] = 0 \tag{10.18}$$

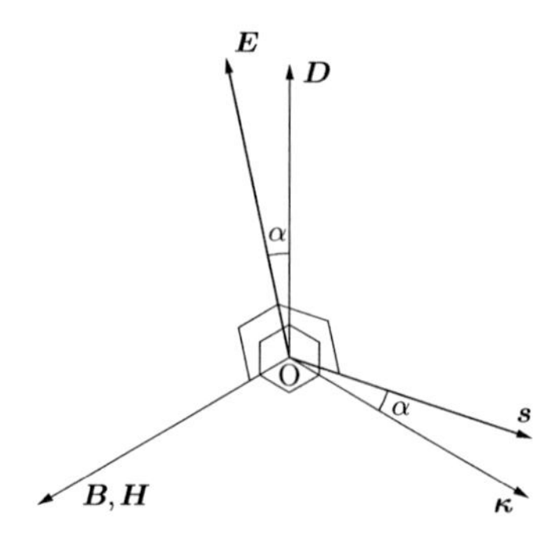

図 10.1　電場 $\boldsymbol{E}$ と電束密度 $\boldsymbol{D}$，波面法線方向 $\boldsymbol{\kappa}$ とエネルギーの進む方向 $\boldsymbol{s}$

が得られ，$\boldsymbol{D}$ と $\boldsymbol{\kappa}$ は直交していることがわかる．また，μ はスカラーであるとしたので，$\boldsymbol{H}$ と $\boldsymbol{B}$ は平行である．また，光波のエネルギーが進む方向はポインティングベクトル $\boldsymbol{S}$ の方向であるので，式 (C.14) より $\boldsymbol{H}$ と $\boldsymbol{E}$ に垂直であることがわかる．これらの関係を図 10.1 に示す．一般に，非等方的媒質中では，光のエネルギーの進む方向 $\boldsymbol{S}$ (光線の方向) と波面の法線方向 $\boldsymbol{\kappa}$ とは同じにならないことに注意せよ．

平面波は $\boldsymbol{\kappa}$ の方向に位相速度 $v_{\mathrm{p}} = c/n$ で伝搬する．これを，法線速度ともいう．一方，光のエネルギーは，ポインティングベクトル $\boldsymbol{S}$ の方向 $\boldsymbol{s}$ に法線速度とは異なる速度 v_{r} で伝搬する．この速度を光線速度という．

10.1.3　屈折率楕円体

媒質内の電場のエネルギーは，式 (C.15) より，誘電率テンソル (10.3) を用いて，

$$\begin{aligned} U_E &= \frac{1}{2}\boldsymbol{D}\cdot\boldsymbol{E} \\ &= \frac{1}{2}[\epsilon_{xx}E_x^2 + \epsilon_{yy}E_y^2 + \epsilon_{zz}E_z^2 \\ &\quad + (\epsilon_{xy}+\epsilon_{yx})E_xE_y + (\epsilon_{yz}+\epsilon_{zy})E_yE_z + (\epsilon_{zx}+\epsilon_{xz})E_zE_x] \end{aligned} \tag{10.19}$$

と表すことができる．座標系を主軸変換すると，誘電率テンソルは，式 (10.5) と書け，新たな軸に対して，

$$\begin{aligned} U_E &= \frac{1}{2}\boldsymbol{D}\cdot\boldsymbol{E} = \frac{1}{2}[\epsilon_x E_x^2 + \epsilon_y E_y^2 + \epsilon_z E_z^2] = \frac{1}{2}\Big(\frac{D_x^2}{\epsilon_x} + \frac{D_y^2}{\epsilon_y} + \frac{D_z^2}{\epsilon_z}\Big) \\ &= \frac{1}{2\epsilon_0}\Big(\frac{D_x^2}{n_x^2} + \frac{D_y^2}{n_y^2} + \frac{D_z^2}{n_z^2}\Big) \end{aligned} \tag{10.20}$$

ただし，

$$n_x = \sqrt{\frac{\epsilon_x}{\epsilon_0}}, \qquad n_y = \sqrt{\frac{\epsilon_y}{\epsilon_0}}, \qquad n_z = \sqrt{\frac{\epsilon_z}{\epsilon_0}} \tag{10.21}$$

これを，主屈折率という．ここで，

$$x = \frac{D_x}{\sqrt{2\epsilon_0 U_E}}, \qquad y = \frac{D_y}{\sqrt{2\epsilon_0 U_E}}, \qquad z = \frac{D_z}{\sqrt{2\epsilon_0 U_E}} \tag{10.22}$$

とおくと，式 (10.20) は，

$$\frac{x^2}{n_x^2} + \frac{y^2}{n_y^2} + \frac{z^2}{n_z^2} = 1 \tag{10.23}$$

のような楕円体の方程式になる．各軸と楕円体の交点が主屈折率を与える．この楕円体を屈折率楕円体 (index ellipsoid, optical indicatrix) という (図 10.2).

屈折率楕円体を用いると，波面法線方向 $\boldsymbol{\kappa}$ を与えられた光に対する屈折率を容易に求めることができる．いま，屈折率楕円体の中心を通り波面法線方向のベクトル $\boldsymbol{\kappa}$ を考える．電束密度 $\boldsymbol{D}$ は $\boldsymbol{\kappa}$ に垂直であるから，ベクトル $\boldsymbol{D}$ は，屈折率楕円体の中心を通り，波面法線方向のベクトル $\boldsymbol{\kappa}$ に垂直な平面上にあることに注意せよ．この面が，楕円体を切る切り口は，一般に楕円となる．その楕円の主軸方向が電束密度 $\boldsymbol{D}$ の振動方向を与える．

次に，電束密度 $\boldsymbol{D}$ に対する電場 $\boldsymbol{E}$ の方向を求めておこう．屈折率楕円体の表面法線の方向は，式 (10.23) の左辺 grad を求めればよいので，

$$2\Big(\frac{x}{n_x^2}, \frac{y}{n_y^2}, \frac{z}{n_z^2}\Big) \propto 2\Big(\frac{D_x}{n_x^2}, \frac{D_y}{n_y^2}, \frac{D_z}{n_z^2}\Big) \propto \Big(\frac{D_x}{\epsilon_x}, \frac{D_y}{\epsilon_y}, \frac{D_z}{\epsilon_z}\Big) = \Big(E_x, E_y, E_z\Big) = \boldsymbol{E} \tag{10.24}$$

となるので，電場ベクトル $\boldsymbol{E}$ の方向は，屈折率楕円体の表面法線の方向であることがわかる．

楕円の短軸と長軸の長さ (楕円の中心からの距離) は主屈折率を与えることを示すことができる．短軸方向に振動する電束密度 $\boldsymbol{D'}$ は，式 (10.17) より，

$$\boldsymbol{D'} = [\epsilon]\boldsymbol{E} = n'^2\epsilon_0[\boldsymbol{E} - (\boldsymbol{\kappa}\cdot\boldsymbol{E})\cdot\boldsymbol{\kappa}] \tag{10.25}$$

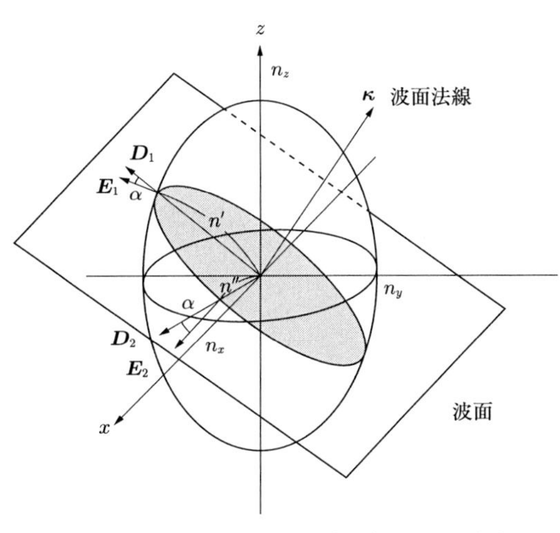

図 10.2　屈折率楕円体と波面法線方向 $\boldsymbol{\kappa}$，電束密度 $\boldsymbol{D}$

同じく，長軸方向に振動する電束密度 $\boldsymbol{D}''$ は，

$$\boldsymbol{D}'' = [\epsilon]\boldsymbol{E} = n''^2\epsilon_0[\boldsymbol{E} - (\boldsymbol{\kappa}\cdot\boldsymbol{E})\cdot\boldsymbol{\kappa}] \tag{10.26}$$

で与えられる．また，両者の方向は，楕円の短軸と長軸方向なので，$\boldsymbol{D}'$ と $\boldsymbol{D}''$ は直交することもわかる．また，$\boldsymbol{D}'$ と $\boldsymbol{D}''$ はそれぞれ n' と n'' のみによって進行方向が決まり，結晶内を進んでもその偏光特性は変化しない．つまり，固有偏光である．

一般に，波面法線方向 $\boldsymbol{\kappa}$ を決めると，電束密度 $\boldsymbol{D}$ の振動方向を決める平面による屈折率楕円体の切り口は，楕円になるが，この楕円の短軸および長軸の長さが，法線方向 $\boldsymbol{\kappa}$ をもつ波面の屈折率 n'，n'' を与える．この屈折率 n'，n'' で結晶中を伝搬する光は，互いに直交する振動面をもつ偏光であり，その振動方向は屈折率楕円体における $\boldsymbol{\kappa}$ に垂直な切断面によって得られる楕円の短軸と長軸方向に一致する．

この切り口が円になる場合には，電束密度 $\boldsymbol{D}$ の振動方向によらず屈折率は一定となる．このような場合の波面法線方向 $\boldsymbol{\kappa}$ を光学軸 (optic axis) という．$n_x \neq n_y \neq n_z$ である媒質の場合には，光学軸が 2 つあり，これを二軸性結晶という．また，2 つの方向に対する屈折率が等しいとき，例えば $n_x = n_y \neq n_z$ の場合には，光学軸が 1 つであり，一軸性結晶という．

a.　法線速度と光線速度

波面の法線方向 $\boldsymbol{\kappa}$ と光のエネルギーが伝搬する方向 $\boldsymbol{s}$ は一般には等しくない．この方向の間の角度を α とすると，波面法線速度 v_{p} と光のエネルギーが伝搬する方向 $\boldsymbol{s}$ の光線速度 v_{r} は，

$$v_{\mathrm{p}} = \frac{c}{n} \tag{10.27}$$

$$v_{\mathrm{r}} = \frac{v_{\mathrm{p}}}{\cos\alpha} \tag{10.28}$$

ただし，

$$\boldsymbol{E}\cdot\boldsymbol{D} = |\boldsymbol{E}||\boldsymbol{D}|\cos\alpha \tag{10.29}$$

ここで，屈折率 n は，屈折率楕円体を用いて，波面の方向 $\boldsymbol{\kappa}$ とその振動方向を決めれば求めることができる．

法線速度 v_{p} と光線速度 v_{r} の関係を図 10.3 に示す．波面は法線方向 $\boldsymbol{\kappa}$ に垂直であるので，光波が距離 $\overline{\mathrm{ON}}$ 進む間にエネルギーは距離 $\overline{\mathrm{OS}}$ 進むことになり，式 (10.28) が成り立つ．

b.　法線速度面

次に，法線速度が方向 $\boldsymbol{\kappa}$ によってどのように変化するかを導こう．まず，電束密度 $\boldsymbol{D}$，電場 $\boldsymbol{E}$，法線方向 $\boldsymbol{\kappa}$ の関係を表す式 (10.17) を，座標軸が主軸方向にある場合に書き換える．すなわち，

$$\begin{pmatrix} D_x \\ D_y \\ D_z \end{pmatrix} = \begin{pmatrix} \epsilon_x & 0 & 0 \\ 0 & \epsilon_y & 0 \\ 0 & 0 & \epsilon_z \end{pmatrix} \begin{pmatrix} E_x \\ E_y \\ E_z \end{pmatrix} \tag{10.30}$$

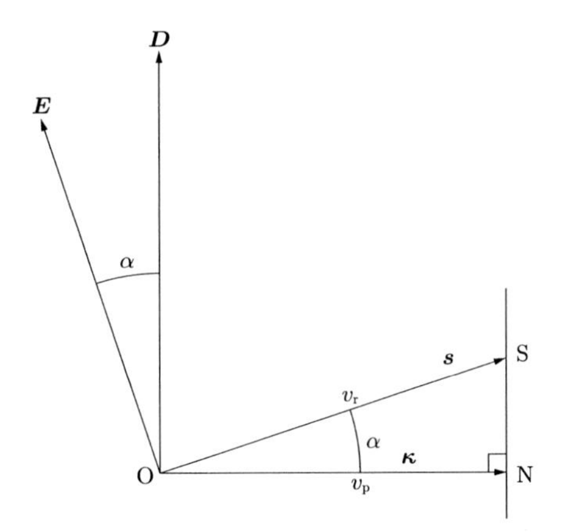

図 10.3　法線速度 v_p と光線速度 v_r

を用いると，式 (10.17) より，

$$D_x\left(\frac{1}{n^2\epsilon_0}-\frac{1}{\epsilon_x}\right)=-\kappa_x\boldsymbol{\kappa}\cdot\boldsymbol{E} \tag{10.31}$$

$$D_y\left(\frac{1}{n^2\epsilon_0}-\frac{1}{\epsilon_y}\right)=-\kappa_y\boldsymbol{\kappa}\cdot\boldsymbol{E} \tag{10.32}$$

$$D_z\left(\frac{1}{n^2\epsilon_0}-\frac{1}{\epsilon_z}\right)=-\kappa_z\boldsymbol{\kappa}\cdot\boldsymbol{E} \tag{10.33}$$

が得られ，電束密度 $\boldsymbol{D}$ と法線方向 $\boldsymbol{\kappa}$ が直交しているので，$\boldsymbol{D}\cdot\boldsymbol{\kappa}=0$ に代入すると，

$$\frac{\kappa_x^2}{\frac{1}{n^2\epsilon_0}-\frac{1}{\epsilon_x}}+\frac{\kappa_y^2}{\frac{1}{n^2\epsilon_0}-\frac{1}{\epsilon_y}}+\frac{\kappa_z^2}{\frac{1}{n^2\epsilon_0}-\frac{1}{\epsilon_z}}=0 \tag{10.34}$$

が得られる．ここで，

$$v_x=c\sqrt{\frac{\epsilon_0}{\epsilon_x}}=\frac{c}{n_x} \tag{10.35}$$

$$v_y=c\sqrt{\frac{\epsilon_0}{\epsilon_y}}=\frac{c}{n_y} \tag{10.36}$$

$$v_z=c\sqrt{\frac{\epsilon_0}{\epsilon_z}}=\frac{c}{n_z} \tag{10.37}$$

$$v_\mathrm{p}=\frac{c}{n} \tag{10.38}$$

とおけば，

$$\frac{\kappa_x^2}{v_\mathrm{p}^2-v_x^2}+\frac{\kappa_y^2}{v_\mathrm{p}^2-v_y^2}+\frac{\kappa_z^2}{v_\mathrm{p}^2-v_z^2}=0 \tag{10.39}$$

が得られる．v_x，v_y，v_z を主法線速度という．これを，フレネルの法線方程式 (Fresnel's equation of wave normals) という．波面の進む方向 $\boldsymbol{\kappa}$ を与えれば，その波面に対する法線速度が求められる．一般に，v_p に対する解は 2 つ存在し，このことは，

異なる法線速度で伝搬する 2 つの波面が存在することを意味する．

波面の進む方向 $\boldsymbol{\kappa}$ を決めて，その方向に対するフレネルの法線方程式の解を長さにとるベクトルの軌跡を描くと，図 10.4 のような法線速度面が得られる．ここで，$n_x < n_y < n_z$ になるように，x，y，z 軸を選ぶと $v_x > v_y > v_z$ である．原点 O から $\boldsymbol{\kappa}$ の方向に引いた直線と法線速度面との交点を N′，N″ とすると，原点からその交点までの距離が法線速度を与える．

同じ方向に伝搬する 2 つの法線速度 v_p' と v_p'' に対する電束密度を $\boldsymbol{D}'$ と $\boldsymbol{D}''$ とすると，式 (10.31) ～ (10.33) より，

$$\mu_0 D_x'(v_\mathrm{p}'^2 - v_x^2) = -\kappa_x \boldsymbol{\kappa}\cdot\boldsymbol{E} \tag{10.40}$$

$$\mu_0 D_y'(v_\mathrm{p}'^2 - v_y^2) = -\kappa_y \boldsymbol{\kappa}\cdot\boldsymbol{E} \tag{10.41}$$

$$\mu_0 D_z'(v_\mathrm{p}'^2 - v_z^2) = -\kappa_z \boldsymbol{\kappa}\cdot\boldsymbol{E} \tag{10.42}$$

と

$$\mu_0 D_x''(v_\mathrm{p}''^2 - v_x^2) = -\kappa_x \boldsymbol{\kappa}\cdot\boldsymbol{E} \tag{10.43}$$

$$\mu_0 D_y''(v_\mathrm{p}''^2 - v_y^2) = -\kappa_y \boldsymbol{\kappa}\cdot\boldsymbol{E} \tag{10.44}$$

$$\mu_0 D_z''(v_\mathrm{p}''^2 - v_z^2) = -\kappa_z \boldsymbol{\kappa}\cdot\boldsymbol{E} \tag{10.45}$$

が得られ，これより，$\boldsymbol{D}'\cdot\boldsymbol{D}'' = 0$ であることを示すことができる．このように，異方性媒質中では，異なる法線速度で進む波面が存在し，その振動面は直交している．また，D_x'，D_y'，D_z' と D_x''，D_y''，D_z'' の比が実定数なので光波は直線偏光である．

次に，もう少し具体的に法線速度面を考えてみよう．式 (10.39) を xyz 座標系で表すことにする．$v_\mathrm{p} = r = \sqrt{x^2+y^2+z^2}$，$\kappa_x = x/r$，$\kappa_y = y/r$，$\kappa_z = z/r$ とすると，式 (10.39) は，

$$(r^2 - v_y^2)(r^2 - v_z^2)x^2 + (r^2 - v_z^2)(r^2 - v_x^2)y^2 + (r^2 - v_x^2)(r^2 - v_y^2)z^2 = 0 \tag{10.46}$$

ここで，xy 面上における法線速度面を考えてみよう．$z = 0$ とすると，r に対して 2

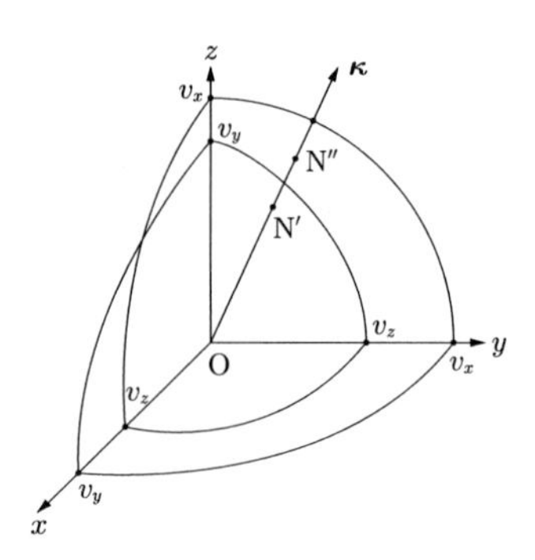

図 10.4　法線速度面

つの解 r_1, r_2 が得られ,

$$r_1^2 = v_z^2 \tag{10.47}$$

より,

$$x^2 + y^2 = v_z^2 \tag{10.48}$$

これは, 半径 v_z の円であり, もう1つの解は,

$$(r_2^2 - v_y^2)x^2 + (r_2^2 - v_x^2)y^2 = 0 \tag{10.49}$$

したがって,

$$(x^2 + y^2)^2 = v_y^2 x^2 + v_x^2 y^2 \tag{10.50}$$

これは, x 軸と v_y で, y 軸と v_x で交わる楕円に近い4次曲線である.

一方, xz 面に関しては, やはり円

$$x^2 + z^2 = v_y^2 \tag{10.51}$$

と4次曲面

$$(x^2 + z^2)^2 = v_z^2 x^2 + v_x^2 z^2 \tag{10.52}$$

ができるが, 両者は交わる. この交点は,

$$v_z^2 x^2 + v_x^2 z^2 = v_y^4 \tag{10.53}$$

より,

$$x^2 = \frac{v_x^2 - v_y^2}{v_x^2 - v_z^2} v_y^2 \tag{10.54}$$

$$z^2 = \frac{v_y^2 - v_z^2}{v_x^2 - v_z^2} v_y^2 \tag{10.55}$$

の2点である. その方向 Ω は,

$$\tan\Omega = \frac{x}{z} = \sqrt{\frac{v_x^2 - v_y^2}{v_y^2 - v_z^2}} \tag{10.56}$$

で与えられる. 振動面が互いに直交する2つの偏光の法線速度が等しい方向が光学軸であるので, この方向 Ω が光学軸の方向である. 一般に光学軸は z 軸から $\pm\Omega$ の方向に2本存在する. これを二軸性結晶 (biaxial crystal) という. また, $n_x = n_y$ または $n_y = n_z$ のとき, 1本となる. このような光学結晶が一軸性結晶 (uniaxial crystal) である.

c. 屈 折 率 面

次に, 波面法線方向 $\boldsymbol{\kappa}$ を与えて, その方向に進む光波に対する屈折率を求める式を示そう. これは, 直接式 (10.34) より,

$$\frac{\kappa_x^2}{\frac{1}{n^2\epsilon_0} - \frac{1}{\epsilon_x}} + \frac{\kappa_y^2}{\frac{1}{n^2\epsilon_0} - \frac{1}{\epsilon_y}} + \frac{\kappa_z^2}{\frac{1}{n^2\epsilon_0} - \frac{1}{\epsilon_z}} = 0 \tag{10.57}$$

が得られる．これはまた，

$$\frac{\kappa_x^2}{\frac{1}{n^2}-\frac{1}{n_x^2}}+\frac{\kappa_y^2}{\frac{1}{n^2}-\frac{1}{n_y^2}}+\frac{\kappa_z^2}{\frac{1}{n^2}-\frac{1}{n_z^2}}=0 \tag{10.58}$$

とも書ける．この式は，n^2 に対する 2 次方程式で，その根は 2 つで，n_1，n_2 である．原点から，$\boldsymbol{\kappa}$ の方向に対して，n_1，n_2 の距離をもつ曲面は，屈折率面 (index surface) と呼ばれる．もちろん，n_1 と n_2 が一致する $\boldsymbol{\kappa}$ の方向が光学軸である．

d.　光線速度面

次に，エネルギーの伝搬速度について考えよう．この速度を光線速度といい，v_{r} で表すことはすでに述べた．ここで，

$$n_{\mathrm{r}}=\frac{c}{v_{\mathrm{r}}}=n\cos\alpha \tag{10.59}$$

ただし，式 (10.27) と (10.28) を用いた．また，式 (10.17) を用いると，

$$\boldsymbol{D}\cdot\boldsymbol{D}=n^2\epsilon_0\boldsymbol{D}\cdot\boldsymbol{E} \tag{10.60}$$

したがって，式 (10.29) を用いて，

$$\frac{\boldsymbol{D}\cdot\boldsymbol{E}}{\boldsymbol{D}\cdot\boldsymbol{D}}=\frac{|\boldsymbol{E}|}{|\boldsymbol{D}|}\cos\alpha=\frac{1}{n^2\epsilon_0}=\frac{v_{\mathrm{p}}^2}{\epsilon_0c^2}=\frac{v_{\mathrm{r}}^2\cos^2\alpha}{\epsilon_0c^2} \tag{10.61}$$

式 (10.59) を使って，

$$\frac{|\boldsymbol{D}|}{|\boldsymbol{E}|}\cos\alpha=\frac{\epsilon_0c^2}{v_{\mathrm{r}}^2}=n_{\mathrm{r}}^2\epsilon_0 \tag{10.62}$$

が得られる．電界ベクトルの方向を示す単位ベクトルを $\boldsymbol{e}$ とし，$\boldsymbol{e}\cdot\boldsymbol{s}=0$ であることを使うと

$$\boldsymbol{D}=(\boldsymbol{D}\cdot\boldsymbol{e})\boldsymbol{e}+(\boldsymbol{D}\cdot\boldsymbol{s})\boldsymbol{s}=\frac{|\boldsymbol{D}|}{|\boldsymbol{E}|}\cos\alpha\boldsymbol{E}+(\boldsymbol{D}\cdot\boldsymbol{s})\boldsymbol{s} \tag{10.63}$$

が得られる．したがって，

$$\boldsymbol{E}=\frac{1}{n_{\mathrm{r}}^2\epsilon_0}[\boldsymbol{D}-\boldsymbol{s}(\boldsymbol{s}\cdot\boldsymbol{D})] \tag{10.64}$$

が得られる．この式は，フレネルの法線方程式を導いた式 (10.17) に対応する式である．法線速度に関する方程式 (10.39) を導いた手法を使うと，光線速度に対する方程式を導くことができる．すなわち，

$$\frac{s_x^2}{\frac{1}{v_{\mathrm{r}}^2}-\frac{1}{v_x^2}}+\frac{s_y^2}{\frac{1}{v_{\mathrm{r}}^2}-\frac{1}{v_y^2}}+\frac{s_z^2}{\frac{1}{v_{\mathrm{r}}^2}-\frac{1}{v_z^2}}=0 \tag{10.65}$$

これをフレネルの光線方程式 (Fresnel's ray equation) という．光線の方向 $\boldsymbol{s}$ を決めると，その方向に対する 2 つの光線速度 v_{r} を求めることができる．

光線の進む方向 $\boldsymbol{s}$ を決めて，その方向に対するフレネルの光線方程式の解を長さにとるベクトルの軌跡を描いてみよう．これを光線速度面という．

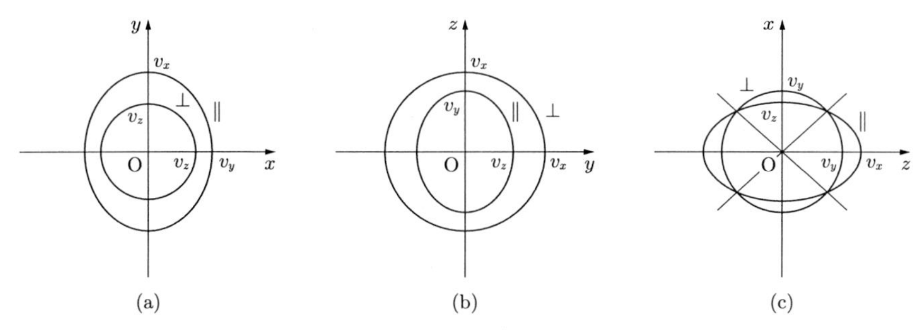

図 10.5 光線速度

まず，

$$x = v_\mathrm{r} s_x, \qquad y = v_\mathrm{r} s_y, \qquad z = v_\mathrm{r} s_z \tag{10.66}$$

とおく．はじめに，xy 面での様子を見てみよう．xy 面では，$s_z = 0$ なので，式 (10.65) より，

$$\left(\frac{1}{v_\mathrm{r}^2} - \frac{1}{v_z^2}\right)\left[\left(\frac{1}{v_\mathrm{r}^2} - \frac{1}{v_y^2}\right)s_x^2 + \left(\frac{1}{v_\mathrm{r}^2} - \frac{1}{v_x^2}\right)s_y^2\right] = 0 \tag{10.67}$$

したがって，$v_\mathrm{r} = v_z$ が得られ，さらに，図 10.5(a) のような，円

$$x^2 + y^2 = v_z^2 \tag{10.68}$$

と楕円

$$\frac{x^2}{v_y^2} + \frac{y^2}{v_x^2} = 1 \tag{10.69}$$

になる．

yz 面でも同様であるが (図 10.5(b))，zx 面では，円と楕円が交差する (図 10.5(c))．この交差する方向を光線軸という．これまで，$n_x < n_y < n_z$，すなわち，$v_x > v_y > v_z$ であるとしてきたため，zx 面で円と楕円が交差する．

さて，ここで，光線の方向が xy 面内でのみ変化する場合を考えてみよう．屈折率楕円体に戻って考えると，xy 面に垂直に振動する光に対する屈折率は一定値 (n_z) をとるが，xy 面に平行な振動面をもつ光に対する屈折率は光線の進行方向とともに変化する．したがって，式 (10.68) の円は xy 面に垂直な振動面をもつ光に対応することがわかる．また，式 (10.69) の楕円は，xy 面に平行な振動面の光に対応することがわかる．

光線速度面を 3 次元表示すると，図 10.6 が得られる．光線速度面は，v_r について，二重の曲面を形成することがわかる．

10.1.4 法線速度面と光線速度面の関係

法線速度面と，光線速度面は類似の形をしていて，互いに密接な関係にある．すでに 10.1.3a で述べたように，光線速度と法線速度の間には，式 (10.28) の関係がある．

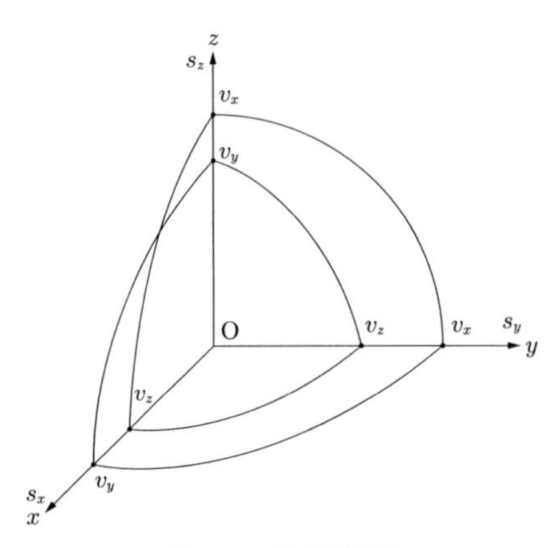

図 10.6 光線速度面

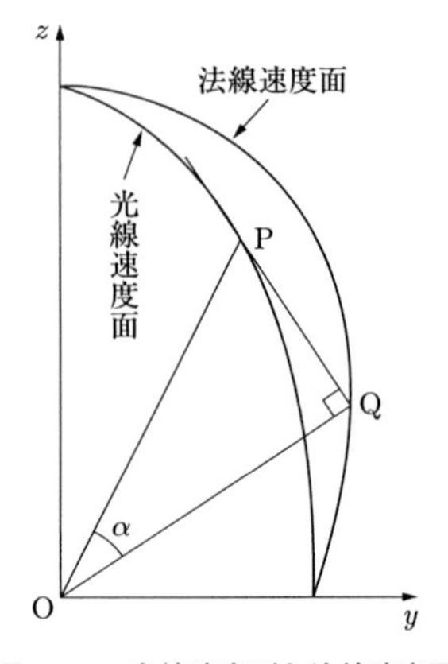

図 10.7 光線速度面と法線速度面

ここで，光線速度面が図 10.7 のように与えられたとする．光線の進行方向 $\boldsymbol{s}$ を決めると，その方向にある光線速度面上の点 P が決まる．$\overline{\mathrm{OP}} = v_{\mathrm{r}}$ である．

次に，点 P での接線は，光線 OP 点の波面法線に垂直であることを証明しよう．まず，式 (10.64) において，

$$\boldsymbol{r} = \frac{1}{n_{\mathrm{r}}\sqrt{\epsilon_0}}\boldsymbol{s} \tag{10.70}$$

で定義されるベクトルを考え，代入すると，

$$\boldsymbol{E} = \boldsymbol{r}^2\boldsymbol{D} - \boldsymbol{r}(\boldsymbol{D}\cdot\boldsymbol{r}) \tag{10.71}$$

ここで，$\boldsymbol{E}$ を微小量 $\delta\boldsymbol{E}$ だけ変化させたとする．それに対応する $\boldsymbol{D}$ と $\boldsymbol{r}$ の変化を，$\delta\boldsymbol{D}$ と $\delta\boldsymbol{r}$ とすると，

$$\delta\boldsymbol{E} = 2(\boldsymbol{r}\cdot\delta\boldsymbol{r})\boldsymbol{D} + \boldsymbol{r}^2\delta\boldsymbol{D} - \delta\boldsymbol{r}(\boldsymbol{D}\cdot\boldsymbol{r}) - \boldsymbol{r}(\delta\boldsymbol{r}\cdot\boldsymbol{D}) - \boldsymbol{r}(\boldsymbol{r}\cdot\delta\boldsymbol{D}) \tag{10.72}$$

さらに，

$$\begin{aligned}\boldsymbol{D}\cdot\delta\boldsymbol{E} &= 2(\boldsymbol{r}\cdot\delta\boldsymbol{r})\boldsymbol{D}^2 + \boldsymbol{r}^2(\boldsymbol{D}\cdot\delta\boldsymbol{D}) - 2(\boldsymbol{D}\cdot\delta\boldsymbol{r})(\boldsymbol{D}\cdot\boldsymbol{r}) - (\boldsymbol{D}\cdot\boldsymbol{r})(\boldsymbol{r}\cdot\delta\boldsymbol{D}) \\ &= [\boldsymbol{r}^2\boldsymbol{D} - (\boldsymbol{D}\cdot\boldsymbol{r})\boldsymbol{r}]\cdot\delta\boldsymbol{D} + 2\delta\boldsymbol{r}\cdot[\boldsymbol{r}\boldsymbol{D}^2 - \boldsymbol{D}(\boldsymbol{D}\cdot\boldsymbol{r})]\end{aligned} \tag{10.73}$$

が得られ，式 (10.71) を代入すると，

$$\boldsymbol{D}\cdot\delta\boldsymbol{E} = \delta\boldsymbol{D}\cdot\boldsymbol{E} + 2\delta\boldsymbol{r}\cdot[\boldsymbol{r}\boldsymbol{D}^2 - \boldsymbol{D}(\boldsymbol{D}\cdot\boldsymbol{r})] \tag{10.74}$$

さらに

$$\boldsymbol{D}\cdot\delta\boldsymbol{E} = \epsilon_x E_x\delta E_x + \epsilon_y E_y\delta E_y + \epsilon_z E_z\delta E_z = \delta\boldsymbol{D}\cdot\boldsymbol{E} \tag{10.75}$$

の関係を考慮すると，

$$\delta\boldsymbol{r}\cdot[\boldsymbol{r}\boldsymbol{D}^2 - \boldsymbol{D}(\boldsymbol{D}\cdot\boldsymbol{r})] = 0 \tag{10.76}$$

公式 (G.2) を使うと

$$\delta \boldsymbol{r} \cdot [(\boldsymbol{D} \times \boldsymbol{r}) \times \boldsymbol{D}] = 0 \tag{10.77}$$

が得られる．したがって，

$$\delta \boldsymbol{s} \cdot [(\boldsymbol{D} \times \boldsymbol{s}) \times \boldsymbol{D}] = 0 \tag{10.78}$$

ここで，ベクトル $\boldsymbol{D} \times \boldsymbol{s}$ は，$\boldsymbol{D}$ と $\boldsymbol{s}$ の両方に垂直であり，したがって，ベクトル $(\boldsymbol{D} \times \boldsymbol{s}) \times \boldsymbol{D}$ は $\boldsymbol{D}$ と $\boldsymbol{s}$ のつくる面内にあり，しかも $\boldsymbol{D}$ に対して垂直である．図 10.1 から，この方向は $\boldsymbol{\kappa}$ の方向であることがわかる．したがって，

$$\delta \boldsymbol{r} \cdot \boldsymbol{\kappa} = 0 \tag{10.79}$$

が得られる．したがって，光線速度面の接平面は波面法線に垂直であることがわかる．

ここで，点 P から波面法線に垂線をおろし，その足を Q とする．このとき，式 (10.28) を用いると，

$$\overline{\mathrm{OQ}} = \overline{\mathrm{OP}} \cos \alpha = v_{\mathrm{r}} \cos \alpha = v_{\mathrm{p}} \tag{10.80}$$

であるので，点 Q は法線速度面にあることになる．このことから，法線速度面上に点 Q をとり，OQ に垂直で Q を通る平面をつくり，点 Q を動かしたときのこの平面の包絡面が光線速度面であることがわかる．

10.2 一 軸 性 結 晶

光学軸が 1 本の光学結晶を一軸性結晶といった．$n_x = n_y < n_z$ のものを正結晶，$n_x = n_y > n_z$ のものを負結晶という．水晶や配向した液晶などが正の一軸性結晶に含まれる．方解石，電気石，ニオブ酸リチウム ($\mathrm{LiNbO_3}$) などは負の一軸性結晶である．一軸性結晶は実用上重要なものが多い．

図 10.8 に正の一軸性結晶の屈折率楕円体を示す．正の一軸性結晶の場合を考えると，伝搬方向 $\boldsymbol{\kappa}$ を与えるとその光波に対する 2 つの屈折率 n_{o} と n_{e} は屈折率楕円体を方向 $\boldsymbol{\kappa}$ に垂直な平面で切ったときにできる楕円の短軸と長軸の長さで与えられるが，

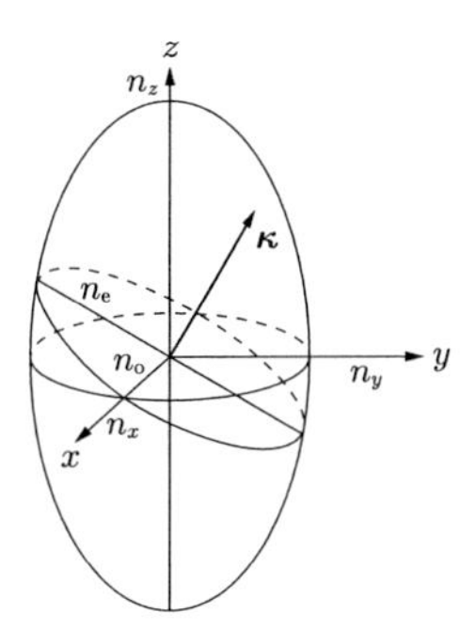

図 10.8 正の一軸性結晶の屈折率楕円体

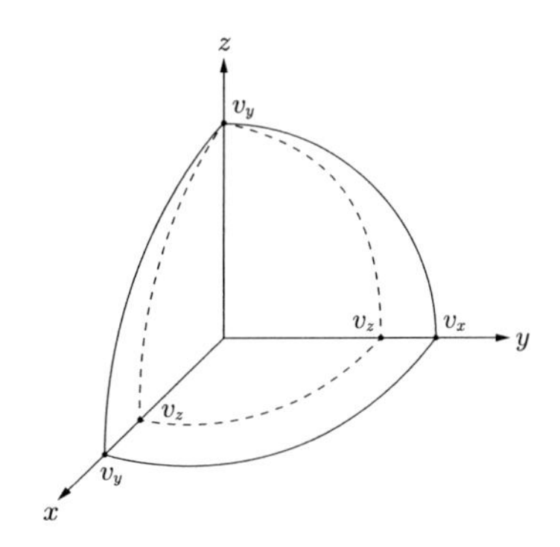

図 10.9 正の一軸性結晶の光線速度面

図からわかるように，短軸の長さは波面の伝搬方向 $\boldsymbol{\kappa}$ によらず常に一定で $n_x = n_y$ である．通常の屈折においては，屈折率は波面の伝搬方向によらないとして成り立っている．このような状態の光線を常光線 (ordinary ray) という．一方，長軸に対応する屈折率は，波面の伝搬方向 $\boldsymbol{\kappa}$ によって変わる．これに対応する光線は，異常光線 (extraordinary ray) と呼ばれる．$n_{\mathrm{o}} = n_x = n_y$，$n_{\mathrm{e}} = n_z$ とすると，正の一軸性結晶では $n_{\mathrm{e}} > n_{\mathrm{o}}$，負の一軸性結晶では $n_{\mathrm{e}} < n_{\mathrm{o}}$ である．

正の一軸性結晶の光線速度面を図 10.9 に示す．z 軸方向に進む光線に対しては，楕円体の切り口は円であり，屈折率は光の振動方向に無関係となる．このような光に対しては結晶は複屈折性を示さない．これが光学軸の意味である．光線軸は光学軸と一致する．また，常光線と異常光線の偏光方向は互いに直角であることはいうまでもない．波面法線 $\boldsymbol{\kappa}$ と光学軸のつくる面を主断面という．常光線は $\boldsymbol{D}$ が主断面に垂直に振動し，異常光線は $\boldsymbol{D}$ が主断面内に振動することに注意せよ．

a. 異常光線の屈折

さて，ここで異常光線の屈折について考えてみよう．もちろん，常光線は通常の屈折の法則 (スネルの法則) に従うことはいうまでもない．図 10.10 のように，均質で等方的な媒質と非等方的な結晶が平面で接しているとする．結晶内の光線の伝搬方向を決めるには，光線速度面を利用して波面を求め，ホイヘンスの原理を適応すればよい．光線速度面を利用するのは，光線が進む方向は必ずしも波面法線の方向と一致するわけではないからである．

ここでは正の一軸性結晶の場合を例に説明しよう．簡単化のため，結晶の光学軸は入射面内にあるとし，その方向を適当に仮定する．図 10.10 のように，境界面の適当な点 O を中心として，光線速度面を描く．ただし，常光線に対しては，$v_{\mathrm{o}} = c/n_{\mathrm{o}}$ を半径とする球面，異常光線に対しては，軸の長さが v_{o} と $v_{\mathrm{e}} = c/n_{\mathrm{e}}$ の回転楕円体となるように描くとする．入射角が θ_1 の平行光が入射したとする．まず，その波面 Σ の一端が点 O に入射し，単位時間の後，その波面が境界面に達した点を求めよう．波

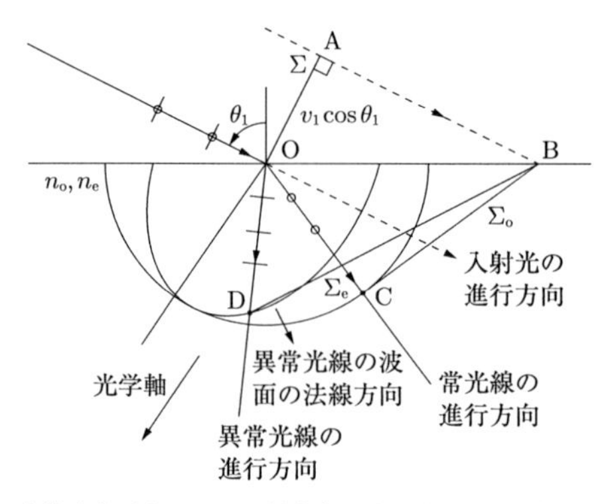

図 10.10 光線速度面を用いた屈折方向の求め方 (正の一軸性結晶の場合)

面 Σ 上に 点 O から $v_1 \cos\theta_1$ の位置に点 A をとり，点 A に立てた垂線と境界面との交点を求めると，この点 B が求める点である．ただし，v_1 は等方的な媒質中の光速度である．点 B から光線速度面へ接平面をつくり，その接点を C，D とする．この接平面 Σ_o と Σ_e が屈折光の波面である．常光線に対しては，光線速度面が球面であるので，光線の進行方向 ($\overrightarrow{\mathrm{OC}}$) と波面法線方向 ($\Sigma_\mathrm{o}$ に垂直) は一致する．異常光線に対しては，光線速度面が楕円であるので，光線の進行方向 ($\overrightarrow{\mathrm{OD}}$) と波面の法線方向 ($\Sigma_\mathrm{e}$ に垂直) は異なる．

次に，一軸性の結晶の光学軸 (光線軸) が境界面に垂直なときと水平なときの垂直入射光の伝搬を考えてみよう．図 10.11 に従って考えると，光学軸が境界面に垂直なときには，常光線と異常光線の区別はないことがわかる．一方，光学軸が境界面に平行な場合には，垂直入射光に対して常光線，異常光線とも屈折せずに結晶中を伝搬するが，両者に対する屈折率差により位相差を生じる．したがって，この状態である厚さ d の結晶を通過すると，互いに直交する偏光に対して位相差

$$\Delta = \frac{2\pi(n_\mathrm{e} - n_\mathrm{o})d}{\lambda_0} \tag{10.81}$$

を与えるので，位相板 (phase plate) として利用される．

図 10.12 のように光学軸が境界面に対して傾いている場合には，垂直入射光は結晶

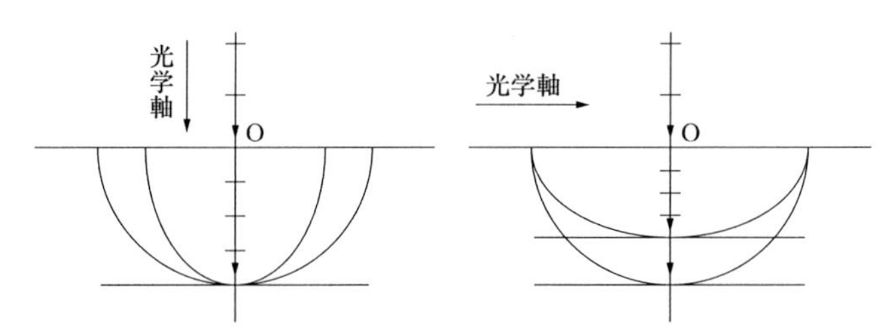

図 10.11 正の一軸性結晶の光学軸が境界面に垂直なときと水平なときの垂直入射光の伝搬

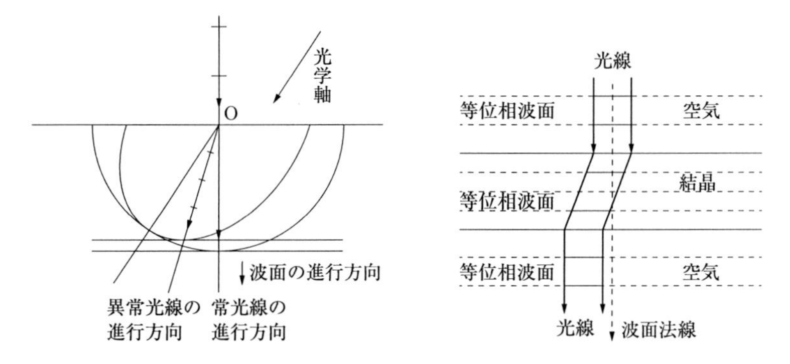

図 10.12 複屈折 (正の一軸性結晶の光学軸が境界面に対して傾いているときの垂直入射光の伝搬)

中で，進行方向の異なる常光線と異常光線が現れる．これが複屈折 (birefringence) であることは，3.2 節で述べた．

10.3 二 軸 性 結 晶

最も一般的な場合で，$n_x \neq n_y \neq n_z$ のようにすべての主屈折率が異なる．光学軸は 2 軸存在し，光学軸以外の方向に対しては，異常光線が 2 種類存在する．光線軸も 2 本存在するが一般には光学軸とは一致しない．雲母は代表的な二軸性結晶である．

境界面における屈折に関しては，二軸性結晶においては，異常光線のみが存在するので，一軸性結晶における異常光線の屈折に準じて考えればよい．

10.4 結晶を使った光学素子

光学結晶を使うと，主に偏光を制御する光学素子をつくることができる．ここでは，偏光子，位相板，複像プリズムについて述べる．

10.4.1 偏 光 子

グラン・トムソン (Glan–Thomson) プリズムは一軸結晶である方解石を図 10.13 に示すように 2 つの直角プリズムの形に切り出したものをカナダバルサムで接着したものである．2 つのプリズムの光学軸はいずれも紙面に垂直にしておく．方解石の屈折率は，波長が 589 nm の場合には $n_{\mathrm{o}} = 1.658$ と $n_{\mathrm{e}} = 1.486$ であり，カナダバルサムの屈折率は両者の間の 1.54 である．プリズム面に垂直に光を入射させると，常光線は紙面に平行な振動面をもつ直線偏光で，異常光線は紙面に垂直な振動面をもつ直線偏光として進むが，接着面で，常光線は全反射する．異常光線は方向を変えずに第 2 のプリズム中を直進する．このように常光線が接着面で全反射するために，プリズムの頂角 α を適当に選ぶ必要がある．普通，$\alpha = 19°$ 程度に選ぶことが多い．グラン・トムソンプリズムの消光比 (直交する偏光成分の漏れの割合) は $\gamma = 10^{-5}$ のものもあり，すぐれた偏光子である．

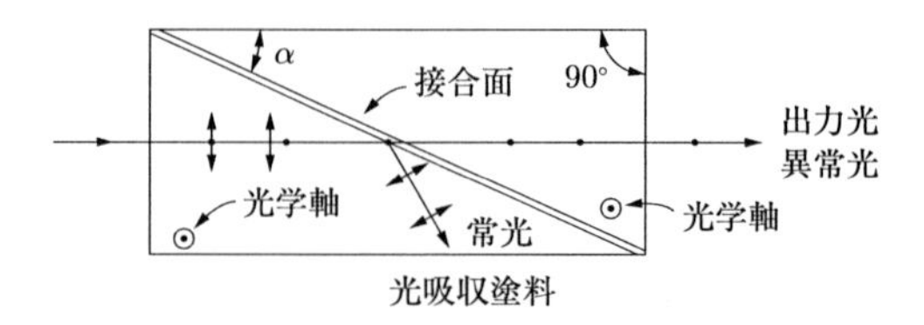

図 10.13 グラン・トムソンプリズム (光学軸は紙面に垂直)

10.4.2　位　相　板

いろいろな結晶を透過するときの，偏光状態の変化を考えてきた．ところが，結晶を通過してもその偏光状態が変わらない偏光が必ず一組存在する．これを固有偏光という．複屈折結晶では，直交する直線偏光がそれである．固有偏光の間に位相差を与える素子が位相板 (phase plate, phase shifter) もしくは移相子 (retarder) である．加えられる位相変化 Δ をリターデーション (retardation) という．複屈折結晶の 2 つの屈折率のうち，結晶内をより遅く進む偏光に対する屈折率を n_{s}，より早く進む偏光に対する屈折率を n_{f} とする．当然，$n_{\mathrm{s}} > n_{\mathrm{f}}$ である．両者の位相差は，

$$\Delta = 2\pi(n_{\mathrm{s}} - n_{\mathrm{f}})d/\lambda_0 \tag{10.82}$$

である．ただし，d は素子の厚みである．このように決めた Δ は常に正である．

位相板の中をより早く進む直線偏光の振動方向を進相軸 (fast axis)，より遅く進む直線偏光の振動方向を遅相軸 (slow axis) という．これらは素子に固有の軸であり，習慣的に位相板の方位を進相軸の方向にとることが多い．

すでに，一軸性結晶を用いた位相板については 10.2a 節で述べた．特に，$\Delta = \pi$ のものを 1/2 波長板 (half wave plate)，$\Delta = \pi/2$ のものを 1/4 波長板 (quarter wave plate) という．

次に，二軸性結晶である雲母を用いた位相板について考えよう．雲母の壁開面は z 軸に垂直になっている．したがって，壁開面に垂直に光が入射すると，光線速度面は，図 10.5 より，図 10.14 のようになる．光線は屈折することなく進み，光学軸が境界面に平行な一軸性負結晶の場合の光線の進みと同様になることがわかる (図 10.11) は一軸性正結晶の場合を示しているが負結晶の場合も容易に理解できるであろう)．したがって，リターデーションは，

$$\phi = 2\pi(n_{\mathrm{o}} - n_{\mathrm{e}})d/\lambda_0 \tag{10.83}$$

と書けることがわかる．

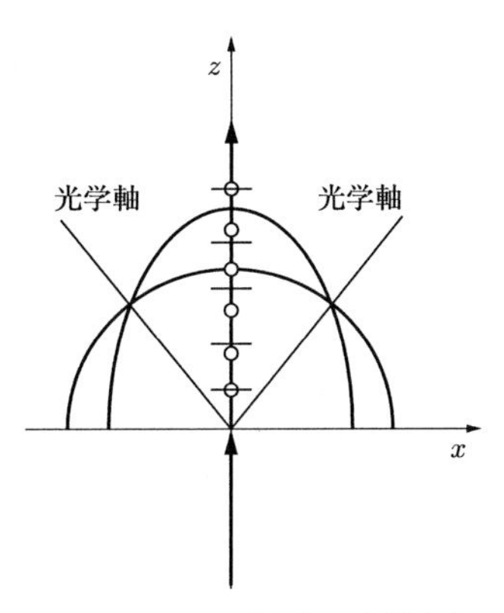

図 10.14　雲母位相板の光線速度

10.4.3　複像プリズム

一軸性結晶で光学軸方向が異なる 2 つのプリズムを張り合わせて，これを透過後，異なる方向に進む互いに垂直な振動方向をもつ偏光をつくることができる．これが複像プリズムである．代表的な複像プリズムを図 10.15 に示す．

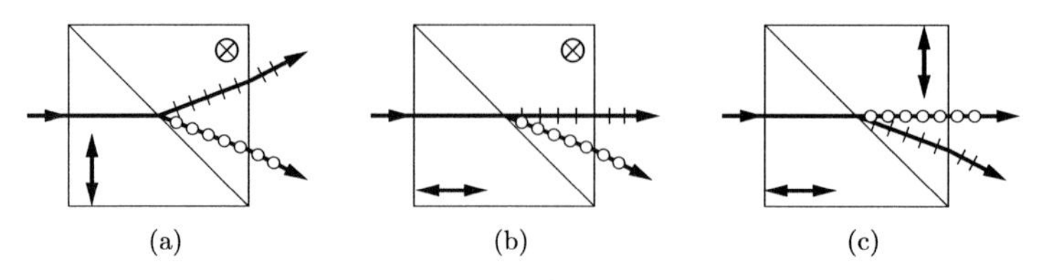

図 10.15　複像プリズム
(a) ウォーラストン (Wollaston) プリズム，(b) ロション (Rochon) プリズム，(c) セナルモン (Serarmont) プリズム．太い実線は波面法線方向を示す．

10.5　光学活性と二色性

非等方的媒質中を伝搬する偏光が受ける作用として複屈折があるが，それ以外にも偏光面を回転させる光学活性や，吸収が偏光によって異なる二色性がある．

10.5.1　光 学 活 性

媒質に直線偏光を入射させると偏光の振動方向が回転することがある．このような性質を光学活性 (optical activity) もしくは旋光性 (optical rotation) という．今，固有偏光として左回り円偏光と，右回り円偏光を考え，左回り円偏光が媒質中を Z の距離伝搬したときの位相変化を $\delta_{\rm L}$，右回り円偏光が媒質中を距離 Z 伝搬したときの位相変化を $\delta_{\rm R}$，とする．媒質に入射する直前では，

$$\begin{pmatrix}1\\ \mathrm{i}\end{pmatrix}+\begin{pmatrix}1\\ -\mathrm{i}\end{pmatrix}=2\begin{pmatrix}1\\ 0\end{pmatrix} \tag{10.84}$$

となり，水平方向に振動面をもつ直線偏光である．媒質を通過後は，

$$\mathrm{e}^{\mathrm{i}\delta_{\rm L}}\begin{pmatrix}1\\ \mathrm{i}\end{pmatrix}+\mathrm{e}^{\mathrm{i}\delta_{\rm R}}\begin{pmatrix}1\\ -\mathrm{i}\end{pmatrix}=\begin{pmatrix}\mathrm{e}^{\mathrm{i}\delta_{\rm L}}+\mathrm{e}^{\mathrm{i}\delta_{\rm R}}\\ \mathrm{i}(\mathrm{e}^{\mathrm{i}\delta_{\rm L}}-\mathrm{e}^{\mathrm{i}\delta_{\rm R}})\end{pmatrix} \tag{10.85}$$

ここで，実際の振幅を考えるため，ジョーンズベクトルの実部をとると，

$$\begin{pmatrix}\cos\delta_{\rm L}+\cos\delta_{\rm R}\\ -\sin\delta_{\rm L}+\sin\delta_{\rm R}\end{pmatrix}=2\cos\left[\frac{1}{2}(\delta_{\rm L}+\delta_{\rm R})\right]\begin{pmatrix}\cos[\frac{1}{2}(\delta_{\rm R}-\delta_{\rm L})]\\ \sin[\frac{1}{2}(\delta_{\rm R}-\delta_{\rm L})]\end{pmatrix} \tag{10.86}$$

が得られる．

したがって，距離 Z 伝搬したときの偏光の回転角は，$\alpha=(\delta_{\rm R}-\delta_{\rm L})/2$ である．両偏光に対する屈折率を $n_{\rm L}$ と $n_{\rm R}$ とすると，単位厚さあたりの旋光角は

$$\beta = \frac{\pi}{\lambda}(n_{\mathrm{R}} - n_{\mathrm{L}}) \tag{10.87}$$

である．

水晶の光学活性による旋光角は $\beta \approx 8 \times 10^{-5}$ rad $\mu\mathrm{m}^{-1}$ である．多くの生体分子の水溶液も旋光性を示す．分子が螺旋構造をもっているとその溶液は光学活性を示すからである．

10.5.2　二　色　性

特定の偏光，例えば水平方向に振動面をもつ直線偏光や右回り円偏光などに対して，吸収がある媒質がある．このような媒質の性質を二色性 (dichroism) という．直線偏光に対するものを直線二色性といい，円偏光に対するものを円二色性という．3.3 節で述べたように，ポラロイドフィルムは二色性を利用したものである．

10.6　液　　　晶

液晶 (liquid crystal) とは，液体と結晶の中間的な相で，構成分子が異方的な規則性をもって配列しているが空間的に流動性をもっているものをいう．代表的な液晶に，ネマティック液晶 (nematic LC) やスメクティック液晶 (smectic LC)，コレステリック液晶 (cholesteric LC) がある (図 10.16).

ネマティック液晶では，分子が一定方向に向いて並んでおり，スメクティック液晶では，配向した分子が層状に並んでいる．コレステリック液晶では，分子が層状構造をとっているが，各層内ではネマティック液晶と同様な分子配列をとり，各層間では分子の配向がらせん状に少しずつねじれている．

表示装置に利用されることが多いネマティック液晶は，分子が自発的に配向し，光学的には一軸性結晶の特性をもつ．液晶表示セルは，液晶を 2 枚の平行透明電極でサンドイッチした構造で，透明電極表面には配向膜がつけられ，液晶分子の配向を一方向にそろえる．図 10.17 (a) と (c) は液晶セル中の液晶分子の配向の様子を示している．透明電極間に電圧が印加されていないと，液晶は配向膜の働きで透明電極に平行なある方向に配向している．このときの液晶の光学軸は配向膜の方向に一致していて，

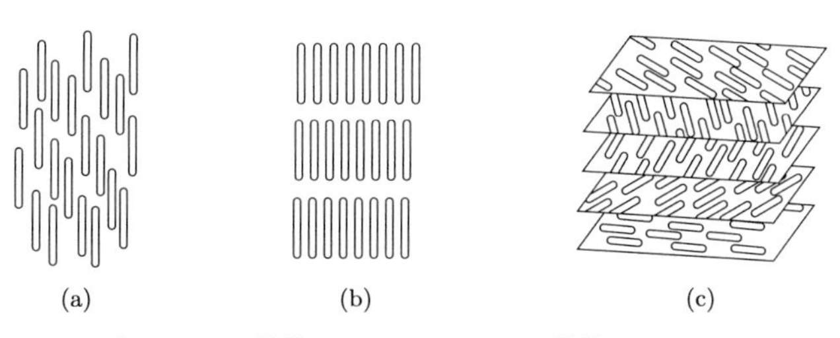

図 10.16　(a) ネマティック液晶，(b) スメクティック液晶，(c) コレステリック液晶

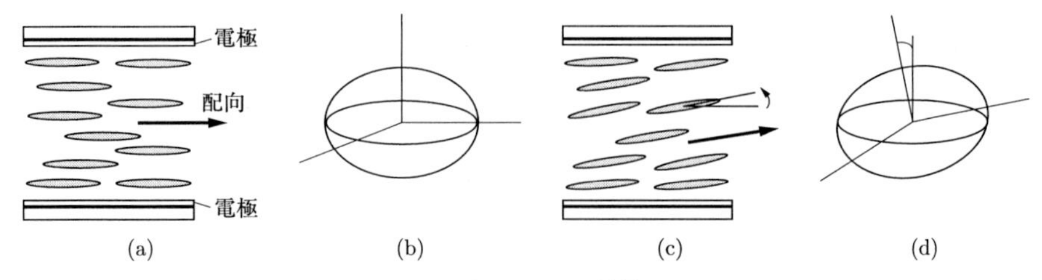

図 10.17　ネマティック液晶セル
(a) (b) 電界無印加時の液晶の配向と屈折率楕円体，(c) (d) 電界印加時の液晶の配向と屈折率楕円体.

セルに入射した光に対して複屈折を示す．このときの屈折率楕円体を (b) に示す．紙面に対して垂直な偏光に対する屈折率を n_o，平行な偏光に対する屈折率を n_e とする．(c) のように液晶層に電界を印加すると，液晶分子はある角度 θ だけ傾き，垂直な偏光に対する屈折率 n_o は変わらないが，平行な偏光に対する屈折率 $n_e(V)$ は印加電圧 V によって変化する．したがって，液晶が両偏光に対して与える位相差 δ は，式 (10.81) で与えられ，印加電圧によって制御することができる．

ネマティック液晶セルによって，入射光の振幅や位相を制御することができる．位相変調を行うには，図 10.18(a) の配置で，液晶層の光学軸に平行な振動面をもつ偏光を通過させる偏光子を液晶セルの前面に置けばよい．また，振幅変調を行うには，図 (b) に示すように，2 枚の偏光子をその方位が互いに直交するように配置し，光学軸の方向が 45° になるよう液晶セルを偏光子の間に挿入すればよい．

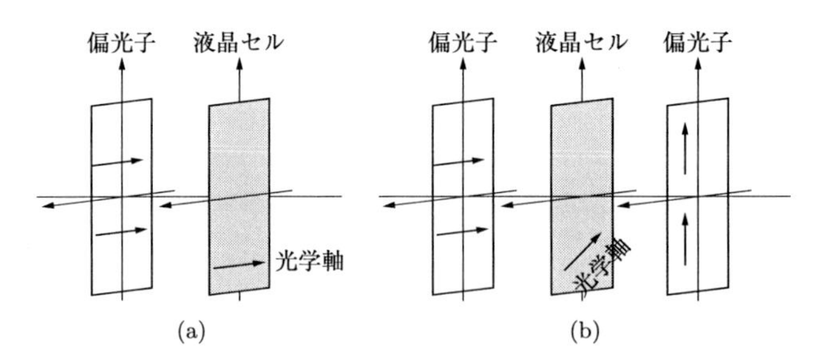

図 10.18　液晶による位相 (a) と振幅 (b) の変調

問　　題

1) 媒質内の電場のエネルギーを表す式 (10.19) が成立することを示せ.
2) 異方性媒質において，伝搬方向が同じで法線速度が異なる 2 つの波面の偏光は互いに直交することを示せ．(式 (10.40) ～ (10.45) を用いて，$\boldsymbol{D}' \cdot \boldsymbol{D}'' = 0$ であること示せばよい.)

3) 図 10.2 において，屈折率楕円体は，式 (10.23) より，

$$\frac{x^2}{n_x^2}+\frac{y^2}{n_y^2}+\frac{z^2}{n_z^2}=1$$

である．原点を通りベクトル $\boldsymbol{\kappa}(\kappa_x,\kappa_y,\kappa_z)$ に垂直な平面は

$$\kappa_x x+\kappa_y y+\kappa_z z=0$$

で与えられる．この面が屈折率楕円体を切る切り口は楕円になる．原点からこの楕円上の点 (x,y,z) までの距離 r の最大値と最小値は，$\boldsymbol{\kappa}$ 方向に進む平面波の屈折率 n_1 と n_2 に等しいことを示せ．

4) ウォーラストンプリズムは図 10.19 に示すように，同じ頂角をもつ 2 つの一軸結晶プリズムを光学軸を直交させた状態で接合したものである．最初のプリズムに入射した常光線 O と異常光線 E はともに同じ方向に進むが，第 2 のプリズムに入ると常光線 O は異常光線 E に，異常光線 E は常光線 O になって異なった方向に進む．今，プリズムの頂角が 20° であって，結晶が方解石 ($n_{\mathrm{o}}=1.658$, $n_{\mathrm{e}}=1.486$) であった場合，プリズムからの出射角 α_1 と α_2 を求めよ．

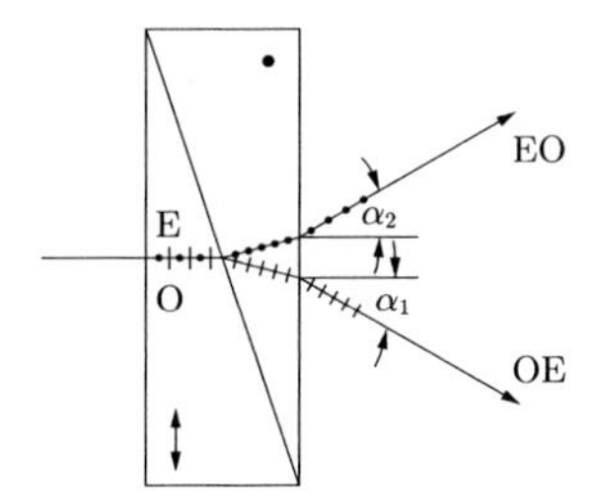

図 10.19　ウォーラストンプリズム

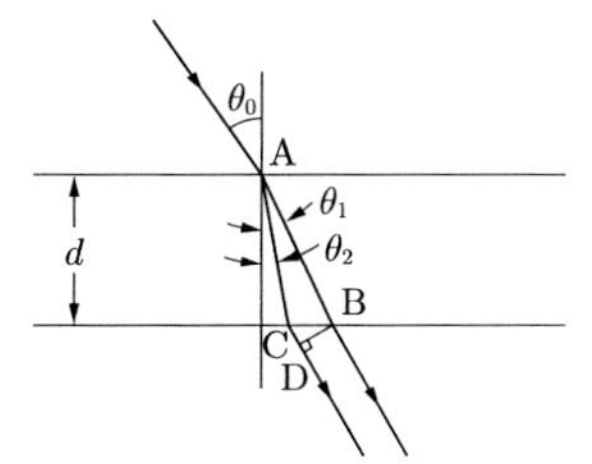

図 10.20　結晶板に入射する光線

5) 図 10.20 に示すように，厚さ d の平行平面結晶板に，波長 λ_0 の平面波が入射角 θ_0 で入射している．このとき生じる 2 つの屈折波の屈折角を θ_1，θ_2 とし，それぞれの波長を λ_1，λ_2 とする．また，屈折率を $n_1=\lambda_0/\lambda_1$，$n_2=\lambda_0/\lambda_2$ とすると，結晶板を透過した後の 2 つの光波の位相差 δ は，

$$\delta=\frac{2\pi d}{\lambda_0}(n_2\cos\theta_2-n_1\cos\theta_1)$$

で与えられることを示せ．

11

光ファイバーと不均質媒質中の光

光通信に利用されている光ファイバーや微細な構造をもつ光学素子，もしくは，媒質の屈折率が均質でない場合には，今まで述べてきた手法が直接使えない場合が多い．光波伝搬のモードやアイコナールの概念を考える必要がある．幾何光学と波動光学の両概念を結びつける必要が出てくる．

11.1　光ファイバー

光通信などで用いられている光ファイバーは，直径が数 μm から数百 μm の極めて透明なガラスや高分子の細線をそれよりも屈折率が低い媒質で囲んだ構造をしている光導波路である (図 11.1)．屈折率の高い (n_1) 細線部分のコア (core) と外側の屈折率の低い部分 (n_2) のクラッド (clad もしくは cladding) が同心円状になっている．光ファイバーには，コアの部分の屈折率が半径方向に一定のもの (ステップ屈折率形) と，分布をもったもの (屈折率分布形) とがある．また，コアの直径が小さく，のちに述べるモードが 1 つしか伝搬できない単一モード形もある．

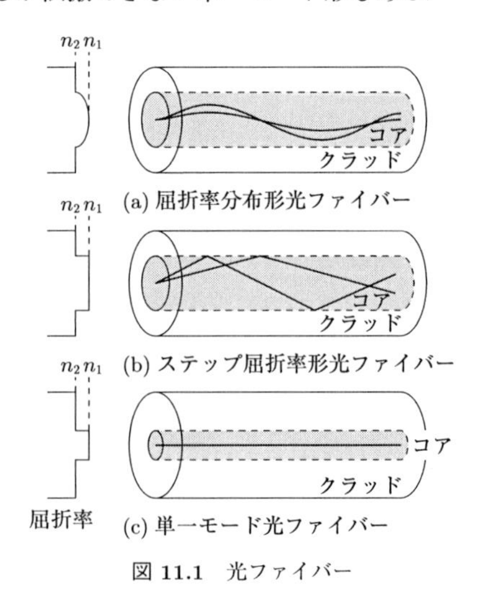

図 11.1　光ファイバー

ここではまず，ステップ屈折率形の光ファイバーを考えよう．コアの直径がその中を進む光の波長よりも十分大きいときには，コアの中を進む光は光線として，境界面で全反射を繰り返して進むと考えられる．図 11.2 に示すように，空気中からコアの端面に角度 θ で入射しその屈折角が θ' であるとする．この光線が，コアとクラッドの境界面で全反射を繰り返せば，コアの中を減衰することなく進むことができる．この条件を求めてみよう．まず，端面における屈折では，

$$\sin\theta = n_1 \sin\theta' \tag{11.1}$$

コアとクラッドの境界面で全反射が起こる条件は，

$$n_1 \sin(\pi/2 - \theta') \geq n_2 \tag{11.2}$$

したがって，

$$\sin\theta \leq \sqrt{n_1^2 - n_2^2} \tag{11.3}$$

つまり，入射角 θ には最大の入射角 $\theta_{\mathrm{m}} = \sin^{-1}\sqrt{n_1^2 - n_2^2}$ が存在する．式 (1.169) で定義されるレンズの開口数 NA にならって，

$$NA = \sin\theta_{\mathrm{m}} = \sqrt{n_1^2 - n_2^2} \tag{11.4}$$

を光ファイバーの開口数という．

ここで，n_1 と n_2 の大きさの差を表す指標として比屈折率差 Δ を定義する．

$$\Delta = \frac{n_1^2 - n_2^2}{2n_1^2} \approx \frac{n_1 - n_2}{n_1} \tag{11.5}$$

したがって，光ファイバーの開口数は，

$$NA = n_1\sqrt{2\Delta} \tag{11.6}$$

で与えられる．

コア内の光の伝搬について，最大入射角 θ_{m} よりも小さい入射角で入射した光がすべてコア中を伝搬できるわけではない．いま，光ファイバーの光軸方向を z 軸とし，それと直交する動径方向を x 軸とする．また，コアの直径を $2a$ とする．光線の伝搬する方向の波数ベクトルを $\boldsymbol{k}$ とすると，動径方向の成分は $k_x = k\sin\theta'$ である．し

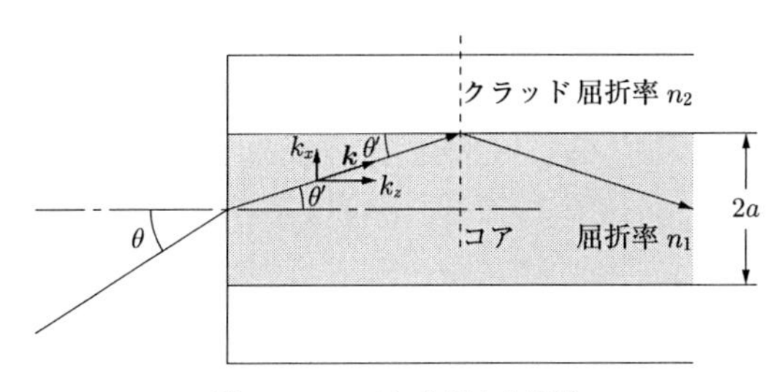

図 11.2　コアに入射する光線

たがって，光波の伝搬の動径方向成分に関して，ファイバー間を動径方向に 1 往復した光波は互いに打ち消しあうことなく存在しなければならないので，

$$\begin{aligned} 2 \times 2ak_x + 2\Phi &= 2N\pi \\ 8an_1\pi \sin\theta'/\lambda_0 + 2\Phi &= 2N\pi \end{aligned} \tag{11.7}$$

の条件が必要である．ただし，Φ は全反射による位相シフト量 (式 (2.151) と式 (2.152) 参照)，N は整数である．したがって，式 (11.3) を用いると，

$$N \leq \frac{4a}{\lambda_0}\sqrt{n_1^2 - n_2^2} + \frac{\Phi}{\pi} \tag{11.8}$$

が得られる．このように，特別の整数 N の値に応じて，決まった角度で伝搬する光波のみがコア中に存在できる．コアの中の光波は整数 N の値に対応してある分布をもつ．これをモード (mode) という．各モードに対応した入射角 θ_N があることもわかる．図 11.1 に示したように，コアの直径が小さくなると，もはや多数のモードが存在できなくなり，ただ 1 つのモードの光のみが伝搬することができるようになる．このようなファイバーを，単一モード光ファイバーという．

さて，ここで，波数ベクトルの光軸方向成分 $k_{zN} = k\cos\theta'_N$ を考えてみよう．コア内の全反射の条件 (11.2) より，

$$\frac{n_2}{n_1} \leq \cos\theta'_N \leq 1 \tag{11.9}$$

これより，

$$\frac{2\pi}{\lambda_0}n_2 \leq k_{zN} \leq \frac{2\pi}{\lambda_0}n_1 \tag{11.10}$$

したがって，

$$n_2k_0 \leq k_{zN} \leq n_1k_0 \tag{11.11}$$

ただし，真空中の波数を $k_0 = 2\pi/\lambda_0$ とした．このように，光ファイバー中の光の伝搬について制限がある．これを遮断条件という．また，各モードによって進む速度が異なることもわかる．これをモード分散という．

11.2 不均質媒質中の光伝搬

次に屈折率分布形光ファイバーにおける光伝搬を考えよう．屈折率が空間的に一定でない媒質を，不均質媒質という．ここではまず，不均質媒質における光波伝搬の一般的な性質について考えよう．

11.2.1 アイコナールと光線方程式

波動方程式の解を空間依存項 $\mathcal{E}(\boldsymbol{r})$ と時間依存項に分けて，

$$E(\boldsymbol{r}, t) = \mathcal{E}(\boldsymbol{r})\exp(-\mathrm{i}\omega t) \tag{11.12}$$

と書くことにする．すると，波動方程式 (2.13) は，

$$\nabla^2 \mathcal{E}(\boldsymbol{r}) + k^2 \mathcal{E}(\boldsymbol{r}) = 0 \tag{11.13}$$

のヘルムホルツ方程式に変形することができる．このことは，すでに第 2 章で述べた．これを拡張すると，空間の屈折率分布 $n(\boldsymbol{r})$ が連続でゆっくり変化する場合には，

$$\nabla^2 \mathcal{E}(\boldsymbol{r}) + k_0^2 n(\boldsymbol{r})^2 \mathcal{E}(\boldsymbol{r}) = 0 \tag{11.14}$$

と近似できる．ここで，式 (11.14) の解を，

$$\mathcal{E} = \mathcal{E}_0(\boldsymbol{r}) \exp[-\mathrm{i}k_0 \psi(\boldsymbol{r})] \tag{11.15}$$

と表せると仮定する．ただし，$\mathcal{E}_0(\boldsymbol{r})$ は空間的にゆっくりと変化するベクトルであるとする．これを，式 (11.14) に代入すると，

$$|\nabla\psi(\boldsymbol{r})|^2 = n(\boldsymbol{r})^2 \tag{11.16}$$

が得られる．関数 $\psi(\boldsymbol{r})$ をアイコナール (eikonal) といい，式 (11.16) をアイコナール方程式という．この方程式は，波長が非常に短い極限 ($\lambda \to 0$) で厳密に成り立つ方程式で光の幾何光学的な振る舞いを記述する．このことは，1.1 節で指摘した．波長が短い極限では，波は光線として振る舞う．したがって，アイコナール方程式は，波動光学と幾何光学を結びつける重要な方程式であるといえる．

アイコナールの定義式 (11.15) からもわかるように，アイコナールは光波の位相を表している．したがって，$\psi(\boldsymbol{r})$ =const. は波の等位相面になる．このことから，波面がわかり，$\nabla\psi(\boldsymbol{r})$ は波面に垂直なベクトル，すなわち光線の方向を表すベクトルであることがわかる．したがって，光線の進行方向を表す単位ベクトルは，

$$\boldsymbol{s}(\boldsymbol{r}) = \frac{\nabla\psi(\boldsymbol{r})}{|\nabla\psi(\boldsymbol{r})|} = \frac{\nabla\psi(\boldsymbol{r})}{n(\boldsymbol{r})} \tag{11.17}$$

で与えられる (図 11.3)．ある波面が次の波面まで伝搬したときそれに対応する光線に沿って測った距離を s とすると，線素は $\mathrm{d}s$ であるので，光線の単位ベクトルは

$$\boldsymbol{s}(\boldsymbol{r}) = \frac{\mathrm{d}\boldsymbol{r}}{\mathrm{d}s} \tag{11.18}$$

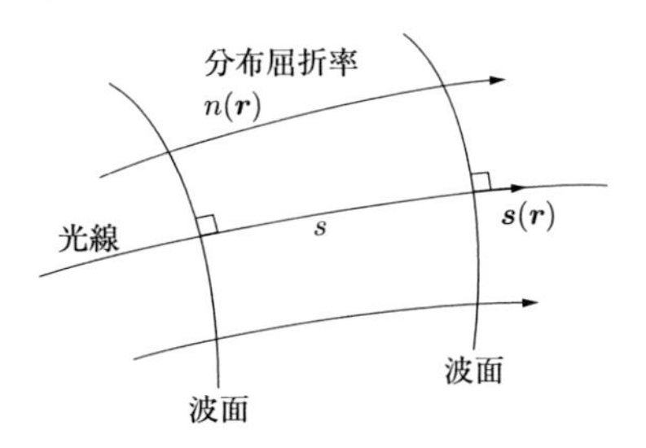

図 11.3　光線と波面

と書ける．$\mathrm{d}\boldsymbol{r}/\mathrm{d}s$ は光線の方向余弦である．式 (11.17) から，

$$n(\boldsymbol{r})\frac{\mathrm{d}\boldsymbol{r}}{\mathrm{d}s} = \nabla\psi(\boldsymbol{r}) \tag{11.19}$$

が得られる．これを s で微分して，

$$\frac{\mathrm{d}}{\mathrm{d}s}\left[n(\boldsymbol{r})\frac{\mathrm{d}\boldsymbol{r}}{\mathrm{d}s}\right] = \nabla(\nabla\psi)\cdot\frac{\mathrm{d}\boldsymbol{r}}{\mathrm{d}s} = \nabla(\nabla\psi)\cdot\frac{\nabla\psi}{n} = \frac{\nabla(\nabla\psi)^2}{2n} \tag{11.20}$$

ここで，式 (11.16) を用いて，

$$\frac{\mathrm{d}}{\mathrm{d}s}\left[n(\boldsymbol{r})\frac{\mathrm{d}\boldsymbol{r}}{\mathrm{d}s}\right] = \frac{\nabla n^2}{2n} = \nabla n(\boldsymbol{r}) \tag{11.21}$$

この式は，屈折率分布が与えられたときに光線の伝搬方向を与える式で，光線方程式 (ray equation) と呼ばれている．

ここで，光線の接線方向のベクトルと s を逆向きにとっても，式 (11.19) は成立するので，光線は逆方向にも進むことができる．これを光線逆進の原理という．

11.3　屈折率分布形光導波路

屈折率が光軸上で大きく光軸から離れるにしたがって徐々に小さくなる導波路は屈折率分布形光導波路と呼ばれる．この光導波路中の光伝搬を光線方程式を使って解析しよう．解析を簡単にするため，光線は光軸を含む面に限定した子午的光線 (meridional ray) に限定する．一般的には光軸の周りを周回しながら伝搬するスキュウ光線 (skew ray) もある．

図 11.4 に示すように，光線が光軸となす角度を θ とし，光線方程式 (11.21) を成分に分けて書くと，

$$\frac{\mathrm{d}}{\mathrm{d}s}\left(n\frac{\mathrm{d}x}{\mathrm{d}s}\right) = \frac{\mathrm{d}n}{\mathrm{d}x} \tag{11.22}$$

$$\frac{\mathrm{d}}{\mathrm{d}s}\left(n\frac{\mathrm{d}y}{\mathrm{d}s}\right) = 0 \tag{11.23}$$

$$\frac{\mathrm{d}}{\mathrm{d}s}\left(n\frac{\mathrm{d}z}{\mathrm{d}s}\right) = 0 \tag{11.24}$$

ただし，y 方向には屈折率の分布はないとした．子午的光線のみを考えているので，

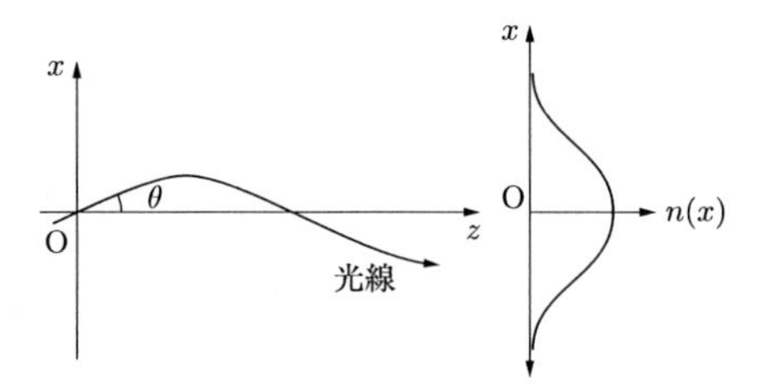

図 11.4　屈折率分布形光導波路と光線

$\mathrm{d}y/\mathrm{d}s = 0$ であり，式 (11.24) より，$n\,\mathrm{d}z/\mathrm{d}s$ は一定で，初期条件より，

$$n\frac{\mathrm{d}z}{\mathrm{d}s} = n\cos\theta \tag{11.25}$$

が得られる．光導波路の端面における屈折角を θ_0，その場所の屈折率を n_0 とすると，

$$\mathrm{d}s = \left[\frac{n(x)}{n_0\cos\theta_0}\right]\mathrm{d}z \tag{11.26}$$

が得られる．また，

$$\mathrm{d}s^2 = \mathrm{d}x^2 + \mathrm{d}z^2 \tag{11.27}$$

より，

$$\frac{\mathrm{d}x}{\mathrm{d}s} = \sqrt{1 - \left(\frac{\mathrm{d}z}{\mathrm{d}s}\right)^2} \tag{11.28}$$

式 (11.26) を代入して，

$$\frac{\mathrm{d}x}{\mathrm{d}s} = \sqrt{1 - \left[\frac{n_0\cos\theta_0}{n(x)}\right]^2} \tag{11.29}$$

ここで，式 (11.26) と (11.29) を使うと，

$$\frac{\mathrm{d}z}{\mathrm{d}x} = \frac{\mathrm{d}z/\mathrm{d}s}{\mathrm{d}x/\mathrm{d}s} = \frac{n_0\cos\theta_0}{\sqrt{n^2(x) - (n_0\cos\theta_0)^2}} \tag{11.30}$$

これを x について積分すると

$$z = \int_{x_0}^{x} \frac{\cos\theta_0}{\sqrt{\left[\frac{n(x)}{n_0}\right]^2 - \cos^2\theta_0}}\mathrm{d}x \tag{11.31}$$

したがって，屈折率分布 $n(x)$，入射点の高さ x_0，その位置での光線の傾き θ_0 がわかれば光導波路内の光線が追跡できる．

11.3.1　2乗屈折率分布形光ファイバー

コアの屈折率分布を

$$n^2(r) = \begin{cases} n_1^2[1 - 2\Delta(r/a)^2] & : \quad (0 \leq r \leq a) \\ n_2^2 & : \quad (r > a) \end{cases} \tag{11.32}$$

で定義する．ただし，$2a$ はコアの直径，Δ は式 (11.5) で定義された比屈折率差である．ここで，

$$g = \frac{\sqrt{2\Delta}}{a} \tag{11.33}$$

とすると，屈折率分布は，

$$n^2(r) = n_1^2[1 - (gr)^2] \tag{11.34}$$

となる．ここで，

$$n(r) \approx n_1\left[1 - \frac{1}{2}(gr)^2\right] \tag{11.35}$$

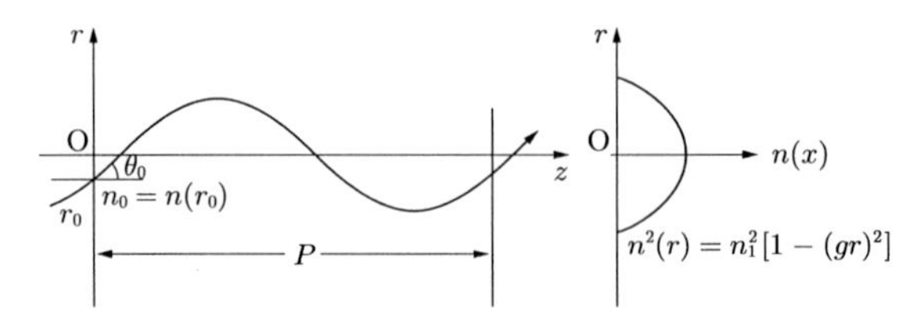

図 11.5　2 乗屈折率分布形光ファイバーと子午的光線

と近似できるので，屈折率は，動径方向に対して 2 乗の分布になっている．このような光ファイバーを 2 乗屈折率分布形光ファイバーという．

次に，このファイバーを伝搬する子午的光線を考えてみよう (図 11.5)．光線方程式 (11.21) から，

$$\frac{\mathrm{d}}{\mathrm{d}s}\left(n\frac{\mathrm{d}z}{\mathrm{d}s}\right) = 0 \tag{11.36}$$

式 (11.31) を得た場合と同様に，

$$z = \int_{r_0}^{r} \frac{\cos\theta_0}{\sqrt{\left[\frac{n(r)}{n_0}\right]^2 - \cos^2\theta_0}}\mathrm{d}r \tag{11.37}$$

が得られる．式 (11.34) を代入して，

$$z = \int_{r_0}^{r} \frac{n_0\cos\theta_0}{\sqrt{n_1^2 - n_0^2\cos^2\theta_0 - n_1^2(gr)^2}}\mathrm{d}r \tag{11.38}$$

ここで，

$$\alpha = \frac{n_1 g}{\sqrt{n_1^2 - n_0^2\cos^2\theta_0}}r \tag{11.39}$$

と変数変換すると，

$$z = \int_{\alpha_0}^{\alpha} \frac{n_0\cos\theta_0/\sqrt{n_1^2 - n_0^2\cos^2\theta_0}}{\sqrt{1-\alpha^2}}\,\frac{\sqrt{n_1^2 - n_0^2\cos^2\theta_0}}{n_1 g}\mathrm{d}\alpha \tag{11.40}$$

ここで，$\int 1/\sqrt{1-x^2}\mathrm{d}x = \sin^{-1}x$ であるので，

$$z = \frac{n_0\cos\theta_0}{n_1 g}\sin^{-1}\alpha\Big|_{\alpha_0}^{\alpha} \tag{11.41}$$

ただし，

$$\alpha_0 = \frac{n_1 g}{\sqrt{n_1^2 - n_0^2\cos^2\theta_0}}r_0 \tag{11.42}$$

で，入射点における初期位相 ϕ_0 は，

$$\phi_0 = \sin^{-1}\alpha_0 \tag{11.43}$$

で与えられる．したがって，

$$z = \frac{n_0\cos\theta_0}{n_1 g}(\sin^{-1}\alpha - \phi_0) \tag{11.44}$$

最終的に，光線の動径方向の位置は，

$$r = \frac{\sqrt{n_1^2 - n_0^2 \cos^2 \theta_0}}{n_1 g} \sin\left(\frac{n_1 g}{n_0 \cos \theta_0} z + \phi_0\right) \tag{11.45}$$

となる．光線はファイバーのコアの中心軸 $(r = 0)$ に対して上下に正弦振動しながら進む．一般的に，コア中を正弦的に振動しながら進む光の振動周期は，

$$P = 2\pi \frac{n_0 \cos \theta_0}{n_1 g} \tag{11.46}$$

P を屈折率分布形ファイバーのピッチと呼ぶことがある．

コアの中心に入射した光は，$n_1 = n_0$ であるので，

$$r = \frac{\sin \theta_0}{g} \sin\left(\frac{g}{\cos \theta_0} z\right) \tag{11.47}$$

にしたがって，進むこともわかる．特に，$n_1 \approx n_0$ で，近軸光線のみを考えるときには $\theta_0 \approx 0$ であるので，

$$P = \frac{2\pi}{g} \tag{11.48}$$

である．ここで，g は集束定数と呼ばれることを注意しよう．

11.4　ステップ屈折率形光ファイバー

コアの直径が小さくなると，光ファイバー中の光伝搬を光線を使って解析することはできなくなる．波動光学的な取り扱いをしなくてはならない．

光ファイバー中の光波は，ヘルムホルツ方程式 (E.3)

$$\nabla^2 \mathcal{E}(\boldsymbol{r}) + k^2 \mathcal{E}(\boldsymbol{r}) = 0 \tag{11.49}$$

に従う．これを円柱座標系にすると，式 (G.12) より，

$$\frac{1}{r}\frac{\partial \mathcal{E}}{\partial r}\left(r\frac{\partial \mathcal{E}}{\partial r}\right) + \frac{1}{r^2}\frac{\partial^2 \mathcal{E}}{\partial \theta^2} + \frac{\partial^2 \mathcal{E}}{\partial z^2} + k^2 \mathcal{E} = 0 \tag{11.50}$$

光波は，z 軸に対して回転対称であるので，

$$\mathcal{E}(r, \theta, z) = R(r) \exp(\mathrm{i} l \theta) \exp(\mathrm{i} \beta z) \tag{11.51}$$

と書くことができる．ただし，β は波数の z 方向成分，l は整数である．この式を，式 (11.50) に代入すると，

$$\frac{\partial^2 R}{\partial r^2} + \frac{1}{r}\frac{\partial R}{\partial r} + \left[(k^2 - \beta^2) - \frac{l^2}{r^2}\right] R = 0 \tag{11.52}$$

が得られる．これは，ベッセルの微分方程式 (G.19) である．

ここで，コアの屈折率が n_1，クラッドの屈折率は n_2，コアの半径が a であるとしよう．コアの中心では，R は有限，十分遠方 $(r = \infty)$ では 0 となるとすると，式 (11.52) の解は，

$$R(r) = AJ_l(pr), \qquad p = \sqrt{n_1^2 k_0^2 - \beta^2}, \qquad (r \le a) \tag{11.53}$$

$$R(r) = BK_l(qr), \qquad q = \sqrt{\beta^2 - n_2^2 k_0^2}, \qquad (r > a) \tag{11.54}$$

で与えられる．ただし，A と B は定数，J_l は第 1 種ベッセル関数 (G.19)，K_l は第 2 種変形ベッセル関数 (G.23) であり，図 11.6 のようになる．コアの内部は (a)，クラッド部は (b) で表される．

同様に，光波の磁界に対しても動径成分について，C と D を定数として，

$$S(r) = CJ_l(pr), \qquad p = \sqrt{n_1^2 k_0^2 - \beta^2}, \qquad (r \le a) \tag{11.55}$$

$$S(r) = DK_l(qr), \qquad q = \sqrt{\beta^2 - n_2^2 k_0^2}, \qquad (r > a) \tag{11.56}$$

が得られる．

ここで，境界条件として，$r = a$ で電界と磁界の動径成分 (r 成分) と接線成分 (ϕ 成分) が連続であることを使い，定数 A，B，C，D を決めればよい．4 つの定数がすべて 0 以外の解が存在するためには，固有方程式

$$\left[\frac{J_l'(pa)}{pJ_l(pa)} + \frac{K_l'(qa)}{qK_l(qa)}\right]\left[\frac{n_1^2 J_l'(pa)}{pJ_l(pa)} + \frac{n_2^2 K_l'(qa)}{qK_l(qa)}\right] = \frac{l^2}{a^2}\left(\frac{1}{p^2} + \frac{1}{q^2}\right)\left(\frac{n_1^2}{p^2} + \frac{n_2^2}{q^2}\right) \tag{11.57}$$

が成立する必要がある．

ここで，n_1 と n_2 の差が小さい場合には，式 (11.57) は，

$$\frac{J_l'(pa)}{pJ(pa)} + \frac{K_l'(qa)}{qK_l(qa)} = \pm\frac{l}{a}\left(\frac{1}{p^2} + \frac{1}{q^2}\right) \tag{11.58}$$

と近似できる．

ここで，最も簡単な $l = 0$ のモードを考えてみよう．このとき，

$$\frac{J_l'(pa)}{pJ_l(pa)} + \frac{K_l'(qa)}{qK_l(qa)} = 0 \tag{11.59}$$

が成立し，これは，式 (11.53) ～ (11.56) の独立な 2 つの解に対応し，電界が進行方向に垂直な TE モードと，磁界が進行方向に垂直な TM モードと呼ばれる．

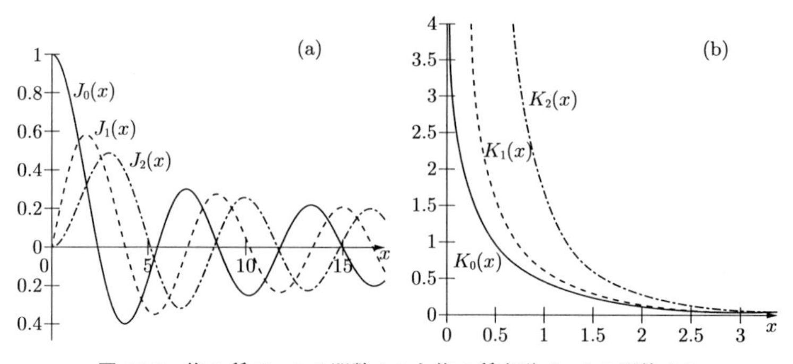

図 11.6　第 1 種ベッセル関数 (a) と第 2 種変形ベッセル関数 (b)

問　　　題

1) 式 (11.14) と (11.15) を使って，アイコナール方程式 (11.16) を導け.

2) 光線方程式 (11.21) を使って，屈折率が一様な媒質中では，光線が直進することを示せ.

3) 図 11.7 に示すように，屈折率が異なる等方的媒質が境界面 T で接している．入射光線と屈折光線の進行方向を示す単位ベクトルを $\boldsymbol{s}$, $\boldsymbol{s}'$ とする．境界面を挟む T に平行な線分 AB, A′B′ がつくる微小長方形 ABB′A′ を考える．この微小長方形の単位法線ベクトルを $\boldsymbol{a}$ とする．境界面近傍には，光線方向ベクトル $\boldsymbol{s}$ のベクトル場があると考え，この長方形にストークスの定理 (G.14) を適用して屈折の法則を求めよ．ただし，境界面の単位法線ベクトルを $\boldsymbol{N}$ とする.

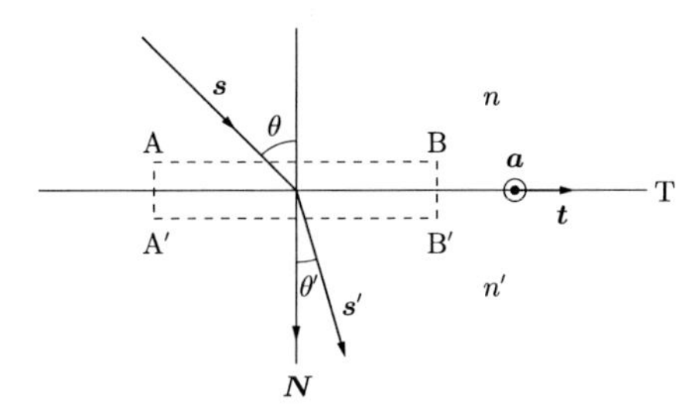

図 11.7　屈折の法則のベクトル表示

4) ステップ屈折率形光ファイバーで，コアとクラッドの屈折率が 1.6 と 1.5 である場合，このファイバーの NA と光線の最大入射角を求めよ.

12

ガウスビームの伝搬

レーザーポインターから出射されるビームは，釣鐘形の強度分布を保ったまま，媒質中を伝搬する．これは，平面波や球面波の伝搬と著しく異なるし，円形開口から射出される回折波とも異なる．このような釣鐘形の強度分布をもったコヒーレントなビームをガウスビーム (Gaussian beam) という．ここでは，このガウスビームの伝搬について考えてみる．

12.1　近　軸　波

単色のスカラー波

$$E(\boldsymbol{r},t) = E_0 \exp[\mathrm{i}(\boldsymbol{k}\cdot\boldsymbol{r} - \omega t)] = \mathcal{E}(\boldsymbol{r})\exp(-\mathrm{i}\omega t) \tag{12.1}$$

を考えよう．ただし，$\mathcal{E}(\boldsymbol{r})$ をスカラー波の複素振幅の空間座標成分とする．式 (12.1) は，波動方程式 (2.13) を満足するはずなので，代入すると，

$$\nabla^2 \mathcal{E}(\boldsymbol{r}) + k^2 \mathcal{E}(\boldsymbol{r}) = 0 \tag{12.2}$$

を得る．この方程式は，ヘルムホルツ (Helmholtz) の方程式と呼ばれていることはすでに第 2 章で述べた．

レーザービームの波面の垂線方向は，ビームの伝搬方向に対して小さい角度を保っている．これは，幾何光学の近軸光線に相当する．このような波動を，近軸波という．このことも第 2 章で述べた．

今，z 軸方向に伝搬する平面波を考えると $A\exp(\mathrm{i}kz)$ で表されるので，これを参考にして，近軸波の表記を考えよう．平面波の一定振幅 A が場所によって少しずつ変化すると考える．このときの波動は，

$$\mathcal{E}(\boldsymbol{r}) = A(\boldsymbol{r})\exp(\mathrm{i}kz) \tag{12.3}$$

と表すことができる．複素振幅 $A(\boldsymbol{r})$ は場所によってゆっくり変化するとしたので，式 (12.3) の波動は，基本的には平面波と同じように z 方向に伝搬する．この波動が存在するためには，ヘルムホルツ方程式を満足しなければならないので，式 (12.3) を式 (12.2) に代入すると，

$$\left(\frac{\partial^2}{\partial x^2} + \frac{\partial^2}{\partial y^2}\right)A + \mathrm{i}2k\frac{\partial A}{\partial z} = 0 \tag{12.4}$$

ただし，複素振幅 $A(\boldsymbol{r})$ の z 方向の変化は小さいとして，$\partial^2 A/\partial z^2$ の項は無視した．式 (12.4) を近軸ヘルムホルツ方程式という．

12.2 ガウスビーム

近軸ヘルムホルツ方程式 (12.4) の解として，

$$A(x, y, z) = A_0 \exp\left\{\mathrm{i}\Big[P(z) + \frac{k(x^2+y^2)}{2q(z)}\Big]\right\} \tag{12.5}$$

を仮定しよう．ただし，A_0 は定数．この解が式 (12.4) を満足するためには，

$$\frac{2\mathrm{i}k}{q} - \frac{k^2(x^2+y^2)}{q^2} - 2k\frac{\mathrm{d}P}{\mathrm{d}z} + \frac{k^2(x^2+y^2)}{q^2}\frac{\mathrm{d}q}{\mathrm{d}z} = 0 \tag{12.6}$$

が必要である．この式が，適当な x と y についていつも成立するためには，

$$\frac{\mathrm{d}P}{\mathrm{d}z} = \frac{\mathrm{i}}{q}, \qquad \frac{\mathrm{d}q}{\mathrm{d}z} = 1 \tag{12.7}$$

が必要である．したがって，

$$q(z) = q_0 + z \tag{12.8}$$

$$P(z) = \mathrm{i}\ln\left(1 + \frac{z}{q_0}\right) \tag{12.9}$$

ただし，q_0 は定数．

ここで，式 (12.5) は，放物面波 (2.66) の形をしていることに注目しよう．$q(z)$ は放物面の曲率半径と解釈される．

次に，$z = 0$ において $q_0 = q(0)$ として純虚数をとることにすると，後に述べるように，$z = 0$ の場所では波面が平面となり，さらに，ビーム径が最も細くなる．すなわち，

$$q_0 = -\mathrm{i}z_0 \tag{12.10}$$

さらに，

$$z_0 = \frac{kW_0^2}{2} \tag{12.11}$$

とおくことにしよう．z_0 はレイリーレンジと呼ばれている．式 (12.5) の指数部の第 2 項は，

$$\frac{k(x^2+y^2)}{2q(z)} = \frac{k(x^2+y^2)}{2(z-\mathrm{i}z_0)} = \frac{k(x^2+y^2)}{2z[1+(z_0/z)^2]} + \mathrm{i}\frac{(x^2+y^2)}{W_0^2[1+(z/z_0)^2]} \tag{12.12}$$

ここで，

$$W^2(z) = W_0^2\left[1 + \left(\frac{z}{z_0}\right)^2\right] \tag{12.13}$$

$$R(z) = z\left[1 + \left(\frac{z_0}{z}\right)^2\right] \tag{12.14}$$

とおくと，

$$\frac{k(x^2+y^2)}{2q(z)} = \frac{k(x^2+y^2)}{2R(z)} + \frac{\mathrm{i}(x^2+y^2)}{W^2(z)} \tag{12.15}$$

が得られる．したがって，

$$\frac{1}{q(z)} = \frac{1}{R(z)} + \mathrm{i}\frac{\lambda}{\pi W^2(z)} \tag{12.16}$$

の関係が得られる．q は複素ビームパラメータと呼ばれている．式 (12.8) より，ガウスビームが距離 z だけ進むと複素ビームパラメータは，$q(z) = z + q_0$ だけ変化することに注意．ここで，式 (12.16) の実部は波面の曲率であり R はその曲率半径である．虚部は，式 (12.16) を式 (12.5) に代入すると，

$$A(x,y,z) = A_0 \exp\left[-\frac{x^2+y^2}{W^2(z)}\right] \exp\left[\mathrm{i}P(z) + \mathrm{i}\frac{k(x^2+y^2)}{2R(z)}\right] \tag{12.17}$$

が得られるので，ビームの半径方向の依存性を表していることがわかる．すなわち，ビームの振幅分布は $\exp[-(x^2+y^2)/W^2]$ で与えられ，図 12.1(a) のように釣鐘形のガウス関数の形をしていることがわかる．これをガウスビームという．W は，ビームの振幅がその最大値の $1/\mathrm{e}$ になる距離，つまりビーム半径であることがわかる．

ここで，$z=0$ においては，式 (12.10) のように $q(z)$ は純虚数であるとしたので，式 (12.16) の実部は 0 でなくてはならないので，$1/R=0$ が得られ，この位置では波面は平面となることがわかる．また，図 12.1(b) に示すように，W_0 は，$z=0$ のときのビーム径であり，ビームウエストあるいはビームくびれと呼ばれ，伝搬するガウスビームの最小半径を与える．式 (12.13) から，$z=z_0$ でビーム径が $W(z_0)=\sqrt{2}W_0$ となるので，この $\pm z_0$ の範囲がほぼビームウエストつまりビームがくびれている範囲であるとみなせる．$2z_0$ はガウスビームの焦点深度あるいはコンフォーカルパラメータと呼ばれている．

ビームウエストの位置からのビーム広がり角 θ は，

$$\theta = \frac{W(z)}{z} \approx \frac{W_0}{z_0} = \frac{\lambda}{\pi W_0} \approx 0.637\frac{\lambda}{2W_0} \tag{12.18}$$

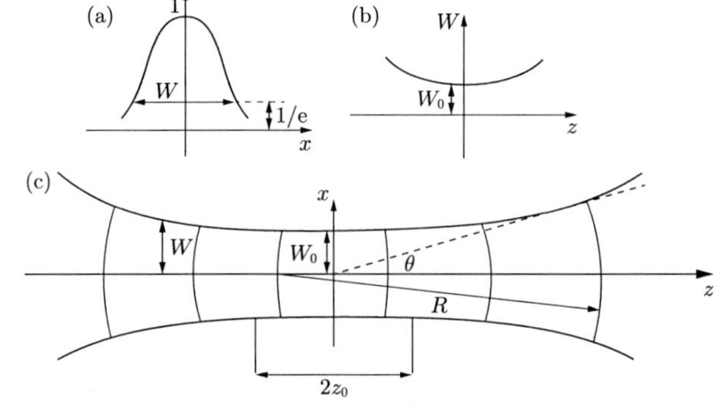

図 12.1　z 軸方向に進むガウスビームとそのパラメータ

一方，平面波の円形開口 (直径 D) の回折による広がり角は式 (5.63) から，

$$\theta_A = 1.22\lambda/D \tag{12.19}$$

であることに注意せよ．

さらに，式 (12.9) は，

$$P(z) = \mathrm{i}\ln\left(1+\frac{z}{q_0}\right) = \mathrm{i}\ln\left(1-\frac{z}{\mathrm{i}z_0}\right) = \mathrm{i}\ln\sqrt{1+\left(\frac{z}{z_0}\right)^2} - \tan^{-1}\left(\frac{z}{z_0}\right) \tag{12.20}$$

と変形できる．

z 軸方向に進むガウスビームとそのパラメータを図 12.1(c) に示す．

以上の結果から，ガウスビームは，式 (12.3) と式 (12.5) を用いて，

$$\mathcal{E}(\boldsymbol{r}) = A_0\frac{1}{\sqrt{1+(\frac{z}{z_0})^2}}\exp\left[-\frac{x^2+y^2}{W^2(z)}\right]\exp\left[\mathrm{i}kz+\mathrm{i}\frac{k(x^2+y^2)}{2R(z)}-\mathrm{i}\zeta(z)\right] \tag{12.21}$$

と書くことができる．これが，ガウスビームの基本モードと呼ばれるものである．ただし，

$$\zeta(z) = \tan^{-1}\left(\frac{z}{z_0}\right) \tag{12.22}$$

この $\zeta(z)$ は，グイ (Guoy) 位相と呼ばれ，$z=-\infty$ で $-\pi/2$，$z=\infty$ で $\pi/2$ であり，$z=-z_0$ で $-\pi/4$，$z=z_0$ で $\pi/4$ である．つまり，$z=-\infty$ から ∞ まで進んだときの位相変化は π，ビームウエストの前後 ($z=\pm z_0$) で $\pi/2$ だけ変化する．平面波は伝搬するにつれて位相が kz ずつ変化するのに対して，ガウスビームの位相は，平面波の位相変化に加えて $\zeta(z)$ の位相変化が加わる．つまり位相速度が平面波と異なることを意味する．

高次モードのガウスビームとしては，ドーナツ形のビーム断面分布をもつものやピークが複数あるモードなどさまざまなモードがある．

12.3 薄肉レンズを透過したガウスビーム

図 12.2 に示すように，ガウスビームがレンズを透過する場合を考えよう．レンズの焦点距離を f'，レンズに入射する直前のビーム径と曲率半径をそれぞれ W，R，透

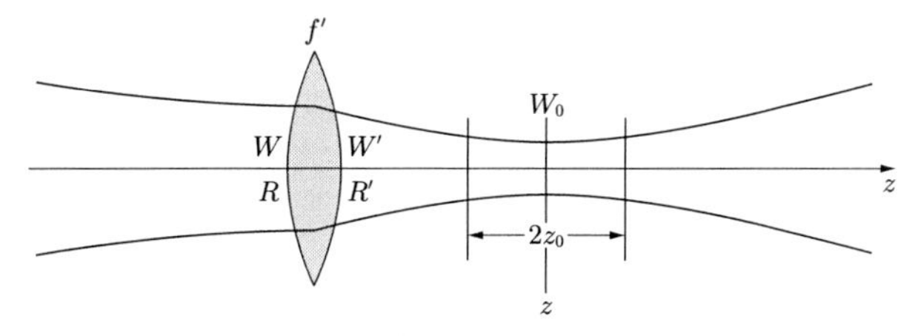

図 12.2 薄肉レンズを透過するガウスビームとそのパラメータ

過直後のビーム径と曲率半径を W', R' とする．レンズは薄肉であるので，$W = W'$ と考える．レンズを透過したときの光波の位相変化は，式 (6.33) より，

$$t(x,y) = \exp\left[-\mathrm{i}\frac{\pi}{\lambda f'}(x^2+y^2)\right] \tag{12.23}$$

であるので，レンズを透過する前のビームの位相は，式 (12.21) より，$\mathrm{i}kz + \mathrm{i}[k(x^2+y^2)]/[2R(z)] - \mathrm{i}\zeta(z)$ であるので，レンズを透過直後のビームの位相は，

$$\mathrm{i}kz + \mathrm{i}\frac{k(x^2+y^2)}{2R(z)} - \mathrm{i}\zeta(z) - \mathrm{i}\frac{\pi}{\lambda f'}(x^2+y^2) = \mathrm{i}kz + \mathrm{i}\frac{k(x^2+y^2)}{2R'(z)} - \mathrm{i}\zeta(z) \tag{12.24}$$

したがって，

$$\frac{1}{R} - \frac{1}{f'} = \frac{1}{R'} \tag{12.25}$$

が得られる．

レンズ入射直前のビームパラメータとレンズ透過直後のビームパラメータを，それぞれ，q, q' とし，各々のビーム径を W, W' とすると，式 (12.16) より，

$$\frac{1}{q} = \frac{1}{R} + \mathrm{i}\frac{\lambda}{\pi W^2} \tag{12.26}$$

$$\frac{1}{q'} = \frac{1}{R'} + \mathrm{i}\frac{\lambda}{\pi W'^2} \tag{12.27}$$

が得られる．$W = W'$ としてよいから，式 (12.25) も用いると，

$$\frac{1}{q'} = \frac{1}{q} - \frac{1}{f'} \tag{12.28}$$

の関係を導くことができる．

さらに，ビームウエスト位置でのビームパラメータを，q_W とし，レンズからビームウエスト位置までの距離を z とすると，式 (12.8) より，

$$q_W = q' + z \tag{12.29}$$

ここで，式 (12.16) より，

$$\frac{1}{q'} = \frac{1}{R'} + \mathrm{i}\frac{\lambda}{\pi W'^2} \tag{12.30}$$

また，ビームウエストにおける波面の曲率半径は ∞ であるので，

$$\frac{1}{q_W} = \mathrm{i}\frac{\lambda}{\pi W_0^2} \tag{12.31}$$

の関係がある．したがって，このときのビームウエストの位置は，

$$z = -\frac{R'}{1+(\lambda R'/\pi W'^2)^2} \tag{12.32}$$

ビームウエストの半径は，

$$W_0' = \frac{W'}{\sqrt{1+(\pi W'^2/\lambda R')^2}} \tag{12.33}$$

である．

12.4　ABCD 行列によるガウスビーム伝搬の記述

ここで，複素ビームパラメータ (12.16) を考えてみよう．薄肉レンズ透過前後のガウスビームの複素ビームパラメータをそれぞれ，図 12.3 に示すように，q_{F}，q_{B} とする．式 (12.25) を考え，レンズ透過後もガウスビームのビーム径 W は変化しないことから直ちに，

$$\frac{1}{q_{\mathrm{B}}} = \frac{1}{q_{\mathrm{F}}} - \frac{1}{f'} \tag{12.34}$$

が得られる．レンズの前方 d の位置の q パラメータを q，レンズ後方 d' の位置の q パラメータを q' とする．式 (12.8) の関係から，

$$q_{\mathrm{F}} = q + d \tag{12.35}$$

が得られ，式 (12.34) を使うと，

$$q_{\mathrm{B}} = \frac{f'(q+d)}{f'-q-d} \tag{12.36}$$

が得られる．さらに，

$$q' = q_{\mathrm{B}} + d' = \frac{f'q + f'd + f'd' - d'q - dd'}{f'-q-d} = \frac{q(1-d'/f') + (d+d'-dd'/f')}{-q/f' + (1-d/f')} \tag{12.37}$$

ここで，近軸近似における光線は，ABCD 行列で記述できることを思い出そう．薄肉レンズにおける光線の伝搬は，第 1 章の問題 22 から，次のような行列で記述できることがわかる．

$$\begin{pmatrix} A & B \\ C & D \end{pmatrix} = \begin{pmatrix} 1-d'/f' & d+d'-dd'/f' \\ -1/f' & 1-d/f' \end{pmatrix} \tag{12.38}$$

式 (12.37) と式 (12.38) を比較すると，

$$q' = \frac{Aq+B}{Cq+D} \tag{12.39}$$

であることがわかる．この ABCD 則は，近軸近似が成立している限り成立する．

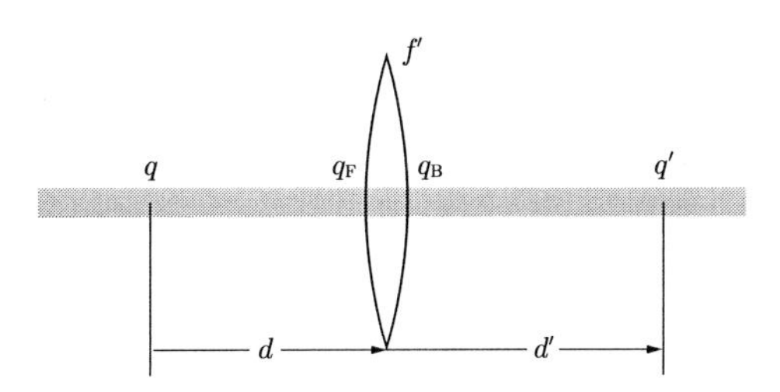

図 12.3　レンズ透過前後の q パラメータ

ガウスビームの自由空間伝搬は式 (12.8) より，$q_2 = q_1 + z$ であるので，

$$\begin{pmatrix} A & B \\ C & D \end{pmatrix} = \begin{pmatrix} 1 & z \\ 0 & 1 \end{pmatrix} \tag{12.40}$$

したがって，

$$q_2 = \frac{Aq_1 + B}{Cq_1 + D} = \frac{1 \cdot q_1 + z}{0 \cdot q_1 + 1} = q_1 + z \tag{12.41}$$

また，薄肉レンズの ABCD 行列は，式 (1.273) より，

$$\begin{pmatrix} A & B \\ C & D \end{pmatrix} = \begin{pmatrix} 1 & 0 \\ -1/f' & 1 \end{pmatrix} \tag{12.42}$$

したがって，

$$q_2 = \frac{Aq_1 + B}{Cq_1 + D} = \frac{1 \cdot q_1 + 0}{-q_1/f' + 1} = \frac{f' q_1}{-q_1 + f'} \tag{12.43}$$

が得られる．

問　　　題

1) ガウスビームに対して，2 点 z_1，z_2 におけるビーム径 $W(z_1)$，$W(z_2)$ の間には，

$$\frac{W(z_1)^2}{W(z_2)^2} = \frac{z_1^2 + z_0^2}{z_2^2 + z_0^2}$$

の関係があることを示せ．

2) 式 (12.32) と (12.33) を導け．

3) 図 12.4 に示すように，ガウスビームのビームウエスト (これを第 1 のビームウエストと呼ぶ) の位置に焦点距離 f のレンズを置いたとき，レンズの後方にできる新たなビームウエスト (これを第 2 のビームウエストと呼ぶ) までの距離 z を求めよ．ただし，第 1 と第 2 のビームウエストにおけるビーム径を W_1，W_2 とせよ．

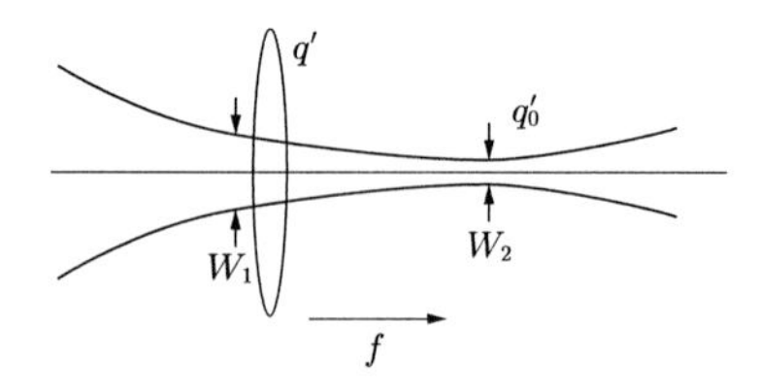

図 12.4　第 1 のビームウエストがレンズの位置にある場合のガウスビームの第 2 のビームウエスト位置

4) 図 12.5 に示すように，ガウスビームの第 1 のビームウエストがレンズの前側焦点の位置にあるとき，レンズを透過した後にできる第 2 のビームウエストの位置を求めよ．ただしレンズの焦点距離は f とせよ．また，ビームウエストの間にはどのような関係があるか．これから何がわかるか．

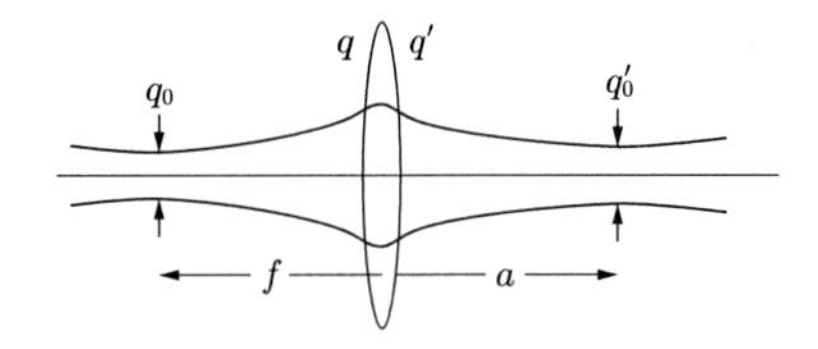

図 12.5　第 1 のビームウエストがレンズの前側焦点の位置にある場合のガウスビームの第 2 のビームウエスト位置

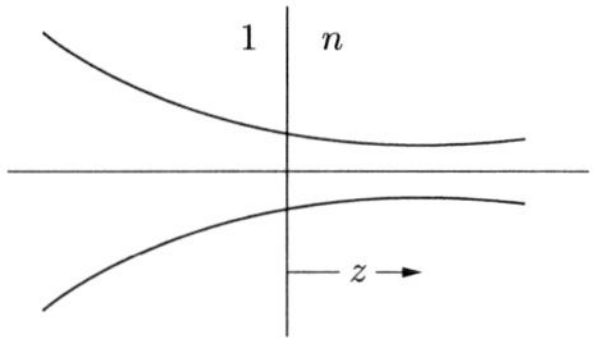

図 12.6　媒質の屈折率が 1 から n になった場合のガウスビームのビームウエスト位置と径

5) 図 12.6 に示すように，ガウスビームが z 軸方向に伝搬している．ビームウエスト位置より手前 z の位置から媒質の屈折率が 1 から n になった場合，このガウスビームのビームウエストの位置およびビームウエスト径はどのように変化するか．

6) 2 つの光学系作用を表す ABCD 行列

$$\mathbf{S_1} = \begin{pmatrix} A_1 & B_1 \\ C_1 & D_1 \end{pmatrix}, \qquad \mathbf{S_2} = \begin{pmatrix} A_2 & B_2 \\ C_2 & D_2 \end{pmatrix}$$

がある．第 1 の光学系作用前のビームパラメータを q_0，作用後のビームパラメータを q_1，第 2 光学系作用後のビームパラメータを q_2 としたとき，式 (12.39) を用いて，第 1 の作用を受けた後の q_1 から，第 2 の作用を受けた後の q_2 を求めた結果と，2 つの ABCD 行列の積 $\mathbf{S} = \mathbf{S_1 S_2}$ を用いて，q_0 から直接 q_2 を求めた結果は等しいことを示せ．

この結果から ABCD 行列則は，2 つの作用を連続して実行する場合でも成立することがわかる．この結果を一般化すると，この ABCD 則は複雑な光学系に対しても成立することがわかる．

13

測光と測色

ここでは，人間が光をどのように感じるかを考えよう．明るさや色について物理学的にどのように定義し，取り扱うかについて述べる．光のエネルギーや反射率・透過率などの物理学的に定義できる量を物理量といい，人間の感覚を考慮して定義された量は心理物理量といわれる．ここでは，この心理物理量を定義し，われわれの生活に深く関係する事象を検討する．光のエネルギーのみを対象にし，波動性による干渉等の現象は考えないことにする．

13.1 立体角

本題に入る前に，立体角の定義を復習しよう．角度 θ の定義は，図 13.1(a) に示すように，角の頂点を中心 O とした円弧を考え，円弧の長さを s，半径を r とすると，$\theta = s/r$ で定義される．単位はラディアン (radian) である．一方立体角 Ω は，図 13.1(b) に示すように，半径 r の球面を考え，球の部分面積 S が中心に張る立体角 Ω を $\Omega = S/r^2$ と定義するものである．したがって，球の表面全体に張る立体角は 4π，半球面に張る立体角は 2π である．立体角の単位はステラディアン (steradian, sr) である．ある平面 S 上にとられた微小面積 dS に対する立体角 dΩ は，微小面積上に立てた法線ベクトル $\boldsymbol{n}$ と角の頂点 O からの微小面積に至るベクトルとのなす角を θ と

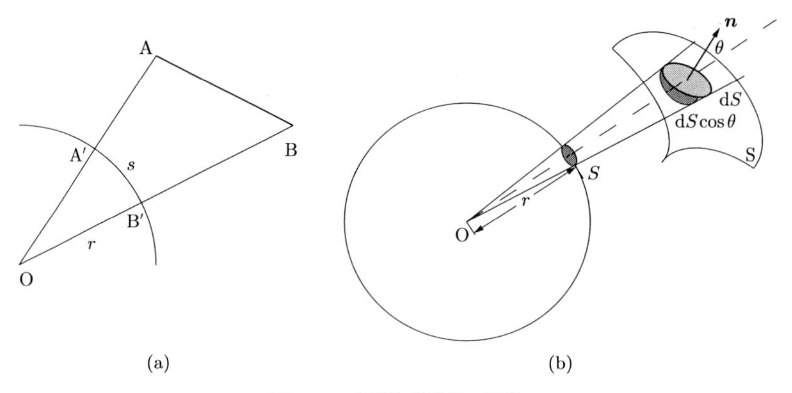

図 13.1　角度と立体角の定義

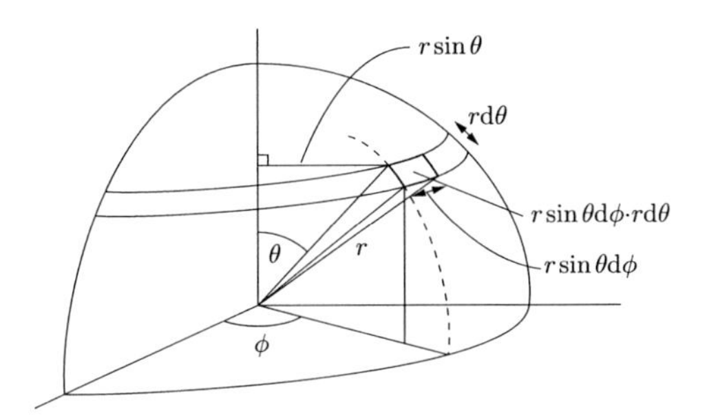

図 13.2 角 $\mathrm{d}\theta$ と $\mathrm{d}\phi$ がつくる微小面積に対する立体角

すると，

$$\mathrm{d}\Omega = \mathrm{d}S\cos\theta/r^2 \tag{13.1}$$

である．

また，図 13.2 に示すように，半径 r の球面上に張る角 $\mathrm{d}\theta$ と $\mathrm{d}\phi$ がつくる微小面積に対する立体角は，

$$\mathrm{d}\Omega = (r\sin\theta\,\mathrm{d}\phi)r\mathrm{d}\theta/r^2 = \sin\theta\,\mathrm{d}\theta\mathrm{d}\phi \tag{13.2}$$

である．

立体角を考える場合に，立体角を張る円錐の半頂角 α との関係を知っておくと便利なことがある．図 13.3 (a) の場合には，

$$\mathrm{d}\Omega = 4\pi\sin^2\left(\frac{\alpha}{2}\right) \tag{13.3}$$

の関係がある．立体角が小さい場合 (図 13.3 (b)) には，円錐底面の半径は $r\sin\alpha$ と近似できるので，底面積は $\pi r^2\sin^2\alpha$ となり，立体角は，

$$\mathrm{d}\Omega = \pi\sin^2\alpha \tag{13.4}$$

と近似できる．

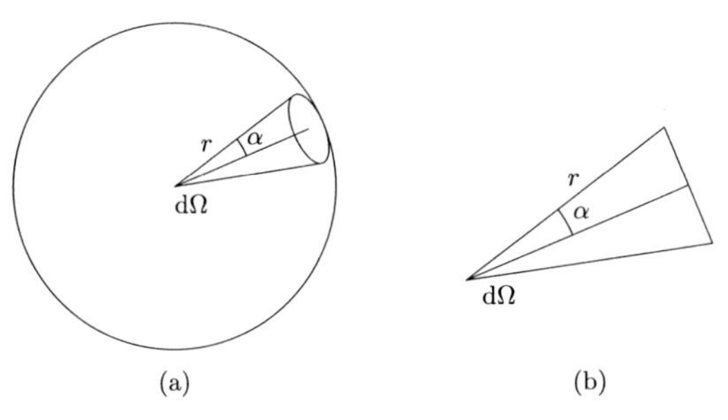

図 13.3 立体角 Ω と半頂角 α，(a) 立体角が大きい場合，(b) 立体角が微小な場合

13.2　放射量と測光量

光量を定義する方法に，純物理量で定義される放射 (radiometric) 量と明るさなど人間の感覚を考慮した測光 (photometric) 量がある．測光量は，人間の心理的効果を考慮して定義された物理量であるのでこれを心理物理量という．

13.2.1　放　射　束

光はエネルギーの流れとして伝搬するので，光源から発するエネルギーを考えよう．空間に光が放射されるとき，ある面積 S を単位時間内に通過するエネルギー Φ_{e} を放射束 (flux) という．また，$Q_{\mathrm{e}} = \Phi_{\mathrm{e}} t$ は放射エネルギーである．ただし，t は時間．放射束は光の波長の関数であり，波長 λ と $\lambda + \delta\lambda$ の間に含まれる放射束を分光放射束といい $\Phi_{\mathrm{e}}(\lambda)\mathrm{d}\lambda$ で表す．したがって，全波長に対する放射束は

$$\Phi_{\mathrm{e}} = \int \Phi_{\mathrm{e}}(\lambda)\mathrm{d}\lambda \tag{13.5}$$

である．

この放射束をもとに，放射強度，放射輝度や放射照度などが定義される．

これに対して測光量は，人間が感じる明るさをもとに定義された光量である．

13.2.2　視　感　度

人間は，光量として放射束を直接感じるわけではない．波長範囲は，可視の領域に限られるし，波長によって眼の感度が異なる．また，明るい場面と暗い場面によっても光量の感じ方が異なる．当然，個人差もあるので，客観的な光量を定めるため，各波長の光に対する眼の感度が国際的に定められている．これが比視感度 (spectral luminous efficiency) $V(\lambda)$ である (図 13.4)．

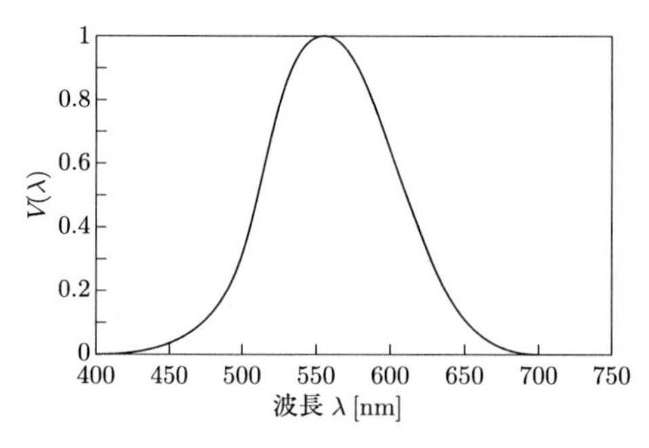

図 13.4　標準比視感度曲線

13.2.3 光　　束

与えられた放射束 $\Phi_e(\lambda)$ に対して眼が感じる光量は,

$$\Phi = K_m \int_0^{\infty} V(\lambda)\Phi_e(\lambda)d\lambda \tag{13.6}$$

で与えられる. これが, 光束 (luminous flux) である. 単位は, ルーメン (lumen, lm) である. ここで, 最大視感度 K_m は波長 555 nm の光に対して $K_m = 683$ lm W^{-1} と定められている *1).

この光束をもとに, 光度, 輝度や照度などが定義される. 光量 Q は $Q = \Phi t$ で定義される.

以下に述べる測光量と放射量の対比を表 13.1 と図 13.5 に示す.

表 13.1　放射量と測光量の定義

測光量 (photometric)				放射量 (radiometric)		
名称	記号	単位	定義	名称	記号	単位
光量 luminous energy	Q	lm s	$Q = \Phi t$ $Q_e = \Phi_e t$	放射エネルギー radiant energy	Q_e	J
光束 luminous flux	Φ	lm	$\Phi = K_m \int_0^{\infty} V(\lambda) \times \Phi_e(\lambda)d\lambda$ $\Phi_e = \int_0^{\infty} \Phi_e(\lambda)d\lambda$	放射束 flux	Φ_e	W
光度 (luminous) intensity	I	cd, lm sr^{-1} (candela)	$I = d\Phi/d\Omega$ $I_e = d\Phi_e/d\Omega$	放射強度 (radiant) intensity	I_e	W sr^{-1}
輝度 luminance	L	cd m^{-2} (nit)	$L = dI/(dS\cos\theta)$ $L_e = dI_e/(dS\cos\theta)$	放射輝度 radiance	L_e	W sr^{-1}m^{-2}
光束発散度 luminous exitance	M	lm m^{-2}	$M = d\Phi/dS$ $M_e = d\Phi_e/dS$	放射発散度 exitance	M_e	W m^{-2}
照度 illuminance	E	lx, lm m^{-2} (lux)	$E = d\Phi/dS'$ $E_e = d\Phi_e/dS'$	放射照度 incidance irradiance	E_e	W m^{-2}

*1) 眼が明るい状態に慣れた場合を明順応, 暗い状態に慣れた場合を暗順応という. ここで示した比視感度は明順応の場合で, 暗順応の場合には, 波長 507 nm の光に対して $K_m = 1700$ lm W^{-1} である.

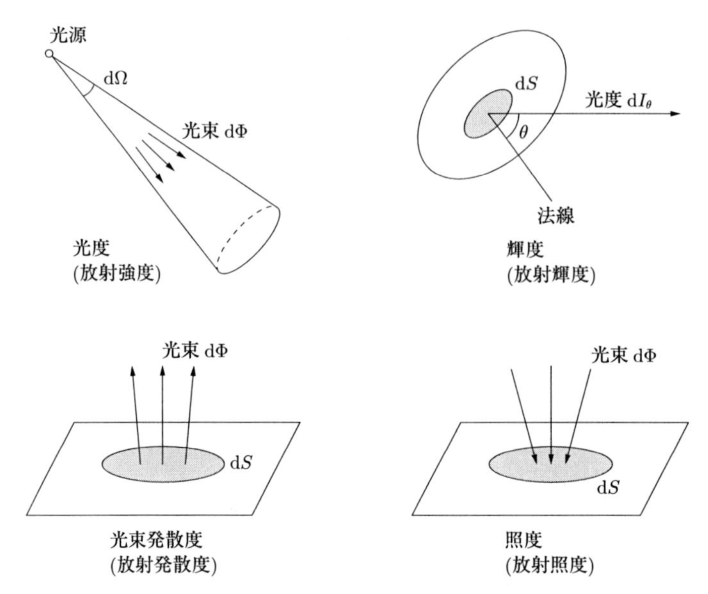

図 13.5 測光量と放射量の定義

13.3 光度，輝度，光束発散度

点光源から放出される光束の強さを表す量に，光度 (luminous intensity) がある (図 13.6)．その定義は，

$$I = \frac{\mathrm{d}\Phi}{\mathrm{d}\Omega} \tag{13.7}$$

であり，光度は立体角の軸の方向によって異なる値をとる．方向によらない場合には，立体角の中の光束は，

$$\Phi = I\Omega \tag{13.8}$$

で表すことができ，全空間に放出される光束は $4\pi I$ となる．光度の単位は，カンデラ (candela, cd) である．

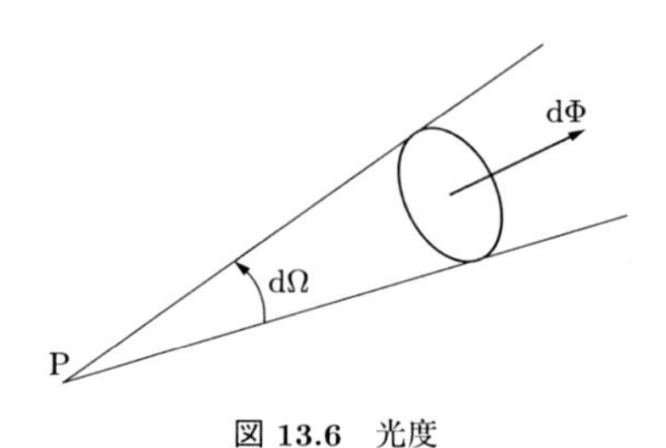

図 13.6 光度

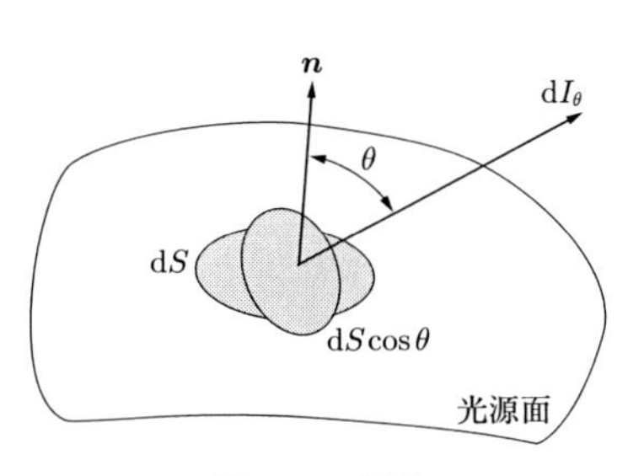

図 13.7　輝度

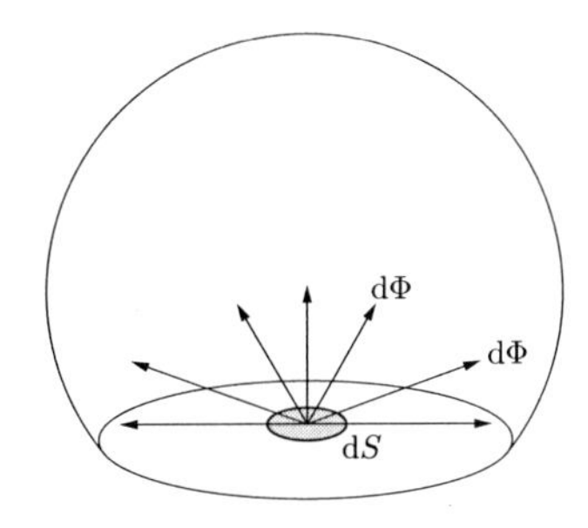

図 13.8　光束発散度

大きさのある光源に対しては，光束の強さを表す量として，輝度 (luminance) が定義される．図 13.7 に示すように，光源面上に微小面積 $\mathrm{d}S$ を考え，その微小面積に立てた法線 $\boldsymbol{n}$ から角度 θ の方向の光度を I_θ とすると，輝度は，

$$L = \frac{\mathrm{d}I_\theta}{\mathrm{d}S\cos\theta} \tag{13.9}$$

で与えられる．

面光源から半空間全体に放出される光束の強さを表すには，光束発散度 (luminous exitance) が用いられる．その定義は，

$$M = \frac{\mathrm{d}\Phi}{\mathrm{d}S} \tag{13.10}$$

である (図 13.8).

13.4 照　　　　度

今までは，光源面に関する量を考えてきたが，微小面積 $\mathrm{d}S$ の受光面に対する光量を考えよう．この微小面積の単位面積あたりに放射される光束は，

$$E = \frac{\mathrm{d}\Phi}{\mathrm{d}S} \tag{13.11}$$

で表され，これを照度 (illuminance) という．単位は，ルックス (lux) である．通常，光学装置で観測する光量は，照度もしくは放射照度であり，観測面上の場所的変化が測定される．

図 13.9 のように，点光源 P から光度 I の放射が微小面積 $\mathrm{d}S'$ を照明しているとする．P と微小面積 $\mathrm{d}S'$ を結ぶ直線と微小面積に立てた法線とのなす角を ϕ，その距離を r とすると，P から微小面積を望む立体角は，

$$\mathrm{d}\Omega = \frac{\mathrm{d}S'\cos\phi}{r^2} \tag{13.12}$$

微小面積に到達する光束は，

$$\mathrm{d}\Phi' = I\mathrm{d}\Omega \tag{13.13}$$

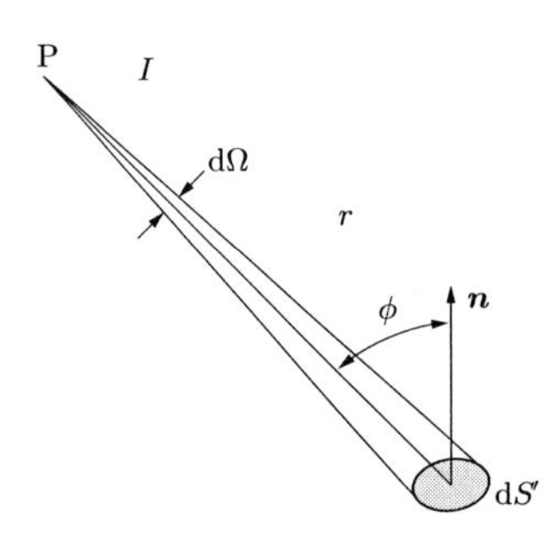

図 13.9 点光源に対する照度

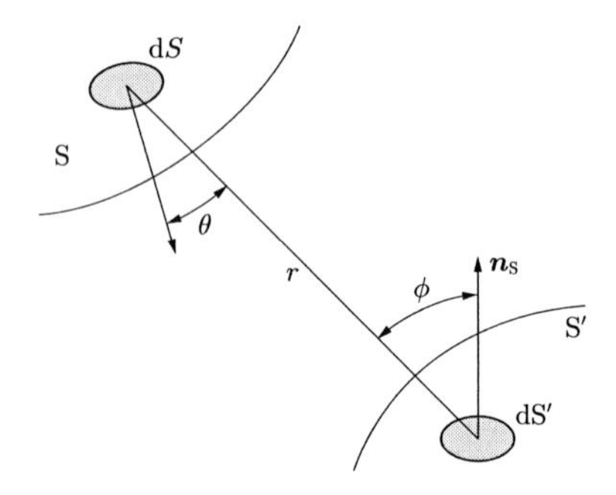

図 13.10 面光源に対する照度

であるので，照度は，

$$E' = \frac{I\cos\phi}{r^2} \tag{13.14}$$

となる．

一方，面光源 S の場合には，図 13.10 に示すように，微小面積 $\mathrm{d}S$ と $\mathrm{d}S'$ の距離を r，$\mathrm{d}S$ から $\mathrm{d}S'$ 方向の輝度を L，$\mathrm{d}S$ の法線と $\mathrm{d}S'$ 方向とのなす角を θ すると，光源の光度は

$$\mathrm{d}I = L\cos\theta\mathrm{d}S \tag{13.15}$$

光束は，$\mathrm{d}S'$ の法線と $\mathrm{d}S$ 方向とのなす角を ϕ とすると，

$$\mathrm{d}\Phi = L\cos\theta\,\mathrm{d}S\mathrm{d}\Omega = L\cos\theta\cos\phi\,\mathrm{d}S\mathrm{d}S'/r^2 = L\cos\phi\,\mathrm{d}S'\mathrm{d}\Omega' = \mathrm{d}\Phi' \tag{13.16}$$

となる．ただし，$\mathrm{d}\Omega'$ は微小面積 $\mathrm{d}S'$ から微小面積 $\mathrm{d}S$ を見込む立体角で，$\mathrm{d}\Omega' = \mathrm{d}S\cos\theta/r^2$ である．また，$\mathrm{d}\Phi'$ は，微小面積 $\mathrm{d}S'$ に到達する光束である．

したがって，微小面積 $\mathrm{d}S$ の面光源による，面 $\mathrm{d}S'$ における照度 $\mathrm{d}E'$ は，

$$\mathrm{d}E' = \frac{\mathrm{d}\Phi}{\mathrm{d}S'} = L\frac{\cos\theta\cos\phi}{r^2}\mathrm{d}S \tag{13.17}$$

である．また，

$$\mathrm{d}E' = L\cos\phi\mathrm{d}\Omega' \tag{13.18}$$

とも書ける．すなわち，面 $\mathrm{d}S'$ における照度 $\mathrm{d}E'$ は，この面に輝度 L の光源があり，立体角 Ω' で放出される光束がつくる微小面積 $\mathrm{d}S$ における照度に等しい．

13.5 完全拡散性の面光源

面光源の輝度 L は面の垂線からの方向 θ に依存する．いま，θ 方向の光度 $\mathrm{d}I_\theta$ が法線方向の光度 $\mathrm{d}I_{\mathrm{n}}$ によって，

$$\mathrm{d}I_\theta = \mathrm{d}I_{\mathrm{n}}\cos\theta \tag{13.19}$$

で与えられるとき，光源面は完全拡散面光源であるといい，式 (13.19) の関係を，ラ

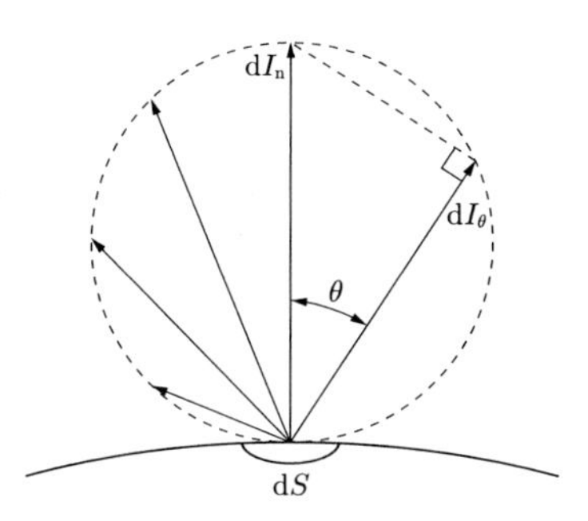

図 13.11　完全拡散面光源における微小面積 $\mathrm{d}S$ の θ 方向の光度 I_θ

ンバートの余弦則 (Lambert's cosine law) という．図 13.11 に示すように完全拡散性の光源面では $\mathrm{d}I_\theta$ の先端は球面を描く．ここで，θ 方向の輝度は，

$$L_\theta = \frac{\mathrm{d}I_\theta}{\mathrm{d}S\cos\theta} = \frac{\mathrm{d}I_\mathrm{n}}{\mathrm{d}S} = L_\mathrm{n} \tag{13.20}$$

となり一定である．完全拡散性の光源の微小面積からの輝度はどの方向から見ても一定である．

反射率が 1.0 の反射面がランバートの余弦則に従うとき，この面は完全拡散反射面であるという．次に，完全拡散性の微小面積 $\mathrm{d}S$ から放出される光束を考えよう．図 13.2 を使って，θ，ϕ 方向の光度は $L\cos\theta\mathrm{d}S$，また立体角は式 (13.2) で与えられるので，半頂角 α の円錐内に放射される光束は，

$$\mathrm{d}\Phi_\alpha = \iint L\cos\theta\mathrm{d}S\mathrm{d}\Omega = \int_0^{2\pi}\int_0^{\alpha}(L\cos\theta\mathrm{d}S)\sin\theta\mathrm{d}\theta\mathrm{d}\phi = \pi L\sin^2\alpha\,\mathrm{d}S \tag{13.21}$$

となる．照度は

$$\mathrm{d}E = \frac{\mathrm{d}\Phi}{\mathrm{d}S} = \pi L\sin^2\alpha \tag{13.22}$$

である．

光束発散度は，半空間全体に放出される光束なので，$\alpha = \pi/2$ として，

$$M = \frac{\mathrm{d}\Phi}{\mathrm{d}S} = \pi L \tag{13.23}$$

が得られる．ここで注意しなければならないのは，半空間の立体角は 2π ではあるが完全拡散性の光源面の光束発散度は $M = 2\pi L$ ではないことである．

13.6　コサイン 4 乗則

図 13.10 で，光源面 S と受光面 S′ が互いに平行で，両面の距離が d であるとき，$\theta = \phi$，$r = d/\cos\theta$ であるので，式 (13.16) より，

$$\mathrm{d}\Phi = \frac{L\cos^4\theta}{d^2}\mathrm{d}S\mathrm{d}S' \tag{13.24}$$

光学系の入射瞳を $\mathrm{d}S'$ とすれば，光学系に入る光束は $\cos^4\theta$ に比例することがわかる．これは，光学系の周辺視野の明るさは周辺にいくに従って $\cos^4\theta$ に従って減衰することを意味する．これをコサイン 4 乗則 (cosine-to-the-fourth law) という．

13.7　光学系の明るさ

図 13.12 に示すように，微小面積 $\mathrm{d}S$ の物体があり，光学系で結像された微小面積 $\mathrm{d}S'$ の像が得られているとする．いま，物体が完全拡散性の光源面であるとみなせるとすると，光学系の入射瞳面における光束 Φ は，式 (13.21) で与えられる．ただしこの場合には，α は，光軸と瞳の最外径とのなす角である．また，同様にして，射出瞳における光束 Φ' は，像の輝度を L' として，

$$\mathrm{d}\Phi' = \pi L' \sin^2\alpha' \mathrm{d}S' \tag{13.25}$$

光学系で損失がない場合には，

$$\pi L \sin^2\alpha \mathrm{d}S = \pi L' \sin^2\alpha' \mathrm{d}S' \tag{13.26}$$

である．この光学系の横倍率 (1.87) を β とすると，

$$\frac{\mathrm{d}S'}{\mathrm{d}S} = \beta^2 \tag{13.27}$$

さらに，光学系が正弦条件 (1.173) を満足していたとすると，

$$\frac{n\sin\alpha}{n'\sin\alpha'} = \beta \tag{13.28}$$

これらを式 (13.26) に代入すると，

$$\frac{L}{n^2} = \frac{L'}{n'^2} \tag{13.29}$$

が得られ，光学系で不変な量である．L/n^2 は，基本 (放射) 輝度 (basic radiance) と呼ばれる．通常，物体の像も空気中にあるから，$n = n'$ であるので，互いに結像関係にある物体と像の輝度は不変である．これを輝度不変の法則という．

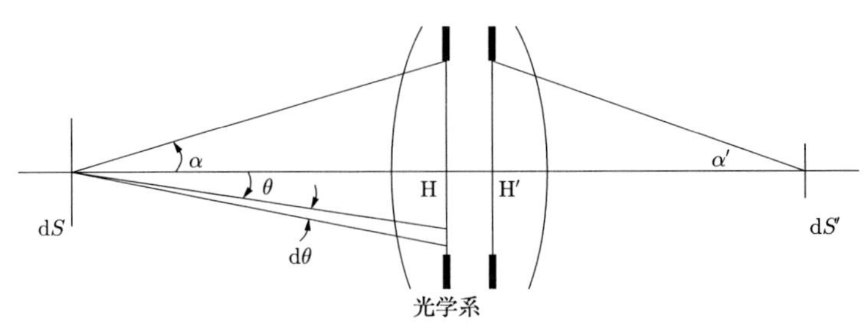

図 13.12　結像系における輝度

13.8 エタンデュ

再び図 13.12 を考えよう．物体が完全拡散性の光源面であるとみなせるとすると，光学系の入射瞳に入射する全光束 Φ は，式 (13.21) より，

$$\Phi = \iint L\cos\theta\,\mathrm{d}S\mathrm{d}\Omega = L\iint \cos\theta\,\mathrm{d}S\mathrm{d}\Omega \tag{13.30}$$

この式は，

$$\Phi = \frac{L}{n^2}\xi \tag{13.31}$$

と書ける．ただし，

$$\xi = n^2\iint \cos\theta\,\mathrm{d}S\mathrm{d}\Omega \tag{13.32}$$

ξ は，エタンデュ (étendue) と呼ばれる [*2]．この量は光学系の幾何光学的な量 (屈折率や焦点距離など) のみで決まり，光学系が光束をどの程度取り込めるかの指標である．

式 (13.29) により，L/n^2 が不変であると，光学系を通過する全光束が不変なら (光学系でケラレがなく，吸収もないとする)，エタンデュ ξ も不変である．

光源の大きさ A が小さく，光学系の射出瞳に張る立体角 Ω が光源の場所によらず一定とみなせる場合には，

$$\xi = n^2\iint \cos\theta\,\mathrm{d}S\mathrm{d}\Omega = n^2A\int \cos\theta\,\mathrm{d}\Omega = n^2A\Omega \tag{13.33}$$

一般に，光学系の入射瞳に張る半頂角を α とすると，

$$\xi = n^2A\int_0^{2\pi}\int_0^{\alpha}\cos\theta\sin\theta\,\mathrm{d}\theta\mathrm{d}\phi = n^2\pi A\sin^2\alpha \tag{13.34}$$

となる．ここで，開口数 NA (1.236) を使うと，

$$\xi = \pi A(NA)^2 \tag{13.35}$$

が得られる．

13.9 測　　色

視覚情報の中でも，色彩に関する情報は，私達にうるおいを与えてくれる．緑の草原や，真っ青な大海原，夜空に開く花火の美しさ．光のスペクトル分布に関する心理物理量が色であり，厳密な定義がなされている．測定されたスペクトル分布から色を評価することを測色 (colorimetry) という．

[*2] フランス語の étendue géométrique からきている．幾何学的な範囲 (extent) を意味する．スループット (throughput) とも呼ばれる．

人間の眼には，3 種類の視物質が存在し，異なるスペクトル分布の光に対して興奮する．3 つの基本的な色 (赤 [R]，緑 [G]，青 [B]) はこの事実の裏付けとしてあり，この三原色 (primary color) の混ぜ合わせによってすべての色と等しい色覚が得られるとされる．

色の混合には，RGB の 3 色に対応するスペクトル分布の光を重ね合わせて混合する，加法混色 (additive color mixing) と分光透過率が異なる 3 種類のフィルターを用いて選択的にスペクトル光量を減らして混色する減法混色 (subtractive color mixing) がある．減法混色には，シアン [C]，マゼンタ [M]，黄色 [Y] の 3 色が用いられる．

ここでは，以下，加法混色の場合を取り扱うことにする．

加法混色で用いられる 3 色の光は，波長が 700 nm[R]，546.1 nm[G]，435.8 nm[B] の単色光が用いられる [*3]．これを原刺激 (primary stimulus) という．任意の光の色 C[C] は，

$$C[\mathrm{C}] \equiv R[\mathrm{R}] + G[\mathrm{G}] + B[\mathrm{B}] \tag{13.36}$$

のように 3 原刺激の混色で実現できる．これを等色 (color matching) という．式 (13.36) を等色式という．3 つの独立な原色の加法混色によりすべての色が再現できることを，三色性の原理 (trichromacy) という．この加法混色に関する経験則をグラスマンの第 1 法則という．分光スペクトルの異なる光でも，同じ色と感じられることがある．色が同じ光なら，測色学ではスペクトルの区別は考える必要はない．

ここで，式 (13.36) の $\equiv$ は数学的な $=$ とは異なることに注意せよ．R[R] は，[R] という色が R だけの大きさであることを示す．したがって，R はスカラー量である．式 (13.36) は，[R]，[G]，[B] という色が R，G，B の割合で加色したとき，[C] という色に等色できることを意味している．

13.9.1 RGB 表色系

三原色 [R]，[G]，[B] の大きさ R，G，B は輝度の単位で測定される．したがって，(R, G, B) によって色を表示できる．これを RGB 表色系という．ある波長 λ_i の光の色が

$$C_i[\lambda_i] \equiv R_i[\mathrm{R}] + G_i[\mathrm{G}] + B_i[\mathrm{B}] \tag{13.37}$$

のように等色されたとする．分光スペクトル分布をもつ光に関しては，

$$C[\mathrm{C}] \equiv \sum_i C_i[\lambda_\mathrm{i}] \equiv \sum_i R_i[\mathrm{R}] + \sum_i G_i[\mathrm{G}] + \sum_i B_i[\mathrm{B}] \tag{13.38}$$

が成立する．これは，各単色に対して R_i，G_i，B_i を求めてこれを波長に対して積分することを意味している．しかし，分光スペクトル $L(\lambda)$ が未知の光に対する色を決定するには，この方法は甚だ煩雑である．実際には，エネルギーの等しい各単色に対

---

*3) 国際照明委員会 (CIE, Commision Internationale de l'Eclairage) の規定による．

して R_i，G_i，B_i を求めて，これを関数の形で等色関数 $\overline{r}(\lambda)$，$\overline{g}(\lambda)$，$\overline{b}(\lambda)$ として，

$$C[\mathrm{C}] \equiv \int \overline{r}(\lambda)L(\lambda)\mathrm{d}\lambda + \int \overline{g}(\lambda)L(\lambda)\mathrm{d}\lambda + \int \overline{b}(\lambda)L(\lambda)\mathrm{d}\lambda \tag{13.39}$$

を求める．しかしこの RGB 表色系では，すべての色を表現する場合に，(R, G, B) に負の値をもつ成分ができることがある．

13.9.2 XYZ 表色系

RGB 表色系では (R, G, B) に負の値をもつ成分ができることがある．これを避けるため，XYZ 表色系が定められた．ここでは，

$$C[\mathrm{C}] \equiv X[\mathrm{X}] + Y[\mathrm{Y}] + Z[\mathrm{Z}] \tag{13.40}$$

のように，別途 XYZ の 3 原刺激を決める．これに対応する等色関数 $\overline{x}(\lambda)$，$\overline{y}(\lambda)$，$\overline{z}(\lambda)$ を図 13.13 に示す．分光放射束 $\Phi_{\mathrm{e}}(\lambda)$ が与えられると，原刺激は，

$$X = K_{\mathrm{m}} \int \overline{x}(\lambda)\Phi_{\mathrm{e}}(\lambda)\mathrm{d}\lambda, \quad Y = K_{\mathrm{m}} \int \overline{y}(\lambda)\Phi_{\mathrm{e}}(\lambda)\mathrm{d}\lambda, \quad Z = K_{\mathrm{m}} \int \overline{z}(\lambda)\Phi_{\mathrm{e}}(\lambda)\mathrm{d}\lambda \tag{13.41}$$

$\overline{y}(\lambda)$ は，図 13.4 の標準比視感度 $V(\lambda)$ と等しく定義されている．このため，Y の値が，人間が感じる明るさ (明度) に対応する．

3 原刺激の相対値を

$$x = \frac{X}{X+Y+Z}, \qquad y = \frac{Y}{X+Y+Z}, \qquad z = \frac{Z}{X+Y+Z} \tag{13.42}$$

で定義する．これを色度座標という．ここで，

$$x + y + z = 1 \tag{13.43}$$

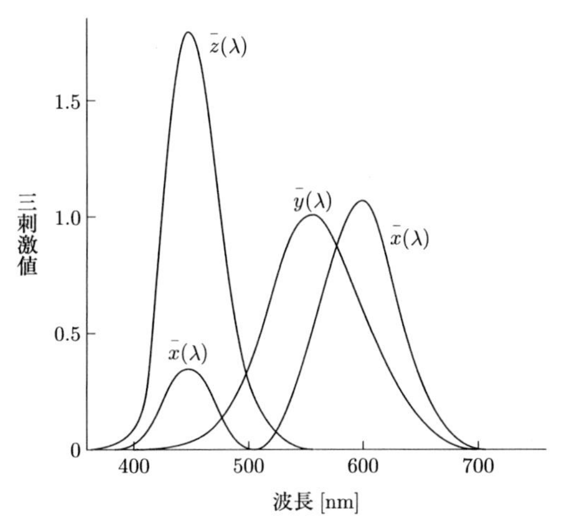

図 **13.13**　CIE 1931 等色関数

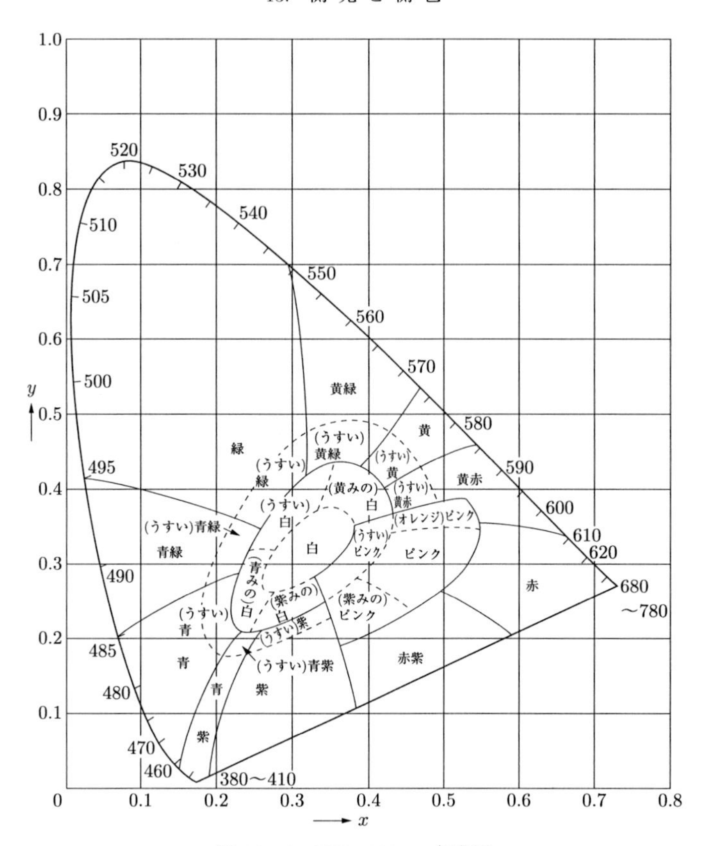

図 **13.14**　CIE 1931 xy 色度図

の関係があるので，3 原刺激の相対値は，2 つの変数 x と y で表すことができる．CIE の xy 色度図 13.14 は x，y を直交座標系に表示したものである．単色の色度座標を描くと馬蹄形になる．馬蹄形の外周部に単色光の色が軌跡として並ぶ．これを単色光軌跡またはスペクトル軌跡と呼ぶ．短波長端と長波長端を結んだ直線は単波長軌跡ではない．この直線を純紫軌跡と呼ぶ．この単色光軌跡と純紫軌跡内部に実在する色の座標がある．分光放射束 $\Phi_e(\lambda)$ が一定の色を白色という．このとき，原刺激は $X = Y = Z$ であるので，白色の色度座標は $x = y = z = 1/3$ である．色度図上に白色を W 点として表示すると図 13.15 になる．

次に，W 点から色度図上のある点 C_C を通りそれが単色光軌跡と交わる点を λ_C とする．これを等色式で表すと，

$$C_C[\mathrm{C_C}] \equiv C_{\lambda_C}[\lambda_\mathrm{C}] + C_W[\mathrm{W}] \tag{13.44}$$

である．つまり，色 C は単色光 λ_C と白色 W を適当量加え合わせたものであること

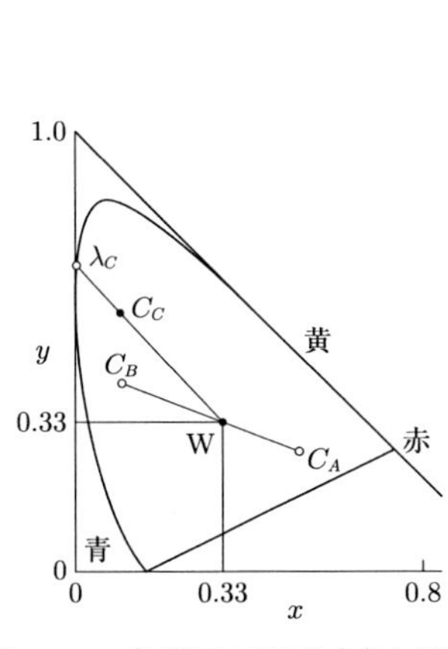

図 13.15　色度図における白色と補色

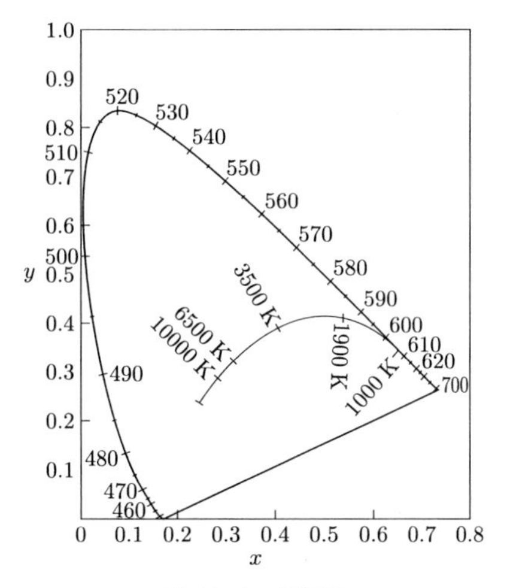

図 13.16　色温度

がわかる．波長 λ_C は色 C の主波長と呼ばれる．また，白色点 W を中心として，その両側にある色 $\mathrm{C_A}$ と色 $\mathrm{C_B}$ は両者を加えると白色になるとする．つまり，適当に刺激和を選べば，

$$C_W[\mathrm{W}] \equiv C_A[\mathrm{C_A}] + C_B[\mathrm{C_B}] \tag{13.45}$$

とできるとする．このとき，2 つの色は互いに補色の関係にあるという．

主波長を求めるとき，W 点から色 C の色度座標点に直線を伸ばしても単色光軌跡と交わらない場合には，これを逆に延長して純紫軌跡との交点を求める．この点の色を補色主波長という．

xy 色度図では，X，Y，Z の絶対値を使わずにその相対値のみで色を表していることに注意せよ．色の見え方は，その明るさによって大きく異なる場合がある．しかし，XYZ 表色系でも輝度が考慮されている．Y の値から輝度が求められるからである．したがって，x，y，Y の値から色の情報は完全に決まる．

13.9.3　色　温　度

黒体から放射される光は，その温度が決まるとプランクの式 (8.32) に従ってスペクトル分布が決まるので，式 (13.41) から XYZ 表色系の刺激値が求まり，これを図 13.16 のように色度図上に表示することができる．黒体の温度が高くなると，赤から白に変化していくことがわかる．色度図上で，この黒体の色度に近い色を黒体の温度で表すことがある．これを色温度 (color temperature) という．太陽光の色温度は 5000 K から 6000 K，夕焼けの色は約 2000 K である．

問　　題

1) 式 (13.3) を証明せよ.
2) 図 13.10 において，面光源 S 全体による照度を求めよ．また，面光源 S 全体から，面 S′ 全体に放射される全光束を求めよ.
3) 60 W の電球は約 60 lm sr^{-1} または 60 cd (カンデラ) の光度をもつ．この電球を点光源と考え，電球から 2 m の距離で 10 cm 角の領域に張る立体角中に出力される光束 (Φ) を求めよ.
4) 20 cm 角の面光源があり，その輝度は $L = 5 \times 10^4$ nit [lm m^{-2} sr^{-1}] であった．面積が 1 mm^2 の検出器で面光源から 1 m の位置で光量を測定した．このとき検出される光束 (Φ) および検出面における照度 (E) を求めよ.
5) 半径 R の円形テーブルがある．テーブルの中心から上方で高さ h の位置に点光源がある．このとき，どの高さに点光源を置くとテーブルの外周部での照度が最大になるか.
6) 太陽から地球に降り注ぐエネルギーは，単位面積に垂直に入射するエネルギー $E = 1.366$ kW m^{-2} (これを太陽定数という) で評価される．地球から太陽を見込む角度は $\alpha = 0.25°$ もしくは $\alpha = 0.004$ rad であるとして，太陽の輝度 (放射輝度) を求めよ.
7) 図 13.17 に示すように，長さ B の蛍光灯がある．蛍光灯の中心に立てた垂線上で蛍光灯から R の距離に置いた受光器に到達する光束と受光面における照度を求めよ．ただし，蛍光灯の輝度は L，蛍光灯の幅を C，受光器の受光面積を $\mathrm{d}A'$ とせよ.

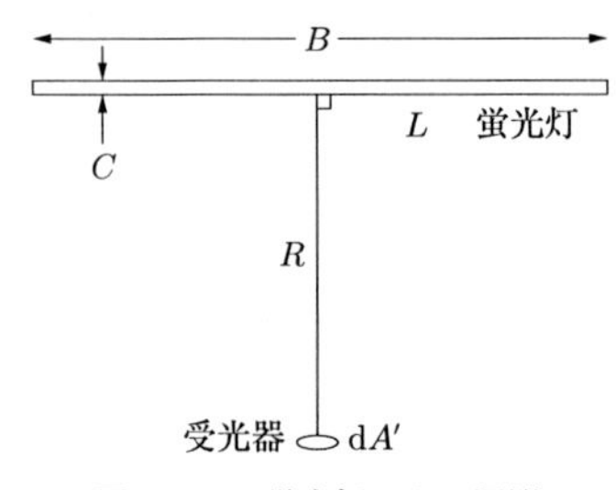

図 13.17　蛍光灯による照明

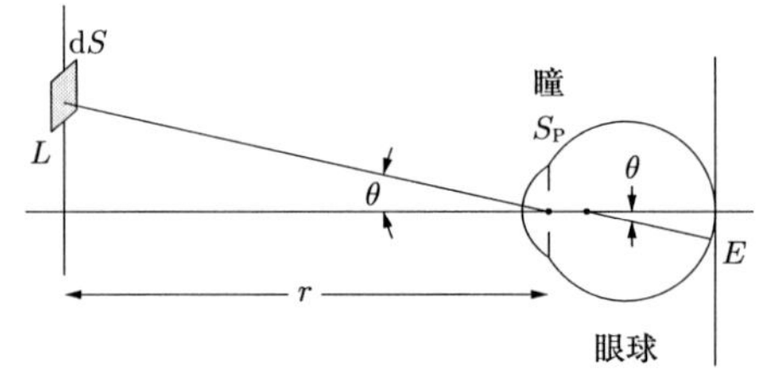

図 13.18　網膜上の照度

8) 輝度 L をもつ完全拡散性の円盤状の光源がある．この光源の中心 O に立てた垂線上にある点 P における照度はいくらか．ただし，円盤の半径を R，光源面から点 P までの距離を l とせよ.
9) 図 13.18 に示すように，観測者の眼の前方 r の位置に輝度が L で広がりのある面光源がある．このとき，光源の微小面積 $\mathrm{d}S$ による網膜上の照度 E を求めよ.

ただし，面光源は視線に垂直であるとする．光軸と微小面積 $\mathrm{d}S$ のなす角を θ，瞳の面積を S_{P} とせよ．

10) 太陽光を口径が $D = 5$ cm，焦点距離が $f = 20$ cm の薄肉レンズで，白い紙の上に集めた．集めた太陽光の照度は，レンズを用いない場合の何倍になるか．ただし，太陽の輝度を L，太陽の半径は $r_{\mathrm{S}} = 6.96 \times 10^5$ km，地球から太陽までの距離は $l = 1.50 \times 10^8$ km とせよ．

11) 図 13.19 に示すように屈折率が n と n' の媒質が接している．このとき，境界面上の微小領域 $\mathrm{d}S$ の両面でエタンデュが保存されることを示せ．

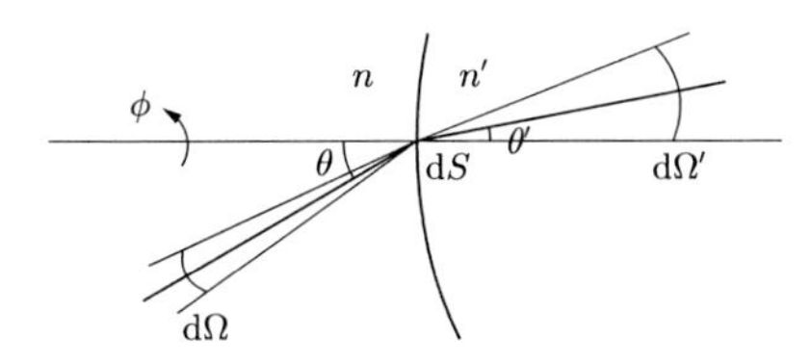

図 13.19　屈折面におけるエタンデュ

12) 原刺激が，$X = 40$，$Y = 60$，$Z = 20$ である場合の色度座標 (x, y) を求めよ．

13) xy 色度図上で (x_C, y_C) の座標をもつ色の補色に対する色度座標を求めよ．

14) 2 つの色 A，B の色度図座標が (x_a, y_a)，(x_b, y_b) であるとき，両色を $a : b$ の割合で混色したときに得られる色 F は，色度図上で (x_a, y_a)，(x_b, y_b) を通る直線上にあることを示せ．

15) シャボン玉の色は膜の反射率 R に無関係で，どこから見ても鮮明であることを示せ．ここで，反射光の強度は薄膜における多光束干渉の反射光強度の式 (4.61) を用いよ．

16) 3 色 R，G，B の混色で得られる色 F は，もし，明度一定で R，G の混色比を変えると，色 F の色度図上の軌跡はある固定色点 P を通る直線になることを示せ．

付　　　録

A　球面の屈折　フェルマの原理による

再び，球面における屈折の図 A.1 を考えよう．物点 P を出た光線が，球面境界の上の点 Q で屈折し，基準軸上の点 P′ に像を結ぶとき，光学的光路長 L は，

$$L = nl + n'l' \tag{A.1}$$

ただし，

$$l = -\overline{\mathrm{QP}} = \sqrt{r^2 + (r-s)^2 - 2r(r-s)\cos\psi} \tag{A.2}$$

$$l' = \overline{\mathrm{QP'}} = \sqrt{r^2 + (s'-r)^2 + 2r(s'-r)\cos\psi} \tag{A.3}$$

ここで，角度 ψ は基準軸と QC のなす角で，屈折点 Q の位置を表す変数として使われる．フェルマの原理によれば，$\mathrm{d}L/\mathrm{d}\psi = 0$ のとき，最小の光路長が決まるので，

$$\frac{nr(r-s)\sin\psi}{2l} - \frac{n'r(s'-r)\sin\psi}{2l'} = 0 \tag{A.4}$$

したがって，

$$\frac{n(r-s)}{l} = \frac{n'(s'-r)}{l'} \tag{A.5}$$

よって，

$$\frac{n}{l} + \frac{n'}{l'} = \left(\frac{n's'}{l'} + \frac{ns}{l}\right)\frac{1}{r} \tag{A.6}$$

ここで，近軸近似を使って，$l \approx -s$，$l' \approx s'$ とすると，

$$-\frac{n}{s} + \frac{n'}{s'} = \frac{n'-n}{r} \tag{A.7}$$

となり，近軸領域に関する球面の結像式 (1.68) が得られる．

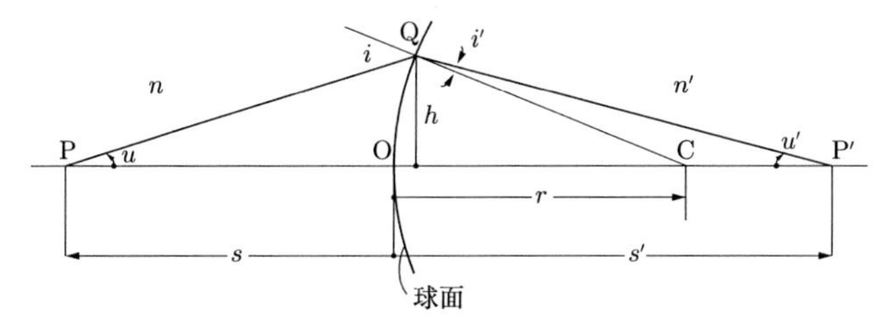

図 **A.1**　球面における屈折

ここで，次に，近似の精度を 2 次まで上げて，$\sin\psi \approx \psi$，$\cos\psi \approx 1-\psi^2/2$，$\tan\psi \approx \psi$ と近似することにしよう．このとき，

$$l \approx \sqrt{r^2+(r-s)^2-2r(r-s)\left[1-\frac{1}{2}\left(\frac{h}{r}\right)^2\right]} = \sqrt{s^2+\frac{r-s}{r}h^2} \tag{A.8}$$

ただし，$\psi \approx h/r$ とした．h は，点 Q の高さで，基準軸から点 Q までの長さである．したがって，

$$\frac{1}{l} \approx \frac{1}{s}-\frac{1}{2}\frac{r-s}{rs^3}h^2 \tag{A.9}$$

同様に，

$$\frac{1}{l'} \approx \frac{1}{s'}+\frac{1}{2}\frac{s'-r}{rs'^3}h^2 \tag{A.10}$$

これらを，式 (A.5) に代入すると，

$$-\frac{n(r-s)}{s}\left[1-\frac{(r-s)}{2rs^2}h^2\right] = \frac{n'(s'-r)}{s'}\left[1+\frac{(s'-r)}{2rs'^2}h^2\right] \tag{A.11}$$

$$-\frac{n}{s}+\frac{n'}{s'} = \frac{(n'-n)}{r}-\frac{1}{2r^2}\left[\frac{n(r-s)^2}{s^3}-\frac{n'(s'-r)^2}{s'^3}\right]h^2 \tag{A.12}$$

さらに，近軸の結像式 (A.7) を用いると，

$$-\frac{n}{s}+\frac{n'}{s'} = \frac{(n'-n)}{r}+\left(\frac{1}{s}-\frac{1}{r}\right)\left(\frac{1}{s'}-\frac{1}{r}\right)\left(\frac{n}{s'}-\frac{n'}{s}\right)\frac{h^2}{2} \tag{A.13}$$

像の位置は，球面に入射する光線の高さ h に依存する．これが球面収差の原因である．

B　薄肉レンズの球面収差

近似を 2 次まで上げた結像式は式 (A.13) より，

$$-\frac{n}{s}+\frac{n'}{s'} = \frac{(n'-n)}{r}+\left(\frac{1}{s}-\frac{1}{r}\right)\left(\frac{1}{s'}-\frac{1}{r}\right)\left(\frac{n}{s'}-\frac{n'}{s}\right)\frac{h^2}{2} \tag{B.1}$$

であった．近軸の結像式 (A.7) から，

$$\frac{1}{s'} = \frac{n'-n}{n'r}+\frac{n}{n's} \tag{B.2}$$

を用いると，

$$-\frac{n}{s}+\frac{n'}{s'} = \frac{(n'-n)}{r}+\frac{n(n'-n)}{n'^2}\left(\frac{1}{s}-\frac{1}{r}\right)^2\left(\frac{n}{r}-\frac{n'+n}{s}\right)\frac{h^2}{2} \tag{B.3}$$

が得られる．

次に，この式を薄肉レンズの場合に適用しよう．曲率半径 r_1 の第 1 面に対しては，式 (B.3) が適用できる．像点までの距離を s'_1 として，レンズの屈折率を n とすると，

$$-\frac{1}{s}+\frac{n}{s'_1} = \frac{(n-1)}{r_1}+\frac{n-1}{n^2}\left(\frac{1}{s}-\frac{1}{r_1}\right)^2\left(\frac{1}{r_1}-\frac{n+1}{s}\right)\frac{h^2}{2} \tag{B.4}$$

曲率半径 r_2 の第 2 の曲面に対しては，光の進行方向を逆にたどることにして，再

び式 (B.3) を適用すると,

$$-\frac{1}{s'}+\frac{n}{s'_1}=\frac{n-1}{r_2}+\frac{n-1}{n^2}\Big(\frac{1}{s'}-\frac{1}{r_2}\Big)^2\Big(\frac{1}{r_2}-\frac{n+1}{s'}\Big)\frac{h^2}{2} \tag{B.5}$$

ここで, s' に対する近似式 (1.99),

$$\frac{1}{s'}=\frac{1}{s}+(n-1)\Big(\frac{1}{r_1}-\frac{1}{r_2}\Big) \tag{B.6}$$

を代入し, 式 (B.4) を使うと,

$$\begin{aligned}-\frac{1}{s}+\frac{1}{s'}=(n-1)\Big(\frac{1}{r_1}-\frac{1}{r_2}\Big)+\frac{n-1}{n^2}\Big[\Big(\frac{1}{s}-\frac{1}{r_1}\Big)^2\Big(\frac{1}{r_1}-\frac{n+1}{s}\Big)\\-\Big(\frac{1}{s}+\frac{n-1}{r_1}-\frac{n}{r_2}\Big)^2\Big(\frac{1-n^2}{r_1}+\frac{n^2}{r_2}-\frac{n+1}{s}\Big)\Big]\frac{h^2}{2}\end{aligned} \tag{B.7}$$

物体が無限遠にあるときには,

$$\frac{1}{s'}=(n-1)\Big(\frac{1}{r_1}-\frac{1}{r_2}\Big)+\frac{n-1}{n^2}\Big[\frac{1}{r_1^3}-\Big(\frac{n-1}{r_1}-\frac{n}{r_2}\Big)^2\Big(\frac{1-n^2}{r_1}+\frac{n^2}{r_2}\Big)\Big]\frac{h^2}{2} \tag{B.8}$$

近軸光線に対する像の位置は, 焦点位置 f' であるから,

$$\frac{1}{s'}=\frac{1}{f'}+\frac{n-1}{n^2}\Big[\frac{1}{r_1^3}-\Big(\frac{n-1}{r_1}-\frac{n}{r_2}\Big)^2\Big(\frac{1-n^2}{r_1}+\frac{n^2}{r_2}\Big)\Big]\frac{h^2}{2} \tag{B.9}$$

球面収差量 (光軸方向に対する近軸像点との差) $SA=s'-f'$ は,

$$\frac{1}{s'}-\frac{1}{f'}=\frac{n-1}{n^2}\Big[\frac{1}{r_1^3}-\Big(\frac{n-1}{r_1}-\frac{n}{r_2}\Big)^2\Big(\frac{1-n^2}{r_1}+\frac{n^2}{r_2}\Big)\Big]\frac{h^2}{2} \tag{B.10}$$

$$SA=-s'f'\frac{n-1}{n^2}\Big[\frac{1}{r_1^3}-\Big(\frac{n-1}{r_1}-\frac{n}{r_2}\Big)^2\Big(\frac{1-n^2}{r_1}+\frac{n^2}{r_2}\Big)\Big]\frac{h^2}{2} \tag{B.11}$$

球面収差は, 像高の 2 乗 h^2 に比例する.

C　マックスウエルの方程式から波動方程式へ

均質で等方的な媒質中の電界 $\boldsymbol{E}$ と磁界 $\boldsymbol{H}$ に関するマックスウエルの方程式は,

$$\mathrm{rot}\,\boldsymbol{E}=-\frac{\partial \boldsymbol{B}}{\partial t} \tag{C.1}$$

$$\mathrm{rot}\,\boldsymbol{H}=\frac{\partial \boldsymbol{D}}{\partial t}+\boldsymbol{j} \tag{C.2}$$

$$\mathrm{div}\,\boldsymbol{D}=\rho \tag{C.3}$$

$$\mathrm{div}\,\boldsymbol{B}=0 \tag{C.4}$$

で与えられ, $\boldsymbol{D}$ は電束密度, $\boldsymbol{B}$ は磁束密度で, $\boldsymbol{j}$ は電流密度, ρ は電荷密度である.

電界と電束密度, 磁界と磁束密度の間には, それぞれ,

$$\boldsymbol{D}=\epsilon\,\boldsymbol{E} \tag{C.5}$$

$$\boldsymbol{B} = \mu\,\boldsymbol{H} \tag{C.6}$$

の関係がある．ただし，ϵ と μ は誘電率と透磁率である．また，

$$\boldsymbol{j} = \sigma \boldsymbol{E} \tag{C.7}$$

ただし，σ は電気伝導率である．ここで，式 (C.1) と $\boldsymbol{H}$ の内積と，式 (C.2) と $\boldsymbol{E}$ の内積をとり，その差を求めると，

$$\boldsymbol{H}\cdot \mathrm{rot}\,\boldsymbol{E} - \boldsymbol{E}\cdot \mathrm{rot}\,\boldsymbol{H} + \boldsymbol{H}\cdot\frac{\partial \boldsymbol{B}}{\partial t} + \boldsymbol{E}\cdot\frac{\partial \boldsymbol{D}}{\partial t} + \boldsymbol{j}\cdot\boldsymbol{E} = 0 \tag{C.8}$$

ここで，ベクトルの公式 (G.5) を用いると，

$$\boldsymbol{H}\cdot \mathrm{rot}\,\boldsymbol{E} - \boldsymbol{E}\cdot \mathrm{rot}\,\boldsymbol{H} = \mathrm{div}(\boldsymbol{E}\times\boldsymbol{H}) \tag{C.9}$$

であるので，

$$\boldsymbol{H}\cdot\frac{\partial \boldsymbol{B}}{\partial t} + \boldsymbol{E}\cdot\frac{\partial \boldsymbol{D}}{\partial t} + \boldsymbol{j}\cdot\boldsymbol{E} + \mathrm{div}(\boldsymbol{E}\times\boldsymbol{H}) = 0 \tag{C.10}$$

さらに，式 (C.5)，(C.6)，(C.7) を代入すると，等方性媒質では，

$$\frac{\partial}{\partial t}\left[\frac{1}{2}(\epsilon|\boldsymbol{E}|^2 + \mu|\boldsymbol{H}|^2)\right] + \sigma|\boldsymbol{E}|^2 + \mathrm{div}(\boldsymbol{E}\times\boldsymbol{H}) = 0 \tag{C.11}$$

が成り立つ．媒質を含む閉曲面 S 内の体積 V で積分すると，

$$\iiint_V \left\{\frac{\partial}{\partial t}\left[\frac{1}{2}(\epsilon|\boldsymbol{E}|^2 + \mu|\boldsymbol{H}|^2)\right] + \sigma|\boldsymbol{E}|^2 + \mathrm{div}(\boldsymbol{E}\times\boldsymbol{H})\right\}\mathrm{d}V = 0 \tag{C.12}$$

第 3 項に，ガウスの定理 (G.13) を適用すると，

$$\iiint_V \left\{\frac{\partial}{\partial t}\left[\frac{1}{2}(\epsilon|\boldsymbol{E}|^2 + \mu|\boldsymbol{H}|^2)\right] + \sigma|\boldsymbol{E}|^2\right\}\mathrm{d}V + \iint_S \boldsymbol{S}\cdot\boldsymbol{n}\mathrm{d}S = 0 \tag{C.13}$$

ただし，$\boldsymbol{n}$ は，閉曲面に対して外向きの法線ベクトルである．また，

$$\boldsymbol{S} \equiv \boldsymbol{E}\times\boldsymbol{H} \tag{C.14}$$

は，ポインティングベクトル (Poynting vector) と呼ばれている．

式 (C.13) の 3 重積分内の第 1 項と第 2 項は電磁界のエネルギー

$$U = \frac{1}{2}(\boldsymbol{D}\cdot\boldsymbol{E} + \boldsymbol{B}\cdot\boldsymbol{H}) \tag{C.15}$$

の時間変化であり，ポインティングベクトルによる項で，電磁界のエネルギー流の発散による損失に対応する．2 重積分の項はポインティングベクトル (C.14) に関する項で，電磁波のエネルギーの流れを示すことがわかる．また，等方的な媒質についての電磁界のエネルギーは，

$$U = \frac{1}{2}(\epsilon|\boldsymbol{E}|^2 + \mu|\boldsymbol{H}|^2) \tag{C.16}$$

と書けることに注意しよう．

真空中や均質で等方的な媒質中では ϵ と μ は一定である．また，$\boldsymbol{j} = 0$，$\rho = 0$ の場合を考えると，(C.1) ～ (C.4) を整理すると，

$$\mathrm{rot}\,\boldsymbol{E} = -\mu\frac{\partial \boldsymbol{H}}{\partial t} \tag{C.17}$$

$$\mathrm{rot}\,\boldsymbol{H} = \epsilon\frac{\partial \boldsymbol{E}}{\partial t} \tag{C.18}$$

$$\mathrm{div}\,\boldsymbol{E} = 0 \tag{C.19}$$

$$\mathrm{div}\,\boldsymbol{H} = 0 \tag{C.20}$$

次に，(C.18) を時間微分して，

$$\epsilon\frac{\partial^2 \boldsymbol{E}}{\partial t^2} = \frac{\partial}{\partial t}\mathrm{rot}\,\boldsymbol{H} = \mathrm{rot}\,\frac{\partial \boldsymbol{H}}{\partial t} \tag{C.21}$$

さらに，(C.17) を代入すると，

$$\epsilon\frac{\partial^2 \boldsymbol{E}}{\partial t^2} = -\frac{1}{\mu}\mathrm{rot}(\mathrm{rot}\,\boldsymbol{E}) \tag{C.22}$$

ここで，ベクトル解析の公式

$$\mathrm{rot}(\mathrm{rot}\,\boldsymbol{E}) = \mathrm{grad}(\mathrm{div}\,\boldsymbol{E}) - \nabla^2\,\boldsymbol{E} \tag{C.23}$$

を用いて整理し，(C.19) を代入すると，電界 $\boldsymbol{E}$ に関する波動方程式

$$\nabla^2\,\boldsymbol{E} = \epsilon\mu\frac{\partial^2 \boldsymbol{E}}{\partial t^2} \tag{C.24}$$

を得る．同様に，磁界 $\boldsymbol{H}$ に関する波動方程式

$$\nabla^2\,\boldsymbol{H} = \epsilon\mu\frac{\partial^2 \boldsymbol{H}}{\partial t^2} \tag{C.25}$$

が得られる．これらの方程式における，波の速度は，(2.13) より，

$$v = 1/\sqrt{\epsilon\mu} \tag{C.26}$$

の関係があることがわかる．光波が真空中を進む場合は，真空の誘電率と透磁率をそれぞれ ϵ_0 と μ_0 として，

$$c = 1/\sqrt{\epsilon_0\mu_0} \tag{C.27}$$

である．

次に，伝導性のある媒質中の光について考えよう．媒質は非磁性体で電気的に中性であるとする．このとき，$\boldsymbol{j} \neq 0$，$\rho = 0$ であるので，式 (C.1) ～ (C.4) は，

$$\mathrm{rot}\,\boldsymbol{E} = -\mu\frac{\partial \boldsymbol{H}}{\partial t} \tag{C.28}$$

$$\mathrm{rot}\,\boldsymbol{H} = \epsilon\frac{\partial \boldsymbol{E}}{\partial t} + \boldsymbol{j} \tag{C.29}$$

$$\mathrm{div}\,\boldsymbol{E} = 0 \tag{C.30}$$

$$\mathrm{div}\,\boldsymbol{H} = 0 \tag{C.31}$$

これより，式 (C.24) に相当する式

$$\nabla^2\,\boldsymbol{E} = \epsilon\mu\frac{\partial^2 \boldsymbol{E}}{\partial t^2} + \mu\frac{\partial \boldsymbol{j}}{\partial t} \tag{C.32}$$

が得られる．

D 電磁ポテンシャル

真空におけるマックスウエルの方程式は，

$$\mathrm{rot}\,\boldsymbol{E} = -\frac{\partial \boldsymbol{B}}{\partial t} \tag{D.1}$$

$$\mathrm{rot}\,\boldsymbol{H} = \frac{\partial \boldsymbol{D}}{\partial t} + \boldsymbol{j} \tag{D.2}$$

$$\mathrm{div}\,\boldsymbol{D} = \rho \tag{D.3}$$

$$\mathrm{div}\,\boldsymbol{B} = 0 \tag{D.4}$$

で与えられ，また，

$$\boldsymbol{D} = \epsilon_0\ \boldsymbol{E} \tag{D.5}$$

$$\boldsymbol{B} = \mu_0\ \boldsymbol{H} \tag{D.6}$$

の関係もある．ここで，電場 $\boldsymbol{E}$ や磁場 $\boldsymbol{H}$ はそれぞれ 3 成分 ((E_x, E_y, E_z) など) をもっているので，マックスウエルの方程式の独立変数の数は 6 で，これらが 4 つの方程式で結ばれている．これは甚だ複雑である．そこで，電場 $\boldsymbol{E}$ に対して，静電ポテンシャル ϕ を導入すると，

$$\boldsymbol{E} = -\mathrm{grad}\,\phi = \Big(-\frac{\partial \phi}{\partial x}, -\frac{\partial \phi}{\partial y}, -\frac{\partial \phi}{\partial z}\Big) \tag{D.7}$$

のように，3 成分のベクトルを 1 成分のスカラー量で表すことができる．これをスカラーポテンシャル (scalar potential) という．さらに，あるベクトル $\boldsymbol{A}$ を導入して，

$$\boldsymbol{B} = \mathrm{rot}\,\boldsymbol{A} \tag{D.8}$$

の関係が成り立っていると仮定する．この仮定によって，自動的に式 (D.4) が満足される．なぜなら，$\mathrm{div}(\mathrm{rot}\,\boldsymbol{A}) = 0$ が常に成立するからである．$\boldsymbol{A}$ をベクトルポテンシャル (vector potential) という．これで 1 つ式を減らすことができた．

次に，式 (D.1) に式 (D.8) を代入すると，

$$\mathrm{rot}\,\boldsymbol{E} + \frac{\partial\,\mathrm{rot}\,\boldsymbol{A}}{\partial t} = 0 \tag{D.9}$$

したがって，

$$\mathrm{rot}\Big(\boldsymbol{E} + \frac{\partial \boldsymbol{A}}{\partial t}\Big) = 0 \tag{D.10}$$

ここで，$\mathrm{rot}(\mathrm{grad}\,\phi) = 0$ が常に成り立つので，電界を

$$\boldsymbol{E} = -\mathrm{grad}\,\phi - \frac{\partial \boldsymbol{A}}{\partial t} \tag{D.11}$$

と表現することにより，マックスウエルの方程式は式 (D.2) と式 (D.3) の 2 つになった．

式 (D.2) と式 (D.3) に式 (D.8) と式 (D.11) を代入すると，

$$\mathrm{rot}(\mathrm{rot}\,\boldsymbol{A}) = \mu_0 \boldsymbol{j} - \epsilon_0\mu_0 \left[\frac{\partial^2 \boldsymbol{A}}{\partial t^2} + \mathrm{grad}\left(\frac{\partial \phi}{\partial t}\right)\right] \tag{D.12}$$

$$\mathrm{div}\Big(\frac{\partial \boldsymbol{A}}{\partial t} + \mathrm{grad}\,\phi\Big) = -\frac{\rho}{\epsilon_0} \tag{D.13}$$

ここで，ベクトルの公式 (G.4) を使うと，

$$\nabla^2 \boldsymbol{A} - \epsilon_0\mu_0 \frac{\partial^2 \boldsymbol{A}}{\partial t^2} - \mathrm{grad}\Big(\mathrm{div}\,\boldsymbol{A} + \epsilon_0\mu_0\frac{\partial \phi}{\partial t}\Big) = -\mu_0 \boldsymbol{j} \tag{D.14}$$

$$\nabla^2 \phi + \frac{\partial}{\partial t}(\mathrm{div}\,\boldsymbol{A}) = -\frac{\rho}{\epsilon_0} \tag{D.15}$$

これでもまだ，4 変数の連立微分方程式である．

ここで $\boldsymbol{A}$ や ϕ には任意性があることを示そう．ベクトルの公式 (G.4) から，

$$\boldsymbol{A'} = \boldsymbol{A} - \mathrm{grad}\,\psi \tag{D.16}$$

もベクトルポテンシャルであることがわかる．また，$\boldsymbol{A'}$ にともなうスカラーポテンシャルを ϕ' として式 (D.11) に代入すると，

$$\begin{aligned}-\mathrm{grad}\,\phi' - \frac{\partial \boldsymbol{A'}}{\partial t} &= -\mathrm{grad}\,\phi' - \frac{\partial \boldsymbol{A}}{\partial t} + \frac{\partial(\mathrm{grad}\,\psi)}{\partial t}\\ &= -\mathrm{grad}\,\phi' - \frac{\partial \boldsymbol{A}}{\partial t} - \mathrm{grad}\,\phi + \mathrm{grad}\Big(\phi + \frac{\partial \psi}{\partial t}\Big)\end{aligned} \tag{D.17}$$

となるので，

$$\phi' = \phi + \frac{\partial \psi}{\partial t} \tag{D.18}$$

とおくと，

$$-\mathrm{grad}\,\phi' - \frac{\partial \boldsymbol{A'}}{\partial t} = -\mathrm{grad}\,\phi - \frac{\partial \boldsymbol{A}}{\partial t} = \boldsymbol{E} \tag{D.19}$$

が得られる．このことから，ポテンシャルは $(\boldsymbol{A}, \phi)$ でも $(\boldsymbol{A'}, \phi')$ としてもよいことがわかる．この置き換えをゲージ変換 (gauge transformation) という．ゲージ変換に対して $\boldsymbol{E}$ も $\boldsymbol{B}$ も不変である．

ここで，式 (D.14) に対して，

$$\mathrm{div}\boldsymbol{A} + \epsilon_0\mu_0\frac{\partial \phi}{\partial t} = 0 \tag{D.20}$$

とすると，式 (D.14) と式 (D.15) は，

$$\nabla^2 \boldsymbol{A} - \epsilon_0\mu_0 \frac{\partial^2 \boldsymbol{A}}{\partial t^2} = -\mu_0 \boldsymbol{j} \tag{D.21}$$

$$\nabla^2 \phi - \epsilon_0\mu_0 \frac{\partial^2 \phi}{\partial t^2} = -\frac{\rho}{\epsilon_0} \tag{D.22}$$

となり，式 (D.21) と式 (D.22) は，4 つの独立した非斉次の波動方程式になる．式 (D.21) も式 (D.22) もゲージ変換に対して不変である．ベクトルポテンシャル $\boldsymbol{A}$ と

スカラーポテンシャル ϕ を含めて，電磁ポテンシャルという．式 (D.20) の条件を，ローレンツ条件 (Lorentz condition) という．

マックスウエルの方程式を解くには，式 (D.21) と式 (D.22) から $\boldsymbol{A}$ と ϕ を求め，ローレンツ条件 (D.20) を満たすものを式 (D.8) と式 (D.11) に代入すればよい．

ここで，解の時間依存性を $\exp(-\mathrm{i}\omega t)$ とすると，式 (D.21) と式 (D.22) は，

$$\nabla^2 \boldsymbol{A} + k_0^2 \boldsymbol{A} = -\mu_0 \boldsymbol{j} \tag{D.23}$$

$$\nabla^2 \phi + k_0^2 \phi = -\frac{\rho}{\epsilon_0} \tag{D.24}$$

ただし，

$$k_0^2 = \omega^2 \epsilon_0 \mu_0 \tag{D.25}$$

式 (D.23) と式 (D.24) はヘルムホルツの方程式であるので，その解は，

$$\boldsymbol{A} = \frac{\mu_0}{4\pi} \iiint_V \frac{\boldsymbol{j} \exp(-\mathrm{i}k_0 r)}{r} \mathrm{d}V' \tag{D.26}$$

$$\boldsymbol{\phi} = \frac{1}{4\pi\epsilon_0} \iiint_V \frac{\rho \exp(-\mathrm{i}k_0 r)}{r} \mathrm{d}V' \tag{D.27}$$

ただし，観測位置 P の座標を (x, y, z)，電流 $\boldsymbol{j}$ と電荷 ρ の座標を (x', y', z') とし，$\mathrm{d}V' = \mathrm{d}x'\mathrm{d}y'\mathrm{d}z'$，また距離を $\boldsymbol{r} = \boldsymbol{r}(x, y, z)_P - \boldsymbol{r}'(x', y', z')$ で定義し，$r = |\boldsymbol{r}|$ とする．時間依存性を考慮すると，

$$\boldsymbol{A}(x, y, z, t) = \frac{\mu_0}{4\pi} \iiint_V \frac{\boldsymbol{j}(x', y', z') \exp[\mathrm{i}(\boldsymbol{k}_0 \cdot \boldsymbol{r} - \omega t)]}{r} \mathrm{d}x'\mathrm{d}y'\mathrm{d}z' \tag{D.28}$$

$$\boldsymbol{\phi}(x, y, z, t) = \frac{1}{4\pi\epsilon_0} \iiint_V \frac{\rho(x', y', z') \exp[\mathrm{i}(\boldsymbol{k}_0 \cdot \boldsymbol{r} - \omega t)]}{r} \mathrm{d}x'\mathrm{d}y'\mathrm{d}z' \tag{D.29}$$

ここで，$\exp[\mathrm{i}(\boldsymbol{k}_0 \cdot \boldsymbol{r} - \omega t)] = \exp[-\mathrm{i}\omega(t - r/v_0)]$ は，波源から観測点までの距離 r を波動が進むには $t' = r/v_0$ の時間遅れが生じることを意味する．このようなポテンシャルを，遅延ポテンシャル (retarded potential) という．

E　フレネル・キルヒホッフの回折式

単色のスカラー波，

$$E(\boldsymbol{r}, t) = E_0(\boldsymbol{r}) \exp[\mathrm{i}(\boldsymbol{k} \cdot \boldsymbol{r} - \omega t)] = \mathcal{E}(\boldsymbol{r}) \exp(-\mathrm{i}\omega t) \tag{E.1}$$

を考えよう．$\mathcal{E}(\boldsymbol{r})$ は空間座標成分を含んだスカラーの複素振幅である．当然，波動方程式

$$\nabla^2 \ \boldsymbol{E} = \epsilon\mu \frac{\partial^2 \boldsymbol{E}}{\partial t^2} \tag{E.2}$$

を満足するので，これに代入すると，

$$\nabla^2 \mathcal{E}(\boldsymbol{r}) + k^2 \mathcal{E}(\boldsymbol{r}) = 0 \tag{E.3}$$

が成り立つ．この方程式を，ヘルムホルツ (Helmholtz) の方程式という．

いま，図 E.1 に示すように，点 P を取りまく閉曲面で，$\mathcal{E}$ が与えられているという条件で，点 P における $\mathcal{E}$ の値を求めることを考えよう．

ここで，2 つのスカラー関数 ψ と ϕ があり，上記の閉曲面内で，微分係数が連続であると，

$$\iint_S [\psi\nabla\phi - \phi\nabla\psi]\cdot \mathrm{d}\boldsymbol{S} = \iiint_V [\psi\nabla^2\phi - \phi\nabla^2\psi]\mathrm{d}V \tag{E.4}$$

の関係があることが知られている．ただし，V は閉曲面で囲まれた体積，S は閉曲面の表面である．これをグリーンの積分定理 (G.15) という．閉曲面の外側に向かう単位ベクトルを $\boldsymbol{n}$ とする．ここで，ψ と ϕ は，波動関数の解で，ヘルムホルツの方程式を満足するとすると，

$$\nabla^2\psi + k^2\psi = 0 \tag{E.5}$$

$$\nabla^2\phi + k^2\phi = 0 \tag{E.6}$$

よって，式 (E.4) の右辺の積分は 0 になるので，

$$\iint_S [\psi\nabla\phi - \phi\nabla\psi]\cdot \mathrm{d}\boldsymbol{S} = 0 \tag{E.7}$$

次に，ψ と ϕ は，境界条件を満足する波動関数の解であればよいので，$\psi = \mathcal{E}$，また，

$$\phi = \frac{\mathrm{e}^{\mathrm{i}kr}}{r} \tag{E.8}$$

とする．この関数は，グリーン (Green) 関数と呼ばれている．これは，点 P から距離 r の位置にある球面波である．式 (E.7) で，点 P は特異点であるので，点 P を微小球で囲み，この小球を V から除くことにする．この表面を S' とする．このとき，

$$\iint_S \left[\mathcal{E}\nabla\left(\frac{\mathrm{e}^{\mathrm{i}kr}}{r}\right) - \frac{\mathrm{e}^{\mathrm{i}kr}}{r}\nabla\mathcal{E}\right]\cdot \mathrm{d}\boldsymbol{S} + \iint_{S'} \left[\mathcal{E}\nabla\left(\frac{\mathrm{e}^{\mathrm{i}kr}}{r}\right) - \frac{\mathrm{e}^{\mathrm{i}kr}}{r}\nabla\mathcal{E}\right]\cdot \mathrm{d}\boldsymbol{S} = 0 \tag{E.9}$$

ここで，微小球に対する積分に注目しよう．閉曲面に立てられた単位ベクトルは，点 P の方向を向いていることに注意せよ．すると，

$$\nabla\left(\frac{\mathrm{e}^{\mathrm{i}kr}}{r}\right) = \left(\frac{1}{r^2} - \frac{\mathrm{i}k}{r}\right)\mathrm{e}^{\mathrm{i}kr}\boldsymbol{n} \tag{E.10}$$

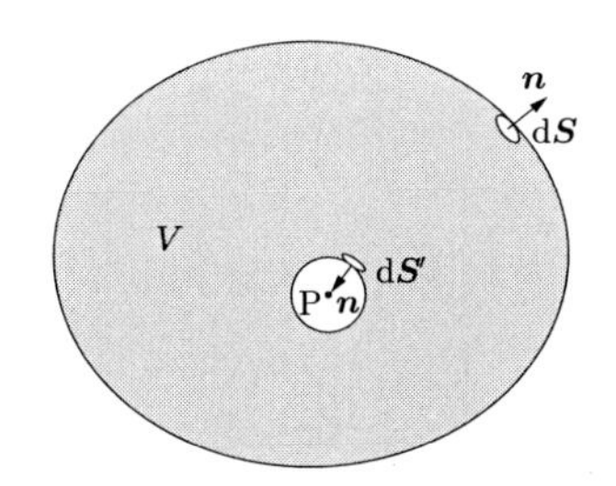

図 E.1　点 P を囲む閉曲面 S と表面に立てた垂線ベクトル $\boldsymbol{n}$

である．

次に，積分を立体角 ($\mathrm{d}S = r^2\mathrm{d}\Omega$) で書くと，

$$\nabla\mathcal{E}\cdot\mathrm{d}\boldsymbol{S} = \frac{\partial\mathcal{E}}{\partial r}r^2\mathrm{d}\Omega \tag{E.11}$$

であるので，

$$\iint_{S'}\left[\mathcal{E}\nabla\left(\frac{\mathrm{e}^{\mathrm{i}kr}}{r}\right) - \frac{\mathrm{e}^{\mathrm{i}kr}}{r}\nabla\mathcal{E}\right]\cdot\mathrm{d}\boldsymbol{S} = \iint_{S'}\left(\mathcal{E} - \mathrm{i}kr\mathcal{E} - r\frac{\partial\mathcal{E}}{\partial r}\right)\mathrm{e}^{\mathrm{i}kr}\mathrm{d}\Omega \tag{E.12}$$

が得られる．

次に，点 P を囲む微小球の半径を小さくしていこう ($r \to 0$)．すると，

$$\iint_{S'}\left(\mathcal{E} - \mathrm{i}kr\mathcal{E} - r\frac{\partial\mathcal{E}}{\partial r}\right)\mathrm{e}^{\mathrm{i}kr}\mathrm{d}\Omega \to 4\pi\mathcal{E}|_{r=0} = 4\pi\mathcal{E}(\boldsymbol{r}_{\mathrm{P}}) \tag{E.13}$$

したがって，

$$\mathcal{E}(\boldsymbol{r}_{\mathrm{P}}) = \frac{1}{4\pi}\iint_{S}\left[\frac{\mathrm{e}^{\mathrm{i}kr}}{r}\nabla\mathcal{E} - \mathcal{E}\nabla\left(\frac{\mathrm{e}^{\mathrm{i}kr}}{r}\right)\right]\cdot\mathrm{d}\boldsymbol{S} \tag{E.14}$$

これを，ヘルムホルツ・キルヒホッフ (Helmholtz–Kirchhoff) の積分式という．注目する点 P の周りの閉曲面上の振幅分布がわかれば，その点の振幅が求められる．

次に，もう少し具体的な場合を考えてみよう．遮蔽板に開けられた開口からの回折を解析する場合を想定して，図 E.2 を考えよう．ここでは，光源 Q と観測点 P の間に，開口がある．積分の対象とする体積は，点 P を囲んで開口のある面に接する空間をとるものとする．遮蔽板に接する閉曲面を S_1，開口部に接する閉曲面を Σ，それ以外の閉曲面を S_2 とする．この閉曲面を S_2 に関しては，点 P からの距離を十分大きくとると，$r = \infty$ となり，この部分の積分は 0 となる．残りは，開口のある面からの寄与だけである．したがって，

$$\mathcal{E}(\boldsymbol{r}_{\mathrm{P}}) = \frac{1}{4\pi}\iint_{S_1+\Sigma}\left[\frac{\mathrm{e}^{\mathrm{i}kr}}{r}\nabla\mathcal{E} - \mathcal{E}\nabla\left(\frac{\mathrm{e}^{\mathrm{i}kr}}{r}\right)\right]\cdot\mathrm{d}\boldsymbol{S} \tag{E.15}$$

次に，キルヒホッフの境界条件と呼ばれる条件を考えよう．

1）遮蔽板に接する閉曲面 S_1 上では，影の部分なので $\mathcal{E} = 0$，$\nabla\mathcal{E} = 0$.

2）開口部に接する閉曲面 Σ 上では，$\mathcal{E}$ と $\nabla\mathcal{E}$ は遮蔽板がなかった場合のそれと等しい．

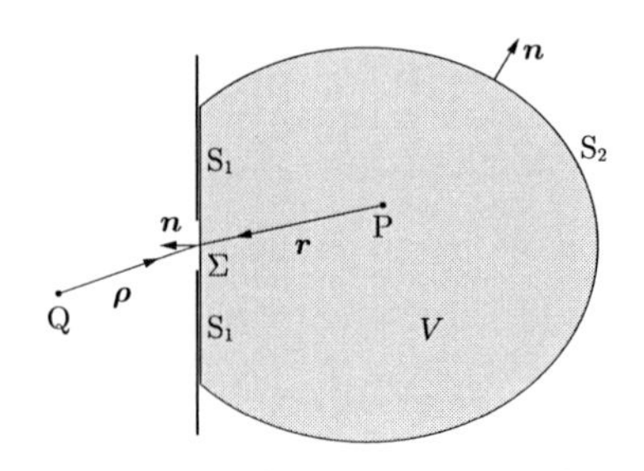

図 E.2　開口を挟んだ光源 Q と観測点 P

したがって，

$$\mathcal{E}(\boldsymbol{r}_{\mathrm{P}}) = \frac{1}{4\pi}\iint_{\Sigma}\Big[\frac{\mathrm{e}^{\mathrm{i}kr}}{r}\nabla\mathcal{E} - \mathcal{E}\nabla\Big(\frac{\mathrm{e}^{\mathrm{i}kr}}{r}\Big)\Big]\cdot\mathrm{d}\boldsymbol{S} \tag{E.16}$$

いま，点光源 Q から球面波が伝搬してきたとする．

$$\mathcal{E}(\boldsymbol{\rho}) = \frac{\mathcal{E}_0}{\rho}\mathrm{e}^{\mathrm{i}k\rho} \tag{E.17}$$

この球面波が考えている閉曲面 Σ 上に到達すると，これによってできる点 P における振幅は，式 (E.16) より，

$$\mathcal{E}(\boldsymbol{r}_{\mathrm{P}}) = \frac{1}{4\pi}\iint_{\Sigma}\Big[\frac{\mathrm{e}^{\mathrm{i}kr}}{r}\frac{\partial}{\partial\rho}\Big(\frac{\mathcal{E}_0}{\rho}\mathrm{e}^{\mathrm{i}k\rho}\Big)\cos(\boldsymbol{n},\boldsymbol{\rho}) - \frac{\mathcal{E}_0}{\rho}\mathrm{e}^{\mathrm{i}k\rho}\frac{\partial}{\partial r}\Big(\frac{\mathrm{e}^{\mathrm{i}kr}}{r}\Big)\cos(\boldsymbol{n},\boldsymbol{r})\Big]\mathrm{d}S \tag{E.18}$$

ただし，$(\boldsymbol{n},\boldsymbol{\rho})$ はベクトル $\boldsymbol{n}$ と $\boldsymbol{\rho}$ のなす角である．

$$\nabla\Big(\frac{\mathrm{e}^{\mathrm{i}kr}}{r}\Big) = \boldsymbol{r}\frac{\partial}{\partial r}\Big(\frac{\mathrm{e}^{\mathrm{i}kr}}{r}\Big) \tag{E.19}$$

$$\nabla\mathcal{E}(\boldsymbol{\rho}) = \boldsymbol{\rho}\frac{\partial\mathcal{E}}{\partial\rho} \tag{E.20}$$

に注意．ここで，$\rho, r \gg \lambda$ のとき，$1/\rho^2$ と $1/r^2$ の項は無視できるので，

$$\frac{\partial}{\partial\rho}\Big(\frac{\mathrm{e}^{\mathrm{i}k\rho}}{\rho}\Big) = \mathrm{e}^{\mathrm{i}k\rho}\Big(\frac{\mathrm{i}k}{\rho} - \frac{1}{\rho^2}\Big) \approx \mathrm{e}^{\mathrm{i}k\rho}\frac{\mathrm{i}k}{\rho} \tag{E.21}$$

$$\frac{\partial}{\partial r}\Big(\frac{\mathrm{e}^{\mathrm{i}kr}}{r}\Big) = \mathrm{e}^{\mathrm{i}kr}\Big(\frac{\mathrm{i}k}{r} - \frac{1}{r^2}\Big) \approx \mathrm{e}^{\mathrm{i}kr}\frac{\mathrm{i}k}{r} \tag{E.22}$$

したがって，

$$\mathcal{E}(\boldsymbol{r}_{\mathrm{P}}) = -\frac{\mathrm{i}\mathcal{E}_0}{\lambda}\iint_{\Sigma}\Big\{\frac{\mathrm{e}^{\mathrm{i}k(\rho+r)}}{\rho r}\Big[\frac{\cos(\boldsymbol{n},\boldsymbol{r}) - \cos(\boldsymbol{n},\boldsymbol{\rho})}{2}\Big]\Big\}\mathrm{d}S \tag{E.23}$$

これが，フレネル・キルヒホッフ (Fresnel–Kirchhoff) の回折積分式である．$[\cos(\boldsymbol{n},\boldsymbol{r}) - \cos(\boldsymbol{n},\boldsymbol{\rho})]/2$ は，傾斜因子と呼ばれている．

光源 Q を含んだ球面上では，閉曲面に垂直なベクトル $\boldsymbol{n}$ と $\boldsymbol{\rho}$ は反平行であるので，$\cos(\boldsymbol{n},\boldsymbol{\rho}) = -1$，また $(\boldsymbol{n},\boldsymbol{r}) = \alpha$ とおくと，

$$\mathcal{E}(\boldsymbol{r}_{\mathrm{P}}) = -\frac{\mathrm{i}\mathcal{E}_0}{\lambda}\iint_{\Sigma}\Big[\frac{\mathrm{e}^{\mathrm{i}k(\rho+r)}}{\rho r}\Big(\frac{\cos\alpha + 1}{2}\Big)\Big]\mathrm{d}S \tag{E.24}$$

となる．フレネル・キルヒホッフの回折積分式は，点光源からの球面波 $\mathcal{E}_0(\mathrm{e}^{\mathrm{i}k\rho}/\rho)$ が開口に到達し，開口でさらに新しい球面波 $\mathrm{e}^{\mathrm{i}kr}/r$ が発生し，その重ね合わせ (干渉) によって，観測点の振幅が与えられると解釈できる．これは，ホイヘンスの原理に数学的な裏付けを与えるものである．

このときの傾斜因子は $(\cos\alpha + 1)/2$ は，図 E.3 のようになり，角 α がそれほど大きくないときには，傾斜因子は 1 とみなしてよい．また，$\alpha = \pi$ のときには傾斜因子

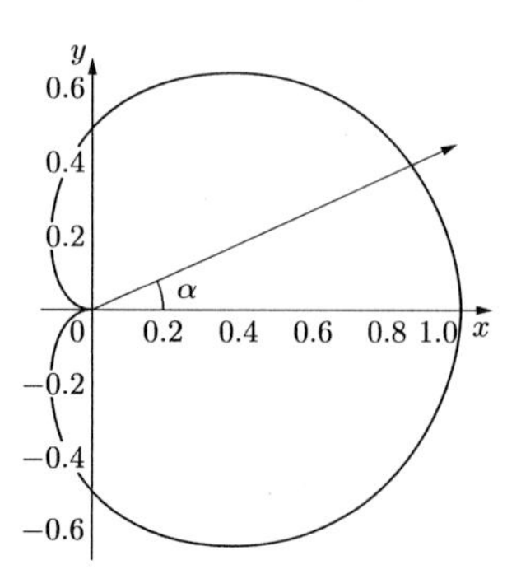

図 **E.3** $(1+\cos\alpha)/2$ の振幅

は $(\cos\alpha+1)/2=0$ となり，閉曲面から $\boldsymbol{\rho}$ 方向に伝搬する波は存在しない．ホイヘンスの原理で問題となった，二次波が波面の進行方向と反対方向にも包絡線をもつという困難も傾斜因子の導入で解決される．

また，点光源 Q と観測点 P を結んだ直線の近傍に開口の中心があるものとし，開口の大きさも，開口から点光源や観測点までの距離よりも小さいとする．したがって，傾斜因子は 1 とみなすことができる．開口の裏側では，光源からの寄与がないので，積分に寄与しないことを考慮すると，

$$\mathcal{E}(\boldsymbol{r}_\mathrm{P}) = -\frac{\mathrm{i}\mathcal{E}_0}{\lambda}\iint_\Sigma \frac{\mathrm{e}^{\mathrm{i}k(\rho+r)}}{\rho r}\mathrm{d}S \tag{E.25}$$

さらに，計算しやすいように，座標系を図 E.4 のようにとる．開口面の座標を (ξ,η) とし，開口の中心に垂線をとり，これを z 軸とする．点光源 Q を含んで z 軸と垂直の面を光源面 (x',y')，観測点 P を含んで z 軸と垂直の面を観測面 (x,y) とする．光源面から開口面までの距離を ρ_0，開口面から観測面までの距離を r_0 とする．

ここで，開口を表す関数として，

$$g(\xi,\eta)=\begin{cases}1 & \text{開口の中}\\ 0 & \text{開口の外}\end{cases} \tag{E.26}$$

を定義する．光源面から開口面までの距離 ρ_0 が，十分長いとき，開口面に到達する波は，平面波 $\mathcal{E}_0\mathrm{e}^{\mathrm{i}k\rho_0}/\rho_0$ とみなせるので，

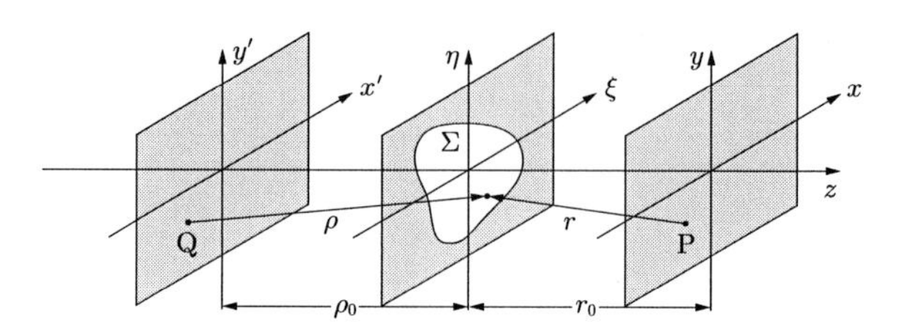

図 **E.4** 開口からの回折の計算のための座標系

$$\mathcal{E}(x,y) = -\frac{\mathrm{i}\mathcal{E}_0}{\lambda}\frac{\exp(\mathrm{i}k\rho_0)}{\rho_0}\iint_{-\infty}^{\infty} g(\xi,\eta)\frac{\mathrm{e}^{\mathrm{i}kr}}{r}\mathrm{d}\xi\mathrm{d}\eta \tag{E.27}$$

ただし，

$$r = \sqrt{r_0^2 + (x-\xi)^2 + (y-\eta)^2} \tag{E.28}$$

である．

F　レイリー・ゾンマーフェルドの回折式

フレネル・キルヒホッフの回折式 (E.23) は，回折の計算の基本式として実用的に使われている．しかし，これを導く過程で使われたキルヒホッフの境界条件には数学的な矛盾がある．つまり，波動方程式の境界条件として，閉曲面上のある領域で波動の振幅とその微分が 0 であるとすると，その閉曲面内では波動の振幅は 0 とならなければならない．このことにより，遮蔽面に接する閉曲面 S_1 上でキルヒホッフの境界条件を満足する有意な解は存在しないということになる．

まず，ヘルムホルツ・キルヒホッフの積分式 (E.14) まで戻ることにする．

$$\mathcal{E}(\boldsymbol{r}_\mathrm{P}) = \frac{1}{4\pi}\iint_S \left[\phi\nabla\mathcal{E} - \mathcal{E}\nabla\phi\right]\cdot\mathrm{d}\boldsymbol{S} \tag{F.1}$$

ただし，グリーン関数は，

$$\phi = \frac{\mathrm{e}^{\mathrm{i}kr}}{r} \tag{F.2}$$

であった．この式を，キルヒホッフは，キルヒホッフの境界条件

1) 遮蔽板に接する閉曲面 S_1 上では，影の部分なので $\mathcal{E} = 0$，$\nabla\mathcal{E} = 0$．
2) 開口部に接する閉曲面 Σ 上では，$\mathcal{E}$ と $\nabla\mathcal{E}$ は遮蔽板がなかった場合のそれと等しい．

を用いて解いた．ゾンマーフェルドは，フレネル・キルヒホッフの回折式の導出で使われたグリーン関数 (F.2) の代わりに，

$$\phi_1 = \frac{\mathrm{e}^{\mathrm{i}kr}}{r} - \frac{\mathrm{e}^{\mathrm{i}kr'}}{r'} \tag{F.3}$$

を用いることにした．ただし，図 F.1 に示すように，遮蔽板に対して点 P と面対称の位置に点 P′ をとり，閉曲面 S_1 と開口面 Σ 上の点 P_0 から点 P′ までの距離を r' とする．距離 r は点 P_0 から点 P までの距離である．このグリーン関数は閉曲面 S_1 上では常に 0 であることに注意．したがって，このグリーン関数を用いると，S_1 上で，同時に $\mathcal{E} = 0$ と $\nabla\mathcal{E} = 0$ を満足する必要はなくなる．つまり，$\mathcal{E} = 0$ を仮定するだけでよい．このとき，式 (F.1) は，開口面において

$$\mathcal{E}_1(\boldsymbol{r}_\mathrm{P}) = -\frac{1}{4\pi}\iint_\Sigma \mathcal{E}\nabla\phi_1\cdot\mathrm{d}\boldsymbol{S} \tag{F.4}$$

この式は，レイリー・ゾンマーフェルドの第 1 式と呼ばれている．ここで，点 P と点

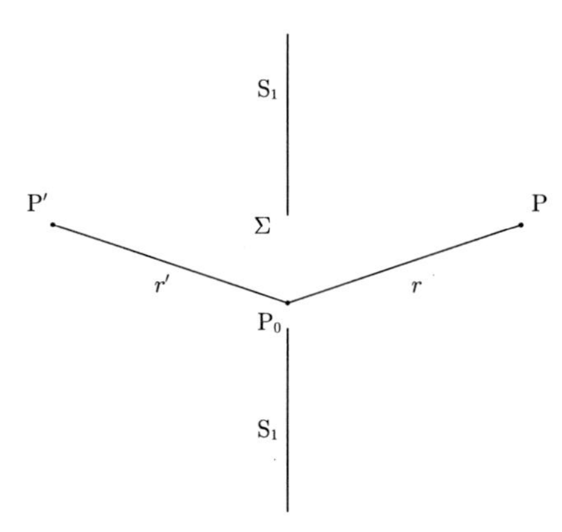

図 F.1　レイリー・ゾンマーフェルドの回折式におけるグリーン関数

P′ は点 P_0 が存在する面に対して面対称なので，$\nabla\phi_1 = 2\nabla\phi$ であることが導かれる．したがって，

$$\mathcal{E}_1(\boldsymbol{r}_\mathrm{P}) = -\frac{1}{2\pi}\iint_\Sigma \mathcal{E}\nabla\Big(\frac{\mathrm{e}^{\mathrm{i}kr}}{r}\Big)\cdot \mathrm{d}\boldsymbol{S} \tag{F.5}$$

同様に，グリーン関数として

$$\phi_2 = \frac{\mathrm{e}^{\mathrm{i}kr}}{r} + \frac{\mathrm{e}^{\mathrm{i}kr'}}{r'} \tag{F.6}$$

を用いると，点 P と点 P′ は遮蔽板に対して面対称なので，閉曲面 S_1 と Σ 上では，$\nabla\phi_2 = 0$．したがって，

$$\mathcal{E}_2(\boldsymbol{r}_\mathrm{P}) = \frac{1}{4\pi}\iint_\Sigma \phi_2\nabla\mathcal{E}\cdot \mathrm{d}\boldsymbol{S} \tag{F.7}$$

この式は，レイリー・ゾンマーフェルドの第 2 式と呼ばれている．また，$\phi_2 = 2\phi$ であるので，

$$\mathcal{E}_2(\boldsymbol{r}_\mathrm{P}) = \frac{1}{2\pi}\iint_\Sigma \frac{\mathrm{e}^{\mathrm{i}kr}}{r}\nabla\mathcal{E}\cdot \mathrm{d}\boldsymbol{S} \tag{F.8}$$

　ここで，開口が点光源 Q で照明されている場合を考えよう (図 E.2 参照)．フレネル・キルヒホッフの回折積分式 (E.23) を導いたときと同様の計算をすると，

$$\mathcal{E}_1(\boldsymbol{r}_\mathrm{P}) = -\frac{\mathrm{i}\mathcal{E}_0}{\lambda}\iint_\Sigma \Big[\frac{\mathrm{e}^{\mathrm{i}k(\rho+r)}}{\rho r}\cos(\boldsymbol{n},\boldsymbol{r})\Big]\mathrm{d}S \tag{F.9}$$

$$\mathcal{E}_2(\boldsymbol{r}_\mathrm{P}) = \frac{\mathrm{i}\mathcal{E}_0}{\lambda}\iint_\Sigma \Big[\frac{\mathrm{e}^{\mathrm{i}k(\rho+r)}}{\rho r}\cos(\boldsymbol{n},\boldsymbol{\rho})\Big]\mathrm{d}S \tag{F.10}$$

点光源 Q が開口面から十分離れている場合，すなわち開口が平面波で照明されている場合には，

$$\mathcal{E}_1(\boldsymbol{r}_\mathrm{P}) = -\frac{\mathrm{i}\mathcal{E}_0}{\lambda}\iint_\Sigma \Big[\frac{\mathrm{e}^{\mathrm{i}k(\rho+r)}}{\rho r}\cos\theta\Big]\mathrm{d}S \tag{F.11}$$

$$\mathcal{E}_2(\boldsymbol{r}_\mathrm{P}) = -\frac{\mathrm{i}\mathcal{E}_0}{\lambda}\iint_\Sigma \left[\frac{\mathrm{e}^{\mathrm{i}k(\rho+r)}}{\rho r}\right]\mathrm{d}S \tag{F.12}$$

ただし，θ は，ベクトル $\boldsymbol{n}$ と $\boldsymbol{r}$ のなす角．同じ状態でのフレネル・キルヒホッフの式は，

$$\mathcal{E}(\boldsymbol{r}_\mathrm{P}) = -\frac{\mathrm{i}\mathcal{E}_0}{\lambda}\iint_\Sigma \left[\frac{\mathrm{e}^{\mathrm{i}k(\rho+r)}}{\rho r}\left(\frac{\cos\theta+1}{2}\right)\right]\mathrm{d}S \tag{F.13}$$

である．式 (F.11) と (F.12) の平均が式 (F.13) である．この式 (F.11)，(F.12)，(F.13) の 3 式は，傾斜因子のみが異なる．ベクトル $\boldsymbol{n}$ と $\boldsymbol{r}$ のなす角 θ が小さい場合は，3 者は一致する．理論の整合性と式の単純性からレイリー・ゾンマーフェルドの第 1 式が用いられることが多い．

G 役に立つ公式

a. 三角関数

$$\sin(A \pm B) = \sin A\cos B \pm \cos A\sin B$$

$$\cos(A \pm B) = \cos A\cos B \mp \sin A\sin B$$

$$\sin 2\theta = 2\sin\theta\cos\theta$$

$$\cos 2\theta = \cos^2\theta - \sin^2\theta$$

$$\sin A + \sin B = 2\sin\left[\frac{1}{2}(A+B)\right]\cos\left[\frac{1}{2}(A-B)\right]$$

$$\sin A - \sin B = 2\sin\left[\frac{1}{2}(A-B)\right]\cos\left[\frac{1}{2}(A+B)\right]$$

$$\cos A + \cos B = 2\cos\left[\frac{1}{2}(A+B)\right]\cos\left[\frac{1}{2}(A-B)\right]$$

$$\cos A - \cos B = -2\sin\left[\frac{1}{2}(A+B)\right]\sin\left[\frac{1}{2}(A-B)\right]$$

$$\sin A\cos B = \frac{1}{2}[\sin(A+B) + \sin(A-B)]$$

$$\cos A\sin B = \frac{1}{2}[\sin(A+B) - \sin(A-B)]$$

$$\cos A\cos B = \frac{1}{2}[\cos(A+B) + \cos(A-B)]$$

$$\sin A\sin B = -\frac{1}{2}[\cos(A+B) - \cos(A-B)]$$

$$e^{i\theta} = \cos\theta + i\sin\theta$$

$$\cos\theta = \frac{e^{i\theta} + e^{-i\theta}}{2}$$

$$\sin\theta = \frac{e^{i\theta} - e^{-i\theta}}{2i}$$

b.　級数展開

$$\sin\theta = \theta - \frac{\theta^3}{3!} + \cdots$$

$$\cos\theta = 1 - \frac{\theta^2}{2!} + \frac{\theta^4}{4!} + \cdots$$

$$\tan\theta = \theta + \frac{\theta^3}{3} + \frac{2\theta^5}{15} + \cdots$$

$$(1+x)^n = 1 + nx + \frac{n(n-1)}{1\cdot 2}x^2 + \frac{n(n-1)(n-2)}{1\cdot 2\cdot 3}x^3 + \cdots$$

c.　ベクトルの公式

$$\boldsymbol{A}\cdot\boldsymbol{B} = A_xB_x + A_yB_y + A_zB_z = |\boldsymbol{A}||\boldsymbol{B}|\cos\theta$$

$$\boldsymbol{A}\times\boldsymbol{B} = (A_yB_z - A_zB_y, A_zB_x - A_xB_z, A_xB_y - A_yB_x)$$

$$\boldsymbol{A}\times\boldsymbol{B} = -\boldsymbol{B}\times\boldsymbol{A}$$

$$|\boldsymbol{A}\times\boldsymbol{B}| = |\boldsymbol{A}||\boldsymbol{B}|\sin\theta$$

$$\boldsymbol{A}\times(\boldsymbol{B}\times\boldsymbol{C}) = (\boldsymbol{A}\cdot\boldsymbol{C})\boldsymbol{B} - (\boldsymbol{A}\cdot\boldsymbol{B})\boldsymbol{C} \tag{G.1}$$

$$(\boldsymbol{A}\times\boldsymbol{B})\times\boldsymbol{C} = (\boldsymbol{A}\cdot\boldsymbol{C})\boldsymbol{B} - (\boldsymbol{B}\cdot\boldsymbol{C})\boldsymbol{A} \tag{G.2}$$

$$\boldsymbol{A}\times(\boldsymbol{B}\times\boldsymbol{C}) + \boldsymbol{B}\times(\boldsymbol{C}\times\boldsymbol{A}) + \boldsymbol{C}\times(\boldsymbol{A}\times\boldsymbol{B}) = 0$$

$$\boldsymbol{A}\cdot(\boldsymbol{B}\times\boldsymbol{C}) = \boldsymbol{B}\cdot(\boldsymbol{C}\times\boldsymbol{A}) \tag{G.3}$$

$$\nabla \equiv \mathrm{grad} = \left(\frac{\partial}{\partial x}, \frac{\partial}{\partial y}, \frac{\partial}{\partial z}\right)$$

$$\nabla^2 = \frac{\partial^2}{\partial x^2} + \frac{\partial^2}{\partial y^2} + \frac{\partial^2}{\partial z^2}$$

$$\mathrm{div}\boldsymbol{A} \equiv \nabla\cdot\boldsymbol{A} = \frac{\partial A_x}{\partial x} + \frac{\partial A_y}{\partial y} + \frac{\partial A_z}{\partial z}$$

$$\mathrm{rot}\boldsymbol{A} \equiv \nabla\times\boldsymbol{A} = \left(\frac{\partial A_z}{\partial y} - \frac{\partial A_y}{\partial z}, \frac{\partial A_x}{\partial z} - \frac{\partial A_z}{\partial x}, \frac{\partial A_y}{\partial x} - \frac{\partial A_x}{\partial y}\right)$$

$$\mathrm{grad}\, uv = u\,\mathrm{grad}\, v + v\,\mathrm{grad}\, u$$

$$\mathrm{div}(\mathrm{grad}\,u) = \nabla^2 u = \frac{\partial^2 u}{\partial x^2} + \frac{\partial^2 u}{\partial y^2} + \frac{\partial^2 u}{\partial z^2}$$

$$\mathrm{div}(\mathrm{rot}\boldsymbol{A}) = 0$$

$$\mathrm{rot}(\mathrm{rot}\boldsymbol{A}) = \mathrm{grad}(\mathrm{div}\boldsymbol{A}) - \nabla^2 \boldsymbol{A} \tag{G.4}$$

$$\boldsymbol{A}\cdot\mathrm{rot}\boldsymbol{B} - \boldsymbol{B}\cdot\mathrm{rot}\boldsymbol{A} = \mathrm{div}(\boldsymbol{B}\times\boldsymbol{A}) \tag{G.5}$$

d. 極座標におけるベクトル演算

$$(\mathrm{grad}\,u)_r = \frac{\partial u}{\partial r} \tag{G.6}$$

$$(\mathrm{grad}\,u)_\theta = \frac{1}{r}\frac{\partial u}{\partial \theta} \tag{G.7}$$

$$(\mathrm{grad}\,u)_\varphi = \frac{1}{r\sin\theta}\frac{\partial u}{\partial \varphi} \tag{G.8}$$

$$\mathrm{div}\boldsymbol{A} = \frac{1}{r^2}\frac{\partial(r^2 A_r)}{\partial r} + \frac{1}{r\sin\theta}\frac{\partial(\sin\theta A_\theta)}{\partial\theta} + \frac{1}{r\sin\theta}\frac{\partial A_\varphi}{\partial\varphi}$$

$$(\mathrm{rot}\boldsymbol{A})_r = \frac{1}{r\sin\theta}\left[\frac{\partial(A_\varphi\sin\theta)}{\partial\theta} - \frac{\partial A_\theta}{\partial\varphi}\right] \tag{G.9}$$

$$(\mathrm{rot}\boldsymbol{A})_\theta = \frac{1}{r}\left[\frac{1}{\sin\theta}\frac{\partial A_r}{\partial\varphi} - \frac{\partial(rA_\varphi)}{\partial r}\right] \tag{G.10}$$

$$(\mathrm{rot}\boldsymbol{A})_\varphi = \frac{1}{r}\left[\frac{\partial(rA_\theta)}{\partial r} - \frac{\partial A_r}{\partial\theta}\right] \tag{G.11}$$

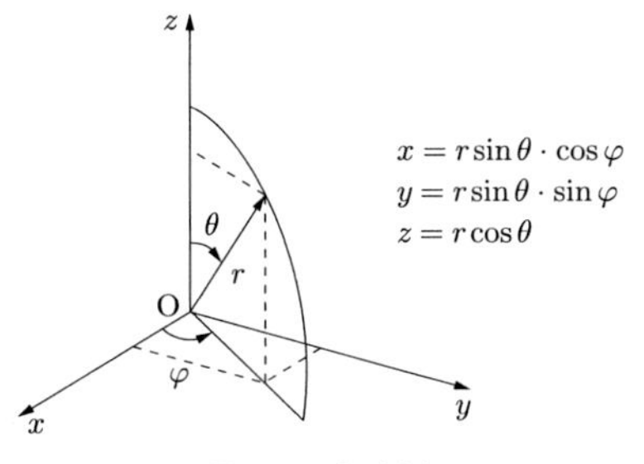

図 **G.1** 極座標

e. 円柱座標におけるベクトル演算

$$\nabla^2 u = \frac{1}{r}\frac{\partial u}{\partial r}\left(r\frac{\partial u}{\partial r}\right) + \frac{1}{r^2}\frac{\partial^2 u}{\partial\theta^2} + \frac{\partial^2 u}{\partial z^2} \tag{G.12}$$

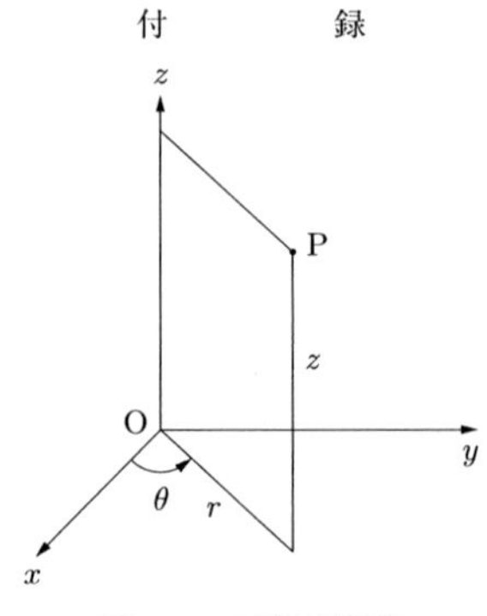

図 **G.2** 円柱座標系

f. ガウスの定理

空間における閉じた領域 V の表面を S とする．面積要素ベクトルは $\mathrm{d}\boldsymbol{S}=\boldsymbol{n}\mathrm{d}S$ であり，$\boldsymbol{n}$ は閉曲面 S の外向き法線の方向を表すベクトル．

$$\iiint_V \mathrm{div}\boldsymbol{A}\mathrm{d}V=\iint_S \boldsymbol{A}\cdot\mathrm{d}\boldsymbol{S} \tag{G.13}$$

g. ストークスの定理

閉曲面 S の境界を表す曲線を C とし，その接線方向にとった線素片を $\mathrm{d}\boldsymbol{s}$ とする．

$$\iint_S \mathrm{rot}\ \boldsymbol{A}\ \cdot\mathrm{d}\boldsymbol{S}=\oint_C \boldsymbol{A}\cdot\mathrm{d}\boldsymbol{s} \tag{G.14}$$

h. グリーンの定理

$$\iint_S \Big(\phi\nabla\psi-\psi\nabla\phi\Big)\cdot\mathrm{d}\boldsymbol{S}=\iiint_V(\phi\nabla^2\psi-\psi\nabla^2\phi)\mathrm{d}V \tag{G.15}$$

i. フーリエ変換

$$G(\nu_x,\nu_y)=\iint_{-\infty}^{\infty}g(x,y)\exp\big[-\mathrm{i}2\pi(\nu_x x+\nu_y y)\big]\mathrm{d}x\mathrm{d}y \tag{G.16}$$

$$\iint_{-\infty}^{\infty}g(ax,by)\exp\big[-\mathrm{i}2\pi(\nu_x x+\nu_y y)\big]\mathrm{d}x\mathrm{d}y=\frac{1}{|ab|}G\Big(\frac{\nu_x}{a},\frac{\nu_y}{b}\Big) \tag{G.17}$$

$$\begin{aligned}&\iint_{-\infty}^{\infty}g(x-a,y-b)\exp\big[-\mathrm{i}2\pi(\nu_x x+\nu_y y)\big]\mathrm{d}x\mathrm{d}y\\&\qquad=G(\nu_x,\nu_y)\exp(-\mathrm{i}2\pi a\nu_x)\exp(-\mathrm{i}2\pi b\nu_y)\end{aligned} \tag{G.18}$$

j. いろいろな関数のフーリエ変換

表 G.1 関数とそのフーリエ変換

関数 $g(x)$	フーリエ変換 $G(\nu_x)$
$\mathrm{rect}(x)$	$\mathrm{sinc}(\nu_x)$
$\exp(-\pi x^2)$	$\exp(-\pi \nu_x^2)$
$\delta(x)$	1
$\exp(-\mathrm{i}2\pi\alpha x)$	$\delta(\nu_x+\alpha)$
$\cos(2\pi\alpha x)$	$[\delta(\nu_x+\alpha)+\delta(\nu_x-\alpha)]/2$
$\sin(2\pi\alpha x)$	$\mathrm{i}[\delta(\nu_x+\alpha)-\delta(\nu_x-\alpha)]/2$
$\mathrm{comb}(x)$	$\mathrm{comb}(\nu_x)$

k. ベッセル関数

ベッセルの微分方程式

$$x^2\frac{\mathrm{d}^2u}{\mathrm{d}x^2}+x\frac{\mathrm{d}u}{\mathrm{d}x}+(x^2-l^2)u=0 \tag{G.19}$$

2 種類の独立な解 $J_l(x)$ と $Y_l(x)$ があり，それぞれ，第 1 種ベッセル関数，第 2 種ベッセル関数と呼ばれる．第 2 種ベッセル関数は $x=0$ において，特異性をもつ．

$$J_n(x)=\frac{\mathrm{i}^{-n}}{2\pi}\int_0^{2\pi}\mathrm{e}^{\mathrm{i}x\cos\alpha}\mathrm{e}^{\mathrm{i}n\alpha}\mathrm{d}\alpha \tag{G.20}$$

$$\frac{\mathrm{d}}{\mathrm{d}x}\left[x^{n+1}J_{n+1}(x)\right]=x^{n+1}J_n(x) \tag{G.21}$$

$$\exp(\mathrm{i}x\sin\theta)=\sum_{n=-\infty}^{\infty}J_n(x)\exp(\mathrm{i}n\theta) \tag{G.22}$$

変形ベッセルの微分方程式

$$x^2\frac{\mathrm{d}^2u}{\mathrm{d}x^2}+x\frac{\mathrm{d}u}{\mathrm{d}x}-(x^2+l^2)u=0 \tag{G.23}$$

2 種類の独立な解 $I_l(x)$ と $K_l(x)$ があり，それぞれ，第 1 種変形ベッセル関数，第 2 種変形ベッセル関数と呼ばれる．第 2 種変形ベッセル関数は $x=0$ において，特異性をもつ．

l. ガンマ関数

フレネル回折を計算する場合に

$$\int_{-\infty}^{\infty}\exp(-ax^2+bx)\mathrm{d}x=\sqrt{\frac{\pi}{a}}\exp\left(\frac{b^2}{4a}\right)$$

の形の積分を計算する必要がある．この計算に，ガンマ関数

$$\Gamma(z)=\int_0^{\infty}\mathrm{e}^{-t}t^{z-1}\mathrm{d}t \tag{G.24}$$

を使うとよい．ガンマ関数は，

$$\Gamma(z) = (z-1)\Gamma(z-1)$$

の性質があるので，n を整数とすると，

$$\Gamma(n) = (n-1)!$$

である．また，

$$\Gamma(1/2) = \sqrt{\pi} \tag{G.25}$$

m. ガウス積分

$$\int_{-\infty}^{\infty} \mathrm{e}^{-ax^2} \mathrm{d}x = \sqrt{\pi/a} \tag{G.26}$$

H　SI 単位系で使われる接頭語

国際単位系 (SI 単位系) では，10^n 倍の大きさを表すとき，表のような接頭語を使って単位表記することが勧告されている．

n	24	21	18	15	12	9	6	3	2	1
呼び	ヨタ	ゼタ	エクサ	ペタ	テラ	ギガ	メガ	キロ	ヘクト	デカ
記号	Y	Z	E	P	T	G	M	k	h	da
	yotta	zetta	exa	peta	tera	giga	mega	kilo	hecto	deca
n	−1	−2	−3	−6	−9	−12	−15	−18	−21	−24
呼び	デシ	センチ	ミリ	マイクロ	ナノ	ピコ	フェムト	アト	ゼプト	ヨクト
記号	d	c	m	μ	n	p	f	a	z	y
	deci	centi	milli	micro	nano	pico	femto	atto	zepto	yocto

参　考　書

本書で学んだ光学の知識は，他の科学や光学の分野と強く関連しており，また，さまざまな分野に応用可能である．本書では，標準的な教科書とは異なり，広く応用展開を考慮に入れて，数学的手法や物理学，特に，力学や電磁気学との関連にもふれた．このような背景から，さらにより深く光学を勉強したいと思う読者のために，いくつかの書物を紹介しよう．(名著といわれている著書も多いが，絶版もしくは入手困難なものは割愛した．)

光学全般については，

入門的なもの

[1] 谷田貝豊彦：例題で学ぶ光学入門，森北出版 (2010)

[2] 櫛田孝司：光物理学，共立出版 (1983)

標準的なもの

[3] 大津元一，田所利康：光学入門，朝倉書店 (2008)

[4] 青木貞雄：光学入門，共立出版 (2002)

[5] E. Hecht: Optics, 4th ed., Pearson Education (2014) (邦訳：尾崎義治，朝倉利光訳 I～III，ヘクト光学，丸善 (2003～2004))

[6] 山口一郎：応用光学，オーム社 (1998)

[7] 左貝潤一：光学の基礎，コロナ社 (2007)

[8] G. R. Fowles: Introduction to Modern Optics, Dover (1968)

やや専門的なもの

[9] 黒田和男，荒木敬介，大木裕史，武田光男，森伸芳，谷田貝豊彦編：光学技術の事典，朝倉書店 (2014)

[10] 宮本健郎：光学ハンドブック，岩波書店 (2015)

[11] 鶴田匡夫：応用光学 I，II，培風館 (1990)

[12] M. Born and E. Wolf: Principles of Optics, 7th ed., Cambridge University Press (1999) (邦訳：草川徹訳，光学の原理第 7 版，東海大学出版会 (2005))

幾何光学については，

[13] 渋谷眞人：レンズ光学入門，アドコム・メディア (2009)

[14] E. L. Dereniak and T. D. Dereniak: Geometical and Trigonometric Op-

tics, Cambridge University Press (2009)

[15] J. E. Greivenkamp: Field Guide to Geometrical Optics, SPIE Press (2004) (邦訳：オプトロニクス社編集部，張吉夫訳，SPIE フィールドガイド　幾何光学，オプトロニクス社 (2007))

[16] 三宅和夫：幾何光学，共立出版 (1979)

波動光学や物理光学に関しては，

[17] 黒田和男：物理光学，朝倉書店 (2011)

[18] C. A. Bennett: Principles of Physical Optics, John Wiley & Sons (2008)

フーリエ変換とフーリエ光学に関しては，

[19] K. Khare: Fourier Optics and Computational Imaging, John Wiley & Sons (2015)

[20] 谷田貝豊彦：光とフーリエ変換，朝倉書店 (2012)

[21] R. L. Easton, Jr.: Fourier Methods in Imaging, John Wiley & Sons (2010)

[22] J. W. Goodman: Introduction to Fourier Optics, 3rd ed., Roberts & Company Publishers (2005)

[23] O. K. Ersoy: Diffraction, Fourier Optics and Imaging, John Wiley & Sons (2007)

偏光に関しては，

[24] E. Collett: Field Guide to Polarization, SPIE Press (2005)(邦訳：笠原一郎，SPIE フィールドガイド　偏光，オプトロニクス社 (2005))

[25] D. Goldstein: Polarized Light, 2nd ed., Marcel Dekker (2003)

干渉，回折に関しては，

[26] 久保田広：波動光学，岩波書店 (1971)

ホログラフィ関連では，

[27] 辻内順平：ホログラフィー，裳華房 (1997)

物質と光，光散乱等に関しては，

[28] 江馬一弘：光物理学の基礎，朝倉書店 (2010)

結晶光学に関しては，

[29] 黒田和男：物理光学，朝倉書店 (2011)

[30] 応用物理学会光学懇話会編：結晶光学，森北出版 (1975)

光ファイバーなどの光波伝搬やガウスビームに関しては，

[31] B. E. A. Saleh and M. C. Teich, Fundamentals of Photonics, John Wiley & Sons (1991) (邦訳：尾崎義治，朝倉利光，基本光工学 I, II，森北出版 (2006))

測光学に関しては，

[32] R. John Koshel: Illumination Engineering, John Wiley & Sons (2013)

[33] 池田紘一，小原章男編：光技術と照明設計，電気学会 (2004)

[34] W. L. Wolfe: Introduction to Radiometry, SPIE Press (1998)

測色に関しては，

[35] 金子隆芳：色の科学，朝倉書店 (1995)
[36] 太田登：色彩工学，東京電機大学出版局 (1993)

参考図書

本書を執筆するにあたり参考にさせていただいた書籍を以下に掲げる．

[5]，[11]，[12]，[30]
[37] F. Träger: Springer Handbook of Laser and Optics, Springer (2007)
[38] 佐藤文隆：光と風景の物理，岩波書店 (2002)
[39] W. J. Smith: Modern Optical Engineering, 3rd ed., McGraw-Hill (2000)
[40] J. Shamir: Optical Systems and Processes, SPIE Optical Engineering Press (1999)
[41] 工藤恵栄，上原富美哉：基礎光学，現代工学社 (1990)
[42] 大頭仁，高木康博：基礎光学，コロナ社 (2000)
[43] K. D. Möller: Optics, University Science Books (1988)
[44] 竜岡静夫：光工学の基礎，昭晃堂 (1984)
[45] P. Beckmann and A. Spizzichino: The Scattering of Electromagnetic Waves from Rough Surfaces, Artech House (1987)
[46] 早川宗八郎：物質と光，朝倉書店 (1976)
[47] J. C. スレイター，N. H. フランク：電磁気学，柿内賢信訳，丸善 (1961)
[48] H. C. van de Hulst: Light Scattering by Small Particles, Dover (1957)
[49] 石黒浩三：光学，共立出版 (1953)

光学に関する読み物

光学や光に関する物理学，生物学などに関する読み物も多い．

[1] テレサ・レヴィット：灯台の光はなぜ遠くまで届くのか 時代を変えたフレネルレンズの軌跡，岡田好恵訳，ブルーバックス，講談社 (2015)
[2] 谷田貝豊彦編：光の百科事典，丸善出版 (2011)
[3] ピーター・ペジック：青の物理学，青木薫訳，岩波書店 (2011)
[4] 斎藤勝裕：光と色彩の科学，ブルーバックス，講談社 (2010)
[5] フレッド・ワトソン：望遠鏡 400 年物語，長沢工，永山淳子訳，地人書館 (2009)
[6] アンドリュー・パーカー：眼の誕生，渡辺政隆，今西康子訳，草思社 (2006)
[7] 鶴田匡夫：光の鉛筆，続 光の鉛筆，第 3 光の鉛筆，第 8 光の鉛筆，新技術コミュニケーションズ，アドコム・メディア (1985-2009)
[8] 小林浩一：光の物理　光はなぜ屈折，反射，散乱するのか，東京大学出版会 (2002)

[9] B. J. フォード：シングルレンズ・単式顕微鏡の歴史，伊藤智夫訳，法政大学出版局 (1986)

[10] アイザック・ニュートン：光学，島尾永康訳，岩波文庫，岩波書店 (1983)

問題解答

第　1　章

1）図 1 に従って，A 点から出た光線が反射面の O 点で反射して B 点に至るとする．鏡面から高さ h の位置に A 点があり，図のように B 点と O 点の座標を決める．

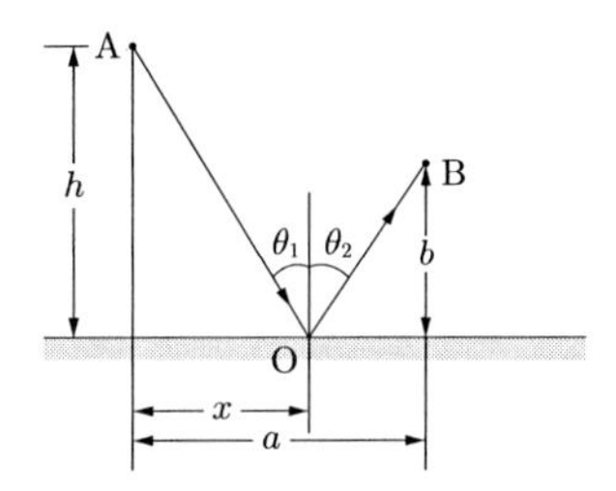

図 1　反射におけるフェルマの原理

AOB の所要時間は，

$$t = \frac{\overline{\mathrm{AO}}}{v} + \frac{\overline{\mathrm{OB}}}{v}$$

$$t(x) = \frac{\sqrt{h^2 + x^2}}{v} + \frac{\sqrt{b^2 + (a - x)^2}}{v}$$

となる．AB 間の伝搬時間の極値をみつけるため，$\mathrm{d}t/\mathrm{d}x = 0$ より，

$$\frac{\mathrm{d}t}{\mathrm{d}x} = \frac{x}{v\sqrt{h^2 + x^2}} + \frac{-(a - x)}{v\sqrt{b^2 + (a - x)^2}} = 0$$

また，

$$\frac{x}{\sqrt{h^2 + x^2}} = \sin\theta_1$$

$$\frac{a - x}{\sqrt{b^2 + (a - x)^2}} = \sin\theta_2$$

であるので

$$\frac{\sin\theta_1}{v} = \frac{\sin\theta_2}{v}$$

したがって，

$$\theta_1 = \theta_2$$

2) マリュスの定理によると，平面波面 $\mathrm{CC'}$ が平面波面 $\mathrm{DD'}$ になって進行する．このためには，距離 $\overline{\mathrm{C'D'}}$ と距離 $\overline{\mathrm{CD}}$ を進む時間は等しくなる必要があるので，

$$n_1\overline{\mathrm{C'D'}} = n_2\overline{\mathrm{CD}}$$

が必要である．また，幾何学的関係から，

$$\overline{\mathrm{CD'}} = \overline{\mathrm{C'D'}}/\sin\theta_1 = \overline{\mathrm{CD}}/\sin\theta_2$$

したがって，スネルの屈折の法則，

$$n_1 \sin\theta_1 = n_2 \sin\theta_2$$

が導かれる．

各媒質中の光子の運動量は，$p_1 = h/\lambda = n_1 h/\lambda_0$，$p_2 = h/\lambda = n_2 h/\lambda_0$．スネルの屈折の法則を使うと，

$$p_1 \sin\theta_1 = p_2 \sin\theta_2$$

が得られる．すなわち，両媒質における光子の運動量の境界面方向の成分は保存される．

この物理的意味は，波面 $\mathrm{CC'}$ が $\mathrm{DD'}$ の位置に来る前には $\mathrm{E'EE''}$ の状態をとる．境界面上の位置 E は，波面の進行とともに C から $\mathrm{D'}$ に進む．このとき，n_1 の媒質から見た速度と n_2 の媒質から見た速度は同じであることを意味する．別の見方をすると，n_1 の媒質中の光波の波長と n_2 の媒質中の光波の波長の境界面に平行な成分は等しいことがいえる．

3) 図 1.65 において，反射の法則が成立していれば，ベクトル $\boldsymbol{e}_1$，$\boldsymbol{e}_\mathrm{r}$ と法線ベクトル $\boldsymbol{n}$ は同一面上にあることがわかる．また，

$$n_1\boldsymbol{e}_\mathrm{r} = n_1\boldsymbol{e}_1 + \overrightarrow{\mathrm{C'C}} = n_1\boldsymbol{e}_1 - 2\overline{\mathrm{C'D}}\boldsymbol{n} = n_1\boldsymbol{e}_1 - 2(n_1\boldsymbol{e}_1\cdot\boldsymbol{n})\boldsymbol{n}$$

よって，反射に関するベクトル式が成立する．

入射光線の単位ベクトルに屈折の法則が成立していれば，入射光線に対して，ベクトル $n_1\boldsymbol{e}_1$ の接線方向成分は $n_1\sin\theta_1 = \overline{\mathrm{OD}}$，屈折光線に対しても，ベクトル $n_2\boldsymbol{e}_2$ の接線方向成分は $n_2\sin\theta_2 = n_1\sin\theta_1 = \overline{\mathrm{OD}}$ となり，両者の接線成分は等しい．

ベクトル $\boldsymbol{n}$ と $\overrightarrow{\mathrm{OC'}}$ がつくる平行四辺形の面積は，ベクトル $\boldsymbol{n}$ と $\overrightarrow{\mathrm{OB}}$ がつくる平行四辺形の面積に等しい．外積 $n_2\boldsymbol{e}_2\times\boldsymbol{n}$ は y 軸方向 (紙面奥方向) のベクトルで，その絶対値はベクトル $\boldsymbol{n}$ と $\overrightarrow{\mathrm{OC'}}$ がつくる平行四辺形の面積である．また，外積 $n_1\boldsymbol{e}_1\times\boldsymbol{n}$ は y 軸方向 (紙面奥方向) のベクトルで，その絶対値は，ベクトル $\boldsymbol{n}$ と $\overrightarrow{\mathrm{OC'}}$ がつくる平行四辺形の面積に等しい．したがって，両外積は等しく，

$$n_1\boldsymbol{e}_1\times\boldsymbol{n} = n_2\boldsymbol{e}_2\times\boldsymbol{n}$$

4) 球面における結像の式 (1.68) を使うと，$r=\infty$ であるので，

$$-\frac{n}{-a}+\frac{1}{b}=0$$

したがって，$b=-a/n$ が得られる．

5) 前問 4 を 2 回繰り返せばよい．

(1)

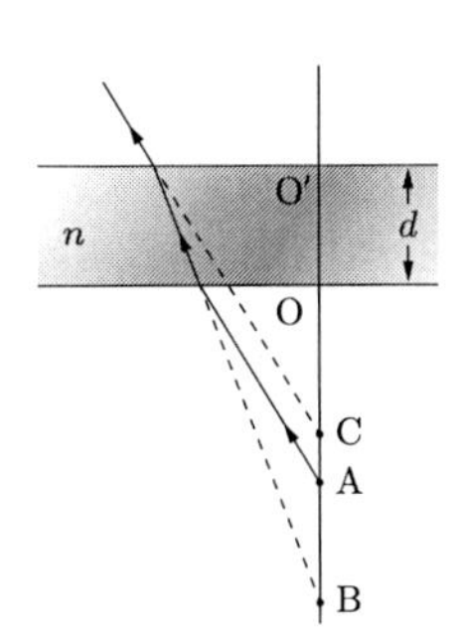

図 2 ガラス板における屈折

(2) 図 2 のように，ガラス板下の点物体を A とし，ガラス板下面における屈折によって見える点像を B，この点像 B がガラス板上面の屈折によって見える像を C とする．$\overline{\mathrm{OC}}=c$ とする．前問 4 より，

$$-\frac{1}{a}+\frac{n}{b}=0, \qquad -\frac{n}{b+d}+\frac{1}{c+d}=0$$

したがって

$$a-c=a-\left(\frac{b+d}{n}-d\right)=a-\frac{na+d}{n}+d=\left(1-\frac{1}{n}\right)d$$

6) 球面境界における結像式 (1.68) より，

$$-\frac{n}{a}+\frac{1}{s'}=\frac{1-n}{r}$$

これより，

$$s'=\frac{a}{n-(n-1)a/r}$$

7) プリズムから出射する光に対して，

$$n'\sin i=\sin r$$

試料とプリズムの境界面での屈折に対しては，

$$n\sin(\pi/2)=n'\sin\theta_{\mathrm{c}}=n'\cos i$$

したがって，

$$n=n'\cos i=n'\sqrt{1-\frac{\sin^2 r}{n'^2}}=\sqrt{n'^2-\sin^2 r}$$

8) プリズムへの入射角，振れ角，プリズムの頂角，出射角，反射鏡からの反射角などを，それぞれ，図 1.67 のようにとる．また，プリズムの出射面の法線と反射鏡の法線のなす角を β とし，入射光と反射鏡からの反射光のなす角 ψ は，

$$\delta = 2i - \alpha, \qquad \psi = \delta + 2\theta$$

より，

$$\psi = 2\theta + 2i - \alpha$$

また，

$$\beta = \theta + i$$

したがって，

$$\psi = 2\beta - \alpha$$

つまり，反射鏡から反射される光は入射角に無関係で常に一定である．

9) 物体面と像面において，マージナル光線に対する高さは 0 であるので，物体面においては，$y = 0$ より

$$H = \bar{y}nu - yn\bar{u} = \bar{y}nu$$

像面では，$y' = 0$ より

$$H' = \bar{y}n'u' - y'n'\bar{u}' = \bar{y}n'u'$$

したがって，式 (1.93) が成立する．

10) はじめの状態では，

$$-\frac{1}{s} + \frac{1}{l - (-s)} = \frac{1}{f'}$$

である．2 回目の結像の位置は，はじめの結像の状態と対称であるはずなので，$l = (-s) + d + (-s) = d - 2s$ の関係があるので，$s = (d - l)/2$．これを上式に代入すると，

$$f' = \frac{l^2 - d^2}{4l}$$

11) 問題の条件から，

$$-\frac{1}{s_1} + \frac{1}{s_1'} = \frac{1}{f'}$$

$$-\frac{1}{s_2} + \frac{1}{s_2'} = \frac{1}{f'}$$

$$\beta_1 = \frac{s_1'}{s_1}, \qquad \beta_2 = \frac{s_2'}{s_2}$$

これより，s_1'，s_2' を消去すると，

$$s_1 = (1/\beta_1 - 1)f', \qquad s_2 = (1/\beta_2 - 1)f'$$

$$s_2 - s_1 = (1/\beta_2 - 1/\beta_1)f'$$

したがって，

$$f' = \frac{s_2 - s_1}{1/\beta_2 - 1/\beta_1}$$

12) 薄肉レンズの焦点距離の式 (1.102) を導くために用いた式 (1.97) と (1.98) から，

$$-\frac{n_{\mathrm{W}}}{s_1} + \frac{n}{s_1'} = \frac{n - n_{\mathrm{W}}}{r_1}$$

$$-\frac{n}{s_2} + \frac{n_{\mathrm{W}}}{s_2'} = \frac{n_{\mathrm{W}} - n}{r_2}$$

これより，式 (1.100) を導いたのと同様に，水中の焦点距離 f_{W}' は，

$$\frac{n_{\mathrm{W}}}{f_{\mathrm{W}}'} = (n - n_{\mathrm{W}})\left(\frac{1}{r_1} - \frac{1}{r_2}\right)$$

が得られ，この式と空気中に置かれたレンズの焦点距離の式 (1.100) から，

$$f_{\mathrm{W}}' = \frac{n_{\mathrm{W}}(n-1)}{n - n_{\mathrm{W}}} f'$$

13) $s = x + f$，$s' = x' + f'$ であることと，ニュートンの式 (1.130) を用いる．

14) 式 (1.105)，(1.106)，(1.130) を用いる．

15) 厚肉レンズの焦点距離の式 (1.135) から，屈折率を変えたときには，焦点距離は，

$$\frac{1}{f_{\mathrm{new}}'} = (n'-1)\left(\frac{1}{r_1'} - \frac{1}{r_2'}\right) + \frac{d'}{n'} \cdot \frac{(n'-1)^2}{r_1' r_2'}$$

これに，$r_1' = (n'-1)r_1/(n-1)$，$r_2' = (n'-1)r_2/(n-1)$，$d' = n'd/n$ を代入すると，

$$\frac{1}{f_{\mathrm{new}}'} = (n'-1)\left[\frac{n-1}{(n'-1)r_1} - \frac{n-1}{(n'-1)r_2}\right] + \frac{n'd}{n'n} \cdot \frac{(n'-1)^2(n-1)^2}{(n'-1)^2 r_1 r_2} = \frac{1}{f'}$$

焦点距離は変化しないことが示せた．

16) まず，第 1 面から主点 H までの距離は，図 1.26 から，

$$s_{1\mathrm{H}} = f_1 - f + x_{1\mathrm{F}}$$

厚肉レンズの厚さは，

$$d = f_1' + \Delta - f_2$$

で与えられることに注目しよう．式 (1.122) と (1.128) を用いて，

$$s_{1\mathrm{H}} = f_1 - \frac{f_1 f_2}{\Delta} + \frac{f_1 f_1'}{\Delta} = \frac{f_1}{\Delta}(\Delta - f_2 + f_1') = \frac{f_1}{\Delta} d$$

また，式 (1.128) より $f_1/\Delta = f/f_2 = -f'/f_2$ と $f_2 = nr_2/(n-1)$ を用いて，

$$s_{1\mathrm{H}} = \frac{f_1}{\Delta} d = \frac{f}{f_2} d = -\frac{(n-1)f'd}{nr_2}$$

17) 第 2 面に対する結像関係から，

$$-\frac{n}{s}+\frac{1}{s'}=\frac{1-n}{r}$$

ここで，$\overline{\mathrm{CP}'}=nr$ の位置に像ができたとする．このためには，

$$-\frac{n}{s}+\frac{1}{nr+r}=\frac{1-n}{r}$$

より，$s=r+r/n$ なので，虚物点の位置 P は，C より r/n の位置にあればよい．したがって，第 1 面は P 点を中心とする球面であれば，アプラナティックの条件を満足する．

18) 色消しの条件 (1.195)

$$\frac{1}{\nu_1 f_1'}+\frac{1}{\nu_2 f_2'}=0$$

とペッツバールの条件 (1.188)

$$\frac{1}{n_1 f_1'}+\frac{1}{n_2 f_2'}=0$$

を同時に満足しなければならない．そのためには，

$$-\frac{f_2'}{f_1'}=\frac{\nu_1}{\nu_2}=\frac{n_1}{n_2}$$

が必要である．像面湾曲がない色消しレンズを作るためには，使用するガラスの屈折率とアッベ数は比例しなければならないことがわかる．

19) 2 枚の薄肉レンズの合成焦点距離を与える式 (1.150) を微分すると，

$$-\frac{\delta f'}{f'^2}=-\frac{\delta f_1'}{f_1'^2}-\frac{\delta f_2'}{f_2'^2}+\frac{d\delta f_1'}{f_1'^2 f_2'}+\frac{d\delta f_2'}{f_1' f_2'^2}$$

さらに，式 (1.193) を用いて，

$$-\frac{\delta f'}{f'^2}=\frac{1}{\nu_1 f_1'}+\frac{1}{\nu_2 f_2'}-\frac{d}{\nu_1 f_1' f_2'}-\frac{d}{\nu_2 f_1' f_2'}$$

したがって，色消しの条件は，

$$\frac{1}{\nu_1 f_1'}+\frac{1}{\nu_2 f_2'}-\frac{d}{\nu_1 f_1' f_2'}-\frac{d}{\nu_2 f_1' f_2'}=0$$

$$\nu_1 f_1'+\nu_2 f_2'-d(\nu_1+\nu_2)=0$$

20) a) 式 (1.150) より，

$$\frac{1}{f'}=\frac{1}{30}+\frac{1}{30}-\frac{28}{30\times 30}=\frac{32}{900}$$

したがって，$f'=28$ mm.

b) 式 (1.229) より，

$$\gamma=1+0.25\cdot 1/0.028=10$$

21）近軸光線の追跡式において，屈折の式 (1.244)

$$n_i'u_i' = n_iu_i - \frac{n_i' - n_i}{r_i}h_i$$

と，面移行式 (1.247)

$$h_{i+1} = h_i + d_i'u_i'$$

を用いる．焦点距離を求めるので，光軸に平行で高さが 1 の入射光線を考える．したがって，$u_1 = 0$，$h_1 = 1$．第 1 面における屈折により，

$$nu_1' = 0 - (n-1)/r_1 = nu_2$$

第 2 面までの光線の移行により，

$$h_2 = 1 + u_1'd = 1 + nu_1' \cdot (d/n) = 1 - (n-1)/r_1 \cdot d/n$$

第 2 面の屈折により，

$$\begin{aligned} u_2' &= nu_2 - \frac{(1-n)h_2}{r_2} = nu_1' + \frac{(n-1)h_2}{r_2} \\ &= -\frac{n-1}{r_1} + (n-1)\frac{1-(n-1)/r_1 \cdot d/n}{r_2} \\ &= -(n-1)\left(\frac{1}{r_1} - \frac{1}{r_2}\right) - \frac{d}{n} \cdot \frac{(n-1)^2}{r_1r_2} \end{aligned}$$

焦点距離は，式 (1.255) を用いると，

$$f' = -\left(\frac{h_1}{u_2'}\right)_{u_1=0} = -\frac{1}{u_2'} = \left[(n-1)\left(\frac{1}{r_1} - \frac{1}{r_2}\right) + \frac{d}{n} \cdot \frac{(n-1)^2}{r_1r_2}\right]^{-1}$$

22）光学系を行列表示し，計算すればよい．

$$\begin{aligned} \begin{pmatrix} h' \\ u' \end{pmatrix} &= \begin{pmatrix} 1 & d' \\ 0 & 1 \end{pmatrix} \begin{pmatrix} 1 & 0 \\ -1/f' & 1 \end{pmatrix} \begin{pmatrix} 1 & d \\ 0 & 1 \end{pmatrix} \begin{pmatrix} h \\ u \end{pmatrix} \\ &= \begin{pmatrix} 1 - d'/f' & d + d' - dd'/f' \\ -/f' & 1 - d/f' \end{pmatrix} \begin{pmatrix} h \\ u \end{pmatrix} \end{aligned}$$

第　2　章

1）

$$\frac{\partial E_z}{\partial y} - \frac{\partial E_y}{\partial z} = -\mu\frac{\partial H_x}{\partial t}$$

$$\frac{\partial E_x}{\partial z} - \frac{\partial E_z}{\partial x} = -\mu\frac{\partial H_y}{\partial t}$$

$$\frac{\partial E_y}{\partial x} - \frac{\partial E_x}{\partial y} = -\mu\frac{\partial H_z}{\partial t}$$

2）まず，式 (2.82) に関して，

$$\mathrm{rot}\boldsymbol{E}=\nabla\times\boldsymbol{E}=\Big(\frac{\partial E_z}{\partial y}-\frac{\partial E_y}{\partial z},\frac{\partial E_x}{\partial z}-\frac{\partial E_z}{\partial x},\frac{\partial E_y}{\partial x}-\frac{\partial E_x}{\partial y}\Big)$$
$$=\mathrm{i}\Big(k_yE_z-k_zE_y,k_zE_x-k_xE_z,k_xE_y-k_yE_x\Big)=\mathrm{i}\boldsymbol{k}\times\boldsymbol{E}$$
$$-\mu\frac{\partial\boldsymbol{H}}{\partial t}=-\mu(-\mathrm{i}\omega)\boldsymbol{H}$$

したがって，式 (2.82) が得られる．

次に，式 (2.84) に関して，

$$\mathrm{div}\boldsymbol{E}=\nabla\cdot\boldsymbol{E}=\frac{\partial E_x}{\partial x}+\frac{\partial E_y}{\partial y}+\frac{\partial E_z}{\partial z}=\mathrm{i}(k_xE_x+k_yE_y+k_zE_z)$$
$$=\mathrm{i}\boldsymbol{k}\cdot\boldsymbol{E}=0$$

3）$\boldsymbol{A}\times(\boldsymbol{B}\times\boldsymbol{C})$ の x 成分を展開する．

$$\begin{aligned}[\boldsymbol{A}\times(\boldsymbol{B}\times\boldsymbol{C})]_x&=A_y(\boldsymbol{B}\times\boldsymbol{C})_z-A_z(\boldsymbol{B}\times\boldsymbol{C})_y\\&=A_y(B_xC_y-B_yC_x)-A_z(B_zC_x-B_xC_z)\\&=(A_yB_xC_y+A_zB_xC_z)-(A_yB_yC_x+A_zB_zC_x)\\&=B_x(A_xC_x+A_yC_y+A_zC_z)-C_x(A_xB_x+A_yB_y+A_zB_z)\\&=[\boldsymbol{B}(\boldsymbol{A}\cdot\boldsymbol{C})-\boldsymbol{C}(\boldsymbol{A}\cdot\boldsymbol{B})]_x\end{aligned}$$

他の成分も同様に求められる．

4）式 (2.82) とベクトルの公式 (G.1) を用いると，

$$\boldsymbol{S}=\boldsymbol{E}\times\boldsymbol{H}=\frac{1}{\mu\omega}\boldsymbol{E}\times(\boldsymbol{k}\times\boldsymbol{E})=\frac{1}{\mu\omega}(\boldsymbol{E}\cdot\boldsymbol{E})\boldsymbol{k}-(\boldsymbol{E}\cdot\boldsymbol{k})\boldsymbol{E}=\frac{1}{\mu\omega}\boldsymbol{E}^2\boldsymbol{k}$$

5）反射光の波数ベクトルは $\boldsymbol{k}_{\mathbf{r}}=(k_\mathrm{r}\sin\theta_\mathrm{r},0,k_\mathrm{r}\cos\theta_\mathrm{r})$ であるので，磁界の成分は，式 (2.82) より，

$$\begin{aligned}\boldsymbol{H}_\mathrm{r}&=\frac{1}{\omega\mu}\boldsymbol{k}_\mathrm{r}\times\boldsymbol{E}_\mathrm{r}\\&=\frac{1}{\omega\mu}(k_{\mathrm{r}y}E_{\mathrm{r}z}-k_{\mathrm{r}z}E_{\mathrm{r}y},k_{\mathrm{r}z}E_{\mathrm{r}x}-k_{\mathrm{r}x}E_{\mathrm{r}z},k_{\mathrm{r}x}E_{\mathrm{r}y}-k_{\mathrm{r}y}E_{\mathrm{r}x})\\&=\frac{1}{\omega\mu}(-k_{\mathrm{r}z}E_{\mathrm{r}y},0,k_{\mathrm{r}x}E_{\mathrm{r}y})\\&=\frac{n_1}{c\mu_0}(-A_\mathrm{rs}\cos\theta_\mathrm{r},0,A_\mathrm{rs}\sin\theta_\mathrm{r})\end{aligned}$$

したがって，

$$H_{\mathrm{r}x}=-\frac{n_1}{c\mu_0}A_\mathrm{rs}\cos\theta_\mathrm{r},\qquad H_{\mathrm{r}y}=0,\qquad H_{\mathrm{r}z}=\frac{n_1}{c\mu_0}A_\mathrm{rs}\sin\theta_\mathrm{r}$$

6) まず，s 偏光に関して，式 (2.111) と (2.112) を用いると，

$$r^2 + tt' = \left(\frac{n_1\cos\theta_1 - n_2\cos\theta_2}{n_1\cos\theta_1 + n_2\cos\theta_2}\right)^2 + \frac{2n_1\cos\theta_1}{n_1\cos\theta_1 + n_2\cos\theta_2}\frac{2n_2\cos\theta_2}{n_2\cos\theta_2 + n_1\cos\theta_1} = 1$$

また，

$$r = \frac{n_1\cos\theta_1 - n_2\cos\theta_2}{n_1\cos\theta_1 + n_2\cos\theta_2} = -\frac{n_2\cos\theta_2 - n_1\cos\theta_1}{n_2\cos\theta_2 + n_1\cos\theta_1} = -r'$$

p 偏光に関しても同様.

7) 式 (2.118) から，p 偏光に対する反射率が 0 の条件は，

$$n_2\cos\theta_1 - n_1\cos\theta_2 = 0$$

この式と，スネルの屈折式より，

$$\frac{\cos\theta_1}{\cos\theta_2} = \frac{n_1}{n_2} = \frac{\sin\theta_2}{\sin\theta_1}$$

したがって，

$$\sin\theta_1\cos\theta_1 = \sin\theta_2\cos\theta_2$$

$$\sin 2\theta_1 = \sin 2\theta_2$$

よって，

$$\sin 2\theta_1 - \sin 2\theta_2 = 2\sin(\theta_1 - \theta_2)\cos(\theta_1 + \theta_2) = 0$$

これより，

$$\theta_1 - \theta_2 = 0, \qquad \theta_1 + \theta_2 = \pi/2$$

が得られ，第 1 式は，屈折の条件に合わないので，式 (2.124) が成立する．これよりブリュスター角が求まる.

8)

$$\beta = -k_2\sqrt{(n_1/n_2)^2\sin^2\theta_1 - 1} = -2\pi n_2/\lambda\sqrt{(n_1/n_2)^2\sin^2\theta_1 - 1}$$
$$= -2\pi/\lambda\sqrt{n_1^2\sin^2\theta_1 - n_2^2} = -2\cdot 3.14/0.63\sqrt{1.5^2\cdot\left(\frac{\sqrt{3}}{2}\right)^2 - 1} = -8.3\ \mu\mathrm{m}$$

第 3 章

1) 偏光 $\boldsymbol{E}_1(z,t)$ の振動方向は x 軸と 45°，偏光 $\boldsymbol{E}_2(z,t)$ の振動方向は x 軸と 30° であるので，両者間の角度は 15°.

もしくは，偏光 $\boldsymbol{E}_1(z,t)$ と偏光 $\boldsymbol{E}_2(z,t)$ の振動方向を表すベクトルをそれぞ

れ $\boldsymbol{a}$ と $\boldsymbol{b}$ とすると，

$$\boldsymbol{a} = \begin{pmatrix} 1 \\ 1 \end{pmatrix}, \qquad \boldsymbol{b} = \begin{pmatrix} \sqrt{3} \\ 1 \end{pmatrix}$$

であるので，

$$\boldsymbol{a} \cdot \boldsymbol{b} = |\boldsymbol{a}||\boldsymbol{b}| \cos\theta$$

の関係から，

$$1 \cdot \sqrt{3} + 1 \cdot 1 = \sqrt{2} \cdot 2\cos\theta$$

よって，

$$\cos\theta = \frac{\sqrt{3}+1}{2\sqrt{2}} = \frac{\sqrt{6}+\sqrt{2}}{4}$$

よって，$\theta = \pi/12$ から両偏光の振動方向のなす角は 15° である．

2）式 (3.20) を (3.22) で割ったものと式 (3.21) を (3.23) で割ったものは等しいので，

$$\frac{A_x \cos\phi_x \cos\psi + A_y \cos\phi_y \sin\psi}{A_x \sin\phi_x \sin\psi - A_y \sin\phi_y \cos\psi} = \frac{A_x \sin\phi_x \cos\psi + A_y \sin\phi_y \sin\psi}{-A_x \cos\phi_x \sin\psi + A_y \cos\phi_y \cos\psi}$$

$$(A_x^2 - A_y^2)\sin\psi\cos\psi = A_x A_y \cos^2\psi \cos(\phi_y - \phi_x) - A_x A_y \sin^2\psi \cos(\phi_y - \phi_x)$$

$$1/2 \cdot (A_x^2 - A_y^2)\sin 2\psi = A_x A_y (\cos^2\psi - \sin^2\psi)\cos\delta$$

したがって，式 (3.27) を得る．

楕円率角の定義式 (3.28)

$$\tan\chi = \frac{\mp a_2}{a_1}$$

を式 (3.26) に代入すると，

$$\frac{\tan\chi}{1+\tan^2\chi} = \frac{A_x A_y}{A_x^2 + A_y^2}\sin\delta$$

$$\sin 2\chi = \frac{2A_x A_y}{A_x^2 + A_y^2}\sin\delta$$

さらに，振幅比角の定義式 (3.30)

$$\tan\alpha = \frac{A_y}{A_x}$$

を代入すると，

$$\sin 2\chi = \frac{\tan\alpha}{1+\tan^2\alpha}\sin\delta$$

したがって，式 (3.31) 式が得られる．

3）入射波を

$$E_x(t) = A_x \exp[\mathrm{i}(-\omega t + \phi_x)]$$

$$E_y(t) = A_y \exp[\mathrm{i}(-\omega t + \phi_y)]$$

として，

$$I_{\mathrm{L}45} = |E_x/\sqrt{2} + E_y/\sqrt{2}|^2 = (|E_x|^2 + |E_y|^2 + E_x E_y^* + E_x^* E_y)/2$$

$$I_{\mathrm{L}-45} = |E_x/\sqrt{2} - E_y/\sqrt{2}|^2 = (|E_x|^2 + |E_y|^2 - E_x E_y^* - E_x^* E_y)/2$$

であることから，

$$S_2 = I_{\mathrm{L}45} - I_{\mathrm{L}-45} = E_x E_y^* + E_x^* E_y$$

また，

$$I_{\mathrm{CR}} = |E_x/\sqrt{2} + \mathrm{i}E_y/\sqrt{2}|^2 = (|E_x|^2 + |E_y|^2 - \mathrm{i}E_x E_y^* + \mathrm{i}E_x^* E_y)/2$$

$$I_{\mathrm{CL}} = |E_x/\sqrt{2} - \mathrm{i}E_y/\sqrt{2}|^2 = (|E_x|^2 + |E_y|^2 + \mathrm{i}E_x E_y^* - \mathrm{i}E_x^* E_y)/2$$

$$S_3 = I_{\mathrm{CR}} - I_{\mathrm{CL}} = -\mathrm{i}(E_x E_y^* - E_x^* E_y)$$

4）式 (3.27) から，

$$S_2 = S_1 \tan 2\psi$$

式 (3.29) から，

$$S_3 = S_0 \sin 2\chi$$

また，

$$S_1^2 = S_0^2 - S_2^2 - S_3^2 = S_0^2 - S_1^2 \tan^2 2\psi - S_0^2 \sin^2 2\chi$$

$$S_1^2(1 + \tan^2 2\psi) = S_0^2(1 - \sin^2 2\chi)$$

$$S_1^2 = S_0^2 \frac{1 - \sin^2 2\chi}{1 + \tan^2 2\psi} = S_0^2 \cos^2 2\chi \cos^2 2\psi$$

よって，

$$S_1 = S_0 \cos 2\chi \cos 2\psi$$

$$S_2 = S_1 \tan 2\psi = S_0 \sin 2\chi \cos 2\psi$$

5）　a）2 つの直線偏光を $\begin{pmatrix} A_1 \\ B_1 \end{pmatrix}$ と $\begin{pmatrix} A_2 \\ B_2 \end{pmatrix}$ とすると，これを重ね合わせると，

$$\begin{pmatrix} A_1 \\ B_1 \end{pmatrix} + \begin{pmatrix} A_2 \\ B_2 \end{pmatrix} = \begin{pmatrix} A_1 + A_2 \\ B_1 + B_2 \end{pmatrix}$$

となり，直線偏光が得られる．

偏光の方位角は，

$$\theta = \tan^{-1} \frac{B_1 + B_2}{A_1 + A_2}$$

b) 楕円偏光が，左回りであるとすると $\begin{pmatrix} A \\ \mathrm{i}B \end{pmatrix}$ と表すことができるので，

$$\begin{pmatrix} A \\ \mathrm{i}B \end{pmatrix} = \begin{pmatrix} A \\ \mathrm{i}A \end{pmatrix} + \begin{pmatrix} 0 \\ \mathrm{i}(B-A) \end{pmatrix} = A\begin{pmatrix} 1 \\ \mathrm{i} \end{pmatrix} + \mathrm{i}\begin{pmatrix} 0 \\ B-A \end{pmatrix}$$

となり，振幅 A の左回り円偏光と，振幅が $B-A$ の振動方向が y 軸方向の直線偏光の重ね合わせであることがわかる．

6) 入射する偏光成分を (E_x, E_y) とする．位相板の進相軸が水平方向であれば偏光成分は，$(E_x, E_y\exp(-\mathrm{i}\psi))$ となるので，偏光板透過後は，$E_x\cos\theta + E_y\exp(-\mathrm{i}\psi)\sin\theta$ となり，検出される光強度は，

$$\begin{aligned}
I(\theta,\psi) &= |E_x\cos\theta + E_y\exp(-\mathrm{i}\psi)\sin\theta|^2 \\
&= |E_x|^2\cos^2\theta + |E_y|^2\sin^2\theta \\
&\quad + E_xE_y^*\exp(\mathrm{i}\psi)\cos\theta\sin\theta + E_x^*E_y\exp(-\mathrm{i}\psi)\cos\theta\sin\theta \\
&= (|E_x|^2 + |E_y|^2)/2 + (|E_x|^2 - |E_y|^2)\cos(2\theta)/2 \\
&\quad + [(E_xE_y^* + E_x^*E_y)\cos\psi + \mathrm{i}(E_xE_y^* - E_x^*E_y)\sin\psi]\sin(2\theta)/2 \\
&= \frac{1}{2}\Big[S_0 + S_1\cos(2\theta) + S_2\sin(2\theta)\cos\psi - S_3\sin(2\theta)\sin\psi\Big]
\end{aligned}$$

7) 式 (3.44) ～ (3.47) に，式 (3.102) と式 (3.103) を代入するなどして，偏光子に入力前後の偏光のストークスベクトル $\boldsymbol{S}$ と $\boldsymbol{S'}$ を求め，ミューラー行列の式 (3.59) に代入して，各成分に対して

$$\begin{aligned}
p_x^2|E_x|^2 + p_y^2|E_y|^2 &= m_{00}(|E_x|^2 + |E_y|^2) + m_{01}(|E_x|^2 - |E_y|^2) \\
&\quad + m_{02}(E_xE_y^* + E_x^*E_y) - m_{03}\mathrm{i}(E_xE_y^* - E_x^*E_y)
\end{aligned}$$

$$\begin{aligned}
p_x^2|E_x|^2 - p_y^2|E_y|^2 &= m_{10}(|E_x|^2 + |E_y|^2) + m_{11}(|E_x|^2 - |E_y|^2) \\
&\quad + m_{12}(E_xE_y^* + E_x^*E_y) - m_{13}\mathrm{i}(E_xE_y^* - E_x^*E_y)
\end{aligned}$$

などの関係が成り立つので，これから，

$$m_{00} = \frac{1}{2}(p_x^2 + p_y^2), \qquad m_{01} = \frac{1}{2}(p_x^2 - p_y^2), \qquad m_{02} = 0, \qquad m_{03} = 0$$

などが得られ，最終的に式 (3.60) が得られる．

8) 式 (3.44) から，

$$\begin{aligned}
S_0' &= E_x'E_x'^* + E_y'E_y'^* \\
&= (E_x\cos\theta + E_y\sin\theta)(E_x^*\cos\theta + E_y\sin\theta) \\
&\quad + (-E_x\sin\theta + E_y\cos\theta)(-E_x^*\sin\theta + E_y^*\cos\theta) \\
&= E_xE_x^* + E_yE_y^* = S_0
\end{aligned}$$

式 (3.45) から,

$$\begin{aligned}S_1' &= E_x' E_x'^* - E_y' E_y'^* \\ &= (E_x \cos\theta + E_y \sin\theta)(E_x^* \cos\theta + E_y^* \sin\theta) \\ &\quad - (-E_x \sin\theta + E_y \cos\theta)(-E_x^* \sin\theta + E_y^* \cos\theta) \\ &= E_x E_x^* \cos 2\theta - E_y E_y^* \cos 2\theta + (E_x E_y^* + E_x^* E_y) \sin 2\theta \\ &= S_1 \cos 2\theta + S_2 \sin 2\theta\end{aligned}$$

同様に,

$$S_2' = -S_1 \sin 2\theta + S_2 \cos 2\theta$$

$$S_3' = S_3$$

9) ジョーンズベクトルは非偏光状態を表すことができない．この直線偏光子を,

$$\begin{pmatrix} a & b \\ c & d \end{pmatrix}$$

とすると，振動面が y 軸方向の直線偏光に対しては，同じ偏光状態を保つので,

$$\begin{pmatrix} a & b \\ c & d \end{pmatrix}\begin{pmatrix} 0 \\ 1 \end{pmatrix} = \begin{pmatrix} 0 \\ 1 \end{pmatrix}$$

が成り立つので,

$$b = 0, \qquad d = 1$$

また，この直線偏光子は，振動面が x 軸方向の直線偏光は透過しないので,

$$\begin{pmatrix} a & b \\ c & d \end{pmatrix}\begin{pmatrix} 1 \\ 0 \end{pmatrix} = \begin{pmatrix} 0 \\ 0 \end{pmatrix}$$

が成り立つので,

$$a = 0, \qquad c = 0$$

よって，この直線偏光子のジョーンズ行列は,

$$\begin{pmatrix} 0 & 0 \\ 0 & 1 \end{pmatrix}$$

10) 直線偏光子を,

$$\begin{pmatrix} a & b \\ c & d \end{pmatrix}$$

とし，振動面が x 軸に対して θ 方向の直線偏光とこれと直交する直線偏光は，それぞれ,

$$\begin{pmatrix} \cos\theta \\ \sin\theta \end{pmatrix}, \qquad \begin{pmatrix} -\sin\theta \\ \cos\theta \end{pmatrix}$$

と表されるので，振動面が x 軸に対して θ 方向の直線偏光に対しては，

$$\begin{pmatrix} a & b \\ c & d \end{pmatrix} \begin{pmatrix} \cos\theta \\ \sin\theta \end{pmatrix} = \begin{pmatrix} \cos\theta \\ \sin\theta \end{pmatrix}$$

これと直交する方向の直線偏光に対しては，

$$\begin{pmatrix} a & b \\ c & d \end{pmatrix} \begin{pmatrix} -\sin\theta \\ \cos\theta \end{pmatrix} = \begin{pmatrix} 0 \\ 0 \end{pmatrix}$$

であるので，

$$a = \cos^2\theta, \qquad b = \cos\theta\sin\theta, \qquad c = \cos\theta\sin\theta, \qquad d = \sin^2\theta$$

が得られる．

直線偏光子を θ 回転すると考えてもよい．その場合には，式 (3.93) 参照.

11)

$$\boldsymbol{J}(\phi) = \begin{pmatrix} 1 & 0 \\ 0 & \mathrm{i} \end{pmatrix} \begin{pmatrix} \cos\frac{\pi}{4} & -\sin\frac{\pi}{4} \\ \sin\frac{\pi}{4} & \cos\frac{\pi}{4} \end{pmatrix} \begin{pmatrix} \exp(-\mathrm{i}\phi/2) & 0 \\ 0 & \exp(\mathrm{i}\phi/2) \end{pmatrix}$$
$$\begin{pmatrix} \cos\frac{\pi}{4} & \sin\frac{\pi}{4} \\ -\sin\frac{\pi}{4} & \cos\frac{\pi}{4} \end{pmatrix} \begin{pmatrix} 1 \\ 0 \end{pmatrix} = \begin{pmatrix} \cos(\phi/2) \\ \sin(\phi/2) \end{pmatrix}$$

したがって，方位角 $\phi/2$ の直線偏光が得られる．この方位角を測定するには，直線偏光子を回転させて，方位 θ で消光したとすると，$\phi = 2\theta - \pi$ からリターダンスが求まる．

第　4　章

1）式 (4.37) より，

$$2A_1A_2/(A_1^2 + A_2^2) = 2 \cdot 0.8 \cdot 1/(0.8^2 + 1) = 0.98$$

2）式 (4.37) より，$x = A_2/A_1$ として，

$$2A_1A_2/(A_1^2 + A_2^2) = 2A_1^2x/(A_1^2 + A_1^2x^2) = 2x/(x^2 + 1) = 1/2$$

これを解いて，$x = 2 \pm \sqrt{3}$．よって，比は 3.73.

3）式 (4.6) と同じ考えで，

$$\begin{aligned} I(\boldsymbol{r}) &= |A_1 \exp[\mathrm{i}(\boldsymbol{k}_1 \cdot \boldsymbol{r} - \omega t)] + A_2 \exp[\mathrm{i}(\boldsymbol{k}_2 \cdot \boldsymbol{r} - \omega t)]|^2 \\ &= A_1^2 + A_2^2 + 2A_1A_2 \cos[(\boldsymbol{k}_1 - \boldsymbol{k}_2) \cdot \boldsymbol{r}] \end{aligned}$$

干渉縞の格子パターンは，$\cos(\boldsymbol{K} \cdot \boldsymbol{r})$ と表すことができるので，$\boldsymbol{K} = \boldsymbol{k}_1 - \boldsymbol{k}_2$ が示せる．これを図示すると，図 3 が得られる．

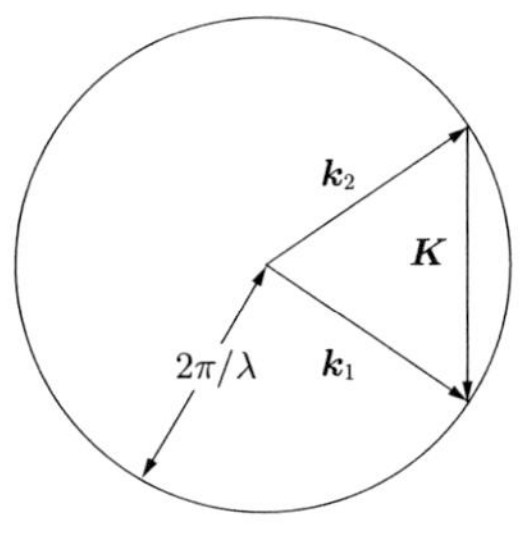

図 3

4) 光源上の 1 点から S_1 を通過して P 点に至る光路長は,

$$L_1 = \sqrt{r_0'^2 + (\xi + d/2)^2} + \sqrt{r_0^2 + (x + d/2)^2}$$
$$\approx r_0' + (\xi + d/2)^2/(2r_0') + r_0 + (x + d/2)^2/(2r_0)$$

同じく, 光源上の 1 点から S_2 を通過して P 点に至る光路長は,

$$L_2 = \sqrt{r_0'^2 + (\xi - d/2)^2} + \sqrt{r_0^2 + (x - d/2)^2}$$
$$\approx r_0' + (\xi - d/2)^2/(2r_0') + r_0 + (x - d/2)^2/(2r_0)$$
$$\delta = \frac{2\pi}{\lambda}(L_1 - L_2) = (2\pi dx)/(\lambda r_0) + (2\pi d\xi)/(\lambda r_0')$$

式 (4.9) に代入すれば, 式 (4.23) が得られる.

5) 図 4.12 と同様に座標をとる. ただしここでは, 平面と球面が接しているのではなく, 2 つの球面 (半径 R_1 と半径 R_2) が接している. 両者の間隔は, 式 (4.53) を参考にして,

$$\Delta = \frac{r^2}{2R_2} - \frac{r^2}{2R_1}$$

であるので, 位相差は

$$\delta = \frac{2\pi}{\lambda_0} 2 \frac{1}{2}\left(\frac{1}{R_2} - \frac{1}{R_1}\right) r^2 \pm \pi$$
$$r = \sqrt{\frac{m\lambda_0 R_1 R_2}{|R_1 - R_2|}} \qquad m = 0, 1, 2, \ldots$$

のところに円環上の暗縞が見える.

6) エネルギー保存則より, $I_0 = I_{\rm R} + I_{\rm T}$ であるので, 式 (4.61) より,

$$\frac{I_{\rm T}}{I_0} = 1 - \frac{I_{\rm R}}{I_0} = 1 - \frac{4R\sin^2\frac{\delta}{2}}{(1-R)^2 + 4R\sin^2\frac{\delta}{2}} = \frac{(1-R)^2}{(1-R)^2 + 4R\sin^2\frac{\delta}{2}}$$

7) 式 (4.100) において, $N = 0$ の場合であるから,

$$R = \left(\frac{1 - \left(\frac{n_{\rm H}}{n_0}\right)\left(\frac{n_{\rm H}}{n_{\rm s}}\right)}{1 + \left(\frac{n_{\rm H}}{n_0}\right)\left(\frac{n_{\rm H}}{n_{\rm s}}\right)}\right)^2 = \left(\frac{n_0 n_{\rm s} - n^2}{n_0 n_{\rm s} + n^2}\right)^2$$

また, $n^2 = n_0 n_{\rm s}$ のときに $R = 0$ となる.

8) 第0層，第1層，第2層，基板の光学アドミッタンスは，それぞれ

$$Y_0 = \sqrt{\frac{\epsilon_0}{\mu_0}} n_0, \qquad Y_1 = \sqrt{\frac{\epsilon_0}{\mu_0}} n_1, \qquad Y_2 = \sqrt{\frac{\epsilon_0}{\mu_0}} n_2, \qquad Y_\mathrm{s} = \sqrt{\frac{\epsilon_0}{\mu_0}} n_\mathrm{s}$$

特性行列は，

$$[M_1] = \begin{pmatrix} 0 & \mathrm{i}/Y_1 \\ \mathrm{i}Y_1 & 0 \end{pmatrix} \begin{pmatrix} 0 & \mathrm{i}/Y_2 \\ \mathrm{i}Y_2 & 0 \end{pmatrix} = \begin{pmatrix} -n_2/n_1 & 0 \\ 0 & -n_1/n_2 \end{pmatrix}$$

よって，式 (4.92) を用いて，

$$R = \left(\frac{Y_0(m_{11} + Y_\mathrm{s} m_{12}) - (m_{21} + Y_\mathrm{s} m_{22})}{Y_0(m_{11} + Y_\mathrm{s} m_{12}) + (m_{21} + Y_\mathrm{s} m_{22})} \right)^2$$

$$= \left(\frac{n_0(-n_2/n_1) - n_\mathrm{s}(-n_1/n_2)}{n_0(-n_2/n_1) + n_\mathrm{s}(-n_1/n_2)} \right)^2 = \left(\frac{n_0 n_2^2 - n_\mathrm{s} n_1^2}{n_0 n_2^2 + n_\mathrm{s} n_1^2} \right)^2$$

よって，

$$\left(\frac{n_2}{n_1} \right)^2 = \frac{n_\mathrm{s}}{n_0}$$

のとき，$R = 0$ となる．

第 5 章

1) 式 (5.64) より，

$$2\Delta\rho_0 = 2 \cdot 1.22 \lambda f'/D = 2 \cdot 1.22 \cdot 0.55 \cdot 10^{-3} \cdot 3000/100 = 40\ \mu\mathrm{m}$$

2) 式 (5.64) を用いて，伝搬する距離を z とすると，

$$1.22 \cdot 0.632 \cdot 10^{-3} z/2 \cdot 2 = 4$$

これより，$z = 5.2$ m．

3) 式 (5.32) より，

$$\mathcal{E}(x,y) = \int_{-D-d/2}^{-D+d/2} \exp\Big(-\frac{\mathrm{i}2\pi}{\lambda r_0} x\xi\Big) \mathrm{d}\xi + \int_{-d/2}^{d/2} \exp\Big(-\frac{\mathrm{i}2\pi}{\lambda r_0} x\xi\Big) \mathrm{d}\xi$$
$$+ \int_{D-d/2}^{D+d/2} \exp\Big(-\frac{\mathrm{i}2\pi}{\lambda r_0} x\xi\Big) \mathrm{d}\xi$$

右辺第1項は，

$$\int_{-D-d/2}^{-D+d/2} \exp\Big(-\frac{\mathrm{i}2\pi}{\lambda r_0} x\xi\Big) \mathrm{d}\xi = \exp\Big(\mathrm{i}\frac{2\pi D}{\lambda r_0} x\Big) \frac{\sin(\frac{\pi d}{\lambda r_0} x)}{\frac{\pi}{\lambda r_0} x}$$

同様に，第2項と第3項も計算すると，

$$\mathcal{E}(x,y) = \exp\left(\mathrm{i}\frac{2\pi D}{\lambda r_0}x\right)\frac{\sin(\frac{\pi d}{\lambda r_0}x)}{\frac{\pi}{\lambda r_0}x} + \frac{\sin(\frac{\pi d}{\lambda r_0}x)}{\frac{\pi}{\lambda r_0}x}$$
$$+\exp\left(-\mathrm{i}\frac{2\pi D}{\lambda r_0}x\right)\frac{\sin(\frac{\pi d}{\lambda r_0}x)}{\frac{\pi}{\lambda r_0}x}$$
$$=\left(1+2\cos\frac{2\pi D}{\lambda r_0}x\right)\frac{\sin(\frac{\pi d}{\lambda r_0}x)}{\frac{\pi}{\lambda r_0}x}$$

4) 式 (5.32) より,

$$\mathcal{E}(x,y) = \int_{-d/2}^{d/2}\int_{-D/2-d/2}^{-D/2+d/2}\exp\left[-\frac{\mathrm{i}2\pi}{\lambda r_0}(x\xi+y\eta)\right]\mathrm{d}\xi\mathrm{d}\eta$$
$$+\int_{-d/2}^{d/2}\int_{D/2-d/2}^{D/2+d/2}\exp\left[-\frac{\mathrm{i}2\pi}{\lambda r_0}(x\xi+y\eta)\right]\mathrm{d}\xi\mathrm{d}\eta$$
$$=2\cos\left(\frac{2\pi D}{\lambda r_0}x\right)\frac{\sin(\frac{\pi d}{\lambda r_0}x)}{\frac{\pi}{\lambda r_0}x}\frac{\sin(\frac{\pi d}{\lambda r_0}y)}{\frac{\pi}{\lambda r_0}y}$$

右辺は 1 つの開口の回折による項 $[\sin(\pi dx/\lambda r_0)/(\pi x/\lambda r_0)]\times[\sin(\pi dy/\lambda r_0)/(\pi y/\lambda r_0)]$ と開口が距離 D だけ離れて 2 つあることによる項 $\cos(\pi Dx/\lambda r_0)$ の積である.

5) 問題 4 の解答から, 回折像の振幅分布は, 開口が距離 D だけ離れている複開口の項 $\cos(\pi Dx/\lambda r_0)$ と 1 つの円形開口の回折像の振幅分布 (5.61) の積であるから,

$$\mathcal{E}(x,y) = \pi R^2\frac{2J_1(\frac{2\pi R\rho_0}{\lambda r_0})}{\frac{2\pi R\rho_0}{\lambda r_0}}\cdot\cos\left(\frac{2\pi D}{\lambda r_0}x\right)$$

ただし, $\rho_0=\sqrt{x^2+y^2}$.

6) まず, 図 4 に示すように座標をとり, 開口を (a), (b), (c), (d) のように 4 つの部分に分ける. (a) の部分からのフラウンホーファー回折波の振幅は, 式 (5.32) から,

$$u_a(x,y) = \int_{w/2}^{W/2}\exp\left(-\mathrm{i}\frac{2\pi}{\lambda r_0}\xi x\right)\mathrm{d}\xi\times\int_{-W/2}^{W/2}\exp\left(-\mathrm{i}\frac{2\pi}{\lambda r_0}\eta y\right)\mathrm{d}\eta$$
$$=\frac{\exp(-\mathrm{i}\pi wx/\lambda r_0)-\exp(-\mathrm{i}\pi Wx/\lambda r_0)}{2\mathrm{i}\pi x/\lambda r_0}\cdot\frac{\sin(\pi Wy/\lambda r_0)}{\pi y/\lambda r_0}$$

ほかの開口からの寄与も,

$$u_b(x,y) = \frac{\sin(\pi wx/\lambda r_0)}{\pi x/\lambda r_0}\cdot\frac{\exp(-\mathrm{i}\pi wy/\lambda r_0)-\exp(-\mathrm{i}\pi Wy/\lambda r_0)}{2\mathrm{i}\pi y/\lambda r_0}$$
$$u_c(x,y) = \frac{\exp(\mathrm{i}\pi Wx/\lambda r_0)-\exp(\mathrm{i}\pi wx/\lambda r_0)}{2\mathrm{i}\pi x/\lambda r_0}\cdot\frac{\sin(\pi Wy/\lambda r_0)}{\pi y/\lambda r_0}$$
$$u_d(x,y) = \frac{\sin(\pi wx/\lambda r_0)}{\pi x/\lambda r_0}\cdot\frac{\exp(\mathrm{i}\pi Wy/\lambda r_0)-\exp(\mathrm{i}\pi wy/\lambda r_0)}{2\mathrm{i}\pi y/\lambda r_0}$$

開口全体では,

$$
\begin{aligned}
u(x,y) &= u_a(x,y)+u_b(x,y)+u_c(x,y)+u_d(x,y)\\
&= \frac{\exp\left(-\frac{\mathrm{i}\pi wx}{\lambda r_0}\right)-\exp\left(-\frac{\mathrm{i}\pi Wx}{\lambda r_0}\right)+\exp\left(\frac{\mathrm{i}\pi Wx}{\lambda r_0}\right)-\exp\left(\frac{\mathrm{i}\pi wx}{\lambda r_0}\right)}{2\mathrm{i}\pi x/\lambda r_0}\cdot\frac{\sin\left(\frac{\pi Wy}{\lambda r_0}\right)}{\pi y/\lambda r_0}\\
&\quad+\frac{\sin\left(\frac{\pi wx}{\lambda r_0}\right)}{2\mathrm{i}\pi x/\lambda r_0}\cdot\frac{\exp\left(-\frac{\mathrm{i}\pi wy}{\lambda r_0}\right)-\exp\left(-\frac{\mathrm{i}\pi Wy}{\lambda r_0}\right)+\exp\left(\frac{\mathrm{i}\pi Wy}{\lambda r_0}\right)-\exp\left(\frac{\mathrm{i}\pi wy}{\lambda r_0}\right)}{\pi y/\lambda r_0}\\
&= \frac{\sin\left(\frac{\pi Wx}{\lambda r_0}\right)-\sin\left(\frac{\pi wx}{\lambda r_0}\right)}{\pi x/\lambda r_0}\cdot\frac{\sin\left(\frac{\pi Wy}{\lambda r_0}\right)}{\pi y/\lambda r_0}\\
&\quad+\frac{\sin\left(\frac{\pi wx}{\lambda r_0}\right)}{\pi x/\lambda r_0}\cdot\frac{\sin\left(\frac{\pi Wy}{\lambda r_0}\right)-\sin\left(\frac{\pi wy}{\lambda r_0}\right)}{\pi y/\lambda r_0}\\
&= \frac{\sin\left(\frac{\pi Wx}{\lambda r_0}\right)}{\pi x/\lambda r_0}\cdot\frac{\sin\left(\frac{\pi Wy}{\lambda r_0}\right)}{\pi y/\lambda r_0}-\frac{\sin\left(\frac{\pi wx}{\lambda r_0}\right)}{\pi x/\lambda r_0}\cdot\frac{\sin\left(\frac{\pi wy}{\lambda r_0}\right)}{\pi y/\lambda r_0}
\end{aligned}
$$

したがって，回折像の強度分布は,

$$I(x,y)=|u(x,y)|^2$$

である．決して,

$$I(x,y)=|u_a(x,y)|^2+|u_b(x,y)|^2+|u_c(x,y)|^2+|u_d(x,y)|^2$$

としてはいけない．(なぜか？)

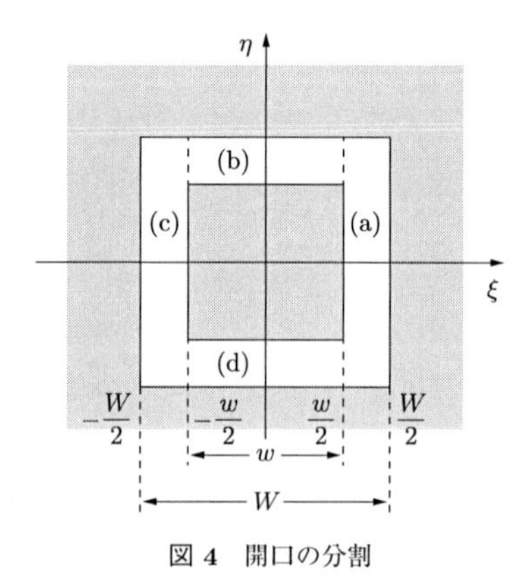

図 4　開口の分割

別解として，幅 W の矩形開口のフラウンホーファー回折は,

$$u_W(x,y)=\frac{\sin(\pi Wx/\lambda r_0)}{\pi x/\lambda r_0}\cdot\frac{\sin(\pi Wy/\lambda r_0)}{\pi y/\lambda r_0}$$

で与えられ，幅 w の矩形開口のフラウンホーファー回折は，

$$u_w(x,y)=\frac{\sin(\pi wx/\lambda r_0)}{\pi x/\lambda r_0}\cdot\frac{\sin(\pi wy/\lambda r_0)}{\pi y/\lambda r_0}$$

であるので，開口全体からの寄与は，

$$\begin{aligned}u(x,y)&=u_W(x,y)-u_w(x,y)\\&=\frac{\sin(\pi Wx/\lambda r_0)}{\pi x/\lambda r_0}\cdot\frac{\sin(\pi Wy/\lambda r_0)}{\pi y/\lambda r_0}-\frac{\sin(\pi wx/\lambda r_0)}{\pi x/\lambda r_0}\cdot\frac{\sin(\pi wy/\lambda r_0)}{\pi y/\lambda r_0}\end{aligned}$$

とすることもできる．この方が計算の対称性が増し見通しがよい．

7）式 (5.32) より，

$$\begin{aligned}\mathcal{E}(x,y)&=\int_{-W_y/2}^{W_y/2}\int_{-W_x/2}^{0}(-1)\exp\Big[-\frac{\mathrm{i}2\pi}{\lambda r_0}(x\xi+y\eta)\Big]\mathrm{d}\xi\mathrm{d}\eta\\&\quad+\int_{-W_y/2}^{W_y/2}\int_{0}^{W_x/2}\exp\Big[-\frac{\mathrm{i}2\pi}{\lambda r_0}(x\xi+y\eta)\Big]\mathrm{d}\xi\mathrm{d}\eta\\&=\Big\{-\frac{1-\exp[-\mathrm{i}\frac{2\pi x}{\lambda r_0}(-W_x/2)]}{-\mathrm{i}\frac{2\pi}{\lambda r_0}x}+\frac{\exp[-\mathrm{i}\frac{2\pi x}{\lambda r_0}(W_x/2)]-1}{-\mathrm{i}\frac{2\pi}{\lambda r_0}x}\Big\}\\&\quad\times\frac{\sin(\pi W_y y/\lambda r_0)}{\pi y/\lambda r_0}\\&=\Big[\mathrm{i}\frac{\cos(\pi W_x x/\lambda r_0)-1}{\pi x/\lambda r_0}\Big]\cdot\frac{\sin(\pi W_y y/\lambda r_0)}{\pi y/\lambda r_0}\end{aligned}$$

8）半径 R_2 と半径 R_1 の円形開口のフラウンホーファー回折は，式 (5.61) より求められ，両者の差が求めるものである．

$$\mathcal{E}(x,y)=\pi R_1^2\frac{2J_1(\frac{2\pi R_1\rho_0}{\lambda r_0})}{\frac{2\pi R_1\rho_0}{\lambda r_0}}-\pi R_2^2\frac{2J_1(\frac{2\pi R_2\rho_0}{\lambda r_0})}{\frac{2\pi R_2\rho_0}{\lambda r_0}}$$

ただし，$\rho_0=\sqrt{x^2+y^2}$.

9）式 (5.32) より，

$$\begin{aligned}\mathcal{E}(x,y)&=\int_{-\infty}^{\infty}\Big[\frac{1}{2}+A\cos\Big(\frac{2\pi\xi}{p}\Big)\Big]\exp\Big(-\mathrm{i}\frac{2\pi x\xi}{\lambda r_0}\Big)\mathrm{d}\xi\\&=\int_{-\infty}^{\infty}\Big\{\frac{1}{2}+\frac{A}{2}\Big[\exp\Big(\mathrm{i}\frac{2\pi\xi}{p}\Big)+\exp\Big(-\mathrm{i}\frac{2\pi\xi}{p}\Big)\Big]\Big\}\exp\Big(-\mathrm{i}\frac{2\pi x\xi}{\lambda r_0}\Big)\mathrm{d}\xi\\&=\frac{1}{2}\delta(x)+\frac{A}{2}\delta\Big(x-\frac{\lambda r_0}{p}\Big)+\frac{A}{2}\delta\Big(x+\frac{\lambda r_0}{p}\Big)\end{aligned}$$

10）式 (5.32) より，入射波の振幅を A として，

$$\begin{aligned}\mathcal{E}(x,y)&=\int_{-\infty}^{\infty}A\exp\Big\{\mathrm{i}\frac{2\pi d}{\lambda}\Big[n_0+\alpha\cos\Big(\frac{2\pi\xi}{p}\Big)\Big]\Big\}\exp\Big(-\mathrm{i}\frac{2\pi x\xi}{\lambda r_0}\Big)\mathrm{d}\xi\\&=A\exp\Big(\mathrm{i}\frac{2\pi n_0 d}{\lambda}\Big)\int_{-\infty}^{\infty}\exp\Big[\mathrm{i}\frac{2\pi d\alpha}{\lambda}\cos\Big(\frac{2\pi\xi}{p}\Big)\Big]\exp\Big(-\mathrm{i}\frac{2\pi x\xi}{\lambda r_0}\Big)\mathrm{d}\xi\end{aligned}$$

ここで，ベッセル関数の公式 (G.22) を使うと，

$$\exp(\mathrm{i}x\cos\theta) = \sum_{m=-\infty}^{\infty} \exp\Big(\mathrm{i}\frac{\pi m}{2}\Big) J_m(x)\exp(\mathrm{i}m\theta)$$

であるから，

$$\begin{aligned}
&\mathcal{E}(x,y)\\
&= A\exp\Big(\mathrm{i}\frac{2\pi n_0 d}{\lambda}\Big)\int_{-\infty}^{\infty}\sum_{m=-\infty}^{\infty}\exp\Big(\mathrm{i}\frac{\pi m}{2}\Big)J_m\Big(\frac{2\pi d\alpha}{\lambda}\Big)\exp\Big(\mathrm{i}\frac{2\pi m\xi}{p}\Big)\\
&\quad\times\exp\Big(-\mathrm{i}\frac{2\pi x\xi}{\lambda r_0}\Big)\mathrm{d}\xi\\
&= A\exp\Big(\mathrm{i}\frac{2\pi n_0 d}{\lambda}\Big)\sum_{m=-\infty}^{\infty}\exp\Big(\mathrm{i}\frac{\pi m}{2}\Big)J_m\Big(\frac{2\pi d\alpha}{\lambda}\Big)\delta\Big(x-\frac{\lambda r_0}{p}m\Big)
\end{aligned}$$

11）

$$\theta_x = \frac{0.63}{8}\cdot\frac{180}{\pi} = 4.5^\circ$$

$$\theta_y = \frac{0.63}{3}\cdot\frac{180}{\pi} = 12.0^\circ$$

12）レンズ L_2 から集光スポットまでの距離は $s' = 75$ mm であるので，

$$d = 1.22\cdot 0.6328\cdot 75/10\times 2 = 12\mu\mathrm{m}$$

レンズ L_2 の開口面を一様にするためには，このレンズの F ナンバーが顕微鏡対物レンズの F ナンバーと等しいか，もしくは大きい必要がある．

第 6 章

1）フーリエ変換を

$$G(\nu) = \int_{-\infty}^{\infty} g(x)\exp(-\mathrm{i}2\pi x\nu)\mathrm{d}x$$

とする．$g(\alpha x)$ のフーリエ変換を求めるには，$x' = \alpha x$，$\nu' = \nu/\alpha$ と置いて，

$$\begin{aligned}
\int_{-\infty}^{\infty} g(\alpha x)\exp(-\mathrm{i}2\pi x\nu)\mathrm{d}x &= \int_{-\infty}^{\infty} g(x')\exp(-\mathrm{i}2\pi x'\nu/\alpha)\mathrm{d}x'/\alpha\\
&= \frac{1}{\alpha}\int_{-\infty}^{\infty} g(x')\exp(-\mathrm{i}2\pi x'\nu')\mathrm{d}x'\\
&= \frac{1}{\alpha}G(\nu') = \frac{1}{\alpha}G\Big(\frac{\nu}{\alpha}\Big)
\end{aligned}$$

2)

$$\begin{aligned}
&\mathcal{F}\Big[\int_{-\infty}^{\infty} g_1(x')g_2(x-x')\mathrm{d}x'\Big]\\
&= \iint g_1(x')g_2(x-x')\mathrm{d}x' \exp(-\mathrm{i}2\pi\nu x)\mathrm{d}x\\
&= \int\Big[\int g_2(x-x')\exp(-\mathrm{i}2\pi\nu x)\mathrm{d}x\Big]g_1(x')\mathrm{d}x'\\
&= \int G_2(\nu)\exp(-\mathrm{i}2\pi\nu x')g_1(x')\mathrm{d}x'\\
&= G_2(\nu)\int g_1(x')\exp(-\mathrm{i}2\pi\nu x')\mathrm{d}x' = G_1(\nu)G_2(\nu)
\end{aligned}$$

3) 関数 $\mathrm{rect}(x')$ を図示すると図 5(a) になる．コンボリューション積分は，図 5(b) のように，$\mathrm{rect}(-x')$ を x ずらして $\mathrm{rect}(x-x')$ とし両者の重なった部分の面積を x の関数として表示すればよい (図 5(c)).

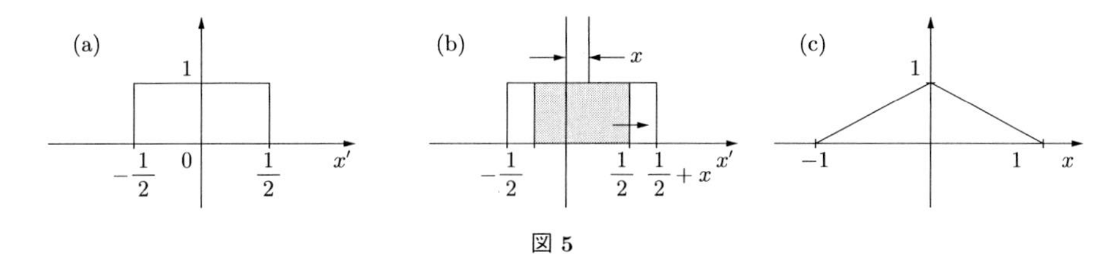

図 5

4)

$$\Lambda(x) = \mathrm{rect}(x) * \mathrm{rect}(x)$$

の両辺をフーリエ変換すると，コンボリューション定理より，

$$\mathcal{F}[\Lambda(x)] = \mathrm{sinc}(\nu)\cdot\mathrm{sinc}(\nu) = \mathrm{sinc}^2(\nu)$$

5)

$$\begin{aligned}
\mathcal{F}[\mathrm{e}^{-\pi x^2}] &= \int \exp(-\pi x^2 - \mathrm{i}2\pi\nu x)\mathrm{d}x = \int \exp[-\pi(x+\mathrm{i}\nu)^2 - \pi\nu^2]\mathrm{d}x\\
&= \mathrm{e}^{-\pi\nu^2}\int_{-\infty}^{\infty}\mathrm{e}^{-\pi x^2}\mathrm{d}x = 2\mathrm{e}^{-\pi\nu^2}\int_0^{\infty}\mathrm{e}^{-\pi x^2}\mathrm{d}x
\end{aligned}$$

ここで，$\pi x^2 = X$ とおくと，積分の部分は，

$$\int_0^{\infty}\mathrm{e}^{-\pi x^2}\mathrm{d}x = \frac{1}{2\sqrt{\pi}}\int_0^{\infty}\mathrm{e}^{-X}X^{-1/2}\mathrm{d}X$$

この積分は，ガンマ関数で式 (G.24) より，$\Gamma(1/2)$ になり，これは，式 (G.25) より $\sqrt{\pi}$ に等しい．この結果，

$$\mathcal{F}[\mathrm{e}^{-\pi x^2}] = \mathrm{e}^{-\pi\nu^2}$$

6）まず，

$$\mathcal{F}\left[\exp\left(\frac{\mathrm{i}\pi}{\lambda z}x^2\right)\right] = \int \exp\left[\frac{\mathrm{i}\pi}{\lambda z}(x-\lambda z\nu_x)^2 - \frac{\mathrm{i}\pi}{\lambda z}(\lambda z\nu_x)^2\right]\mathrm{d}x$$
$$= \exp(-\mathrm{i}\pi\lambda z\nu_x^2)\int \exp\left(\frac{\mathrm{i}\pi}{\lambda z}x^2\right)\mathrm{d}x$$

この積分は，ガウス積分 (G.26) であるので，

$$\exp(-\mathrm{i}\pi\lambda z\nu_x^2)\int \exp\left(\frac{\mathrm{i}\pi}{\lambda z}x^2\right)\mathrm{d}x = \exp(-\mathrm{i}\pi\lambda z\nu_x^2)\sqrt{\frac{\lambda z}{-\mathrm{i}}}$$

y に関する積分も同様であるので，全体では，

$$\mathcal{F}\left[\exp\left(\frac{\mathrm{i}\pi}{\lambda z}(x^2+y^2)\right)\right] = \exp(-\mathrm{i}\pi\lambda z\nu_x^2)\sqrt{\frac{\lambda z}{-\mathrm{i}}} \times \exp(-\mathrm{i}\pi\lambda z\nu_y^2)\sqrt{\frac{\lambda z}{-\mathrm{i}}}$$
$$= \mathrm{i}\lambda z\exp[-\mathrm{i}\pi\lambda z(\nu_x^2+\nu_y^2)]$$

7）レンズを透過直後の波面は，

$$u_{\mathrm{B}}(x',y') = t(x',y')g(x',y') = \exp\left[-\mathrm{i}\frac{\pi}{\lambda f'}(x'^2+y'^2)\right]g(x',y')$$

焦点面における波面は，

$$u_{\mathrm{F'}}(x'',y'') = \iint_{-\infty}^{\infty} u_{\mathrm{B}}(x',y')\exp\left\{\mathrm{i}\frac{\pi}{\lambda f'}\left[(x''-x')^2+(y''-y')^2\right]\right\}\mathrm{d}x'\mathrm{d}y'$$

したがって，

$$u_{\mathrm{F'}}(x'',y'') = \iint_{-\infty}^{\infty} g(x',y')\exp\left[-\mathrm{i}\frac{\pi}{\lambda f'}(x'^2+y'^2)\right]$$
$$\times\exp\left\{\mathrm{i}\frac{\pi}{\lambda f'}\left[(x''-x')^2+(y''-y')^2\right]\right\}\mathrm{d}x'\mathrm{d}y'$$
$$= \exp\left[\mathrm{i}\frac{\pi}{\lambda f'}(x''^2+y''^2)\right]\iint_{-\infty}^{\infty} g(x',y')\exp\left[-\mathrm{i}\frac{2\pi}{\lambda f'}(x'x''+y'y'')\right]\mathrm{d}x'\mathrm{d}y'$$

8）物体面に到達する光波は，

$$u_{\mathrm{o}}(x,y) = \exp\left[-\mathrm{i}\frac{\pi}{\lambda f'}(x^2+y^2)\right] * \exp\left[\mathrm{i}\frac{\pi}{\lambda d}(x^2+y^2)\right]$$
$$= \iint \exp\left[-\mathrm{i}\frac{\pi}{\lambda f'}(x'^2+y'^2)\right]\exp\left[\mathrm{i}\frac{\pi}{\lambda d}(x-x')^2+(y-y')^2\right]\mathrm{d}x'\mathrm{d}y'$$
$$= \exp\left[\mathrm{i}\frac{\pi}{\lambda d}(x^2+y^2)\right]$$
$$\times\iint \exp\left\{\mathrm{i}\frac{\pi(f'-d)}{\lambda f'd}\left[\left(x'-\frac{f'}{f'-d}x\right)^2+\left(y'-\frac{f'}{f'-d}y\right)^2\right]\right.$$
$$\left.-\mathrm{i}\frac{\pi f'}{\lambda(f'-d)d}(x^2+y^2)\right\}\mathrm{d}x'\mathrm{d}y'$$
$$= \exp\left[\mathrm{i}\frac{\pi}{\lambda d}(x^2+y^2)\right]\frac{\mathrm{i}\lambda f'd}{f'-d}\exp\left[-\mathrm{i}\frac{\pi f'}{\lambda(f'-d)d}(x^2+y^2)\right]$$
$$= \mathrm{i}\frac{\lambda f'd}{f'-d}\exp\left[-\mathrm{i}\frac{\pi}{\lambda(f'-d)}(x^2+y^2)\right]$$

物体面を透過した直後の波面が距離 $f'-d$ だけ伝搬すると焦点面に到達するので，焦点面での波面は，

$$u_{\mathrm{F}}(x'',y'')=[u_{\mathrm{o}}(x'',y'')g(x'',y'')]*\exp\left[\mathrm{i}\frac{\pi}{\lambda(f'-d)}(x''^2+y''^2)\right]$$

したがって，

$$\begin{aligned}u_{\mathrm{F}}(x'',y'')&=\iint \mathrm{i}\frac{\lambda f'd}{f'-d}\exp\left[-\mathrm{i}\frac{\pi}{\lambda(f'-d)}(x'^2+y'^2)\right]\\&\quad\times g(x',y')\exp\left[\mathrm{i}\frac{\pi}{\lambda(f'-d)}[(x''-x')^2+(y''-y')^2\right]\mathrm{d}x'\mathrm{d}y'\\&=\mathrm{i}\frac{\lambda f'd}{f'-d}\exp\left[\mathrm{i}\frac{\pi}{\lambda(f'-d)}(x''^2+y''^2)\right]\\&\quad\times\iint g(x',y')\exp\left[-\mathrm{i}\frac{2\pi}{\lambda(f'-d)}(x''x'+y''y')\right]\mathrm{d}x'\mathrm{d}y'\\&=\mathrm{i}\frac{\lambda f'd}{f'-d}\exp\left[\mathrm{i}\frac{\pi}{\lambda(f'-d)}(x''^2+y''^2)\right]G\left[\frac{x''}{\lambda(f'-d)},\frac{y''}{\lambda(f'-d)}\right]\end{aligned}$$

この場合も，$g(x,y)$ のフーリエ変換 $G[x''/\lambda(f'-d),y''/\lambda(f'-d)]$ が得られる．ただし，倍率は異なる．

9) 簡単化のため，1 次元で考える．ホログラム面における強度分布は，物体から回折されてきた波面を $a(x-x_0)$ とし，参照光は $r\exp(\mathrm{i}\pi x^2/\lambda d)$ であるので，

$$I(x)=\left|a(x-x_0)+r\exp\left(\mathrm{i}\frac{\pi x^2}{\lambda d}\right)\right|^2$$

ホログラムの振幅透過率は，

$$\begin{aligned}h(x)=h_0+\gamma\Big[&|a(x-x_0)|^2+r^2+a(x-x_0)r\exp\left(-\mathrm{i}\frac{\pi x^2}{\lambda d}\right)\\&+a^*(x-x_0)r\exp\left(\mathrm{i}\frac{\pi x^2}{\lambda d}\right)\Big]\end{aligned}$$

このホログラムを平行光で再生すると，ホログラムから距離 d の位置における振幅分布は，

$$\begin{aligned}&\int h(x)\exp\left[\mathrm{i}\frac{\pi(x-\xi)^2}{\lambda d}\right]\mathrm{d}x\\&=\int\Big\{h_0+\gamma\Big[|a(x-x_0)|^2+r^2+a(x-x_0)r\exp\left(-\mathrm{i}\frac{\pi x^2}{\lambda d}\right)\\&\qquad+a^*(x-x_0)r\exp\left(\mathrm{i}\frac{\pi x^2}{\lambda d}\right)\Big]\Big\}\exp\left[\mathrm{i}\frac{\pi(x-\xi)^2}{\lambda d}\right]\mathrm{d}x\end{aligned}$$

+1 次回折波に相当する項は，

$$\begin{aligned}&\int a(x-x_0)r\exp\left(-\mathrm{i}\frac{\pi x^2}{\lambda d}\right)\exp\left[\mathrm{i}\frac{\pi(x-\xi)^2}{\lambda d}\right]\mathrm{d}x\\&\quad=r\exp\left(\mathrm{i}\frac{\pi\xi^2}{\lambda d}\right)\int a(x-x_0)\exp\left(-\mathrm{i}\frac{2\pi x}{\lambda d}\right)\mathrm{d}x\\&\quad=r\exp\left(\mathrm{i}\frac{\pi\xi^2}{\lambda d}\right)\mathcal{F}[a(x)]\exp\left(-\mathrm{i}\frac{2\pi x_0\xi}{\lambda d}\right)\end{aligned}$$

となり，$a(x)$ のフーリエ変換が得られる．

10）インコヒーレント結像系の OTF は瞳関数の自己相関関数であるので，図 6 のようになる．

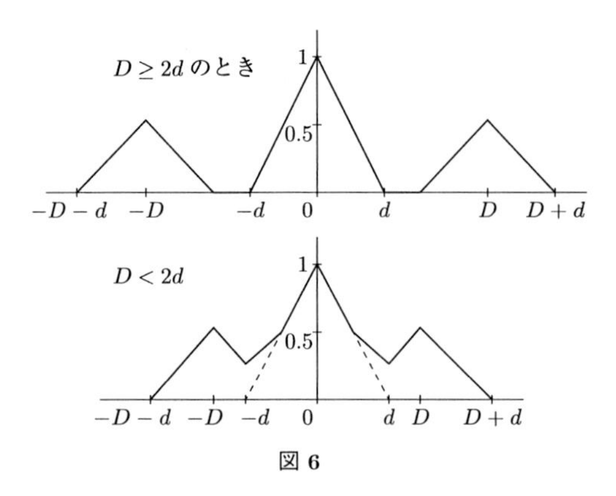

図 6

11）入力物体を $g(x,y)$ とし，これのフーリエ変換は

$$g(x,y)=\iint_{-\infty}^{\infty} G(\nu_x,\nu_y)\exp\left[\mathrm{i}2\pi(x\nu_x+y\nu_y)\right]\mathrm{d}\nu_x\mathrm{d}\nu_y$$

となるので，そのラプラシアンは，

$$\begin{aligned}&\Big[\frac{\partial^2}{\partial x^2}+\frac{\partial^2}{\partial y^2}\Big]g(x,y)\\&=\iint_{-\infty}^{\infty}[(\mathrm{i}2\pi\nu_x)^2+(\mathrm{i}2\pi\nu_y)^2]G(\nu_x,\nu_y)\exp\left[\mathrm{i}2\pi(x\nu_x+y\nu_y)\right]\mathrm{d}\nu_x\mathrm{d}\nu_y\end{aligned}$$

であるから，フィルターとして

$$H(\nu_x,\nu_y)=-4\pi^2(\nu_x^2+\nu_y^2)$$

12）入力物体を $g(x,y)$ とし，これのフーリエ変換は

$$g(x,y)=\iint_{-\infty}^{\infty} G(\nu_x,\nu_y)\exp\left[\mathrm{i}2\pi(x\nu_x+y\nu_y)\right]\mathrm{d}\nu_x\mathrm{d}\nu_y$$

となるので，x 方向の積分は，

$$\int g(x,y)\mathrm{d}x=\iint_{-\infty}^{\infty}\Big[\frac{1}{\mathrm{i}2\pi\nu_x}\Big]G(\nu_x,\nu_y)\exp\left[\mathrm{i}2\pi(x\nu_x+y\nu_y)\right]\mathrm{d}\nu_x\mathrm{d}\nu_y$$

であるから，フィルターとして

$$H(\nu_x,\nu_y)=-\frac{\mathrm{i}}{2\pi\nu_x}$$

第 7 章

1) 式 (7.16) から,

$$\frac{\mathrm{d}\chi''}{\mathrm{d}\omega}=\frac{-3\omega^4+(2\omega_0^2-\Gamma^2)\omega^2+\omega_0^4}{[(\omega_0^2-\omega^2)^2+\Gamma^2\omega^2]^2}\cdot\frac{e^2N}{m\epsilon_0}=0$$

これを解くと,

$$\begin{aligned}\omega^2&=\frac{1}{6}\left[2\omega_0^2-\Gamma^2+\sqrt{(2\omega_0^2-\Gamma^2)^2+12\omega_0^4}\right]\\&\approx\frac{1}{6}\left[2\omega_0^2-\Gamma^2+4\omega_0^2\left(1-\frac{1}{2}\frac{4\Gamma^2\omega_0^2}{16\omega_0^4}\right)\right]\\&=\omega_0^2-(\Gamma/2)^2\end{aligned}$$

2)

$$n=1.40+\frac{1.2\times10^{-2}}{0.5^2}=1.45$$

$$v_\mathrm{p}=\frac{c}{n}=\frac{3\times10^8}{1.45}=2.07\times10^8\ \mathrm{m\ s^{-1}}$$

式 (2.43) と, $\mathrm{d}n/\mathrm{d}\lambda=-2B/\lambda^3$ より,

$$v_\mathrm{g}=v_\mathrm{p}+v_\mathrm{p}\frac{\lambda}{n}\frac{\mathrm{d}n}{\mathrm{d}\lambda}=v_\mathrm{p}\left(1-\frac{2B}{n\lambda^2}\right)\fallingdotseq1.93\times10^8\ \mathrm{m\ s^{-1}}$$

3) まず, $\omega_0+\omega\approx2\omega_0$ であるとして, 式 (7.25) において,

$$\begin{aligned}n&=1+\frac{(e^2N/2m\epsilon_0)(\omega_0^2-\omega^2)}{(\omega_0^2-\omega^2)^2+\Gamma^2\omega^2}=1+\frac{(e^2N/2m\epsilon_0)(\omega_0-\omega)(\omega_0+\omega)}{(\omega_0-\omega)^2(\omega_0+\omega)^2+\Gamma^2\omega^2}\\&\approx1+\frac{(e^2N/2m\epsilon_0)(\omega_0-\omega)(2\omega_0)}{(\omega_0-\omega)^2(2\omega_0)^2+\Gamma^2\omega_0^2}\\&=1+\frac{(e^2N/2m\epsilon_0)}{4\omega_0}\cdot\frac{2(\omega_0-\omega)}{(\omega_0-\omega)^2+\Gamma^2/4}\end{aligned}$$

式 (7.26) についても,

$$\begin{aligned}\kappa&=\frac{(e^2N/2m\epsilon_0)\Gamma\omega}{(\omega_0^2-\omega^2)^2+\Gamma^2\omega^2}=\frac{(e^2N/2m\epsilon_0)\Gamma\omega_0}{(\omega_0-\omega)^2(2\omega_0)^2+\Gamma^2\omega_0^2}\\&=\frac{(e^2N/2m\epsilon_0)}{4\omega_0}\cdot\frac{\Gamma}{(\omega_0-\omega)^2+\Gamma^2/4}\end{aligned}$$

次に, n を ω で微分すると,

$$\frac{\mathrm{d}n}{\mathrm{d}\omega}=\frac{1}{4\omega_0}\cdot2\cdot\frac{e^2N}{2m\epsilon_0}\cdot\frac{(\omega_0-\omega)^2-\Gamma^2/4}{[(\omega_0-\omega)^2+\Gamma^2/4]^2}$$

これより n の極値を与える角周波数は, $\omega=\omega_0\pm\Gamma/2$ である.

一方, $\omega=\omega_0$ のとき κ の最大値が得られ, 半値は,

$$\frac{1}{2}\cdot\frac{(e^2N/2m\epsilon_0)}{4\omega_0}\cdot\frac{\Gamma}{(\omega_0-\omega)^2+\Gamma^2/4}=\frac{(e^2N/2m\epsilon_0)}{4\omega_0}\cdot\frac{2}{\Gamma}$$

角周波数 $\omega=\omega_0\pm\Gamma/2$ に対する κ も同じ値になる.

第 8 章

1) 式 (8.35) より,

$$U(T) = \int_0^\infty \frac{8\pi h\nu^3}{c^3} \cdot \frac{1}{\exp(h\nu/k_\mathrm{B}T) - 1} \mathrm{d}\nu$$

ここで, $x = h\nu/k_\mathrm{B}T$ とおくと, $\mathrm{d}\nu = k_\mathrm{B}T\mathrm{d}x/h$ であるので,

$$\begin{aligned} U(T) &= \int_0^\infty \frac{8\pi h}{c^3}\Big(\frac{k_\mathrm{B}T}{h}\Big)^3 \frac{x^3}{\mathrm{e}^x - 1}\Big(\frac{k_\mathrm{B}T}{h}\Big)\mathrm{d}x \\ &= \frac{8\pi}{c^3} h\Big(\frac{k_\mathrm{B}T}{h}\Big)^4 \int_0^\infty \frac{x^3}{\mathrm{e}^x - 1}\mathrm{d}x \\ &= \frac{8\pi}{c^3} h\Big(\frac{k_\mathrm{B}T}{h}\Big)^4 \frac{\pi^4}{15} \end{aligned}$$

式 (8.34) を用いると,

$$M_\mathrm{e}(T) = \frac{c}{4}U(T) = \frac{2}{15}\frac{\pi^5 k_\mathrm{B}^4 T^4}{c^2 h^3}$$

2) プランクの式 (8.32) を λ で微分する. まず, $C_1 = 2\pi hc^2$, $C_2 = hc/k_\mathrm{B}T$ とおき, これを λ で微分し,

$$M'_\mathrm{e}(\lambda, T) = -5C_1 \frac{1}{\lambda^6}\frac{1}{\mathrm{e}^{C_2/\lambda} - 1} + \frac{C_1 C_2 \mathrm{e}^{C_2/\lambda}}{(\mathrm{e}^{C_2/\lambda} - 1)^2 \lambda^7} = 0$$

とする. 次に, $C_2/\lambda = x$ とおいて,

$$-\frac{5C_1}{\mathrm{e}^x - 1}\Big(\frac{x}{C_2}\Big)^6 + \frac{C_1 C_2 \mathrm{e}^x}{(\mathrm{e}^x - 1)^2}\Big(\frac{x}{C_2}\Big)^7 = 0$$

$$\frac{x}{1 - \mathrm{e}^{-x}} = 5$$

この解を, b とし, このときの波長を λ_max とすると,

$$C_2/\lambda = hc/(\lambda_\mathrm{max} k_\mathrm{B}T) = b$$

これより,

$$\lambda_\mathrm{max} = hc/(bk_\mathrm{B}T) \propto 1/T$$

第 9 章

1) 減衰係数は, $1/4 = \mathrm{e}^{-\mu 4}$ より, $\mu = 0.347\ \mathrm{m}^{-1}$. 光侵達長は, $l = 1/0.347 = 2.89\ \mathrm{m}$, $0.01 = \mathrm{e}^{-0.347z}$ より, $z = 13.3\ \mathrm{m}$.

2）散乱強度は，周波数 ω の 4 乗に比例するから，

$$R = \left(\frac{\omega_{\rm r}}{\omega_{\rm b}}\right)^4 = \left(\frac{\lambda_{\rm b}}{\lambda_{\rm r}}\right)^4 = \left(\frac{400}{700}\right)^4 = 0.11$$

3）これはレイリー散乱であるから，散乱光強度の角度分布を表す式 (9.27) を用いれば，

$$R_{45} = \frac{1+\cos^2(45^\circ)}{1+\cos^2(0^\circ)} = \frac{1+1/2}{2} = 0.75$$

$$R_{90} = \frac{1+\cos^2(90^\circ)}{1+\cos^2(0^\circ)} = \frac{1}{2} = 0.5$$

第　10　章

1）式 (10.3) より，

$$D_x = \epsilon_{xx}E_x + \epsilon_{xy}E_y + \epsilon_{xz}E_z$$
$$D_y = \epsilon_{yx}E_x + \epsilon_{yy}E_y + \epsilon_{yz}E_z$$
$$D_z = \epsilon_{zx}E_x + \epsilon_{zy}E_y + \epsilon_{zz}E_z$$

したがって，

$$\begin{aligned} U_{\rm E} &= \frac{1}{2}\boldsymbol{D}\cdot\boldsymbol{E} \\ &= \frac{1}{2}(D_xE_x + D_yE_y + D_zE_z) \\ &= \frac{1}{2}[(\epsilon_{xx}E_x + \epsilon_{xy}E_y + \epsilon_{xz}E_z)E_x + (\epsilon_{yx}E_x + \epsilon_{yy}E_y + \epsilon_{yz}E_z)E_y \\ &\quad + (\epsilon_{zx}E_x + \epsilon_{zy}E_y + \epsilon_{zz}E_z)E_z] \\ &= \frac{1}{2}[\epsilon_{xx}E_x^2 + \epsilon_{yy}E_y^2 + \epsilon_{zz}E_z^2 \\ &\quad + (\epsilon_{xy}+\epsilon_{yx})E_xE_y + (\epsilon_{yz}+\epsilon_{zy})E_yE_z + (\epsilon_{zx}+\epsilon_{xz})E_zE_x] \end{aligned}$$

2）式 (10.40) ～ (10.45) より，

$$
\begin{aligned}
\boldsymbol{D'}\cdot\boldsymbol{D''} &= D'_x D''_x + D'_y D''_y + D'_z D''_z \\
&= \frac{(\boldsymbol{\kappa}\cdot\boldsymbol{E})^2}{\mu_0^2}\Big[\frac{\kappa_x^2}{(v_p'^2 - v_x^2)(v_p''^2 - v_x^2)} \\
&\quad + \frac{\kappa_y^2}{(v_p'^2 - v_y^2)(v_p''^2 - v_y^2)} + \frac{\kappa_z^2}{(v_p'^2 - v_z^2)(v_p''^2 - v_z^2)}\Big] \\
&= \frac{(\boldsymbol{\kappa}\cdot\boldsymbol{E})^2}{\mu_0^2}\Big[\frac{-1}{(v_p'^2 - v_p''^2)}\Big(\frac{\kappa_x^2}{v_p'^2 - v_x^2} - \frac{\kappa_x^2}{v_p''^2 - v_x^2}\Big) \\
&\quad + \frac{-1}{(v_p'^2 - v_p''^2)}\Big(\frac{\kappa_y^2}{v_p'^2 - v_y^2} - \frac{\kappa_y^2}{v_p''^2 - v_y^2}\Big) \\
&\quad + \frac{-1}{(v_p'^2 - v_p''^2)}\Big(\frac{\kappa_z^2}{v_p'^2 - v_z^2} - \frac{\kappa_z^2}{v_p''^2 - v_z^2}\Big)\Big] \\
&= \frac{(\boldsymbol{\kappa}\cdot\boldsymbol{E})^2}{\mu_0^2}\Big[\frac{-1}{(v_p'^2 - v_p''^2)}\Big(\frac{\kappa_x^2}{v_p'^2 - v_x^2} - \frac{\kappa_x^2}{v_p''^2 - v_x^2} + \frac{\kappa_y^2}{v_p'^2 - v_y^2} - \frac{\kappa_y^2}{v_p''^2 - v_y^2} \\
&\quad + \frac{\kappa_z^2}{v_p'^2 - v_z^2} - \frac{\kappa_z^2}{v_p''^2 - v_z^2}\Big)\Big] \\
&= \frac{(\boldsymbol{\kappa}\cdot\boldsymbol{E})^2}{\mu_0^2}\Big[\frac{-1}{(v_p'^2 - v_p''^2)}\Big(\frac{\kappa_x^2}{v_p'^2 - v_x^2} + \frac{\kappa_x^2}{v_p'^2 - v_y^2} + \frac{\kappa_z^2}{v_p'^2 - v_z^2} \\
&\quad - \frac{\kappa_x^2}{v_p''^2 - v_x^2} - \frac{\kappa_y^2}{v_p''^2 - v_y^2} - \frac{\kappa_z^2}{v_p''^2 - v_z^2}\Big)\Big]
\end{aligned}
$$

式 (10.39) を用いれば，$\boldsymbol{D'}\cdot\boldsymbol{D''} = 0$.

3）楕円の長軸と短軸の長さを表す式

$$r^2 = x^2 + y^2 + z^2$$

の最大値と最小値を，

$$\frac{x^2}{n_x^2} + \frac{y^2}{n_y^2} + \frac{z^2}{n_z^2} = 1$$

$$\kappa_x x + \kappa_y y + \kappa_z z = 0$$

の条件の下で求めるには，ラグランジュの未定乗数法を用いればよい．すなわち，未定の乗数を λ_1，λ_2 として，

$$F(x, y, z) = x^2 + y^2 + z^2 + \lambda_1\Big(\frac{x^2}{n_x^2} + \frac{y^2}{n_y^2} + \frac{z^2}{n_z^2} - 1\Big) + \lambda_2(\kappa_x x + \kappa_y y + \kappa_z z)$$

として，$F(x, y, z)$ の偏微分を 0 とすれば，r が得られる．すなわち，

$$x + \lambda_1 x/n_x^2 + \lambda_2 \kappa_x/2 = 0$$

$$y + \lambda_1 y/n_y^2 + \lambda_2 \kappa_y/2 = 0$$

$$z + \lambda_1 z/n_z^2 + \lambda_2 \kappa_z/2 = 0$$

これより，各式に x，y，z をかけて加えると，

$$r^2 + \lambda_1 = 0$$

同じく，κ_x，κ_y，κ_z をかけて加えると，

$$\lambda_1\Big(\frac{\kappa_x x}{n_x^2} + \frac{\kappa_y y}{n_y^2} + \frac{\kappa_z z}{n_z^2}\Big) + \frac{\lambda_2}{2} = 0$$

これより，

$$x\Big(1 - \frac{r^2}{n_x^2}\Big) + \kappa_x r^2\Big(\frac{\kappa_x x}{n_x^2} + \frac{\kappa_y y}{n_y^2} + \frac{\kappa_z z}{n_z^2}\Big) = 0$$

など 3 式が得られ，これから，

$$x = -\frac{\kappa_x\left(\frac{\kappa_x x}{n_x^2} + \frac{\kappa_y y}{n_y^2} + \frac{\kappa_z z}{n_z^2}\right)}{\frac{1}{r^2} - \frac{1}{n_x^2}}$$

など 3 式が得られる．これらの式にそれぞれ，κ_x などをかけて加えると，

$$\frac{\kappa_x^2}{\left(\frac{1}{r^2} - \frac{1}{n_x^2}\right)} + \frac{\kappa_y^2}{\left(\frac{1}{r^2} - \frac{1}{n_y^2}\right)} + \frac{\kappa_z^2}{\left(\frac{1}{r^2} - \frac{1}{n_z^2}\right)} = 0$$

が得られる．これは，式 (10.58) において，n を r で置き換えたものである．したがって，上式の解である r_1 と r_2 は n_1 と n_2 を与える．

4) 常光線 O から異常光線 E になる光線に対しては，境界面で，

$$n_{\mathrm{o}} \sin\theta = n_{\mathrm{e}} \sin\theta_{\mathrm{e}}$$

であるので，

$$1.658 \sin(20^\circ) = 1.486 \sin\theta_{\mathrm{e}}$$

より，$\theta_{\mathrm{e}} = 22.43^\circ$．したがって，出射角は，

$$1.486 \sin(22.43^\circ - 20^\circ) = \sin\alpha_1$$

よって，$\alpha_1 = 3.61^\circ$

同様にして，$\alpha_2 = -3.57^\circ$

5) 位相差は，

$$\delta = 2\pi\Big(\frac{\overline{\mathrm{AC}}}{\lambda_2} + \frac{\overline{\mathrm{CD}}}{\lambda_0} - \frac{\overline{\mathrm{AB}}}{\lambda_1}\Big)$$

$\overline{\mathrm{AC}} = d/\cos\theta_2$，$\overline{\mathrm{AB}} = d/\cos\theta_1$，$\overline{\mathrm{CD}} = \overline{\mathrm{BC}}\sin\theta_0 = (\overline{\mathrm{AB}}\sin\theta_1 - \overline{\mathrm{AC}}\sin\theta_2)\sin\theta_0$ したがって，

$$\delta = 2\pi d\Big[\frac{1}{\cos\theta_2}\Big(\frac{1}{\lambda_2} - \frac{\sin\theta_0 \sin\theta_2}{\lambda_0}\Big) - \frac{1}{\cos\theta_1}\Big(\frac{1}{\lambda_1} - \frac{\sin\theta_0 \sin\theta_1}{\lambda_0}\Big)\Big]$$

スネルの法則を用いれば，

$$\delta = \frac{2\pi d}{\lambda_0}(n_2 \cos\theta_2 - n_1 \cos\theta_1)$$

第 11 章

1)

$$\nabla^2\mathcal{E}(\boldsymbol{r}) = \Big[\frac{\partial^2\mathcal{E}_0}{\partial r^2} - \mathrm{i}k_0\Big(\frac{\partial\mathcal{E}_0}{\partial r}\frac{\partial\psi}{\partial r} + \mathcal{E}_0\frac{\partial^2\psi}{\partial r^2}\Big) + \Big(\frac{\partial\mathcal{E}_0}{\partial r} - \mathrm{i}k_0\mathcal{E}_0\frac{\partial\psi}{\partial r}\Big)\Big(-\mathrm{i}k_0\frac{\partial\psi}{\partial r}\Big)\Big]\exp(-\mathrm{i}k_0\psi)$$

ここで，式 (11.14) を用いると，

$$\frac{\partial^2\mathcal{E}_0}{\partial r^2} - \mathrm{i}k_0\Big(2\frac{\partial\mathcal{E}_0}{\partial r}\frac{\partial\psi}{\partial r} + \mathcal{E}_0\frac{\partial^2\psi}{\partial r^2}\Big) + k_0^2\mathcal{E}_0\Big[-\Big(\frac{\partial\psi}{\partial r}\Big)^2 + n^2\Big] = 0$$

これの実部に関して，

$$\frac{\partial^2\mathcal{E}_0}{\partial r^2} + k_0^2\mathcal{E}_0\Big[-\Big(\frac{\partial\psi}{\partial r}\Big)^2 + n^2\Big] = 0$$

通常，振幅の変化はゆっくりであり，その 1 次微分 $\partial\mathcal{E}_0/\partial r$ は一定であるとみなせるので，$\partial^2\mathcal{E}_0/\partial r^2 = 0$ としてよい．もしくは，k_0 は極めて大きいので，$\partial^2\mathcal{E}_0/\partial r^2$ の項は無視できる．いずれにしても，アイコナール方程式は成立する．

2) $n(\boldsymbol{r}) =$ 一定であるから，$\boldsymbol{a}_0$ を定ベクトルとして，式 (11.21) より，

$$n(\boldsymbol{r})\frac{\mathrm{d}\boldsymbol{r}}{\mathrm{d}s} = \boldsymbol{a}_0$$

これを積分して，

$$\boldsymbol{r} = \boldsymbol{r}_0 + \Big(\frac{\boldsymbol{a}_0}{n}\Big)s = \boldsymbol{r}_0 + \Big(\frac{\mathrm{d}\boldsymbol{r}}{\mathrm{d}s}\Big)s$$

ただし，$\boldsymbol{r}_0$ は定ベクトル．これは，$\boldsymbol{r}_0$ を通り $\boldsymbol{a}_0$ に平行な直線を表している．つまり，一様な媒質中では光は直進することを意味している．

3) 長方形 ABB′A′ にストークスの定理 (G.14) を適用すると，

$$\iint_S \mathrm{rot}[n\boldsymbol{s}]\cdot\mathrm{d}\boldsymbol{S} = \oint_C n\boldsymbol{s}\cdot\mathrm{d}\boldsymbol{r}$$

ここで，式 (11.17) より，$\nabla\psi = n\boldsymbol{s}$ であるので，両辺の rot をとると，

$$\mathrm{rot}[n\boldsymbol{s}] = \mathrm{rot}[\nabla\psi] = 0$$

したがって，

$$\oint_C n\boldsymbol{s}\cdot\mathrm{d}\boldsymbol{r} = 0$$

ここで，線分 AB と A′B′ の距離が十分小さい極限において，

$$\int_{\mathrm{AB}} n\boldsymbol{s}\cdot\mathrm{d}\boldsymbol{r} + \int_{\mathrm{B'A'}} n'\boldsymbol{s'}\cdot\mathrm{d}\boldsymbol{r} = 0$$

$$n\boldsymbol{s}\cdot\boldsymbol{t}\mathrm{d}r - n'\boldsymbol{s'}\cdot\boldsymbol{t}\mathrm{d}r = 0$$

ここで，$\boldsymbol{t} = \boldsymbol{a} \times \boldsymbol{N}$ の関係があるので，

$$(n\boldsymbol{s} - n'\boldsymbol{s'}) \cdot (\boldsymbol{a} \times \boldsymbol{N}) = 0$$

公式 (G.3) より，

$$\boldsymbol{a} \cdot [\boldsymbol{N} \times (n\boldsymbol{s} - n'\boldsymbol{s'})] = 0$$

したがって，ベクトル表示の屈折の式

$$\boldsymbol{N} \times (n\boldsymbol{s} - n'\boldsymbol{s'}) = 0$$

が得られる．これから直ちに，入射角と屈折角を定義すると，スネルの法則

$$n \sin\theta = n' \sin\theta'$$

が得られる．

4)

$$NA = \sin\theta_{\mathrm{m}} = \sqrt{n_1^2 - n_2^2} = \sqrt{1.6^2 - 1.5^2} = 0.56$$

$$\theta_{\mathrm{m}} = \sin^{-1} 0.56 = 0.59 \text{ rad}$$

第 12 章

1) ビーム径の式 (12.13) より，

$$W^2(z_1) = W_0^2\left[1 + \left(\frac{z_1}{z_0}\right)^2\right] = \frac{W_0^2}{z_0^2}(z_1^2 + z_0^2)$$

これより直ちに導くことができる．

2) 式 (12.30) より，

$$q' = \frac{R'}{1 + \mathrm{i}\lambda R'/(\pi W'^2)} = \frac{R'}{1 + (\lambda R'/\pi W'^2)^2} - \mathrm{i}\frac{R'^2\lambda/(\pi W'^2)}{1 + (\lambda R'/\pi W'^2)^2}$$

これを式 (12.29) に代入して，

$$\frac{\pi W_0^2}{\mathrm{i}\lambda} = \frac{R'}{1 + (\lambda R'/\pi W'^2)^2} - \mathrm{i}\frac{R'^2\lambda/(\pi W'^2)}{1 + (\lambda R'/\pi W'^2)^2} + z$$

実部に関しては，

$$z = -\frac{R'}{1 + (\lambda R'/\pi W'^2)^2}$$

虚部に関しては，

$$\frac{\pi W_0^2}{\lambda} = \frac{R'^2\lambda/(\pi W'^2)}{1 + (\lambda R'/\pi W'^2)^2}$$

より，

$$W_0 = W'/\sqrt{1 + (\pi W'^2/\lambda R')^2}$$

3) レンズ透過直後のビームパラメータを q' とすると,

$$\frac{1}{q'} = \frac{1}{f} + \frac{\mathrm{i}\lambda}{\pi W_1^2}$$

ビームウエスト位置のビームパラメータを q_0' とすると,

$$q_0' = q' + z$$

また, $q_0' = \pi W_2^2/(\mathrm{i}\lambda)$. これらの関係式を用い, 前問と同様に考えると,

$$z = -\frac{f}{1 + (\lambda f/\pi W_1^2)^2}$$

$$W_2 = \frac{W_1}{\sqrt{1 + (\pi W_1^2/\lambda f)^2}}$$

もちろん, 式 (12.32) と式 (12.33) で $R' = f$, $W' = W_1$, $W_0' = W_2$ としてもよい.

4) レンズ前面におけるビームウエスト位置のビームパラメータを q_0, レンズ直前におけるビームパラメータを q, レンズ直後におけるビームパラメータを q', レンズ後面におけるビームウエスト位置のビームパラメータを q_0' とすると,

$$q = q_0 + f$$

また, レンズの前後面でのビームパラメータの関係式 (12.28) より,

$$\frac{1}{q'} = \frac{1}{q} - \frac{1}{f} = \frac{1}{q_0 + f} - \frac{1}{f} = \frac{-q_0}{f(q_0 + f)}$$

さらに, レンズ後側におけるビームウエストの位置を a とすると,

$$q_0' = q' + a = a - \frac{f(q_0 + f)}{q_0} = a - f - \frac{f^2}{q_0}$$

ここで, q_0 と q_0' は純虚数であり, a と f は実数であるので, $a = f$, $q_0' = -f^2/q_0$ である. ビームウエストに関しては,

$$-\mathrm{i}\frac{kW_0'^2}{2} = -\frac{f^2}{-\mathrm{i}kW_0^2/2}$$

より, $W_0' = 2f/(kW_0)$. したがって, ビームウエストの間には, 逆比例の関係がある. つまり, ガウスビームを小さく絞るためには, 大きなビームウエストのビームをはじめにつくっておく必要がる.

5) ガウスビームの複素振幅分布の式 (12.5) を見ると, 媒質中における実効的なビームパラメータ q' と媒質がない場合のそれとの間には,

$$q' = \frac{q}{n}$$

の関係があることがわかる. 媒質がない場合には, ビームウエストにおけるビームパラメータを q_0 として,

$$q = q_0 - z$$

媒質中では，

$$q' = q'_0 - z'/n$$

ただし，媒質の屈折率が n の場合のビームウエストにおけるビームパラメータを q'_0 とする．よって，

$$q' = q/n = q_0/n - z/n = q'_0 - z'/n$$

z と z' は実数，q_0 と q'_0 は純虚数であるので，$z = z'$ と $q'_0 = q_0/n$ が得られる．したがって，媒質があってもビームウエストの位置は変化しない．また，ビームウエスト径は屈折率に逆比例する．

6) はじめに，個別に計算する場合には，

$$q_1 = \frac{A_1 q_0 + B_1}{C_1 q_0 + D_1}, \qquad q_2 = \frac{A_2 q_1 + B_2}{C_2 q_1 + D_2}$$

として，q_1 を q_2 に代入すると，

$$q_2 = \frac{A_2 \frac{A_1 q_0 + B_1}{C_1 q_0 + D_1} + B_2}{C_2 \frac{A_1 q_0 + B_1}{C_1 q_0 + D_1} + D_2} = \frac{(A_2 A_1 + B_2 C_1) q_0 + (A_2 B_1 + B_2 D_1)}{(C_2 A_1 + D_2 C_1) q_0 + (C_2 B_1 + D_2 D_1)}$$

一方，

$$\mathbf{S} = \mathbf{S_2 S_1} = \begin{pmatrix} A_2 A_1 + B_2 C_1 & A_2 B_1 + B_2 D_1 \\ C_2 A_1 + D_2 C_1 & C_2 B_1 + D_2 D_1 \end{pmatrix}$$

したがって，q_0 から q_2 を求めると

$$q_2 = \frac{A q_0 + B}{C q_0 + D}$$

である．

第　13　章

1) 図 7 に示すように，半頂角 α と $\mathrm{d}\alpha$ が切る半径 r の球表面を考える．微小角 $\mathrm{d}\alpha$ がつくる円環の面積は，$2\pi r' r \mathrm{d}\alpha$ である．ここで，$r' = r \sin\alpha$ であるので，この円環に対する立体角は

$$\mathrm{d}\Omega = 2\pi r \sin\alpha r \mathrm{d}\alpha / r^2$$

である．したがって，

$$\Omega = 2\pi \int_0^\alpha \sin\alpha \mathrm{d}\alpha = 2\pi \big[-\cos\alpha \big]_0^\alpha = 2\pi(1 - \cos\alpha) = 4\pi \sin^2\left(\frac{\alpha}{2}\right)$$

[別解]

式 (13.2) を θ と ϕ に関して，それぞれ $[0, \alpha]$，$[0, 2\pi]$ の範囲を積分すればよい．

$$\Omega = \int_0^{2\pi} \int_0^\alpha \sin\theta \mathrm{d}\theta \mathrm{d}\phi = 2\pi \big[-\cos\theta \big]_0^\alpha = 4\pi \sin^2\left(\frac{\alpha}{2}\right)$$

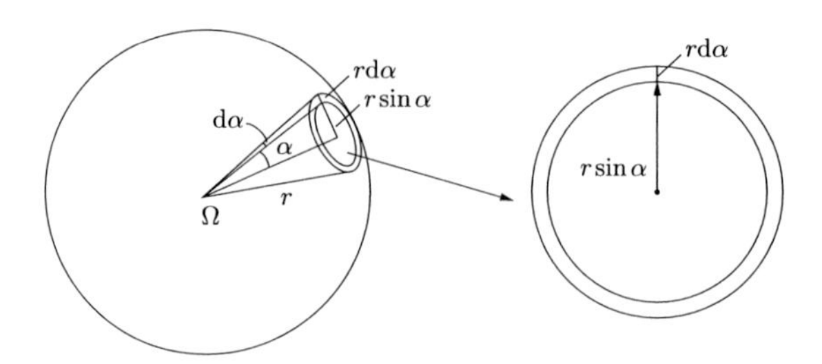

図 7　角 $\mathrm{d}\theta$ と $\mathrm{d}\phi$ がつくる微小面積に対する立体角

2）面光源全体による照度は，式 (13.17) を積分すればよい．

$$E' = \int_S \frac{L\cos\theta\cos\phi}{r^2}\mathrm{d}S$$

また，全放射束は，式 (13.16) を積分して，

$$\Phi = \int_{S'}\int_S \frac{L\cos\theta\cos\phi}{r^2}\mathrm{d}S\mathrm{d}S'$$

3）光源から 10 cm 角の領域に張る立体角は

$$\mathrm{d}\Omega = \frac{0.1\times 0.1}{2^2} = 2.5\times 10^{-3}\ \mathrm{sr}$$

$$\Phi = 60\times 2.5\times 10^{-3} = 0.15\ \mathrm{lm}$$

4）受光面での光束は，式 (13.16) と式 (13.4)，もしくは式 (13.21) より，

$$\Phi' = \pi L\sin^2\alpha\mathrm{d}S'$$

である．ただし，α は，検出面から光源を見たときに張る角度の半角である．したがって，

$$\sin^2\alpha = 10^2/(100^2+10^2) = 0.01$$

よって，

$$\Phi = 3.14\times 5\times 10^4\times 0.01\times(0.001)^2 = 1.57\times 10^{-3}\ \mathrm{lm}$$

$$E = \frac{\Phi}{\mathrm{d}S'} = \frac{1.57\times 10^{-3}}{0.001^2} = 1.57\times 10^3\ \mathrm{lm\ m^{-2}} = 1.57\times 10^3\ \mathrm{lx}$$

5）点光源 S の光度を I とすると，テーブル外周部における照度は，

$$E = \frac{I\cos\theta}{r^2}$$

である．ただし，r は，点光源 S とテーブル外周部上の点 A までの距離，θ は，点 A におけるテーブル面に立てた垂線と直線 SA のなす角である．したがって，

$$\cos\theta = h/r = h/\sqrt{(h^2+R^2)}$$

これから，

$$E = I\frac{h}{(h^2+R^2)^{3/2}}$$

よって，

$$\frac{\mathrm{d}E}{\mathrm{d}h} = \frac{I}{(h^2+R^2)^{3/2}} - Ih\frac{3}{2}\frac{2h}{(h^2+R^2)^{5/2}} = \frac{I}{(h^2+R^2)^{5/2}}(h^2+R^2-3h^2) = 0$$

より，$h = R/\sqrt{2}$

6) 図 13.10 において，$\mathrm{d}S$，$\mathrm{d}S'$ をそれぞれ，太陽と地球とみなし，両面は平行であるとすると，$\theta = 0$，$\phi = 0$．

式 (13.18) より，

$$L = \mathrm{d}E/\mathrm{d}\Omega'$$

また，式 (13.4) により，

$$\mathrm{d}\Omega' = \pi \sin^2\alpha = 3.14 \times (0.004)^2 = 5.02 \times 10^{-5}\ \mathrm{sr}$$

よって，

$$L = \frac{E}{\mathrm{d}\Omega'} = \frac{1.336 \times 10^3}{5.02 \times 10^{-5}} = 2.66 \times 10^7\ \mathrm{W\ m^{-2}\ sr^{-1}}$$

7) 図 8 に示すように，座標をとる．蛍光灯の中心 $(x = 0)$ から x の距離にある微小面積 $C\mathrm{d}x$ から観測点に到達する光束は，

$$\mathrm{d}\Phi'' = L\cos\theta\, C\mathrm{d}x\mathrm{d}\Omega = L\cos\theta\,\mathrm{d}A'\mathrm{d}\Omega' = L\cos^2\theta\,\mathrm{d}A'C\mathrm{d}x/s^2$$

蛍光灯全体では，

$$\mathrm{d}\Phi' = \int_{-\frac{B}{2}}^{\frac{B}{2}} \mathrm{d}\Phi''\mathrm{d}x = LC\mathrm{d}A'\int_{-B/2}^{B/2}\frac{\cos^2\theta}{s^2}\mathrm{d}x$$

ここで，$x = R\tan\theta$ より，$\mathrm{d}x = R\mathrm{d}\theta/\cos^2\theta$，$s = R/\cos\theta$ を用いると，

$$\mathrm{d}\Phi' = \frac{2LC\mathrm{d}A'}{R}\int_0^\alpha \cos^2\theta\mathrm{d}\theta = \frac{LC\mathrm{d}A'}{R}(\sin\alpha\cdot\cos\alpha + \alpha)$$

ここで，$\sin\alpha = B/\sqrt{4R^2+B^2}$ であるので，

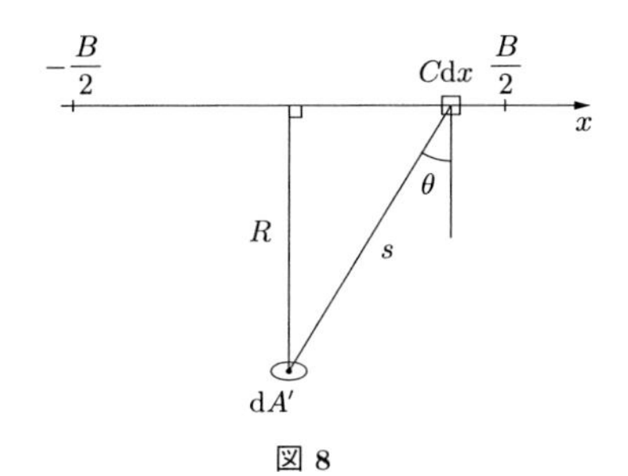

図 8

$$\mathrm{d}\Phi' = LC\mathrm{d}A'\Big(\frac{2B}{4R^2+B^2} + \frac{1}{R}\sin^{-1}\frac{B}{\sqrt{4R^2+B^2}}\Big)$$

したがって，照度は

$$E' = \frac{\mathrm{d}\Phi'}{\mathrm{d}A'} = LC\Big(\frac{2B}{\sqrt{4R^2+B^2}} + \frac{1}{R}\sin^{-1}\frac{B}{\sqrt{4R^2+B^2}}\Big)$$

8) 円盤の中心 O から r 離れた微小幅 $\mathrm{d}r$ の円環から放射される光による観測点 P の光束は，式 (13.24) を参考にすると，

$$\mathrm{d}\Phi = \frac{L\cos^4\theta\, 2\pi r\mathrm{d}r\mathrm{d}S'}{l^2}$$

ただし，微小面積 $\mathrm{d}S$ と観測点 P を結んだ直線と垂線 OP のなす角を θ とする．ここで，

$$r = l\tan\theta$$

$$\mathrm{d}r = l\sec^2\theta\mathrm{d}\theta$$

であるので，全円盤からの寄与は，

$$\mathrm{d}\Phi = \int_0^{\theta_R} 2\pi L\sin\theta\cos\theta\,\mathrm{d}\theta\mathrm{d}S'$$

ただし，θ_R は，円盤の外周における θ である．よって，

$$\mathrm{d}\Phi = \pi L\sin^2\theta_R\mathrm{d}S' = \frac{\pi LR^2}{l^2+R^2}\mathrm{d}S'$$

したがって，点 P における照度は，$\pi LR^2/(l^2+R^2)$ である．

9) 微小面積 $\mathrm{d}S$ の光度は，

$$\mathrm{d}I = L\mathrm{d}S\cos\theta$$

したがって，眼の瞳面での照度は，

$$\mathrm{d}E_{\mathrm{P}} = \mathrm{d}I\cos\theta/r^2 = L\cos^2\theta\,\mathrm{d}S/r^2$$

瞳の面積 S_{P} を考慮すると，瞳に入る光束は，

$$\mathrm{d}\Phi = S_{\mathrm{P}}\mathrm{d}E_{\mathrm{P}} = LS_{\mathrm{P}}\cos^2\theta\,\mathrm{d}S/r^2$$

眼の透過率を，τ とすると，網膜に到達する光束は $\tau\mathrm{d}\Phi$ であるので，網膜上での微小面積を $\mathrm{d}S'$ とすれば，網膜上での照度 E は

$$E = \tau\mathrm{d}\Phi/\mathrm{d}S'$$

眼の倍率を β とすると，$\mathrm{d}S/\mathrm{d}S' = 1/\beta^2$ が得られるので，

$$E = \frac{\tau LS_{\mathrm{P}}}{\beta^2 r^2}\cos^2\theta$$

ここで，$\beta = ns'/n's$ の関係から，眼から光源までの距離が大きく，θ は小さいとすると，$\beta = r'/n'r$ とみなせる．ただし，r' を眼球の後側主点から網膜までの距離，n' は眼球内の屈折率とする．よって，$E = \tau(n'/r')^2\cdot LS_{\mathrm{P}}$ が得られ，網膜照度は光源までの距離には依存せず，光源の輝度と瞳の面積の積に比例することがわかる．

10）レンズ面における照度は，太陽の見かけの面積を $S_\mathrm{S}=\pi r_\mathrm{S}^2$ とすると，

$$E=\frac{LS_\mathrm{S}}{l^2}$$

レンズの透過率は 1 であるとすると，レンズを通過する光束は，レンズ面の面積を $S_\mathrm{L}=\pi D^2/4$ とすると，

$$\Phi=ES_\mathrm{L}$$

白色紙上にできた太陽像の面積は，レンズの倍率を β として，$S_\mathrm{W}=S_\mathrm{S}\beta^2$ であるから，太陽像の照度は，

$$E_\mathrm{W}=\Phi/S_\mathrm{W}=\frac{ES_\mathrm{L}}{S_\mathrm{S}\beta^2}=\frac{LS_\mathrm{L}}{\beta^2 l^2}$$

よって，倍率は，$\beta=f/l$ であるので，

$$R=\frac{E_\mathrm{W}}{E}=\frac{S_\mathrm{L}}{S_\mathrm{S}}\cdot\frac{1}{\beta^2}=\frac{D^2l^2}{4r_\mathrm{S}^2f^2}=\frac{5\cdot5\cdot(1.50\times10^8)^2}{4\cdot20\cdot20\cdot(6.96\times10^5)^2}=726$$

11）両境界面で屈折の法則が成り立っているので，

$$n\sin\theta=n'\sin\theta'$$

両辺を微分すると，

$$n\cos\theta\,\mathrm{d}\theta=n'\cos\theta'\mathrm{d}\theta'$$

両辺の積をそれぞれ求め，さらに両辺に $\mathrm{d}\phi$ をかけると，

$$n^2\cos\theta(\sin\theta\,\mathrm{d}\theta\mathrm{d}\phi)=n'^2\cos\theta'(\sin\theta'\mathrm{d}\theta'\mathrm{d}\phi)$$

ここで，立体角に関する式 (13.2) を用いると，

$$n^2\cos\theta\,\mathrm{d}\Omega=n'^2\cos\theta'\mathrm{d}\Omega'$$

さらに，両辺に微小面積 $\mathrm{d}S$ をかけると，

$$n^2\cos\theta\,\mathrm{d}\Omega\mathrm{d}S=n'^2\cos\theta'\mathrm{d}\Omega'\mathrm{d}S$$

12）

$$x=\frac{X}{X+Y+Z}=\frac{40}{40+60+20}=0.33$$

同様に，$y=0.5$.

13）白色点 W(1/3,1/3) と点 $(x_\mathrm{C},y_\mathrm{C})$ を通る直線の方程式は，

$$y-1/3=\frac{y_\mathrm{C}-1/3}{x_\mathrm{C}-1/3}(x-1/3)$$

であるので，補色の色度座標は，$(x,(y_\mathrm{C}-1/3)/(x_\mathrm{C}-1/3)\cdot(x-1/3)+1/3)$.

14) 2 つの色 A，B の原刺激を (X_a, Y_a, Z_a)，(X_b, Y_b, Z_b) とする．混色の比率が，$a : b$ であるので，混色 F の原刺激は，$X_{\mathrm{F}} = aX_a + bX_b$，$Y_{\mathrm{F}} = aY_a + bY_b$，$Z_{\mathrm{F}} = aZ_a + bZ_b$．

色 F の色度図座標は，

$$x_{\mathrm{F}} = \frac{aX_a + bX_b}{a(X_a + Y_a + Z_a) + b(X_b + Y_b + Z_b)}$$

$$y_{\mathrm{F}} = \frac{aY_a + bY_b}{a(X_a + Y_a + Z_a) + b(X_b + Y_b + Z_b)}$$

色度図上で，2 点 (x_a, y_a)，(x_b, y_b) を通る直線上に点 $\mathrm{F}(x_{\mathrm{F}}, y_{\mathrm{F}})$ があるためには，

$$\frac{y_b - y_{\mathrm{F}}}{x_b - x_{\mathrm{F}}} = \frac{y_b - y_a}{x_b - x_a}$$

が成立する必要がある．これが成立することを示せばよい．

$$\frac{y_b - y_{\mathrm{F}}}{x_b - x_{\mathrm{F}}} = \frac{\frac{Y_b}{X_b+Y_b+Z_b} - \frac{aY_a+bY_b}{a(X_a+Y_a+Z_a)+b(X_b+Y_b+Z_b)}}{\frac{X_b}{X_b+Y_b+Z_b} - \frac{aX_a+bX_b}{a(X_a+Y_a+Z_a)+b(X_b+Y_b+Z_b)}}$$

$$= \frac{aY_b(X_a + Y_a + Z_a) + bY_b(X_b + Y_b + Z_b) - aY_a(X_b + Y_b + Z_b) - bY_b(X_b + Y_b + Z_b)}{aX_b(X_a + Y_a + Z_a) + bX_b(X_b + Y_b + Z_b) - aX_a(X_b + Y_b + Z_b) - bX_b(X_b + Y_b + Z_b)}$$

$$= \frac{X_aY_b + Z_aY_b - X_bY_a - Z_bY_a}{X_bY_a + Z_aX_b - X_aY_b - Z_bX_a}$$

$$= \frac{Y_b(X_a + Y_a + Z_a) - Y_a(X_b + Y_b + Z_b)}{X_b(X_a + Y_a + Z_a) - X_a(X_b + Y_b + Z_b)}$$

$$= \frac{\frac{Y_b}{X_b+Y_b+Z_b} - \frac{Y_a}{X_a+Y_a+Z_a}}{\frac{X_b}{X_b+Y_b+Z_b} - \frac{X_a}{X_a+Y_a-Z_a}} = \frac{y_b - y_a}{x_b - x_a}$$

15) 強度反射透過率 T は式 (4.61) より，

$$T = \frac{I_R}{I_0} = \frac{4R\sin^2\left(\frac{\delta}{2}\right)}{(1-R)^2 + 4R\sin^2\left(\frac{\delta}{2}\right)}$$

ただし，λ を真空中の波長として，

$$\delta = \frac{4\pi}{\lambda} n_2 d \cos\theta_2$$

ここで，$R \ll 1$ であるので，

$$T(\lambda) = \frac{4R}{(1-R)^2}\sin^2\left(\frac{\delta}{2}\right)$$

とできる．反射光の原刺激は，光源の分光強度分布を $E_0(\lambda)$ とすると，

$$X = \int \frac{4R}{(1-R)^2} E_0(\lambda)\sin^2\left(\frac{\delta}{2}\right)\overline{x}(\lambda)\mathrm{d}\lambda$$

Y や Z についても同様である．

ここで，石鹸膜の分散を無視すると，反射率は λ に無関係になるので積分の外に出て，

$$X=\frac{4R}{(1-R)^2}\int E_0(\lambda)\sin^2\left(\frac{2\pi}{\lambda}n_2d\cos\theta_2\right)\overline{x}(\lambda)\mathrm{d}\lambda$$

Y や Z についても同様である．

したがって，

$$x=\frac{X}{X+Y+Z}=\frac{\int E_0(\lambda)\sin^2\left(\frac{2\pi}{\lambda}n_2d\cos\theta_2\right)\overline{x}(\lambda)\mathrm{d}\lambda}{S}$$

$$y=\frac{Y}{X+Y+Z}=\frac{\int E_0(\lambda)\sin^2\left(\frac{2\pi}{\lambda}n_2d\cos\theta_2\right)\overline{y}(\lambda)\mathrm{d}\lambda}{S}$$

ただし，

$$\begin{aligned}S=&\int E_0(\lambda)\sin^2\left(\frac{2\pi}{\lambda}n_2d\cos\theta_2\right)\overline{x}(\lambda)\mathrm{d}\lambda\\&+\int E_0(\lambda)\sin^2\left(\frac{2\pi}{\lambda}n_2d\cos\theta_2\right)\overline{y}(\lambda)\mathrm{d}\lambda\\&+\int E_0(\lambda)\sin^2\left(\frac{2\pi}{\lambda}n_2d\cos\theta_2\right)\overline{z}(\lambda)\mathrm{d}\lambda\end{aligned}$$

したがって，色度図座標点 (x,y) は膜の反射率 R に無関係に決まり，分光分布 $\sin^2[(2\pi/\lambda)n_2d\cos\theta_2]$ のみによって色が決まる．この色の純度は干渉色として最も高い純度を示す．(上記の分光分布以外の成分があると純度は下がる．)

16) 3 色 R, G, B の 3 刺激値をそれぞれ，(X_r,Y_r,Z_r)，(X_g,Y_g,Z_g)，(X_b,Y_b,Z_b) とする．これを，$r:g:b$ の割合で混色するときの色 F の 3 刺激値を (X_f,Y_f,Z_f) とすると，

$$X_f=rX_r+gX_g+bX_b,\quad Y_f=rY_r+gY_g+bY_b,\quad Z_f=rZ_r+gZ_g+bZ_b$$

である．色 F の色度図座標は，

$$x_f=\frac{X_f}{S_f}=\frac{rX_r+gX_g+bX_b}{rS_r+gS_g+bS_b},\quad y_f=\frac{Y_f}{S_f}=\frac{rY_r+gY_g+bY_b}{rS_r+gS_g+bS_b}$$

ただし，

$$\begin{aligned}&S_f=X_f+Y_f+Z_f,\quad S_r=X_r+Y_r+Z_r,\\&S_g=X_g+Y_g+Z_g,\quad S_b=X_b+Y_b+Z_b\end{aligned}$$

また，

$$S_f=rS_r+gS_g+bS_b$$

も成立する．ここで，3 色 R, G, B の色度図座標をそれぞれ，(x_r,y_r)，(x_g,y_g)，(x_b,y_b) とする．また，

$$\frac{r}{S_g S_b} = r', \qquad \frac{g}{S_b S_r} = g', \qquad \frac{b}{S_r S_g} = b'$$

とおく．x_f と y_f の分子と分母を $S_r S_g S_b$ で割り，この変換を用いると，

$$x_f = \frac{r' x_r + g' x_g + b' x_b}{r' + g' + b'} \tag{1}$$

$$y_f = \frac{r' y_r + g' y_g + b' y_b}{r' + g' + b'} \tag{2}$$

が得られる．ここで明度一定という条件から，

$$Y_f = rY_r + gY_g + bY_b = S_f y_f = \text{const.}$$

であるので，上記の変換を用いると，c を定数として，

$$r' y_r + g' y_g + b' y_b = c \tag{3}$$

が得られる．

2 色 R，G の混合比 $r : g$ を変えるときの (x_f, y_f) の軌跡を求めればよい．そのためには，式 (1)，(2)，(3) から r'，g' を消去すればよい．まず，式 (3) より

$$r' = \frac{1}{y_r}(c - g' y_g - b' y_b)$$

とし，式 (2) に代入し g' を求める．

$$g' = \frac{[c + b'(y_r - y_b)]y_f - c y_r}{(y_g - y_r) y_f}$$

次に，式 (1) に r' を代入し，

$$x_f = \frac{g'(x_g y_r - x_r y_g) + c x_r + b'(x_b y_r - x_r y_b)}{g'(y_r - y_g) + c + b'(y_r - y_b)}$$

これに，g' を代入する．

$$x_f = \frac{\{[c + b'(y_r - y_b)]y_f - c y_r\}(x_g y_r - x_r y_g) + [c x_r + b'(x_b y_r - x_r y_b)](y_g - y_r) y_f}{\{[c + b'(y_r - y_b)]y_f - c y_r\}(y_r - y_g) + [c + b'(y_r - y_b)](y_g - y_r) y_f}$$

整理すると，

$$x_f = \frac{x_g y_r - x_r y_g}{y_r - y_g} - \left(\frac{x_r - x_g}{y_r - y_g} - \frac{b'}{c}\frac{x_g y_r - x_r y_g + x_b y_g - x_g y_b + x_r y_b - x_b y_r}{y_r - y_g}\right) y_f$$

したがって，

$$x_f - \frac{x_g y_r - x_r y_g}{y_r - y_g} = y_f \left(\frac{x_r - x_g}{y_r - y_g} - \frac{b'}{c}\frac{x_g y_r - x_r y_g + x_b y_g - x_g y_b + x_r y_b - x_b y_r}{y_r - y_g}\right)$$

が得られ，固定点 P の座標は $((x_g y_r - x_r y_g)/(y_r - y_g), 0)$ である．(x_f, y_f) の軌跡はこの点を通り，傾きは b' の値により変化する．

索　引

あ　行

か 行

さ 行

た 行

な 行

は　行

ま　行

や 行

ら 行

わ 行

著者略歴

谷田貝豊彦（やたがい とよひこ）

1946年　栃木県に生まれる
1969年　東京大学工学部物理工学科卒業
1970年　理化学研究所研究員
1983年　筑波大学物理工学系助教授
1993年　筑波大学物理工学系教授
2007年　宇都宮大学オプティクス教育研究センター教授
現　在　宇都宮大学特任教授
　　　　筑波大学名誉教授，宇都宮大学名誉教授
　　　　工学博士

光　　学　　　　定価はカバーに表示

2017年5月25日　初版第1刷
2024年6月25日　　　第4刷

著　者　谷　田　貝　豊　彦
発行者　朝　倉　誠　造
発行所　株式会社　朝　倉　書　店
東京都新宿区新小川町6-29
郵便番号　162-8707
電　話　03(3260)0141
FAX　03(3260)0180
https://www.asakura.co.jp

〈検印省略〉

印刷・製本　デジタルパブリッシングサービス

ISBN 978-4-254-13121-5　C 3042　　Printed in Japan